Heinz Axel Pürner
Beate Pürner

DB2 Common Server

Heinz Axel Pürner
Beate Pürner

DB2 Common Server

Professioneller Einsatz von DB2
auf der Workstation

Die Deutsche Bibliothek – CIP-Einheitsaufnahme

DB2 Common Server: professioneller Einsatz
von DB2 auf der Workstation / Heinz Axel Pürner;
Beate Pürner. – Braunschweig; Wiesbaden: Vieweg.
   (Vieweg professional computing)
Additional material to this book can be downloaded from http://extra.springer.com.
   ISBN 978-3-663-05779-6   ISBN 978-3-663-05778-9 (eBook)
   DOI 10.1007/978-3-663-05778-9
Buch. 1997
   Gb.

Diskette. 1997

Das in diesem Buch enthaltene Programm-Material ist mit keiner Verpflichtung oder
Garantie irgendeiner Art verbunden. Die Autoren und der Verlag übernehmen infolge-
dessen keine Verantwortung und werden keine daraus folgende oder sonstige Haftung
übernehmen, die auf irgendeine Art aus der Benutzung dieses Programm-Materials oder
Teilen davon entsteht.

Vorwort

Mit diesem Buch wenden wir uns an erfahrene EDV-Anwender mit Kenntnissen relationaler Datenbanken und SQL. Der Einsatz von DB2 Common Server ist überlegenswert für Firmen, die bereits ein relationales Datenbank-Managementsystem von IBM einsetzen und ein System suchen, das zu den großen Brüdern wie DB2 für MVS, VM oder VSE kompatibel ist und die Möglichkeiten einer verteilten Datenhaltung mit diesen bietet. Genau dies verspricht IBM für DB2 Common Server, von uns im folgenden meist nur noch als DB2 bezeichnet.

In Verbindung mit einem Workstation-CICS, der entsprechenden Version des Mainframe-Transaktionsmonitors, bietet DB2 dem Anwender die Möglichkeit, im Rahmen von Downsizing-Aktionen sogar bestehende DB2-CICS-Anwendungen des Mainframe auf Workstations zu übernehmen. Die Kommunikationsfähigkeit von CICS bietet darüber hinaus noch weitere Möglichkeiten zur verteilten Verarbeitung.

Wir wollen gerade EDV-Anwendern, die an den oben erwähnten Fragestellungen interessiert sind, ein kompaktes Handbuch über DB2 zur Verfügung stellen, in dem sie auf einen Griff Hinweise zu vielen Aspekten des Einsatzes von DB2 finden.

Darüber hinaus wenden wir uns auch an EDV-Profis, die ihre Anwendungssoftware auf Workstations zum Beispiel unter OS/2 für Mainframe-Systeme erstellen. Sie finden in DB2 Common Server einen adäquaten Ersatz für DB2 unter MVS oder VM und VSE.

Da wir Ihnen die wichtigsten Informationen zu DB2 kompakt darstellen wollen, bleiben wir natürlich in der Ausführlichkeit unserer Erläuterung hinter den umfangreichen Handbüchern der IBM zurück. Sollten Sie daher zu speziellen Fragestellungen ausführlichere Informationen benötigen, als wir Ihnen hier anbieten können und wollen, so sollten Sie die IBM-Handbücher zu Rate ziehen.

deutsche oder englische Fachbegriffe?

Ein Problem für uns war die Entscheidung, in welcher Sprache wir DB2 einsetzen sollten. Dem Profi, der aus der Mainframe-Welt kommt, ist die englische Terminologie geläufig. Dennoch haben wir festgestellt, daß auch bei großen Anwendern in der Mainframe-Welt vor allem auf Clients unter OS/2 oder Windows die deutsche Version von DB2 genutzt wird. PC-Software – und darunter fallen einige Versionen dieses DB2 nun einmal – wird zumeist von der IDV-Abteilung bestellt, die sonst für Textverarbeitung und Tabellenkalkulation zuständig ist. Also werden auch Communication Manager/2 und DB2 wie die Textverarbeitung in Deutsch bestellt. So findet der EDV-Profi dann Übersetzungen von Fachbegriffen vor, die er mitunter nur mühsam rückübersetzen kann, um sie zu verstehen (den „PC-Leute" ist dafür oft die Mainframe-Terminologie nicht geläufig).

DB2 Common Server ist viel zu komplex, um noch als übliche PC-Software zu gelten. Es verlangt nach dem erfahrenen Datenbank-Profi. Wir wählen daher einen Mittelweg und benutzen bei Schlüsselwörtern und bei gängigen Begriffen die englischen Termini, also *Container* statt „Festplattenbereichsbehälter" oder *Trigger* statt „Auslöser"! Die deutschen Fachbegriffe verwenden wir vor allem bei den Endbenutzer-Werkzeugen. Überall dort, wo keine feststehenden Begriffe der Theorie oder Schlüsselwörter in SQL-Befehlen übersetzt werden müssen, benutzen wir ebenfalls die deutschen Fachbegriffe.

DB2-Version

Ein weiteres Problem war für uns die zugrundezulegende Version von DB2. Angefangen haben wir dieses Buch mit einer Beta-Version 04 von 2.1, beendet mit Version 2.1.1. Dazwischen lagen diverse deutsche oder englische Versionsstände, die sich leider auch hinsichtlich der Werkzeug-Konfiguration und der Icons von einander unterschieden. Wir sind aber sicher, hier einen bei Ihnen installierten Produktstand zu beschreiben, auch wenn sich vielleicht die eine oder andere Abbildung von Ihrer Workstation unterscheidet.

Kapitelübersicht

- *Kapitel 1* beschreibt die Entwicklung von DB2, stellt kurz die Konzepte des Relationenmodells vor und erläutert dessen Implementierung in DB2.

- Der Datenbank-Entwurf wird in *Kapitel 2* behandelt. Nach ein wenig Theorie (Modellierung, ERA, Normalformen) wird die Umsetzung in die Praxis mit DB2 dargestellt (Verarbeitungsregeln für referentielle Integrität definieren, Index-Strukturen, Sichten, Zugriffsrechte). Die physischen Strukturen der DB2-Konstrukte sowie deren Umsetzung in Datei-Strukturen des Betriebssystems werden beschrieben und mit DB2/MVS verglichen.

- In *Kapitel 3* stellen wir Ihnen kurz die Endbenutzer-Werkzeuge Visualizer Flight und Visualizer Query, den Nachfolgern des Query Managers, vor.

- *Kapitel 4* behandelt die Anwendungsprogrammierung. Die unterschiedlichen Schnittstellen werden aufgezeigt. Beispiele veranschaulichen die Programmierung in COBOL und REXX. Die Besonderheiten der Programmierung mit CICS werden ausführlich erläutert. Einige spezielle Probleme von CICS OS/2 werden vorgestellt. Außerdem finden Sie eine Zusammenstellung der ESQL-Befehle, der Dienstprogramme und Kommandos, die die Programmierung unterstützen.

- In *Kapitel 5* gehen wir auf die DB2-Konstrukte zur Objektorientierung und für Multimedia ein. Wir stellen Ihnen einige Erweiterungen des SELECT-Befehls einschließlich des rekursiven SELECT vor und behandeln anschließend große Objekte (LOBs) sowie benutzerdefinierte Datentypen und Funktionen. Ein Beispiel in REXX zeigt Ihnen die Verarbeitung von großen binären Objekten (BLOBs). BLOBs verarbeiten wir auch in unserem Internet-Beispiel, das Ihnen den Zugriff auf DB2-Daten von WEB-Browsern aus demonstriert.

- *Kapitel 6* beschäftigt sich mit Leistung und Durchsatz von DB2. Die leistungsbestimmenden Faktoren wie Optimizer, die Zugriffstechniken, Sperren und Benutzertrennung werden beschrieben. Es enthält eine Einführung in Performance-Messungen mit dem Database System Monitor. Katalog-Statistiken und Visual EXPLAIN werden erläutert und an Beispielen verdeutlicht.

- *Kapitel 7* beschreibt die Dienstprogramme für die Datenbank-Administration. Neben dem Database Director mit seinen vielfältigen Diensten stellen wir EXPORT, IMPORT und LOAD vor.

- *Kapitel 8* bietet einen Überblick über die Berechtigungsprofile und die vielfältigen Einzelrechte.

- *Kapitel 9* behandelt DB2 bei verteilter Datenverarbeitung. Client-Server-Technologie, verteilte Datenbankzugriffe mit Zwei-Phasen-Commit und verteilte Verarbeitung werden erläutert. An zwei Programmierbeispielen in C zeigen wir Ihnen, wie Sie verteilte Transaktionen realisieren können.

- Im *Anhang A* geben Ihnen einige Tabellen eien Überblick über den Befehlsumfang von DB2, seine Maximalwerte und seine Kompatibilität zu Standards.
- *Anhang B* enthält das Literaturverzeichnis, das Abkürzungsverzeichnis und eine Begriffsliste, in der die deutschen und englischen Fachbegriffe gegenübergestellt werden.
- *Anhang C* erläutert den Inhalt der beigefügten Diskette.
- Am Ende des Buches finden Sie noch das *Stichwortverzeichnis.*

beigefügte Diskette

Dem Buch beigefügt ist eine Diskette, auf der Sie die Beispiele finden. Nutzen Sie die Diskette, um die Beispiele zu erweitern und selbst das eine oder andere auszuprobieren.

Wir danken ganz besonders Herrn K.-H. Scheible von der Firma IBM Deutschland Informationssysteme GmbH für seine Unterstützung.

Die Autoren

Beate Pürner ist technische Autorin/Redakteurin. Viele Jahre hat sie für ein großes Software-Haus die Benutzer-Dokumentation erstellt. Davor war sie als Systemspezialistin für das Software-Haus tätig. Seit 1993 ist sie freiberuflich tätig.

Dipl.-Ing. Dipl.-Ök. H. A. Pürner hat sich auf die Fachgebiete Information Engineering und Datenbank-Technologie spezialisiert. Er besitzt langjährige Erfahrungen als Datenbank-Administrator, Berater und Projekt-Manager und ist bekannt durch Seminare, Vorträge und Veröffentlichungen zu seinen Fachgebieten. Seit 1986 ist er Inhaber der

Pürner Unternehmensberatung
Ingenieurbüro für Informationstechnologie
Von-der-Tann-Str. 14
44143 Dortmund
Tel. 0231 / 5 60 03 94
Fax 0231 / 5 60 03 96

Inhaltsverzeichnis

1

DB2 – Eine Implementierung des Relationenmodells

In diesem Kapitel beschreiben wir kurz die Highlights des Relationenmodell von Edgar F. Codd und seine Implementierung in DB2.

Das Relationenmodell ist eine Zusammenfassung von elementaren Konzepten

- zur Strukturierung,

- zur Integritätsdefinition und

- zur Manipulation von Daten.

Wir gehen davon aus, daß Ihnen das Relationenmodell grundsätzlich bekannt ist, und verzichten daher auf langatmige Erläuterungen.

1.1 Entwicklung von DB2

DB2 Common Server ist das Workstation-Mitglied der DB2-Familie. Für die neue Version 2 verspricht die IBM eine weiter verbesserte DB2/MVS-Kompatibilität.

Mit Version 2.1 gibt es für DB2 unter OS/2, Windows NT und UNIX nur noch eine Entwicklungsplattform, so daß ein gemeinsamer Funktionsumfang für die Workstation-Produkte heute und in Zukunft gegeben sein soll. IBM spricht daher auch von DB2 WS (**W**orkstation) oder DB2 Common Server.

Entwicklung von DB2:

1988	Single-user-Version des Database Manager mit SQL-Unterstützung, 16-Bit Implementierung unter OS/2
1990	Client-Server-Version mit konkurrierendem Zugriff im lokalen Netz
1992	Einbindung in DRDA (Distributed Relational Database Architecture), Zugriff auf DB2, SQL/DS, OS/400
1993	DB2/2 Version 1 als 32-Bit Implementierung, zugleich Basis für DB2/6000

1995   DB2 Version 2 mit umfangreichen Erweiterungen und Überarbeitungen, Angleichung der OS/2-Version an die UNIX-Version

1996   DB2 Version 2.11 mit wichtigen Ergänzungen

Mit Version 2.1 entfiel der Query-Manager im OS/2, so daß DB2 kein Endbenutzer-Werkzeug mehr besaß. Die Visualizer-Werkzeuge, die den Query-Manager ersetzen, sind eine eigenständige Produkt-Familie, komplexer, leistungsfähiger, nicht nur für DB2 geeignet, aber auch unabhängig vom DBMS zu kaufen. Die Visualizer-Werkzeuge stehen somit im Wettbewerb mit anderen, von einem Datenbank-Produkt unabhängigen Werkzeugen, die unter anderem auch auf DB2 mittels ODBC zugreifen können. Mit Release 2.1.1 wurde DB2 mit *Visualizer Flight* wieder um eine Endbenutzer-Schnittstelle ergänzt. Dieses Werkzeug ermöglicht es auch Benutzern, die in SQL weniger geübt sind, Datenbankauswertungen zu erstellen und unterstützt erfahrene Anwender bei der Zusammenstellung ihres SQL-Befehls durch Schablonen, Tabellen- und Spaltenauflistungen.

DB2 verfügt über eine Kommandozeilen-Schnittstelle (CLP) und das umfassende Werkzeug *Database Director*, das einzelne dedizierte Werkzeuge für den Datenbank-Administrator oder den Anwender integriert.

Ein wenig verwirrend sind die Produkt-Konfigurationen, in denen IBM DB2 anbietet:

Die Einzelplatz-Version für PCs umfaßt mit Ausnahme von DDCS alle Komponenten für Einsatz, Administration und Anwendungsentwicklung.

Die Server-Version enthält im wesentlichen nur die Datenbank-Maschine. Der *Software Developer's Kit* (SDK) enthält den Precompiler, CLI-/ODBC-Unterstützung und *Visual Explain*. Der *Administrator's Toolkit* umfaßt den *Database Director*, *Visual Explain* und den Performance-Monitor.

DDCS für den Zugriff auf Mainframe-Datenbanken ist in jedem Fall ein eigenes Produkt.

Bild 1.1:
Dies ist unsere aktuellste Version des geöffneten DB2-Ordners mit 3 Anwendungen, die wir mit Ihnen im folgenden erstellen werden

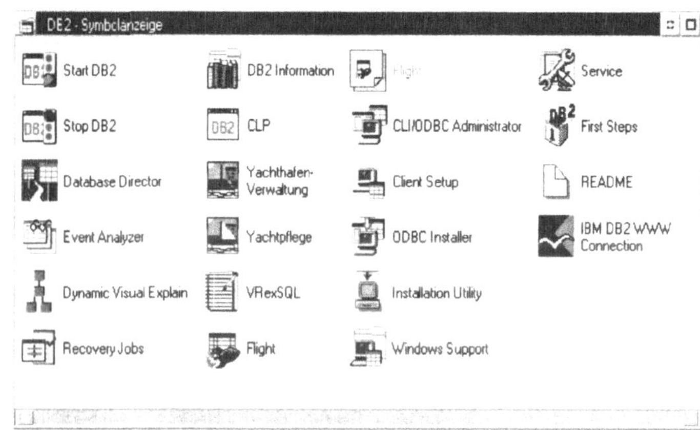

1.2 Strukturierung von Daten

In diesem Abschnitt stellen wir in geraffter Form die Grundprinzipien des Relationenmodells dar:

Datenwert

Die kleinste Einheit des Relationenmodells ist der Datenwert. Er wird als atomar angenommen, das heißt er ist nicht weiter zerlegbar. Jegliche Information im Relationenmodell wird ausschließlich durch Datenwerte wiedergegeben.

Domäne

Eine Menge von Datenwerten der gleichen Art ist eine Domäne. Sie umfaßt den gesamten erlaubten Wertebereich.

Relationen und Attribute

Relationen sind Mengen von Elementen identischer Struktur. Eine Relation besteht aus einem Kopf und einem Rumpf; der Kopf wiederum aus einer festen Menge von Attributen, die jeweils genau einer Domäne zugeordnet sind, der Rumpf aus einer variablen Menge von Tupeln, die ihrerseits aus einer Menge von (*Attribut-Name:Attributwert*)-Paaren bestehen. Der Attributwert ist ein erlaubter Datenwert aus der Domäne, zu der das Attribut gehört.

Dem Praktiker vertrauter ist die Darstellung von Relationen als Tabellen, in denen die Tupel als Zeilen und die Attribute als Spalten definiert sind.

Bild 1.2:
Tabellen-Darstellung
einer Relation

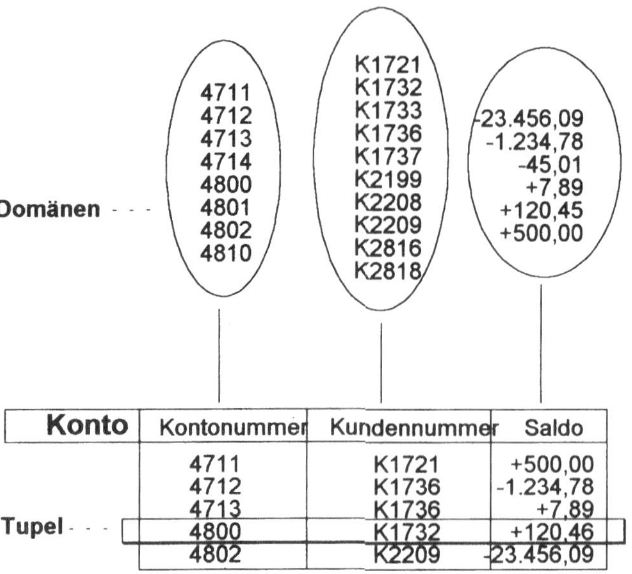

Konto	Kontonummer	Kundennummer	Saldo
4711	K1721	+500,00
4712	K1736	-1.234,78
4713	K1736	+7,89
4800	K1732	+120,46
4802	K2209	-23.456,09

Primärschlüssel

Die Mengenstruktur von Relationen schließt die Existenz von Elementen (Tupeln) gleichen Wertes aus. Die Datenobjekte werden assoziativ, das heißt durch Attributwerte bestimmt. Die Relationenelemente werden nur dann eindeutig durch die Werte in ausgezeichneten Attributen identifiziert, wenn stets sichergestellt ist, daß in einer Relation eine bestimmte Wertekombination in diesen Attributen nur einmal vorkommt. Die Kombination dieser ausgezeichneten Attribute wird als Primärschlüssel, die Attribute als Schlüsselattribute bezeichnet. Der Primärschlüssel muß nicht nur *eindeutig*, sondern auch *minimal* sein, das heißt es darf kein Attribut mehr entfernt werden können, ohne daß der Primärschlüssel seine Eindeutigkeit verliert. Die Nichtschlüssel-Attribute werden vom Primärschlüssel funktional bestimmt, sie sind vom Schlüssel funktional abhängig.

Schlüsselkandidat

Attributmengen, die nicht als Primärschlüssel gewählt wurden, aber auch die Tupel einer Relation eindeutig identifizieren können, heißen Schlüsselkandidaten.

Fremdschlüssel

Referenziert eine Attributmenge einer Relation eine andere eindeutig, das heißt ist sie der Primärschlüssel der anderen Relation, so wird sie als *Fremdschlüssel* bezeichnet. Die Attribute des

Fremdschlüssels und die des zugehörigen Primärschlüssels müssen paarweise zu denselben Domänen gehören.

Bild 1.3:
Schlüssel im
Relationenmodell

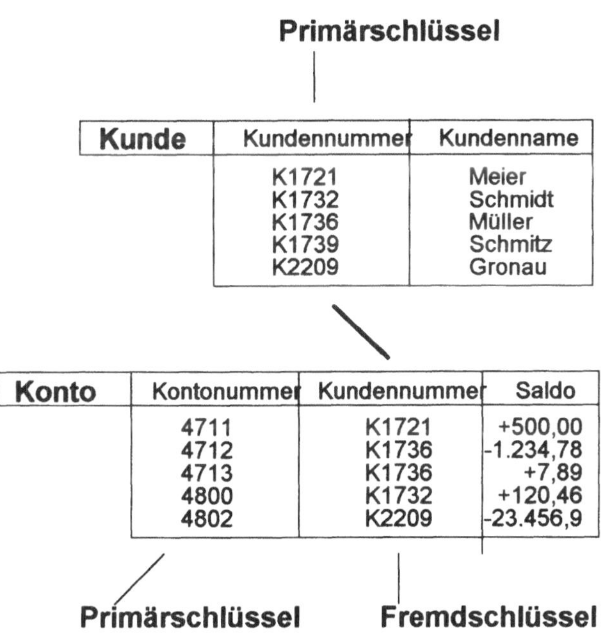

NULL-Wert

Sind Attribute in ihrem Wert nicht definiert, so haben sie den Wert NULL[1] angenommen.

DB2 ist eine der mittlerweile vielen Implementierungen dieser Prinzipien. Es bietet die Organisation von Informationen in Tabellen mit Spalten (Attributen) und Zeilen (Tupeln). Es bietet (wie so viele andere Produkte auch) noch **keine** direkte Unterstützung des Domänenkonzepts. DB2 kennt Primär- und Fremdschlüssel, erzwingt aber (ebenso wie die anderen) nicht deren Gebrauch. Entgegen der Theorie können Tabellen doppelte Zeilen in beliebiger Anzahl enthalten. Eine Definition eines Primärschlüssels ist nicht erforderlich.

---

[1] Leider war Herr Codd in der deutschen Sprache nicht so bewandert, sonst hätte er sich für unbestimmte Werte einen anderen terminus technicus ausgesucht. Wir schreiben grundsätzlich NULL, wenn wir „unbestimmt" meinen, und Null, wenn wir die Ziffer 0 meinen.

Schema

Kein Begriff ist aus der Relationentheorie ist das *Schema*. Dieser Begriff stammt aus der SQL-Normung. Ein Schema ist das logische Konstrukt zur Bündelung von zusammengehörigen DB2-Objekten (Tabellen, Sichten, Indizes, Triggern usw.). Es ist vergleichbar mit der logischen *Datenbank* in DB2/MVS.

1.3   Integritätsbedingungen

Zum Relationenmodell gehören Integritätsbedingungen:

Kein Teil des Primärschlüssels darf jemals den Wert NULL annehmen (Entitäten-Integrität). Diese Bedingung folgt aus der Forderung nach minimalen Primärschlüsseln. Ist ein Teil des Schlüssels unbestimmt, so verliert dieser seine identifizierende Funktion.

Fremdschlüssel müssen entweder den Wert eines existierenden Primärschlüssel-Wertes oder vollständig den NULL-Wert annehmen (referentielle Integrität). Daraus lassen sich für Operationen auf den Tupeln wie Zugang, Ändern oder Löschen weitere konkrete Bedingungen zur Erhaltung der Konsistenz der Daten ableiten.

Entitäten-Integrität

DB2 unterstützt die Entitäten-Integrität (entity integrity). Alle Attribute, die einen Primärschlüssel bilden, müssen mit der Klausel NOT NULL oder NOT NULL WITH DEFAULT definiert werden. Sie dürfen also nicht den NULL-Wert annehmen. Zur Einhaltung der Eindeutigkeitsregel bedient sich DB2 ebenso (wie der große Bruder) eines Index mit dem Attribut UNIQUE. Dieser Index wird von DB2 automatisch mit der Primärschlüssel-Definition angelegt (im Gegensatz zu DB2/MVS).

referentielle Integrität

Ebenso wird die referentielle Integrität (referential integrity) von DB2 unterstützt. Zeilen, die einen Fremdschlüssel enthalten, müssen für diesen den Wert NULL oder den eines bereits existierenden Primärschlüssels besitzen, sonst werden sie abgewiesen.

Fremdschlüssel dürfen nur auf die Werte ungleich NULL geändert werden, die als Werte eines Primärschlüssels bereits existieren.

Primärschlüssel dürfen nicht verändert werden, wenn zu ihnen Fremdschlüssel existieren. Das heißt DB2 führt eine Änderung eines Primärschlüssels durch, wenn mit seinen alten Werten keine zugehörigen Fremdschlüssel existieren. Existiert ein solcher Fremdschlüssel, lehnt DB2 die Änderung rundweg ab.

Sie sollten deshalb die Änderung eines Primärschlüssels vermeiden, denn nicht jeder Anwender am Computer versteht, warum eine Änderung einmal geht und einmal nicht. DB2 ist in dieser Hinsicht vielleicht nicht komfortabel, aber immerhin zu DB2/MVS kompatibel.

Wird eine Zeile mit Primärschlüssel gelöscht, so kann DB2

- die Zeilen mit zugehörigem Fremdschlüssel ebenfalls löschen,

- die zugehörigen Fremdschlüssel auf NULL setzen,

- die Löschung solange abweisen, wie noch zugehörige Fremdschlüssel existieren.

Weitere Integritätsbedingungen, die im Rahmen der Modellierung einer Anwendung gefunden werden, kann DB2 durch CHECK-Klauseln und Trigger abbilden. Mehr darüber in Kapitel 2.

1.4 Datenmanipulation

Das Relationenmodell besteht nicht nur aus flachen Datenstrukturen, wie uns manche Hersteller nicht-relationaler DBMS in der Vergangenheit oftmals vorgaukeln wollten. Vielmehr gehören die mächtigen relationalen Grundoperationen ebenso dazu; die flachen Datenstrukturen sind nur die Voraussetzungen dafür. Die grundlegenden Operationen des Relationenmodells sind die relationalen Operationen

- Selektion

- Projektion

- Verbund

sowie die klassischen Mengenoperation

- Vereinigung

- Schnittbildung

- Differenz.

Ergebnis dieser Operation ist grundsätzlich eine Relation beziehungsweise Tabelle.

SQL
Als Sprache zur Durchführung relationaler Operationen hat sich SQL (Structured Query Language) durchgesetzt. Sie wurde in den IBM-Labors entwickelt und schon beim legendären relationalen Prototypen von IBM, dem SYSTEM R, eingesetzt. Wir

benutzen daher natürlich auch SQL zur Erläuterung der relationalen Grundoperationen.

Selektion

Die Selektion ist die Auswahl von Zeilen einer Tabelle:

```
SELECT * FROM KONTO WHERE KUNDEN_NUMMER = 5186
```

Die Zeilen mit KUNDEN_NUMMER 5186 aus der Tabelle KONTO werden ausgewählt, das heißt alle Kontendaten zu Kunde 5186.

Projektion

Die Projektion ist die Auswahl von Spalten einer Tabelle:

```
SELECT KONTO_NUMMER, SALDO FROM KONTO
```

Es werden die Spalten KONTO_NUMMER und SALDO aus der Tabelle KONTO ausgewählt.

Verbund

In der Verbund-Operation werden Relationen miteinander verknüpft (Join):

```
SELECT * FROM KONTO, KUNDE
```

Alle Zeilen der Tabellen KONTO und KUNDE werden miteinander verknüpft, wobei jede Zeile der einen Tabelle mit allen Zeilen der anderen verknüpft wird (Kartesisches Produkt). Dieses Beispiel ist nicht besonders praxisgerecht. Daher hier noch ein sinnvolles, wobei die relationalen Grundoperationen miteinander kombiniert werden:

```
SELECT KONTO_NUMMER, KUNDEN_NAME FROM KONTO, KUNDE
WHERE KONTO.KUNDEN_NUMMER = KUNDEN.KUNDEN_NUMMER
```

Die Spalten KONTO_NUMMER und KUNDEN_NAME aus den Tabellen KONTO und KUNDE werden angezeigt. Dabei werden nur die Zeilen mit gleicher Kunden-Nummer in den Tabellen miteinander verknüpft (Equi-Join).

Mengenoperationen

Während die drei speziell relationalen Grundoperationen in einem SQL-Befehl quasi versteckt wurden, gibt es im DB2 für die drei klassischen Mengenoperationen eigene Operatoren.

UNION

UNION bildet die Vereinigungsmenge zweier Tabellen:

```
SELECT * FROM A.KUNDEN
UNION
SELECT * FROM B.KUNDEN
```

Ergebnis ist die Menge aller Kunden(daten) von Kreditinstitut A und Sparkasse B.

INTERSECT

INTERSECT bildet die Schnittmenge zweier Tabellen:

```
SELECT * FROM A.KUNDEN
INTERSECT
SELECT * FROM B.KUNDEN
```

Ergebnis ist die Menge aller Kunden(daten), die Kunden beider Kreditinstitute sind.

EXCEPT EXCEPT ist die Bildung einer Differenzmenge:

```
SELECT * FROM A.KUNDEN
EXCEPT(
SELECT * FROM B.KUNDEN)
```

Ergebnis ist die Menge der Kunden(daten) von Kreditinstitut A, die nicht Kunde von Sparkasse B sind.

1.5 Normalformen

Im vorhergehenden Abschnitt wurden Relationen als eine Menge von Elementen gleicher Struktur definiert. Die Normalformen stellen nun Regeln für diese Struktur dar.

Die Normalisierung dient der Beseitigung der Redundanz und der Beschränkung von funktionalen und mehrwertigen Abhängigkeiten zwischen den Attributen. Die Folgen redundanter Datenhaltung und nicht beachteter Abhängigkeiten sind Probleme bei Operationen wie Einfügen, Ändern oder Löschen; diese sind auch unter dem Begriff *Anomalien* bekannt. Sie gefährden die logische Konsistenz der Datenbasis und sollten bereits im Entwurf einer Datenbank erkannt und vermieden werden.

Unnormalisierte Datenstrukturen, auch NF2-Relationen (NF2 = **n**on **f**irst **n**ormal **f**orm) genannt, zeichnen sich dadurch aus, daß sie Attribute besitzen, die sich aus mehreren Elementen, Vektoren und/oder Gruppen, zusammensetzen.

Beispiel Nehmen wir dazu ein Beispiel aus dem Bankbereich (Primärschlüssel unterstrichen):

Bank-Kunde:

```
Kunden-Nr.
Name
Anschrift:
        Orts-Nr.
        PLZ
        Ort
        Straße
```

```
Konto (x-fach):
    Konto-Nr.
    Saldo
    Umsatz (n-fach):
        Betrag
        Buchungsdatum:
            Tag
            Monat
            Jahr
        Buchungs-Nr.
        B-Kz.
        Buchungstext
        Gegenkonto-Nr.
Bonnität
```

DB2 unterstützt solche NF2-Datenstrukturen nicht, sondern nur *flache* Strukturen, bei denen jedes Attribut (Spalte) nicht weiter unterdefiniert ist. Komplexe Strukturen können als große Objekte (LOBs, large objects) in DB2 abgelegt werden. DB2 betrachtet diese jedoch als schwarzen Kästen, deren interne Strukturen es nicht kennt und nicht bearbeiten kann. Mit benutzerdefinierten Datentypen (UDT, user-defined distinct type) und Funktionen (UDF, user-defined function) können Sie aber diese Beschränkungen unterlaufen. Sie verlassen damit aber die Ebene des Relationenmodells. Man spricht auch davon, daß DB2 mit LOBs, UDTs und UDFs einen ersten Einstieg in die Objektorientierung vollzogen hat.

Natürlich kann DB2 auch niemanden daran hindern, in einer Spalte mehrere Attribute miteinander zu vermengen, wie es ja leider in der Praxis so gern gemacht wird.

Beispiel   Ein eher abschreckendes Beispiel ist eine Kunden-Identifikation aus

- etwas Geburtsdatum,
- einem Geschlechtskennzeichen,
- etwas laufender Nummer und
- etwas vom Vornamen des Bezirksleiters.

1NF — Eine Relation ist in *erster Normalform* (1NF), wenn jeder Attributwert elementar ist, sie also keine Vektoren, Gruppen usw. enthält.

Beispiel:

Bank-Kunde:

```
Kunden-Nr.
Name
Orts-Nr.
PLZ
Ort
Straße
Bonnität
```

Kundenkonto:

```
Kunden-Nr.
Konto-Nr.
Saldo
```

Kontoumsatz:

```
Kunden-Nr.
Konto-Nr.
Buchungs-Nr.
Betrag
Buchungstag,
Buchungsmonat
Buchungsjahr
B-Kz.
Buchungstext
Gegenkonto-Nr.
```

2NF — Eine Relation ist in *zweiter Normalform* (2NF), wenn sie in 1NF ist und jedes Nichtschlüssel-Attribut vom Gesamtschlüssel voll funktional abhängig ist, das heißt auch nicht nur von einem Schlüsselteil.

In unserem Beispiel einer kleinen Provinzbank unterstellen wir eindeutige und selbständige Kontonummern und Buchungsnummern:

```
Bank-Kunde: (Kunden-Nr., Name, Orts-Nr., PLZ, Ort, Straße,
            Bonnität)

Konto: (Kunden-Nr., Konto-Nr., Saldo)

Umsatz: (Konto-Nr., Buchungs-Nr., Betrag, Buchungstag, -monat,
         -jahr, B-Kz., Buchungstext, Gegenkonto-Nr.)
```

3NF — Eine Relation ist in *dritter Normalform* (3NF), wenn sie in 2NF ist und kein Nichtschlüssel-Attribut von einer Menge anderer Nichtschlüssel-Attribute transitiv abhängig ist, das heißt für das

Nichtschlüssel-Attribut A und Schlüssel X darf es keine zwischengeschaltete Attributmenge Y geben, daß A und Y jeweils funktional von X abhängig sind, aber A auch von Y.

Daraus folgt für unser Beispiel:

```
Bank-Kunde: (Kunden-Nr., Name, Orts-Nr., Straße, Bonnität)

Ortsverzeichnis: (Orts-Nr., PLZ, Ort)

Konto: (Kunden-Nr., Konto-Nr., Saldo)

Umsatz: (Konto-Nr., Buchungs-Nr., Betrag, Buchungstag, -monat, -
jahr, B-Kz., Gegenkonto-Nr.)

Buchungsvariante: (B-Kz., Buchungstext)
```

4NF

Eine Relation ist in *vierter Normalform* (4NF), wenn sie in 3NF ist und außer funktionalen Abhängigkeiten keine mehrwertigen Abhängigkeiten enthält.

Unterstellen wir zur Erläuterung der 4. Normalform, daß nicht nur ein Kunde mehrere Konten besitzen kann, sondern auch mehrere Kunden gemeinschaftlich ein Konto (n:m-Beziehung), so erhalten wir die Beziehungsrelation:

```
Kunde-Konto: (Kunden-Nr., Konto-Nr.)
```

Außerdem existiert die Relation *Bürge* als Ausdruck der n:m-Beziehungen zwischen Bürgschaften und Kunden:

```
Bürge: (Kunden-Nr., Bürgschaft-Nr.)
```

Diese beiden Relationen lassen sich nun unter rein formalen Aspekten vereinigen (*Natürlicher Verbund*), ohne gegen die 3. Normalform zu verstoßen:

```
Kunde-Konto-Bürgschaft: (Kunden-Nr., Konto-Nr., Bürgschaft-Nr.)
```

Abgesehen von der mißverständlichen Bedeutung, die eine solche Relation in einem Datenmodell hätte, verstößt sie nun gegen die Regel der 4. Normalform, da sie mehrwertige Abhängigkeiten enthält. Für jede Kombination einer Kunden-Nummer mit Konto-Nummern erscheint eine identische Menge von Bürgschaftsnummern.

5NF

Abschließend sei noch die fünfte Normalform erwähnt, deren praktische Bedeutung strittig ist:

Eine Relation ist in *fünfter Normalform* (5NF), wenn sie in 4NF ist und sie nicht aufgrund von Verschmelzungen einfacherer Relationen mit unterschiedlichen Schlüsseln erstellt werden kann.

Tabellen, die wir für eine relationale Datenbank entwerfen, sollten idealerweise normalisiert sein. Abweichungen von einer Normalform mögen aus Gründen guter Performance notwendig sein, sollten aber immer bewußt vorgenommen werden. Mit anderen Worten: für einen guten Datenbank-Entwurf sind die Relationen zunächst normalisiert zu entwerfen und dann dürfen die Abweichungen für die reale Implementierung angebracht werden. Erstellen Sie also als erstes ein logisches Datenmodell, das Sie dann zur Implementierung in ein physisches Modell transformieren.

2 Datenbank-Entwurf

In diesem Kapitel geben wir Ihnen eine kurzen Überblick über den Datenbank-Entwurf vom Erstellen eines Datenmodells über seine Umsetzung in das relationale Modell, die Implemetierung von Integritätsregeln mit Hilfe von Triggern, die Definition von Datensichten bis zur Festlegung der physischen Datenbank-Strukturen. Wir gehen davon aus, daß Ihnen die theoretischen Grundlagen der Datenmodellierung ebenso bekannt sind wie das grundsätzliche Vorgehen beim Datenbank-Entwurf. Unsere Ausführungen sollen deshalb nur vorhandenes Wissen auffrischen. Ausführlicher behandeln wir dann die speziellen Möglichkeiten von DB2 bei der Implementierung.

2.1 Entity-Relationship-Aproach (ERA)

Es ist heute selbstverständlich, vor dem eigentlichen Entwurf von Datenbank-Strukturen ein Datenmodell zu erstellen. Dazu setzt man am besten bereits im Fachkonzept auf und stellt die fachlichen Zusammenhänge der betrachteten Informationen in einem sogenannten konzeptionellen Modell dar. Es enthält keinesfalls die DV-technischen Aspekte der zukünftigen Realisierung oder Beschränkungen der einzusetzenden Datenbank-Software. Das konzeptionelle Datenmodell wird im Rahmen des DV-Entwurfs in ein logisches Modell umgesetzt.

Als Standard-Verfahren zur Erstellung eines konzeptionellen Datenmodells hat sich heute der Entity-Relationship-Aproach ERA von Chen durchgesetzt. Chen hat seinen Ansatz, der auf den Ideen des Relationenmodells von Codd aufbaut, 1976 vorgestellt [1]. Mittlerweile ist aus einem Ansatz eine Familie von Vorgehensweisen geworden, die alle unter ERA firmieren. Fast jeder Werkzeug-Entwickler, jeder Universitätsprofessor oder EDV-Berater mußte seine persönliche Variante schaffen. Diese Varianten unterscheiden sich durch zusätzliche Beschränkungen, andere grafische Notationen oder ergänzende Konstrukte voneinander. Wir können nicht an dieser Stelle auf die vielen Nuancen zum ERA eingehen und verweisen die interessierten Leser auf die Fachliteratur zu diesem Thema.

Der ERA, wie ihn Chen 1976 vorstellte, ist ein Top-down-Ansatz zur Beschreibung der Informationsstrukturen. Seine Konstrukte sind:

* Entität

* Beziehung

* Attribut

* Integritätsbedingungen.

Entität

Entität (entity) ist eine grundlegende Einheit, die für eine Organisation von Interesse ist. Es kann ein konkreter Gegenstand, ein Begriff oder ein Ereignis sein, kann real existieren oder abstrakt sein. Gleiche Entitäten werden zu Klassen von Entitätstypen zusammengefaßt.

Grundsätzlich wird zwischen Entitäten unterschieden, die eigenständig existenzfähig sind (starke Entität, strong entities, kernel entities), und solchen, deren Existenz nur in Zusammenhang mit anderen möglich ist (schwache Entität, weak entities).

Beziehungen

Als Beziehungen (relationships) werden die Zusammenhänge zwischen Entitäten bezeichnet. Ein Beziehungstyp wird immer über einen oder mehrere Entitätstypen definiert. Ein Beziehungsexemplar, das heißt eine konkrete Ausprägung einer Beziehung, verknüpft immer mindestens zwei Entitätsexemplare. Ein wesentliches Charakteristikum von Beziehungen ist ihre Kardinalität (1:1, 1:n, n:m).

Attribute

Durch Attribute (Eigenschaften) werden Entitäten und Beziehungen beschreibende Werte zugeordnet. Die Zuordnung erfolgt unter Beachtung der funktionalen Abhängigkeiten.

Integritäts-
bedingungen

Integritätsbedingungen sind Regeln, die zur Erhaltung einer sachlich und logisch richtigen Datenbasis eingehalten werden müssen. Sie umfassen auch die Integritätsbedingungen des Relationenmodells, gehen aber weit darüber hinaus. Vielfach werden sie auch als Geschäftsregeln (*business rules*) bezeichnet.

Zunächst werden Entitäten klassifiziert und in verschiedene Entitätsmengen (entity sets) eingeordnet. Diese Mengen müssen nicht notwendig disjunkt sein. Ebenso werden die Beziehungen zwischen den Entitäten betrachtet. Dabei wird die Funktion, die ein Gegenstand in einer Beziehung inne hat, als Rolle bezeichnet. Es können Beziehungen zwischen Entitäten einer, zweier (binäre Beziehung) oder mehrerer Entitätsmengen vorkommen. Entitäten können zu jeweils genau einem oder mehreren Entitäten – einseitig oder wechselseitig in Beziehung stehen (1:1-, 1:n oder n:m-Beziehung). Dies wird auch als Kardinalität der Beziehung bezeichnet.

Informationen über Entitäten und Beziehungen werden durch ihre Attributwerte ausgedrückt. Diese Werte werden in verschiedene Wertemengen klassifiziert. Attribute ordnen Entitäten und Beziehungen Werte aus diesen Mengen zu. Die Zuordnung von Attributen zu Entitäten und Relationships erfolgt nach funktionaler Abhängigkeit. Bei einer korrekten Modellierung mit einer sauberen Wiedergabe jedes sachlichen Zusammenhangs durch eine eigene Beziehung erhalten wir automatisch Relationen in 4. Normalform (4NF).

Entitäten können durch einzelne Attribute oder eine Gruppe von Attributen im Sinne einer 1:1-Abbildung zwischen Wertemenge(n) und Gegenstandsmenge eindeutig identifiziert werden (Schlüssel). Gibt es kein identifizierendes Attribut, beziehungsweise keine Gruppe, so ist ein künstliches Attribut als Schlüssel einzuführen. Gibt es mehrere, so muß ein Primärschlüssel bestimmt werden. Alle Nichtschlüssel-Attribute sind vom Schlüssel funktional abhängig.

Eine Beziehung wird durch die beteiligten Entitäten identifiziert. Daher können die Schlüsselattribute dieser Entitäten zusammen als Schlüssel der Beziehung definiert werden. Damit werden die Schlüsselattribute der Entitäten aber nicht zu Attributen der Beziehungen.

Es gibt regelmäßig auch Entitäten, die nicht eindeutig durch ihre eigenen Attributwerte identifiziert werden. Sie werden erst durch eine binäre 1:n-Beziehung zu einem anderen Gegenstand eindeutig identifizierbar. Solche Entitäten werden als schwach (weak entities) bezeichnet.

Entitätsmengen werden in den Diagrammen als Rechtecke, Beziehungsmengen als Rauten dargestellt. Die Kardinalität einer Beziehung wird explizit vermerkt. Die Existenzabhängigkeit eines Gegenstands von einem anderen wird durch einen Pfeil kenntlich gemacht. Schwache Entitäten sind durch Doppelrechtecke hervorgehoben. Ein Beispiel finden Sie auf Seite 19.

Die Vorteile des ER-Ansatzes liegen in einer ausreichenden Beschreibung der Semantik der Daten – im Gegensatz zum einfachen Relationenmodell – und in der grafischen Unterstützung. Die ER-Diagramme sind leicht verständlich und auch einem DV-Laien zumutbar. Als Nachteil kann es angesehen werden, daß zumindest zu Beginn der Informationsanalyse Entitäten und besonders Beziehungen noch intuitiv festgelegt werden.

konzeptionelles Datenmodell

Wir gehen davon aus, daß Sie nach der Ihnen bekannten Variante und mit Hilfe eines der auf Workstations verfügbaren Werkzeuge ein konzeptionelles Datenmodell erstellen können. Wir geben Ihnen daher nur ein kurzes Beispiel mit knappen Erläuterungen.

Beispiel

Grundlage unserer Beispiele in den folgenden Kapiteln ist die kleine Anwendung „MARINA", eine Yachthafen-Verwaltung.

Kern der Anwendung ist ein Buchungssystem, in dem Yachten für einen bestimmten Zeitraum freie Liegeplätze zugewiesen werden. Dazu gehört natürlich auch eine Stammdatenverwaltung

- für die Yachten, deren Größe Grundlage für die Liegegebühren ist,
- für die Eigner, die die Liegegebühren bezahlen müssen, und
- von den Liegeplätzen mit ihren Platzverhältnissen.

Von dem Eigner benötigen wir neben seinen identifizierenden Daten wie Name, Vorname und Geburtsdatum noch die Nationalität und seine Paßnummer sowie seine Adressen, wobei wir bei Dauerliegern davon ausgehen, daß diese eine Heimatanschrift und eine ständige Adresse am Ort haben können. Die Adressen vor Ort dürften in vielen Fällen gleich sein, nämlich die Anschrift der Appartement-Anlage neben unserem Yachthafen.

Zu den Yachten benötigen wir folgende Angaben: Name der Yacht, Registerort, Länge, Breite, Tiefgang und Verdrängung.

Die Liegeplätze haben folgende Daten: Nummer des Liegeplatzes, Länge, Breite, Wassertiefe und Kennzeichen für Strom- und Wasseranschluß.

Bild 2.1:
Erstes ER-Modell
MARINA

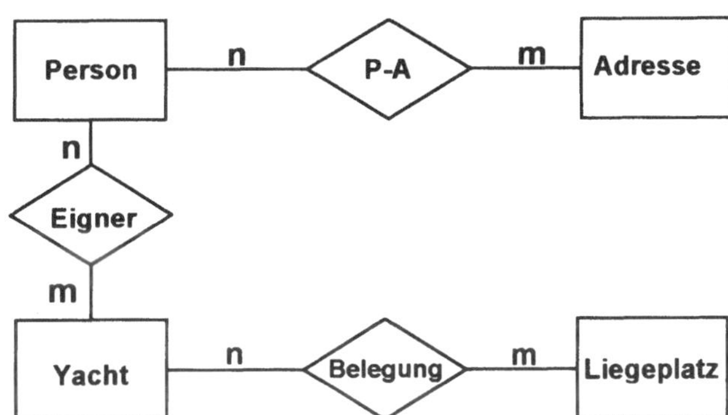

Das Bild 2.1 zeigt den Ausschnitt des Entity-Relationship-Modells für unsere Anwendung.

Eine Person kann demnach mehrere Adressen haben, eine Adresse mehreren Personen gehören. Eine Person kann mehrere Yachten besitzen, eine Yacht mehreren Personen (Eigner-Gemeinschaft) gehören. Eine Yacht kann – allerdings nicht gleichzeitig – mehrere Liegeplätze belegen, ein Liegeplatz nacheinander von unterschiedlichen Yachten belegt werden. Die Datumsangaben der Belegung (von, bis) sind Attribute der Beziehung „Belegung".

Was soll der Hafenmeister in unserer Anwendung erledigen können? Zuerst soll er Liegeplätze für bestimmte Zeit vermieten und eine Rechnung darüber erstellen können. Dazu muß er die Daten von Yachten und Eigner erfassen und pflegen. Außerdem muß er die Liegeplätze erfassen und pflegen können.

Wir vereinfachen daher unser ER-Modell für den Datenbank-Entwurf:

Bild 2.2:
Vereinfachtes
ER-Modell
MARINA

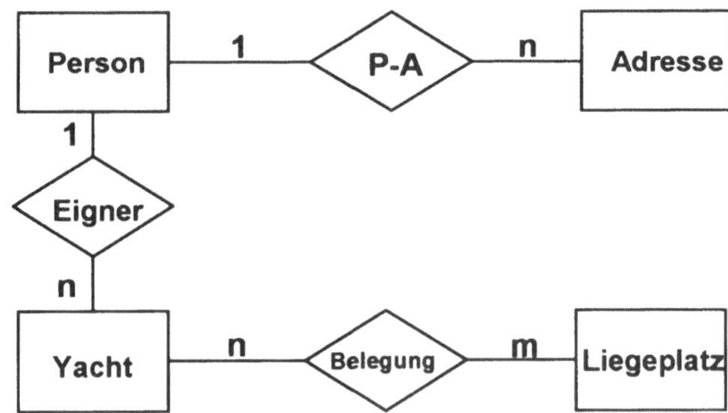

Wir wollen keine Adreßverwaltung aufbauen, sondern nur die Anschriften von Gast- und Dauerliegern haben, um Ihnen Rechnungen zustellen oder sie bei Problemen benachrichtigen zu können. Daher vereinfachen wir die n:m-Beziehung *P-A* in eine 1:n-Beziehung. Die Redundanz in den Anschriften (Zweitadresse Yachthafen-Appartements) können wir bei der kleinen Datenmenge vernachlässigen.

Die Eigentumsverhältnisse an den Yachten sind uns gleichgültig. Wir benötigen einen Eigentümer, der für die Rechnung einsteht. Daher vereinfachen wir auch hier die n:m-Beziehung *Eigner* zu einer 1:n-Beziehung.

Aus den funktionalen Anforderungen ergeben sich übrigens folgende grobe Aufgaben:

- Neubelegung (Belegungsübersicht und Buchung)
- Eigner   (Stammdaten-Pflege Yachteigner)
- Yacht   (Stammdaten-Pflege Yacht-Daten)
- Belegung   (Auskunft und Pflege Liegeplatz-Belegung)
- Liegeplätze   (Stammdaten-Pflege Liegeplätze).
- Rechnungsschreibung

Die Realisierung dieser Aufgaben finden Sie in den folgenden Kapiteln.

Viele Werkzeuge erlauben Ihnen nun, ein solches Modell nach einem einfachen Kochrezept in ein Relationenmodell umzusetzen und auch gleich die SQL-Datendefinitionen dafür zu generieren.

Das Kochrezept lautet:

Entität	Tabelle
n:m-Beziehung	Tabelle mit Fremdschlüsseln
1:n-Beziehung	Fremdschlüssel
Attribut	Spalte

Die Integritätsbedingungen des Modells, soweit sie über die einfachen Regeln des Relationenmodells hinausgehen, müssen als Programmcode abgelegt werden. Bei Zielsystemen, die wie DB2 über zentrale Mechanismen wie Trigger verfügen, empfiehlt es sich diese weitgehend zu nutzen, damit diese Regeln auch angewendet werden.

Bessere Werkzeuge geben Ihnen allerdings nach der Umsetzung ins Relationenmodell Gelegenheit, die Randbedingungen der DV-Umgebung zu spezifizieren, bevor die SQL-Befehle des Datenbank-Schemas[1] erzeugt werden.

Stellen Sie die benötigten SQL-Befehle vollständig in einem Datenbank-Schema zusammen. Sie erhalten so eine gute Dokumentation über die Implementierung und können sie auf einer anderen Anlage jederzeit ohne großen Aufwand wieder installieren. Der erste Befehl des Schemas sollte der CREATE DATABASE oder der CREATE SCHEMA sein, die beide in DB2 nicht zu den SQL-Befehlen zählen.[2]

---

[1] Der alte CODASYL-Begriff *Schema* wurde im Zusammenhang mit der Datenbank- und Tabellen-Definition vom ANSI-Standard zu SQL 1986 benutzt.

[2] CREATE DATABASE ist DB2-Kommando, CREATE SCHEMA existiert nicht

Wir erhalten aus unserem vereinfachten ER-Modell fünf Tabellen:

- Person
- Adresse
- Yacht
- Liegeplatz
- Belegung

Von den Attributen eignet sich nur die Liegeplatz-Nummer zur eindeutigen Identifizierung. Für die Tabellen Person, Adresse und Yacht fügen wir zur Identifizierung jeweils eine fortlaufende Nummer zu und definieren diese Nummern als Primärschlüssel der Tabellen. Der Primärschlüssel der Tabelle Belegung setzt sich aus der Liegeplatz- und der Yachtnummer sowie dem VON-Datum zusammen.

Die Beziehungen zwischen den Tabellen stellen wir durch die Definition von Fremdschlüsseln dar.

2.2 Abbilden von Integritätsregeln

Wesentlich für ein gutes Anwendungsdesign ist das exakte Abbilden der Geschäftsregeln und Plausibilitäten, die in der semantischen Modellierung gefunden und definiert wurden.

Während die Regeln zur referentiellen Integrität schon seit längerem in fast allen ernstzunehmenden relationalen Datenbank-Managementsystemen definiert werden können, sind Datenplausibilitäten und Geschäftsregeln häufig durch Programmcode zu realisieren. Dieses hat den gravierenden Nachteil, daß diese Regeln immer wieder händisch zum Beispiel als Unterprogramme in Anwendungen einzubinden sind und für Datenzugriffe über bestimmte Endbenutzer-Werkzeuge nicht zur Verfügung stehen.

DB2 ab Version 2 bietet – wie einige seiner Mitbewerber auch – Funktionalitäten zur zentralen Ablage solcher Regeln: CHECKs und Trigger. Dies erleichtert es wesentlich, die Anwendung dieser Regeln zu erzwingen.

2.2.1 Einfache Plausibilitäten definieren

CHECK-Prüfungen auf Spalten- oder Tabellenebene legen Wertebereiche sowie einfache Plausibilitäten zwischen Spalten derselben Tabelle fest.

So definieren wir für alle Größenangaben in den Tabellen Liegeplatz und Yacht, daß sie nicht negativ sein dürfen. Außerdem können wir vorgeben, daß die Kennzeichen für Strom- oder Wasseranschluß eines Liegeplatzes nur die Werte „ja" oder „nein" in Klein- oder Großschreibung annehmen dürfen.

Beispiel

```
CREATE TABLE LIEGEPLATZ (
   LPNR SMALLINT NOT NULL,
   LAENGE DECIMAL(5,2) NOT NULL
      CHECK(LAENGE>0),
   BREITE DECIMAL(5,2) NOT NULL
      CHECK(BREITE>0),
   WASSERTIEFE DECIMAL(5,2) NOT NULL
      CHECK (WASSERTIEFE>0),
   STROM CHAR(4) NOT NULL
      CHECK(STROM IN ('ja','nein', 'JA', 'NEIN')),
   WASSERANSCHLUSS CHAR(4) NOT NULL
      CHECK(WASSERANSCHLUSS IN ('ja','nein', 'JA', 'NEIN')),
   PRIMARY KEY (LPNR),
   CONSTRAINT LB_VERHAELTNIS CHECK( LAENGE >= BREITE * 2)
)
```

Wie die Prüfbedingung LB_VERHAELTNIS im Beispiel zeigt, können auch Prüfungen zwischen den Spalten einer Tabelle angegeben werden. Wir geben hier vor, daß die Länge des Liegeplatzes größer gleich der doppelten Breite sein muß, um sicherzustellen, daß nicht Längen- und Breitenangaben vertauscht oder Zahlendreher eingegeben werden.

Tabellenübergreifende Prüfungen sind mit CHECK nicht möglich.

2.2.2 Verarbeitungsregeln für referentielle Integrität definieren

Wenn die Verarbeitungsregeln für die Erhaltung der referentiellen Integrität nicht schon im konzeptionellen Modell definiert wurden, müssen sie spätestens im Relationenmodell angegeben und an das Zielsystem DB2 angepaßt werden:

DB2 unterstützt, im Einklang mit DB2/MVS, nur für den Löschvorgang die ganze Bandbreite der möglichen Auswirkungen auf abhängige Tabellen:

```
ON DELETE [CASCADE | RESTRICT |NO ACTION | SET NULL]
```

Wird also eine Tabellenzeile mit einem Primärschlüssel gelöscht, zu dem es zugehörige Fremdschlüssel-Verweise gibt, so

- werden die Zeilen mit den entsprechenden Fremdschlüsseln gelöscht (Angabe CASCADE) – natürlich unter Beachtung der referentiellen Integrität auch für diese Zeilen

- wird die Löschung zurückgewiesen (Angabe RESTRICT oder NO ACTION)

- werden die Fremdschlüssel auf NULL gesetzt (Angabe SET NULL).

Die Angaben NO ACTION und RESTRICT sind in ihrer Wirkung fast äquivalent. Die RESTRICT-Angabe wird vor allen anderen betroffenen Integritätsregeln erzwungen, die NO ACTION-Angabe nach allen anderen. Daher könnte es in einigen Sonderfällen zu unterschiedlichen Ergebnissen kommen.

Für Änderungen, die auch einen Primärschlüssel betreffen, gilt

```
ON UPDATE NO ACTION
```

als Standard. Alternativ ist noch

```
ON UPDATE RESTRICT
```

möglich. Das heißt eine Änderung eines Primärschlüssel-Wertes wird dann abgewiesen, wenn zum alten Wert bereits zugehörige Fremdschlüssel existieren. Natürlich wird die Änderung auch abgewiesen, wenn durch sie die Eindeutigkeit des Primärschlüssels verletzt würde.

Neuzugänge haben keine Auswirkungen auf abhängige Tabellen. Neuzugänge mit Fremdschlüssel-Werten ungleich NULL werden darauf geprüft, daß dieser Fremdschlüssel-Wert als Primärschlüssel existiert.

Bei Änderungen eines Fremdschlüssels auf Werte ungleich NULL wird die Existenz eines zugehörigen Primärschlüssels mit dem neuen Wert geprüft. Die Änderung wird abgewiesen, falls ein solcher Primärschlüssel nicht existiert.

Wir definieren für unsere Tabelle **BELEGUNG** folgende Regeln:

```
CREATE TABLE BELEGUNG (
  LPNR SMALLINT NOT NULL
       REFERENCES LIEGEPLATZ(LPNR)
       ON DELETE RESTRICT,
  YNR  SMALLINT NOT NULL
       REFERENCES YACHT(YNR)
       ON DELETE CASCADE,
  VON  DATE NOT NULL,
  BIS  DATE NOT NULL,
  PRIMARY KEY (LPNR, YNR, VON),
  CONSTRAINT DAUER CHECK (VON < BIS)
);
```

Die Spalten LPNR und YNR sind Teil des Primärschlüssels und zugleich jeweils Fremdschlüssel. LPNR verweist auf die Tabelle

LIEGEPLATZ. Als Löschregel gilt, daß ein Liegeplatz so lange nicht gelöscht werden darf, wie noch Belegungen für ihn gespeichert sind (Als Regel würde wohl ausreichen, daß für einen Liegeplatz keine aktuellen oder zukünftigen Belegungen mehr existieren dürfen. Dies ist jedoch über die Fremdschlüssel-Definitionen nicht abbildbar – da hilft nur ein Trigger!). YNR verweist auf die Tabelle **YACHT.** Als Löschregel gilt, daß beim Entfernen einer Yacht aus unserem Datenbestand auch alle ihre Reservierungen gelöscht werden sollen.

Bitte beachten Sie, daß auch beim Laden von Tabellen mit dem DB2-Kommando IMPORT die Definitionen zur referentiellen Integrität zum Prüfen herangezogen werden – im Gegensatz zum Kommando LOAD.

2.2.3 Integritätsregeln durch Trigger realisieren

Tabellenübergreifende Integritätsregeln können in DB2 zentral nur durch Trigger implementiert werden – oder dezentral nach alter Art durch konventionelles Programmcoding. Trigger bieten die Vorteile einer zentralen Implementierung der Integritätsprüfungen und ihrer vom Datenbank-Managementsystem erzwungenen Ausführung. Damit wird die Pflege solcher Regeln erleichtert und ihre Umgehung durch Anwender unterbunden. In vernetzten System bieten Trigger noch den Vorteil, daß sie auf dem Datenserver und nicht auf einem Client ausgeführt werden. Das erspart unnötigen Leitungsverkehr und verbessert die Performance der Anwendung.

Trigger

Ein Trigger ist eine SQL-Befehlsfolge, die durch eine Änderungsoperation auf eine dafür angegebene Basistabelle aktiviert wird. Trigger können vor oder nach den DELETE-, INSERT oder UPDATE-Operationen, einmal je Operation oder für jede betroffene Zeile ausgeführt werden.

Mit Triggern können zum Beispiel Geschäftsregeln überwacht oder Änderungshistorien in Tabellen geschrieben werden.

Für unsere Beispiel-Datenbank sind zu prüfen, daß

- eine Yacht nicht zugleich zwei Liegeplätze bucht
- eine Yacht auch in den gebuchten Liegeplatz hineinpaßt.

<table>
<tr><td valign="top">

Trigger
DOPPEL_
BUCHUNG

</td><td>

Für die erste Prüfung definieren wir den Trigger DOPPEL_BU-CHUNG:

</td></tr>
</table>

```
CREATE TRIGGER DOPPEL_BUCHUNG
   NO CASCADE BEFORE INSERT ON BELEGUNG
   REFERENCING NEW AS N
   FOR EACH ROW MODE DB2SQL
   WHEN (EXISTS (
        SELECT * FROM BELEGUNG ALTB
        WHERE ALTB.YNR = N.YNR AND
           ( ALTB.VON BETWEEN N.VON    AND N.BIS    OR
             ALTB.BIS BETWEEN N.VON    AND N.BIS    OR
             N.VON    BETWEEN ALTB.VON AND ALTB.BIS OR
             N.BIS    BETWEEN ALTB.VON AND ALTB.BIS )
        )
      )
   SIGNAL SQLSTATE '90001' ('Doppelbuchung')
```

Vor der Ausführung des INSERT-Befehls wird in der Tabelle **BELEGUNG** nach einer Zeile mit unserer zu buchenden Yacht (N:YNR) gesucht, deren Zeitangaben (VON, BIS) sich mit dem Buchungszeitraum überschneidet. Wird eine solche Zeile gefunden, so wird die Fehlerbedingung 90001 (Doppelbuchung) gesetzt und der INSERT zum Abbruch veranlaßt. Die Tabelle befindet sich zum Zeitpunkt der Ausführung des Triggers noch im alten Zustand, was wir durch den Alias-Namen ALTB unterstreichen. Die Werte der neuen Zeile referenzieren wir mit N, wie in der REFERENCING-Klausel vereinbart.

Wir führen in unserer Anwendung jeweils nur Einzelbuchungen durch, das heißt wir fügen eine Zeile je Befehl in die Tabelle ein. Daher reicht es, den Trigger einmal je Befehl auszuführen. Dennoch vereinbaren wir den Trigger je Zeile, um sicherzustellen, daß auch bei Mengen-Inserts die Trigger-Prüfungen durchgeführt werden. Man weiß ja nie, wie sich eine Anwendung einmal weiter entwickeln wird.

Trigger PASSEND | Für die zweite Prüfung definieren wir den Trigger PASSEND:

```
CREATE TRIGGER PASSEND
  NO CASCADE BEFORE INSERT ON BELEGUNG
  REFERENCING NEW AS N
  FOR EACH ROW MODE DB2SQL
  WHEN (NOT EXISTS (
        SELECT * FROM YACHT Y, LIEGEPLATZ L
        WHERE YNR = N.YNR AND LPNR = N.LPNR
         AND   Y.LAENGE <= L.LAENGE
         AND   Y.BREITE <  L.BREITE
         AND   Y.TIEFGANG < L.WASSERTIEFE
       )
     )
   SIGNAL SQLSTATE '90002' ('Yacht größer Liegeplatz')
```

Vor der Ausführung des INSERT-Befehls werden aus den Tabellen **YACHT** und **LIEGEPLATZ** die zugehörigen Stammdaten gelesen und geprüft, ob die Yacht in den Liegeplatz hineinpaßt. Wenn nicht, so wird die Fehlerbedingung 90002 (Yacht größer Liegeplatz) gesetzt und der INSERT zum Abbruch veranlaßt. Die Werte der in BELEGUNG einzufügenden Zeile referenzieren wir mit N, wie in der REFERENCING-Klausel vereinbart. Auch diesen Trigger lassen wir je Zeile ausführen. Zu beachten ist in diesem Beispiel noch, daß der Trigger de facto die Prüfungen zur referentiellen Integrität vorwegnimmt, da er vor diesen Prüfungen ausgeführt wird: Es kommt natürlich auch zum Abbruch des INSERT mit dieser Fehlermeldung, wenn Yacht- oder Liegeplatz-Nummer nicht existieren.

Trigger L_B | Für das Löschen von Liegeplätzen könnte eine Bedingung zum Tragen kommen, die sich nicht durch die Regeln der referentiellen Integrität abbilden läßt (siehe Seite 25): Liegeplätze dürften nur dann gelöscht werden, wenn für sie keine *aktuellen* oder *zukünftigen* Belegungen mehr eingetragen sind, alte Belegungen spielen dabei kein Rolle. Wir wollen Ihnen den Trigger nicht vorenthalten, der diese Regel prüft:

```
CREATE TRIGGER L_B
  NO CASCADE BEFORE DELETE ON LIEGEPLATZ
  REFERENCING OLD AS O
  FOR EACH ROW MODE DB2SQL
  WHEN (EXISTS (
        SELECT * FROM BELEGUNG
        WHERE LPNR = O.LPNR
          AND ( VON >= CURRENT DATE
            OR  BIS >= CURRENT DATE)
       )
     )
   SIGNAL SQLSTATE '90003' ('Liegeplatz noch gebucht')
```

Es wird für jede betroffene Zeile vor ihrem Löschen geprüft, ob die Tabelle **BELEGUNG** noch Zeilen für den Liegeplatz (O.LPNR) enthält, deren Zeitangaben (VON, BIS) größer gleich dem heutigen Datum (CURRENT DATE) sind. Ist das der Fall, wird der Löschvorgang mit der Fehlermeldung 90003 (Liegeplatz noch gebucht) abgebrochen. Die Werte der zu löschenden Zeile werden mit O referenziert (REFERENCING OLD ...). Wenn Sie diesen Trigger einsetzen wollen, müssen Sie auch die Löschregel der entsprechenden Fremdschlüssel-Definition auf CASCADE setzen, damit beim Löschen eines Liegeplatzes seine alten Belegungsdaten ebenfalls entfernt werden.

Bei aller Flexibilität, die Ihnen Trigger bieten, sollten Sie jedoch darauf achten, daß Sie die Übersicht über den Ablauf der Änderungsoperationen in Ihrer Datenbank behalten. Sich überlagernde oder kaskadierende Trigger können zu überraschenden und unangenehmen Effekten führen. Auch sollten Sie die Performance nicht vergessen, die durch zu viele automatisch ablaufende Aktionen leiden könnte.

2.3 Indizes

Es gibt zwei Gründe, warum Sie in DB2 einen Index definieren müssen:

1) Über den Index erzwingen Sie die Eindeutigkeit von Werten in einer oder mehrerer Spalten. Obwohl der ANSI-Standard zu SQL bereits 1986 das Attribut UNIQUE für Spalten-Definitionen im CREATE TABLE vorsah, muß auch heute noch bei IBMs DB2-Familie dazu ein Index mit UNIQUE-Parameter benutzt werden (auch deshalb legt DB2 für den Primärschlüssel einen Index an!)

2) Mit einem Index beschleunigen Sie den Zugriff auf die Tabelle, wenn die Spalten des Index zugleich Auswahlkriterien des SQL-Befehls sind (auch deshalb legt DB2 für den Primärschlüssel einen Index an!)

Ein Index kann nur über jeweils einer Tabelle errichtet werden und maximal 16 Spalten der Tabelle umfassen.

Spalten, die häufig als Auswahl-, Join- oder Sortierkriterien benutzt werden, sind gute Kandidaten für einen Index. Wird häufig auf eine einzelne Zeile zugegriffen, ist ein Index in DB2 für das Auswahlkriterium dieser Zugriffe absolut notwendig, da die Zeilen der Tabellen ungeordnet gespeichert werden. Auch

die Einrichtung eines Index für einen Fremdschlüssel kann die Verarbeitung beschleunigen.

Bitte beachten Sie aber, daß jeder Index auch vom DB2 gepflegt werden muß. Alle Veränderungen an den Zeilen müssen in den betroffenen Indizes nachgehalten werden. Dies kann bei einer großen Anzahl von Indizes zu einer spürbaren Verschlechterung der Performance für die Änderungsoperationen führen.

Analysieren Sie daher Ihre Datenbank-Zugriffe nicht einzeln, sondern betrachten Sie mehrere SQL-Befehle zusammen. Sie erkennen dann leichter, ob durch eine geschickt ausgewählte Reihenfolge der Indexspalten eine gemeinsame Nutzung eines Index durch mehrere SQL-Befehle möglich ist.

Bei sehr kleinen Datenmengen ist es ebenfalls unsinnig, Indizes aus Gründen besserer Performance zu definieren. Der Overhead der Index-Verwaltung ist größer als der Aufwand für einen Table Scan, dem sequentiellen Lesen der Tabelle. Durch die Technik des Vorauslesens kann ein Table Scan auf kleine Tabellen mit weniger physischen I/Os auskommen als Zugriffe über einen Index.

Die Entscheidung, ob ein Index genutzt werden soll, trifft DB2 zum Zeitpunkt des BIND.

2.4 Sichten und Zugriffsrechte

Sichten

Planen Sie bereits vor der Implementierung der Datenbank auch die Zugriffe. Definieren Sie so früh wie möglich die Sichten von Programmen und Anwendern auf die Datenbank. Es gibt mehrere Gründe, Sichten (views) zu benutzen:

- Sichten erhöhen die Datenunabhängigkeit von Programmen. Änderungen der Tabellen-Definition schlagen nicht zu den Programmen durch.

- Sichten bieten die Möglichkeiten, Benutzern nur klar vordefinierte Ausschnitte aus Tabellen zugänglich zu machen. Durch Projektion erhält der Anwender nur die für ihn wichtigen Spalten zu sehen. Durch Selektion mit beliebigen Auswahlbedingungen wird ihm der Zugriff auf für nicht relevante gehaltene Zeilen verwehrt. Mit GROUP BY erhält er nur verdichtete Informationen.

- Sichten erlauben es, dem Benutzer komplizierte Abfragen bereits vorzudefinieren. Joins oder komplexe Auswahlkriterien mit Unterabfragen bleiben für ihn verdeckt. Zugleich helfen Sichten so zu verhindern, daß der Anwender mit schlecht formulierten Befehlen das System übermäßig belastet.

- Sichten ermöglichen es, bei Änderungen und Neuzugängen Validierungen vorzunehmen. Die CHECK-Option in der Sicht-Definition bewirkt, daß alle Daten, die der Auswahlbedingung der Sicht-Definition nicht genügen, abgewiesen werden.

Erstellen Sie die CREATE VIEW-Befehle für Ihre geplanten Sichten und nehmen Sie sie in Ihr Datenbank-Schema auf.

Zugriffsrechte

Mit der Planung der Zugriffe auf die Datenbank geht auch die Festlegung einher, welcher Anwender welche Zugriffsrechte benötigt. Dokumentieren Sie bereits vor der Implementierung der Datenbank die Zugriffsrechte, die Anwender(gruppen) erhalten sollen, und nehmen Sie die entsprechenden GRANT-Befehle in Ihr Datenbank-Schema auf.

Die Zugriffsrechte, die Ihnen DB2 bietet, werden im Kapitel 8, *Datenschutz in DB2*, beschrieben.

2.5 Datenbank-Entwurf ändern

Auch wenn Sie besonders sorgfältig Ihren Datenbank-Entwurf vorbereitet und erstellt haben, ergeben sich oft im Laufe des Datenbank-Betriebs Änderungen an den Definitionen. Dafür bietet Ihnen DB2 eine Reihe von Befehlen.

Wir empfehlen Ihnen, die Änderungen auch in Ihren Datenmodellen vorzunehmen und das ursprüngliche Datenbank-Schema mit seinen SQL-Befehlen zu ergänzen. Nur so erhalten Sie die Übereinstimmung von Konzeption und Dokumentation einerseits und tatsächlicher Implementierung andererseits.

Neue Datenbank-Objekte, Tabellen, Sichten oder Indizes, können Sie jederzeit problemlos erstellen.

Bereits bestehende Datenbank-Objekte können jedoch nur in begrenztem Umfang geändert werden:

Sie können eine Tabelle um neue Spalten erweitern. Der ALTER TABLE-Befehl ändert dabei nur die Tabellen-Definition im Katalog. Bereits existierende Zeilen werden erst verändert, wenn sie mit UPDATE verändert werden.

Spalten-Definitionen können aber nicht verändert oder gelöscht werden.

Sie können die Tabellen-Definition um Primär- oder Fremdschlüssel-Definitionen ergänzen. Ergänzen Sie einen Primärschlüssel, wird ein eindeutiger Index dazu von DB2 erstellt oder ein bestehender benutzt.

Ergänzen Sie einen Fremdschlüssel, muß der zugehörige Primärschlüssel schon existieren. Alle Zugriffspläne (packages), die INSERT oder UPDATE-Zugriffe auf die betroffene Tabelle oder UPDATE, DELETE oder CASCADE-Zugriffe auf die Primärschlüssel-Tabelle (parent) enthalten, werden von DB2 als ungültig gekennzeichnet (invalidiert).

Primär- oder Fremdschlüssel-Definitionen können mit ALTER TABLE auch gelöscht werden. Löschen Sie einen Primärschlüssel, löscht DB2 auch den zugehörigen Index, falls er automatisch erstellt wurde, und alle zugehörigen Fremdschlüssel.

Löschen Sie einen Fremdschlüssel, werden von DB2 alle Zugriffspläne (packages) mit UPDATE-Zugriff auf Primärschlüssel-Tabelle (parent) und KEY-Abhängigkeit, alle mit UPDATE-Zugriff auf die betroffene Tabelle und KEY-Abhängigkeit zum parent, alle mit INSERT-Zugriff auf die betroffene Tabelle und alle mit DELETE-Zugriff oder CASCADE-Abhängigkeit auf die parent Tabelle als ungültig gekennzeichnet (invalidiert).

Sie können CHECK-Prüfungen hinzufügen oder löschen. Fügen Sie neue Prüfungen hinzu, so werden diese sofort gegen die vorhandenen Daten der Tabelle ausgeführt – es sei denn, sie haben zuvor die Ausführung der Prüfungen vorüł rgehend mit dem SQL-Befehl SET CONSTRAINTS ausgesetzt. Löschen Sie Prüfungen, werden die Zugriffspläne als ungültig gekennzeichnet (invalidiert), in denen mit INSERT oder UPDATE für eine Spalte, die in einer gelöschten CHECK-Klausel enthalten war, auf die Tabelle zugegriffen wurde.

Sie können natürlich auch Tabellen-Definitionen löschen. Damit löschen Sie die Tabelle mit ihrem Inhalt, alle ihre Spalten-Definitionen, alle Indizes der Tabelle, alle auf ihr basierenden Datensichten, alle zugehörigen referentiellen Abhängigkeiten, alle zugehörigen Berechtigungen. Alle betroffenen Zugriffspläne als ungültig gekennzeichnet (invalidiert).

Eine Index-Definition kann nicht verändert werden. Ein Index kann nur gelöscht werden; davon sind andere Datenbank-Objekte nicht betroffen. Allerdings können Sie keinen Primärschlüssel-Index direkt löschen.

Löschen Sie einen Index, werden Zugriffspläne, die den Index benutzten, nicht verfügbar (unavailable) gemacht Bei der Ausführung des zugehörigen Programms wird automatisch eine neue Zugriffsmethode ausgewählt. Programme werden also von Index-Löschungen nicht direkt betroffen, ihre Performance allerdings schon.

Auch Sichten (views) können nicht geändert werden. Löschen Sie eine Sicht, löschen Sie auch alle auf ihr basierenden Sichten und alle zugehörigen Berechtigungen. Die zugehörigen Zugriffspläne werden als ungültig gekennzeichnet (invalidiert)..

2.6   Physische Strukturen

Tablespace

Ab Version 2 kennt DB2 Tabellenbereiche (Tablespaces) zur Aufnahme der Tabellen. Damit bietet DB2 Ihnen die Möglichkeit, mehr Einfluß auf die physische Speicherung der Daten zu nehmen. Tablespaces können unter der Verwaltung des Betriebssystems oder direkt unter der Verwaltung von DB2 stehen. Man bezeichnet die vom Betriebssystem verwalteten Tabellenbereiche als *System Managed Space* (**SMS**), die von DB2 verwalteten als *Database Managed Space* (**DMS**).

Container

Tablespaces liegen in Containern, die für SMS Directories, für DMS Dateien oder unter UNIX auch *(raw) devices* sind. Sind einem Tablespace mehrere Container zugeordnet worden, nutzt DB2 diese zyklisch, indem es jeweils Extents einer vorgegebenen Größe (Standard 32 Blöcke oder Seiten zu 4 KB) füllt, bevor es zum nächsten Container springt.

Sie können also vielbenutzte Tabellen in einen Tablespace legen, dessen Container über mehrere physische Laufwerke verteilt werden. Sie können wenig benutzte Tabellen in einen Tablespace legen, dessen Container auf einem langsameren Medium liegt, oder mit DMS-Tablespaces die Indexbereiche physisch von den Daten trennen. Ihren Optimierungen im I/O-Verhalten werden unter OS/2 eher von der zur Zeit schlichten Peripherie Ihres PCs Grenzen gesetzt als von DB2. Daher lassen sich die Möglichkeiten der I/O-Lastverteilung über Tabellenbereiche eher auf den komplexen UNIX-Clustern ausschöpfen.

Tablespaces sind auch Einheiten für Datensicherung (BACKUP) und -wiederherstellung (RESTORE). Sie müssen nicht mehr eine ganze Datenbank sichern und nach Datenträgerschäden zurückladen, sondern können dieses je Tabellenbereich tun. Sie können Ihre Sicherungsintervalle je Tablespace planen und zum

Beispiel häufig veränderte Tabellen in einem Tablespace zusammenlegen und in kurzen Abständen sichern, die anderen Tabellen in einem anderen Tabellenbereich seltener und einen Tablespace mit LOBs, die sie aus anderer Quelle rekonstruieren können, überhaupt nicht mit DB2-Mitteln sichern.

Die Zuordnung von Containern zu Tablespaces ist nicht im Katalog dokumentiert. Es gibt daher auch keine Informationen im Katalog, wie weit die DMS-Container bereits gefüllt sind.

Wird eine Datenbank mit dem DB2-Kommando CREATE DATABASE erstellt, so legt DB2 ein eigenes Directory[3] dafür an. Der Name des Verzeichnisses ist *SQLnnnnn* mit nnnnn = laufende Nummer von 00001 an. Das Verzeichnis nimmt zumindest die Steuerdateien der Datenbank auf.

Mit dem Definieren der Datenbank werden drei Tablespaces angelegt:

- *SYSCATSPACE* für den Katalog mit den System-Tabellen

- *USERSPACE1* für die vom Anwender noch zu erstellenden Tabellen

- *TEMPSPACE1* für temporäre Tabellen

Wenn Sie nichts anderes angeben, sind diese SMS-Bereiche und werden als Subdirectories SQLT000n.0 mit n = 0, 1, 2 im Datenbank-Directory angelegt.

In einer Datenbank werden unabhängig von der gewählten Art der Tablespace-Verwaltung (DMS oder SMS) folgende Dateien angelegt:

- *SQLDBCON* enthält die Konfigurationsparameter der Datenbank.

- *SQLOGCTL.LFH* verwaltet die Log-Dateien der Datenbank. Die Log-Dateien heißen *Sxxxxxxx.LOG* mit xxxxxxx = laufende Nummer zwischen 0000001 und 9999999.

- *SQLOGDIR* ist ein Verzeichnis und enthält die Log-Dateien.

- *SQLINSLK* und *SQLTMPLK* dienen zur Sicherstellung, daß die Datenbank ausschließlich von einem Exemplar des Datenbankmanagers verwendet wird.

---

[3] Der Begriff *Directory* ist mehrdeutig: einmal ist er wie hier ein Verzeichnis im Dateisystem, einmal das Verzeichnis der Datenbanken und ihrer Alias-Namen im Netz

- *SQLSPCS.1* enthält Definition und aktuellen Status aller Tabellenbereiche der Datenbank.

- *SQLSPCS.2* ist eine Kopie der Datei SQLSPCS.1, die für den Fall erstellt wird, daß SQLSPCS.1 ausfällt. Ohne eine dieser beiden Dateien ist es nicht möglich, auf die Datenbank zuzugreifen.

DMS-Tablespace

Wollen Sie für eine Datenbank DMS-Bereiche benutzen, müssen Sie von vorne herein genügend Speicherplatz in Form von Betriebssystemdateien oder Speichereinheiten (*Devices*) zur Verfügung stellen.

Betriebssystemdateien als Container werden typischerweise unter PC-Betriebssystemen wie OS/2 benutzt, *Devices* dagegen nur unter UNIX unterstützt.

Da die Container nicht von DB2 mit wachsendem Füllungsgrad dynamisch vergrößert werden, müssen Sie sie gleich in ausreichender Größe angelegen. Sie können aber mit ALTER TABLESPACE nachträglich weitere Container hinzufügen.

So müssen Sie zum Beispiel für SYSCATSPACE mindestens etwa 6000 Seiten DMS-Tablespace (24 MB) vorgeben, während SYSCATSPACE als dynamisch erweiterbares SMS-Directory mit nur etwas mehr als 3 MB startet.

SMS-Tablespace

Tabellen in SMS-Tablespaces werden als eigene Dateien implementiert. Ihr Name ist *SQLmmmmm.DAT* mit m = laufender Nummer. Alle Tabellendaten außer LONG- und LOB-Daten werden darin gespeichert. Für jene wird bei Bedarf eine Datei *SQLmmmmm.LF* beziehungsweise *SQLmmmmm.LB* angelegt. Die Dateien werden bereits bei der Definition mit ihrer Mindestgröße angelegt.

.DAT-Dateien sind in Blöcke (pages) zu 4096 Bytes unterteilt. 76 Bytes jeder Page enthalten System-Informationen. Weitere 15 werden anderweitig benötigt. 4005 Bytes können Daten aufnehmen. Dies ist auch die maximale Größe für eine Zeile ohne LONG- und LOB-Datentypen, da diese nicht über eine Page hinausgehen darf.

Zeilen werden in der Reihenfolge, wie sie in den Speicherbereich passen, in der Datei abgelegt. Paßt eine Zeile nach einer Änderung nicht mehr an ihren alten Platz, wird sie in eine andere Page geschrieben. Ein Merkersatz bleibt aber an der ursprünglichen Stelle stehen, der auf die neue Position verweist.

.LF-Dateien besitzen eine andere Struktur: Die LONG-Daten werden in 32KB-Bereichen gespeichert, die wiederum in Segmente unterteilt sind. Die Größe der Segmente kann 512 Bytes oder geradzahlige Vielfache davon betragen. Informationen zur Dateiverwaltung und Freispeicherverwaltung werden in 4KB-Blöcken abgelegt, die über die Datei verteilt sind. Wegen des Verbrauchs an ungenütztem Platz, der bis zu 50% betragen kann, empfiehlt IBM, LONG-Datentypen unter 4 KB Datenlänge nicht zu benutzen. Diese Empfehlung ist aber insofern nicht unproblematisch, da die maximale Länge für einen VARCHAR-Datentyp 4000 Bytes beträgt, also mit dem Längenfeld bis auf ein Byte die maximale Länge einer Zeile. Was tun bei etwa 4000 Bytes langen Zeichenketten? Eine Tabelle in zwei aufteilen und den Zusammenhang von Hand verwalten oder DB2-Funktionalität mit LONG-Datentypen ausnutzen?

.LB-Dateien dienen der Aufnahme der Datentypen BLOB, CLOB oder DBCLOB (LOB-Daten) einer Tabelle. Enthält eine Tabelle LOB-Daten, werden zusätzlich zum Deskriptor (72 bis 280 Bytes) in der Tabellenzeile die eigentlichen Daten mit Hilfe von zwei Dateitypen gespeichert.

Die LOB-Daten werden in Bereichen von 64 MB gespeichert, die sich aus Segmenten zusammensetzen, deren Größe sich aus dem Produkt der Zweierpotenzen und 1024 Bytes errechnet (1024, 2048, 4096 usw.). Zur Minimierung des Speicherbedarfs dient der Parameter COMPACT in der Definition der LOB-Datentypen. Die LOB-Daten werden dann in kleinere Segmente aufgeteilt, so daß ein minimaler Speicherbereich verwendet wird. Ohne die Parameterangabe muß der gesamte LOB-Wert zusammenhängend in einem einzelnen Segment Platz finden. Das Hinzufügen von LOB-Daten mit COMPACT kann zu einer Herabsetzung der Performance führen.

.LBA-Dateien enthalten Informationen zur Zuordnung und zu freien Speicherbereichen in den .LB-Dateien. Sie werden in Seiten von 4 KB gespeichert.

Jeder Index zu einer Tabelle wird in einer Datei gespeichert. Der Dateiname ist *SQLmmmmm.INX* mit mmmmm = File-ID der Tabelle. Die Mindestgröße der Datei ist 3 Pages.

SQLTAG.NAM ist eine Datei, die sich in jedem Container-Directory findet. DB2 prüft mit ihrer Hilfe, ob die Datenbank vollständig und konsistent ist.

Sie sollten die Dateien und Verzeichnisse, die DB2 als Container oder zu seiner Steuerung nutzt, nicht mit Betriebssystem-Befehlen bearbeiten: Daraus resultierende Beschädigungen können fatale Folgen haben und nur schwer zu erkennen sein, wie wir im Test erfuhren.

temporäre Dateien

Bei der Reorganisation von Tabellen legt DB2 temporäre Dateien in einem entsprechenden Tablespace (zum Beispiel TEMPSPACE1) an:

- SQLmmmmm.DTR für .DAT-Dateien
- SQLmmmmm.LFR für .LF-Dateien
- SQLmmmmm.RLB für .LB-Dateien
- SQLmmmmm.RBA für .LBA-Dateien

beschädigte
Index-Dateien

Eine beschädigte Index-Datei wird von DB2 durch besondere Namensergänzung gekennzeichnet:

- SQLmmmmm.EIX

Beschädigte Index-Bereiche werden von DB2 automatisch wiederhergestellt. Der Konfigurationsparameter *indexrec* gibt vor, wann DB2 das tun soll – beim Restart oder beim ersten Index-Zugriff. Wir empfehlen übrigens grundsätzlich den Restart-Zeitpunkt.[4]

Unterschiede zu
DB2/MVS

Im Gegensatz zu DB2/MVS hat DB2 keinen systemweiten Katalog, der mehrere Datenbanken umfassen kann, sondern einen datenbankspezifischen Katalog, der mehrere Schemata umfassen kann. Daraus folgt natürlich, daß der Datenbank-Begriff in beiden Systemen sehr unterschiedlich ist.

In DB2/MVS ist eine Datenbank eine logische Zusammenfassung von Tabellen, der System-Ressourcen zugeordnet werden können. In DB2 ist eine Datenbank auch eine physische Zusammenfassung von Tabellen und eine in sich geschlossene Einheit. DB2-Datenbanken sind jeweils auch eigenständige Anwendungsserver.

---

[4] Unter OS/2 und Windows NT steht der Wert standardmäßig auf Zugriff.

Obwohl beide DB2-Produkte über Tablespaces verfügen, sind doch Unterschiede vorhanden. DB2/MVS bedient sich der Dateiverwaltung VSAM zur Speicherung seiner Daten, DB2 stützt sich auf die einfacheren Strukturen des Dateisystems von UNIX oder OS/2 ab. DB2/MVS kennt keine Container, die eine zyklische Verteilung von Tabellenzeilen über mehrere Laufwerke erlauben.

Bei DB2 fehlen im Vergleich zu DB2/MVS die Möglichkeiten, eine Tabelle nach ihren Schlüsselwerten über mehrere Laufwerke zu verteilen (partitioned tablespace).

DB2 kennt auch keinen CLUSTER INDEX, der unter DB2/MVS (und SQL/DS die physische Reihenfolge der Zeilen einer Tabelle vorgibt.

In DB2 unbekannt ist die STORAGEGROUP, die im DB2/MVS dazu dient, den logischen Datenbanken die Speichermedien zuzuordnen.

3 Visualizer Query Werkzeuge

In diesem Kapitel stellen wir Ihnen zwei Werkzeuge für die Bearbeitung von DB2-Datenbanken vor. Zunächst erläutern wir die Arbeit mit *Visualizer Flight*, der Benutzer-Schnittstelle im Lieferumfang von DB2. Dann folgt ein Überblick über *Visualizer Query*, einem getrennt zu erwerbenden IBM-Produkt.

Beide Produkte gehören zur einer Familie. Sie unterscheiden sich aber deutlich in Funktionalität und Komfort. Visualizer Flight ist weder eine Ableitung aus Visualizer Query noch seine abgespeckte „light"-Version. Entscheiden Sie selbst, mit welchem Werkzeug Sie lieber arbeiten.

3.1 Visualizer Flight

Der Visualizer Flight ist ein schnelles, einfaches Werkzeug für den Endbenutzer. Die Bedienoberfläche ist an den Presentation Manager angepaßt. Sie unterstützt den unerfahrenen Anwender mit Aufklapp-Menüs, Druckknöpfen und Aktionsflächen. Der Profi dagegen kann schnell und ohne große Umstände mit SQL-Befehlen und Funktionstasten arbeiten. Braucht er gezielte Unterstützung zur Formulierung eines Befehls oder bei der Auswahl von Tabellen und Spalten, kann er sich Hilfe aus dem Werkzeugkasten *Flight Kit* holen. In dieser flexiblen Unterstützung liegt ein großer Vorteil von Visualizer Flight gegenüber Werkzeugen mit einer grafisch aufbereiteten, aber starren Benutzerführung, die den Lernprozeß des Anwenders nicht mitmachen und daher schnell umständlich oder gar lästig erscheinen.

Wie wir aus Gesprächen im Kollegenkreis erfuhren, ist Visualizer Flight als ein einfaches Werkzeug zur Datenbank-Bearbeitung sehr positiv aufgenommen worden.

Visualizer Flight bietet Ihnen zwei Möglichkeiten, um eine
Abfrage zu erstellen und auszuführen:

- Der *Abfragelotse* führt Sie durch die Schritte, die zum Erstellen
  und zum Ausführen einer Abfrage notwendig sind. Die
  Arbeitsfenster enthalten Auswahllisten für

  - Tabellen

  - Spalten

  - Rechenoperatoren

  - Vergleichsoperatoren.

  Die Unterstützung des Abfragelotsen beschränkt sich allerdings
  auf die Formulierung von relativ einfachen Abfragen.

  Auf Wunsch zeigt der Abfragelotse den erstellten SQL-Befehl
  an.

- Mit dem *SQL-Benutzer* können Sie beliebige SQL-Anweisungen
  direkt eingeben und ausführen. Das *Flight Kit* hilft Ihnen
  dabei mit seinen Referenz-Informationen. SQL-Benutzer
  unterstützt – im Unterschied zum Abfragelotsen – komplexe
  Abfragen mit bedingter Gruppenbildung (GROUP BY
  HAVING) oder mit Unterabfragen und den Mengenoperatoren
  IN, EXISTS, UNION, EXCEPT und INTERSECT.

Nachdem eine Abfrage erfolgreich erstellt und ausgeführt ist,
können die Ergebnisse in einer Tabelle oder als Diagramm
angezeigt werden. Mit der Diagramm-Funktion können Sie zahlreiche
Diagrammtypen erstellten.

In den folgenden Abschnitten zeigen wir Ihnen beispielhaft die
Arbeit mit dem Visualizer Flight.

3.1.1 Visualizer Flight starten

Zunächst erstellen wir ein Flugobjekt (flight object):

- Ziehen Sie die Schablone *Flight Object* auf die Arbeitsoberfläche
  oder in einen von Ihnen gewünschten Ordner. Die Schablone
  finden Sie im Ordner „Schablonen" und im DB2-Ordner.

- Doppelklicken Sie mit der Maus auf Ihr neues „Flugobjekt",
  um es zu öffnen.

Das *SQL-Benutzer*-Fenster erscheint und wird überlagert von dem folgenden Auswahlfenster:

Bild 3.1:
Abfragelotse oder
SQL-Benutzer?

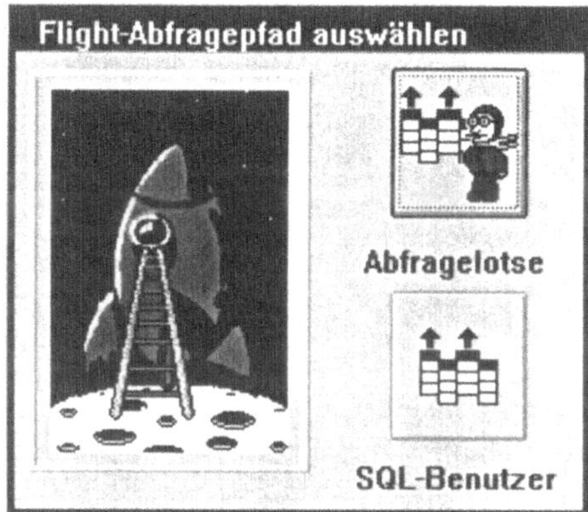

Wir klicken auf die Schaltfäche *SQL-Benutzer* und werden aufgefordert, eine Datenbank auszuwählen.

Bild 3.2:
Menü **Flight** im
Visualizer Flight-
Arbeitsfenster

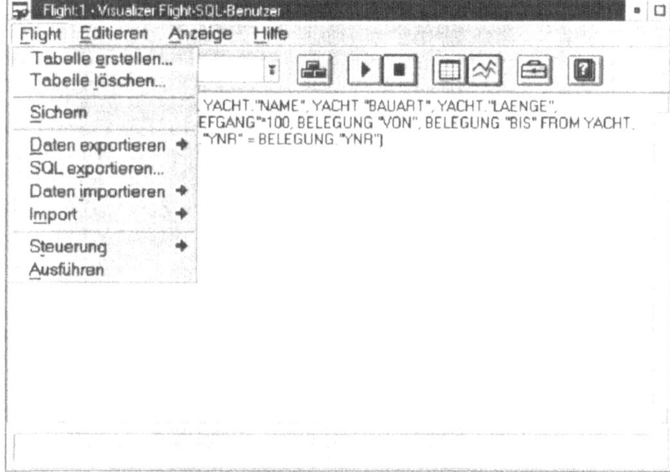

Das Menü **Flight** enthält zusätzliche Funktionen zur Eingabe
von SQL-Befehlen:

Befehl	**Funktion**
Tabelle erstellen	erstellt eine Tabelle in einer geführten Form: In einem speziellen Fenster können Sie den Tabellennamen und je Spalte den Spaltennamen eingeben und den Datentyp sowie die NULL-Klausel auswählen. Wer auch noch Primär-, Fremdschlüssel, CHECKs und Tablespaces vorgeben will, kann seine Tabellen nur per SQL definieren oder muß einen ALTER TABLE-Befehl dafür nachreichen.
Tabelle löschen	löscht eine Tabelle, die aus einer Auswahlliste ausgewählt werden kann
Sichern	sichert die aktuellen Visualizer Flight-Eingaben
Daten exportieren	schreibt die Ergebnismenge der aktuellen Abfrage in eine Datei mit dem ausgewählten Dateiformat (CSV - Comma Separated Values entspricht DEL-Format, PC/IXF, WSF - Work Sheet Format)
SQL exportieren	schreibt einen SQL-Befehl mit Steuerungsinformationen auf eine Datei in einem Format, das andere Anwendungen (insbesondere *Visualizer*) verarbeiten können.

Befehl	Funktion
Daten importieren	übernimmt Daten aus einer Datei in eine Tabelle. Mehrere Dateiformate werden unterstützt (CSV - Comma Separated Values, PC/IXF entspricht DEL-Format), WSF - Work Sheet Format). Mit dem IXF-Format können auch Tabellen und Indizes angelegt werden. Das Protokoll der Übernahme wird als Text-Dokument auf der Arbeitsoberfläche oder im Ordner des Flugobjekts (flight object) abgelegt.
Import	übernimmt SQL-Anweisungen im Visualizer-Format oder vom Query Manager. Für die Übernahme von Query Manager-Abfragen[1] sucht Visualizer Flight in der Datenbank nach der QM-Objektliste.
Steuerung	Untermenü zur Steuerung von Datenbanktransaktionen, Abrufgrenze und Anzeige: Automatisch festschreiben setzt den Modus, in dem alle Datenbankänderungen sofort festgeschrieben werden (Autocommit) Festschreiben führt einen COMMIT-Befehl aus Zurücksetzen führt einen ROLLBACK-Befehl aus Abrufgrenze bestimmt die maximale Anzahl zu lesender Zeilen. Die Grenze kann ausgeschaltet werden. Schriftart wählt die Schriftart für die Anzeige oder den Ausdruck; eine Auswahl der Schriftgröße ist zur Zeit nicht möglich.

---

[1] In der von uns getesteten Version konnte Visualizer Flight keine vom Query Manager exportierten Abfragen aus einer Datei übernehmen. Ebenso wenig konnte er SQL-Anweisungen im Text-Format übernehmen, wie sie für den CLP bereitgehalten werden (Aufruf: DB2 -f dateiame).

Befehl	Funktion
Ausführen	führt für SQL-Benutzer die aktuelle Anweisung aus

In der untersten Zeile des Fenster werden Ihnen Statusinformationen und Fehlermeldungen mitgeteilt.

Mit ▤ können Sie zum Abfragelotsen umschalten. Wir erläutern Ihnen im folgenden Abschnitt zuerst die Funktionen für SQL-Benutzer.

3.1.2 Funktionen des SQL-Benutzer

Im Flight-Arbeitsfenster (siehe Bild 3.2 auf Seite 41) sehen Sie unterhalb der Menüleiste ein Datenbank-Auswahlfeld. Wählen Sie zuerst die gewünschte Datenbank aus. Visualizer Flight stellt sogleich die Verbindung zur Datenbank her (Connect).

Im Arbeitsbereich des Fensters können Sie SQL-Befehle frei formulieren. Sie können die folgenden Druckknöpfe und Funktionstasten benutzen:

Bedeutung	Druck-knopf	Funktions-taste
Hilfe		F1
Ende		F3
Flight Kit öffnen (siehe Bild 3.3)	💼	F4
SQL-Anweisung ausführen	▶	F5
Datensammlung stoppen Haben Sie zuviele Zeilen selektiert und keine niedrige Abrufgrenze vorgegeben, so können Sie das weitere Lesen der Zeilen abbrechen. Ändernde SQL-Befehle können Sie damit aber nicht abbrechen – auch wenn sie einige Zeit laufen.	■	F6
Tabellensicht öffnen Das Ergebnis Ihrer Anfrage wird als Tabelle angezeigt.	▦	F7

Bedeutung	Druck- knopf	Funktions- taste
Diagrammsicht öffnen Das Ergebnis Ihrer Anfrage wird als Diagramm angezeigt.		F9
zur Datenbankliste umschalten		F10
zum SQL-Fenster umschalten		F11

Flight Kit

Wenn Ihnen die exakte Syntax eines Befehls, einer Befehlsklausel oder der genaue Name einer Spalte nicht präsent sind, dann hilft Ihnen das *Flight Kit*. Zum Flight Kit springen Sie mit Taste F4 oder

Bild 3.3:
SQL-Benutzer mit
Flight Kit

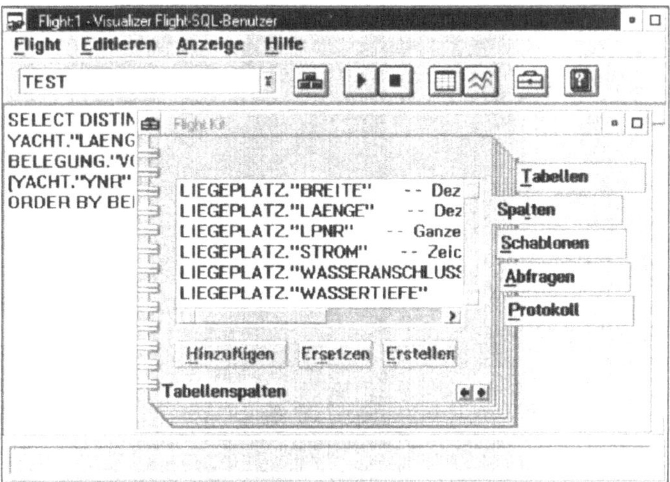

Auf die folgenden Informationen können Sie im Notizbuch *Flight Kit* zugreifen:

Notizbuch-Seite	Inhalt
Tabellen	Sie wählen die Tabellen aus einer Auswahlliste.
	Mit *Erstellen* wird der Inhalt des SQL-Fensters mit einem SELECT * FROM -Befehl mit den gewählten Tabellennamen überschrieben.
	Mit *Hinzufügen* werden die gewählten Tabellennamen an der aktuellen Cursor-Position im SQL-Fenster eingesetzt. Auf benötigte Kommata müssen Sie selbst achten.
	Mit *Filter* können Sie die Auswahlliste bestimmen: Sie können sich die „eigenen" Tabellen (Schemaname oder – in alter Terminologie – Creator gleich Ihre User-ID) oder fremde anzeigen lassen. Bei fremden Tabellen können Sie eine WHERE-Bedingung frei formulieren, zum Beispiel WHERE NAME LIKE 'SYS%' für die Systemtabellen des Katalogs.

Notizbuch-Seite	Inhalt
Spalten	Sie wählen die Spaltennamen zu den zuvor ausgewählten Tabellen aus einer Auswahlliste.
	Mit *Erstellen* wird der Inhalt des SQL-Fensters mit einem SELECT *spalte* FROM *tabelle* -Befehl mit den gewählten Spaltennamen überschrieben.
	Mit Hinzufügen werden die gewählten Spaltennamen an der aktuellen Cursor-Position im SQL-Fenster eingesetzt. Auf benötigte Kommata müssen Sie selbst achten.
	Mit *Ersetzen* wird der Inhalt des SQL-Fensters mit einem gewählten Spaltennamen überschrieben.
Schablonen	Sie wählen Schablonen für SQL-Befehle oder Befehlsteile wie Spalten- oder Fremdschlüssel-Definitionen.
	Per Doppelklick wird der Inhalt des SQL-Fenster mit den gewählten Schablonen überschrieben.
	Mit Hinzufügen werden die gewählten Schablonen[2] an der aktuellen Cursor-Position im SQL-Fenster eingesetzt.
Abfragen	Sie wählen SQL-Befehle, die Sie einmal mit der Funktion „In Flight Kit kopieren" im Menü **Editieren** gesichert haben, aus einer Auswahlliste.
	Mit *Ersetzen* wird der Inhalt des SQL-Fensters mit dem gewählten Befehl überschrieben.
	Mit *Hinzufügen* werden die gewählten Befehle an der aktuellen Cursor-Position im SQL-Fenster eingesetzt.
	Mit *Löschen* entfernen Sie den ausgewählten Befehl aus der Auswahlliste.

---

[2] Noch Syntax von Version 1.2. Die SQL-Erweiterungen von Version 2 sind leider noch nicht dabei!

Notizbuch-Seite	Inhalt
Protokoll	Sie wählen SQL-Befehle, die Sie in der aktuellen Sitzung mit diesem Flugobjekt (flight object) ausgeführt haben, aus einer Liste. Mit *Ersetzen* wird der Inhalt des SQL-Fensters mit dem gewählten Befehl überschrieben. *Mit Hinzufügen* werden die gewählten Befehle an der aktuellen Cursor-Position im SQL-Fenster eingesetzt.

Mit SQL-Benutzer können Sie viel komfortabler als mit dem CLP SQL-Anweisungen ausführen. Das Flight Kit bietet Ihnen angemessene Hilfestellung. Obendrein können Sie komplexe Befehle im Flight Kit für das nächste Mal aufbewahren.

Nur der SQL-Benutzer kann Tabellen auch geführt anlegen oder löschen (frei formuliert ohnehin)! Nur für ihn sind im Menü **Flight** die Funktionen **Tabelle erstellen** und **Tabelle löschen** im aktiviert (siehe Seite 42). Die Benutzerführung ist selbsterklärend, siehe Bilder 3.4 und 3.5.

Bild 3.4:
Tabelle erstellen

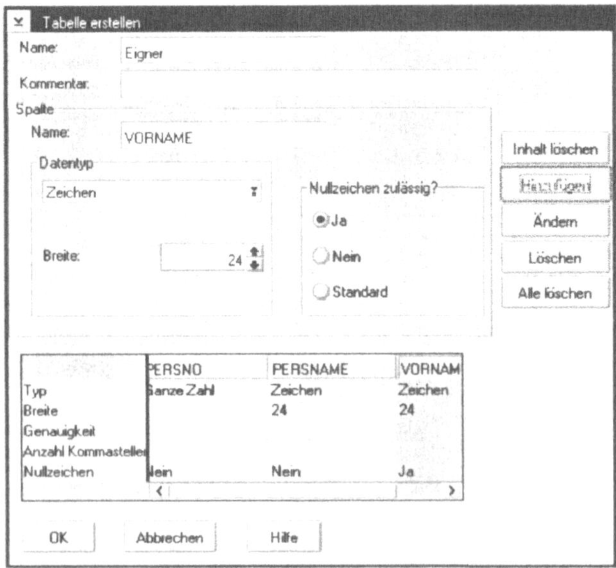

Bild 3.5:
Tabelle löschen

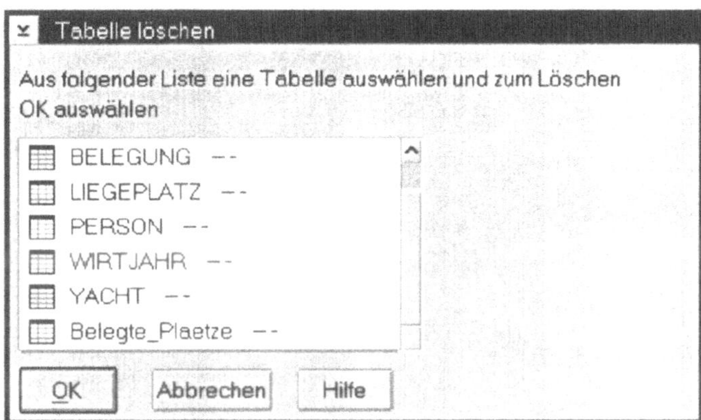

3.1.3 Abfragelotse

Der Abfragelotse führt einen SQL-unerfahrenen Anwender bei der Formulierung einer Datenbank-Auswertung (SELECT). Andere Datenbank-Bearbeitungen können hier nicht durchgeführt werden. Sie können jedoch die später angezeigte Ergebnistabelle ändern.

Nach der Auswahl des Abfragelotsen (siehe Bild 3.1 auf Seite 41) erscheint der folgende Bildschirm:

Bild 3.6:
Datenbank
auswählen

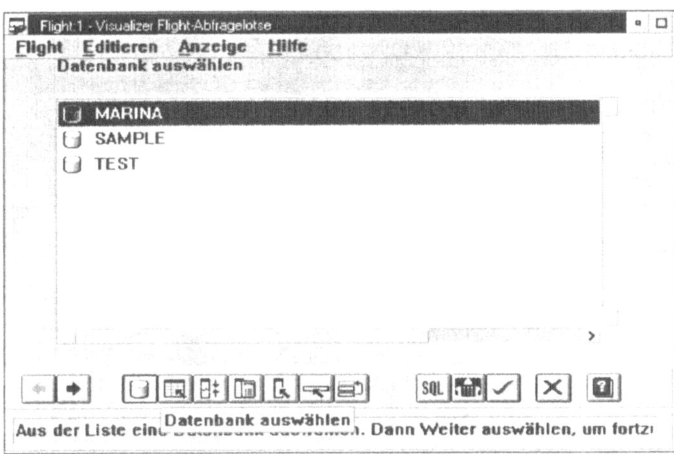

Die Auswahlmöglichkeiten des Abfragelotsen können nacheinander durchlaufen oder gezielt angesprungen werden. Dazu dienen die Druckknöpfe unten im Fenster. Sie können die folgenden Druckknöpfe und Funktionstasten benutzen:

Funktion	Druck-knopf	Funktions-taste
zur vorherigen oder nächsten Funktion springen	⬅ ➡	Strg+← Strg+→
Datenbank auswählen		Strg+ D
Tabellen auswählen		Strg+ T
Tabellenverbindungen		Strg+ J
Berechnete Spalten		Strg+ M
Spalten auswählen		Strg+ L
Zeilen auswählen		Strg+ R
Zeilen sortieren		Strg+ O
Abfrage als SQL-Befehl anzeigen und verändern	SQL	Strg+ Q
Voranzeige des zu erwartenden Ergebnisses in Tabellenform		Strg+ P
Abfrage-Ergebnisse anzeigen		Strg+Ende
aktuelle Abfrage-Erstellung abbrechen	X	Strg+Entf
erweiterte Hilfe		

Wir durchlaufen zur Erläuterung den Erstellungsprozeß sequentiell:

Als ersten Schritt wählen wir eine Datenbank aus (siehe Bild 3.6 auf Seite 49). Mit dem einmaligen Anklicken eines Eintrags wird schon die Verbindung zur Datenbank hergestellt. Dieser Schritt wird vom Abfragelotsen häufig übergangen, weil schon beim Aufruf des Flugobjekts (flight object) standardmäßig eine Datenbankverbindung hergestellt wird. Wir wählen unsere Beispiel-Datenbank `MARINA`.

Mit 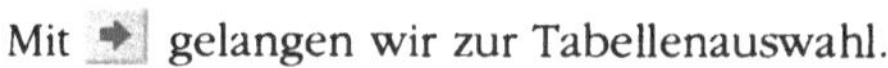 gelangen wir zur Tabellenauswahl.

Bild 3.7:

Tabelle(n) auswählen

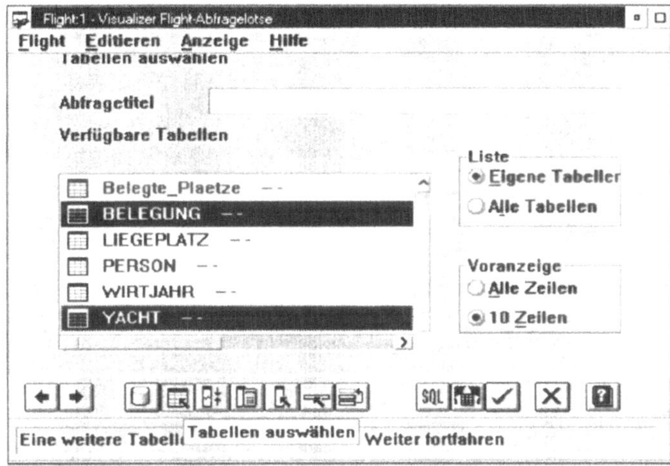

Hier finden Sie eine Liste mit den Tabellen der zuvor ausgewählten Datenbank vor. Unter **Liste** legen Sie fest welche
Tabellen angezeigt werden

- alle Tabellen einschließlich Katalog-Tabellen und -Sichten

- nur eigene, das heißt diejenigen, deren Schema-Name gleich
  Ihrer User-ID ist.

Unter **Voranzeige** stellen Sie ein, ob alle oder nur 10 Zeilen des
zu erwarteten Ergebnisses angezeigt werden. Sobald Sie eine
Tabelle ausgewählt haben, können Sie die Funktion Voranzeige
aufrufen (oder Strg + P).

Aus der Liste können Sie eine oder mehrere Tabellen auswählen. Wählen Sie nur eine Tabelle, erscheint der Bildschirm zur
Vorgabe der berechneten Spalten (siehe Bild 3.9 auf Seite 53).
Wir wählen die Tabellen YACHT und BELEGUNG und springen mit
 zum Bildschirm *Tabellenverbindungen*.

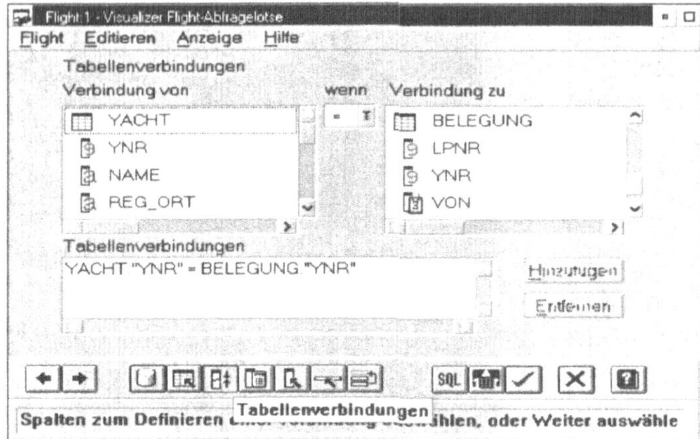

Bild 3.8:
Verbindungen zwischen Tabellen definieren

Mit der Auswahl mehrerer Tabellen geben Sie einen Join vor. Das heißt Sie wollen Zeilen aus mehreren Tabellen miteinander kombinieren. Geben Sie keine Auswahlbedingung für die zu kombinierenden Zeilen vor, so werden alle Zeilen jeder ausgewählten Tabelle miteinander kombiniert (kartesisches Produkt). Der Abfragelotse warnt Sie vor dieser Kombination, da der Aufwand für die Abfrage bei größeren Tabellen beträchtlich sein kann.

Unter **Verbindung von** und **Verbindung zu** sind die Spalten der ausgewählten Tabellen aufgelistet. Dazwischen finden Sie unter **wenn** eine Auswahlliste mit Vergleichsoperatoren. Wir wahlen links die Spalte YACHT.YNR, rechts die Spalte BELEGUNG.YNR und den Vergleichsoperator "=" für einen Equi-Join. Mit *Hinzufügen* übertragen wir diese Auswahl nach **Tabellenverbindungen**. Bei Bedarf können wir weitere Bedingungen in den oberen Feldern auswählen.

Irrtümlich erstellte Bedingungen können wir unter **Tabellenverbindungen** auch *Entfernen*.

Mit ➡ springen wir zum Bildschirm *Berechnete Spalten*.

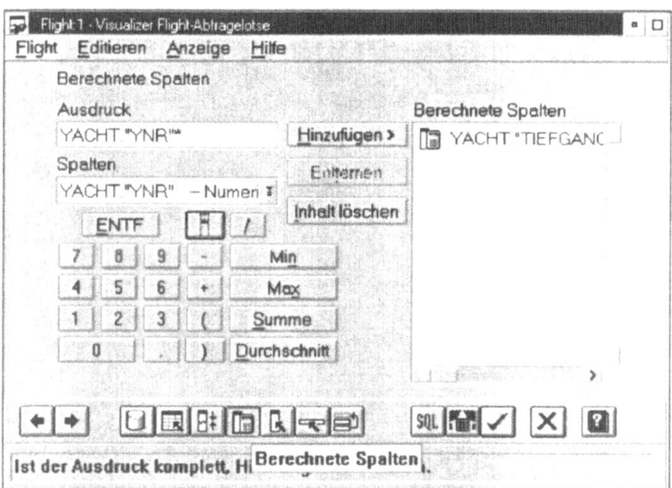

Bild 3.9:
Berechnete Spalten
definieren

Als nächstes definieren wir Spalten, die berechnet oder abgeleitet werden. Für die Eingabe sehen Sie eine Art Taschenrechner mit Ziffern-, Operator- und Funktionstasten sowie die Auswahlliste **Spalten** mit den Spalten der ausgewählten Tabellen. Im Feld **Ausdruck** erscheint das Ergebnis Ihrer Eingabe. Leider ist die Anzeige linksbündig, während Ihre neuen Eingaben rechtsbündig angehängt werden. Wenn Sie also Ihre Eingaben überprüfen wollen, müssen Sie den Cursor auf das Ausdruck-Feld positionieren und mit ➜ nach rechts bewegen. Das Feld kann nicht editiert werden, eine Erfassung von Zahlen oder Operatoren über Tastatur ist nicht möglich, ebenso wenig die Eingabe von anderen Funktionen. Mit *ENTF* löschen Sie das Feld.

Die Auswahl der Funktionen (Min, Max, Summe, Durchschnitt) führt automatisch zur Gruppenbildung in der Auswertung, wobei alle nicht mit diesen Funktionen berechneten Spalten zur Gruppenkontrolle benutzt werden.

Ist der Ausdruck vollständig erfaßt, können Sie ihn mit *Hinzufügen* nach **Berechnete Spalten** übertragen und anschließend den Ausdruck für die nächste Spalte erfassen. Mit *Entfernen* löschen Sie einzelne Spalten, mit *Inhalt löschen* alle Spalten.

Wir rechnen für unsere Auswertung den Tiefgang einer Yacht von Meter in Zentimeter um: `YACHT.TIEFGANG * 100`.

Mit ➡ springen wir zum Bildschirm *Spalten auswählen*.

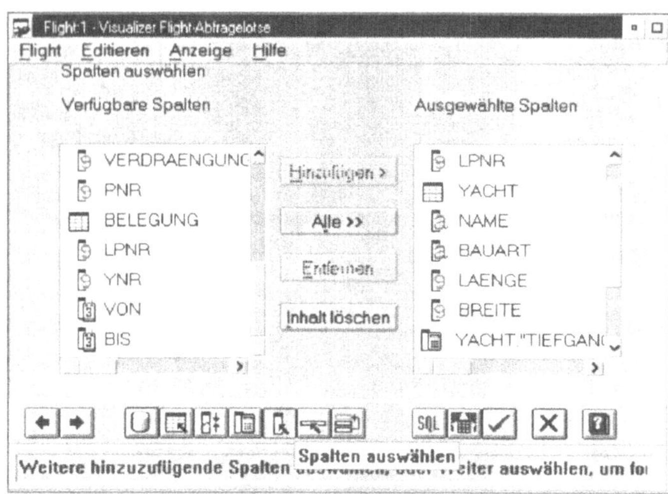

Bild 3.10:
Spalten für Ergebnis auswählen

Hier wählen wir die Spalten aus, die angezeigt werden sollen. In der Auswahlliste **Verfügbare Spalten** erscheinen auch die zuvor erstellten berechneten Spalten. Vergessen Sie nicht, diese auch auszuwählen, damit sie angezeigt werden. Wählen Sie die Spalten in der Reihenfolge aus, in der sie angezeigt werden. Ein nachträgliches Umsortieren in der Anzeige-Funktion ist nicht möglich.

Mit *Hinzufügen* übertragen Sie markierte Spalten aus **Verfügbare Spalten** nach **Ausgewählte Spalten**, jeweils ans Ende der schon bestehenden Liste. Mit *Alle* übertragen Sie alle verfügbaren Spalten und überschreiben dabei eine schon bestehende Liste.

Mit *Entfernen* löschen Sie markierte Spalten in **Ausgewählte Spalten**, mit *Inhalt löschen* alle Spalten.

Wir wählen

    LPNR,

    NAME, BAUART, LAENGE, BREITE,

    TIEFGANG*100,

    VON, BIS

Mit ➡ springen wir zum Bildschirm *Zeilen auswählen*.

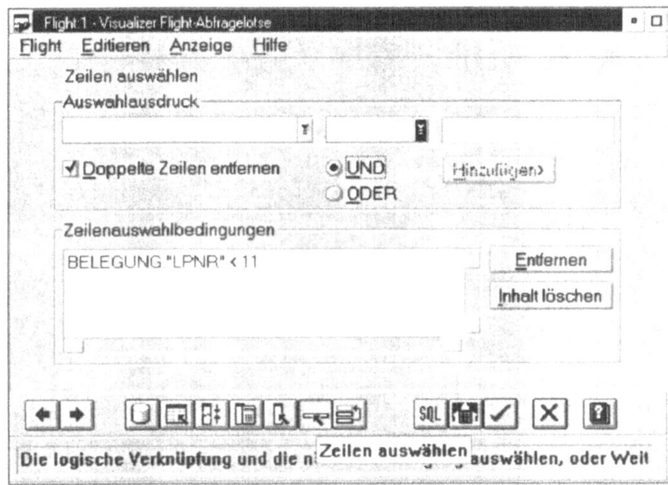

Bild 3.11:
Zeilen für Ergebnis auswählen

Hier selektieren wir welche Zeilen angezeigt werden sollen. Von den vielfältigen Möglichkeiten der SQL-WHERE-Klausel bietet Ihnen der Abfragelotse nur

- die Zeilenauswahl mit einfachen Vergleichsoperatoren und
- die Verknüpfung mehrerer solcher Auswahlbedingungen mit UND oder ODER.

Sie wählen zunächst eine Spalte aus, dann einen Vergleichsoperator und geben schließlich den zweiten Operanden frei ein. Mit *Hinzufügen* übertragen Sie Auswahlbedingung nach **Zeilenauswahlbedingungen**, jeweils ans Ende der schon bestehenden Liste. Die Verknüpfung mit den vorherigen Auswahlbedingungen erfolgt mit dem logischen Operator, den Sie ausgewählt haben. Mit *Entfernen* löschen Sie markierte Auswahlbedingungen, mit *Inhalt löschen* alle Auswahlbedingungen.

Wenn Sie **Doppelte Zeilen entfernen** aktivieren, wird die Spaltenauswahl des vorherigen Bildschirms (Spalten auswählen, siehe Bild 3.10 auf Seite 54) um das Schlüsselwort *DISTINCT* ergänzt.

Für unsere Auswertung sind nur die ersten 10 Liegeplätze von Interesse: BELEGUNG.LPNR < 11.

Mit ➡ springen wir zum Bildschirm *Zeilen sortieren*.

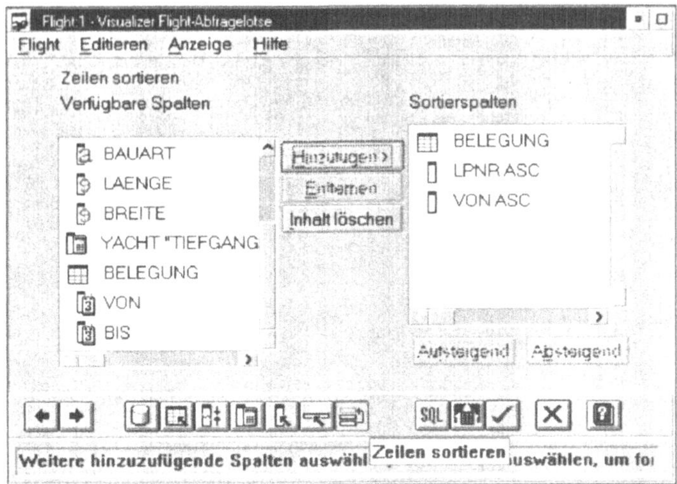

Als letztes vor der Ausführung der Abfrage bestimmen wir noch die Ausgabereihenfolge der Zeile. Unter **Verfügbare Spalten** wählen wir dazu jeweils ein Spalte als Sortierkriterium aus und übertragen diese mit *Hinzufügen* nach **Sortierspalten**, jeweils ans Ende der schon bestehenden Liste. Als Sortierfolge wird dabei grundsätzlich aufsteigend (*ASC*) eingestellt. Um die Sortierfolge zu ändern, müssen Sie die Sortierspalte anwählen und die Taste *Absteigend* anklicken. Analog ändern Sie auch eine absteigende Sortierfolge in eine aufsteigende.

Mit *Entfernen* löschen Sie einzelne Sortierspalten, mit *Inhalt löschen* alle Sortierspalten.

Wir wählen LPNR ASC und VON ASC.

Damit ist die Abfrage fertig formuliert.

Zwischendurch können Sie sich immer wieder das Ergebnis Ihrer Formulierungen als Tabelle mit ▦ anzeigen lassen.

Wir sichern die fertige Abfrage (Menü **Flight** Funktion **Sichern**) und klicken auf ![]. Als Antwort erhalten wir den Auswahlbildschirm für die Ergebnisanzeige:

Bild 3.13:
Diagrammsicht oder
Tabellensicht?

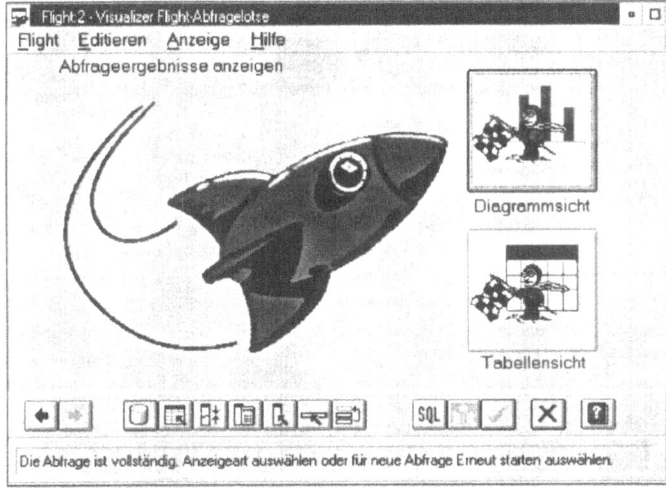

Zwei große Tasten erlauben uns zwischen „Diagrammsicht" (grafischer Anzeige) und „Tabellensicht" zu wählen. Die beiden Möglichkeiten erläutern wir in den beiden folgenden Abschnitten.

3.1.4 Tabellenanzeige (Tabellensicht)

Wählen Sie nach der Formulierung und Ausführung Ihrer Abfrage die Tabellensicht für die Ergebnisanzeige, wird Ihnen eine zweidimensionale Tabelle angezeigt. Möglichkeiten diese Anzeige zu variieren oder auf eine Formularanzeige umzuschalten, haben Sie nicht.

Bild 3.14:
Ergebnisanzeige in
Tabellensicht

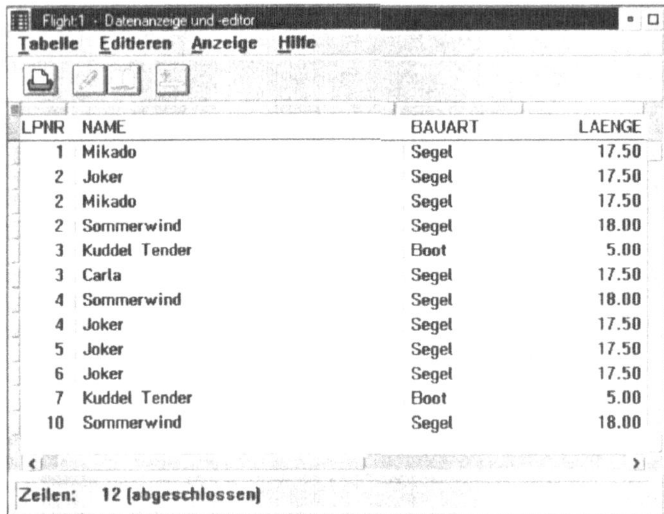

LPNR	NAME	BAUART	LAENGE
1	Mikado	Segel	17.50
2	Joker	Segel	17.50
2	Mikado	Segel	17.50
2	Sommerwind	Segel	18.00
3	Kuddel Tender	Boot	5.00
3	Carla	Segel	17.50
4	Sommerwind	Segel	18.00
4	Joker	Segel	17.50
5	Joker	Segel	17.50
6	Joker	Segel	17.50
7	Kuddel Tender	Boot	5.00
10	Sommerwind	Segel	18.00

Zeilen: 12 (abgeschlossen)

Wenn Sie vom Anzeige-Modus in den Editier-Modus umschalten
(Menü **Anzeige** oder), können Sie die Ergebnistabelle auch
ändern:

- Sie können alle Felder überschreiben, sofern Sie die dahinterstehenden SQL-Regeln und Datendefinitionen beachten.

- Eine neue Zeile fügen Sie mit ![] ein.

- Kopieren und fügen Sie Daten ein mit Menü **Editieren** oder
  (Strg)+(Einfg) und (⇧)+(Einfg).

- Löschen Sie eine oder mehrere Zeilen, in dem Sie diese Zeilen per Druckknopf am linken Rand auswählen und (Entf)
  drücken.

- Um die gesamte Tabelle auszuwählen, klicken Sie auf den
  kleinen Knopf in der linken oberen Ecke des Tabellenrandes.

Ihre Änderungen werden zwar sofort ausgeführt, aber noch
nicht festgeschrieben. Im Menü **Tabellen** können Sie die Änderungen endgültig festschreiben oder über das Menü **Editieren**
zurücksetzen.

3.1.5 Diagrammanzeige (Diagrammsicht)

Haben Sie sich für eine grafische Anzeige Ihrer Abfrage-Ergebnisse entschieden, bietet Visualizer Flight Diagramm zwei Wege zur Diagrammerstellung: *Diagrammlotse* und *Diagramm*. Der Diagrammlotse führt Sie durch die erforderlichen Schritte, um den gewünschten Diagrammtyp und die im Diagramm verwendeten Daten auszuwählen.

Bild 3.15:
Diagrammlotse oder
Diagramm?

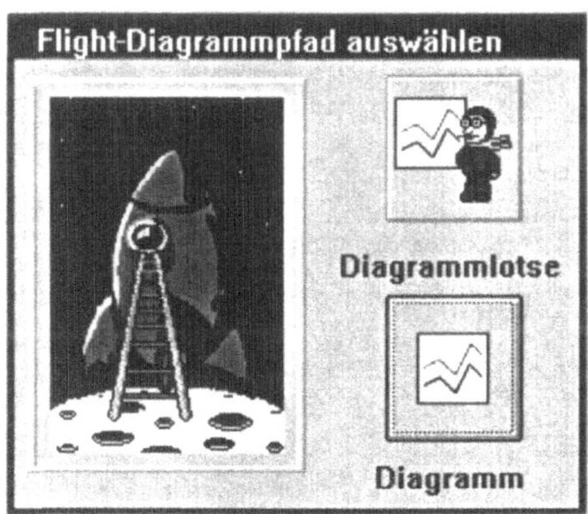

Wir klicken auf die Schaltfäche *Diagrammlotse*. Der folgende Bildschirm erscheint:

Bild 3.16:
Diagrammtyp
auswählen

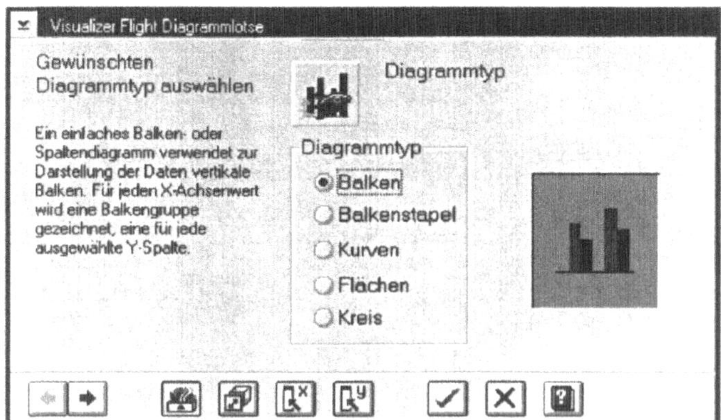

Die Auswahlmöglichkeiten des Diagrammlotsen können nacheinander durchlaufen oder gezielt angesprungen werden. Dazu dienen die Druckknöpfe unten im Fenster. Sie können die folgenden Druckknöpfe benutzen:

Funktion	Druckknopf
zur vorherigen oder nächsten Funktion springen	⬅ ➡
Diagrammtyp auswählen	
Diagrammdarstellung auswählen	
X-Achsenspalte auswählen	
Y-Achsenspalte auswählen	
Diagramm-Erstellung beenden	
aktuelle Diagramm-Erstellung abbrechen	✗
erweiterte Hilfe	

Wir durchlaufen den Diagrammlotsen sequentiell:

Klicken Sie unter **Diagrammtyp** auf die gewünschte Diagrammart. Ihre Auswahl wird in einer kleinen Anzeige neben der Druckknopfleiste veranschaulicht.

Mit ➡ springen wir zum nächsten Bildschirm.

Bild 3.17:
Diagrammdarstellung
auswählen

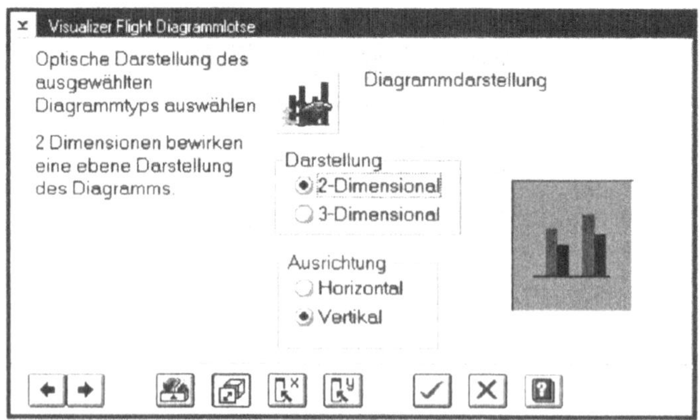

Hier legen Sie fest, ob Sie eine zwei- oder dreidimensionale Darstellung wünschen. Die dreidimensionale Darstellung ist aber nur eine zweidimensionale X-Y-Darstellung mit räumlicher Tiefe: Sie können keine Z-Achse für die Anzeige von Datenwerten definieren. Für Balkendiagramme können Sie wählen, ob Sie eine vertikale oder horizontale Ausrichtung der Grafik wünschen. Bei vertikaler Ausrichtung ist die X-Achse des Diagramms horizontal und die Y-Achse vertikal angeordnet, bei horizontaler Ausrichtung die X-Achse vertikal und die Y-Achse horizontal.

Mit ➡ springen wir zum nächsten Bildschirm.

Bild 3.18:
X-Achsenspalte
auswählen

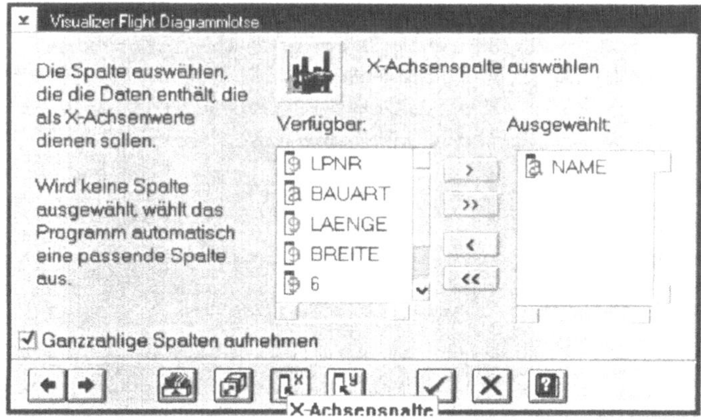

Hier wählen Sie die Tabellenspalte für die X-Achse aus. Sie wählen eine Spalte unter **Verfügbar** aus und übertragen sie mit ▸ nach **Ausgewählt**. Weitere Spalten können nicht gewählt und übertragen werden. Mit ◂ und ◂◂ können Sie Ihre Auswahl rückgängig machen.

Wählen Sie keine Spalte, so übernimmt dies der Diagrammlotse für Sie. Wenn Sie *ganzzahlige Spalten aufnehmen* deaktivieren, zieht er nur Zeichenketten in Betracht. Ganzzahlige Spalten werden häufig für identifizierende Schlüssel wie `Yachtnummer` oder `Liegeplatz-Nummer` verwendet. Aktivieren Sie deshalb diese Option. Bei „intelligenter Spaltenwahl"[3] sucht der Diagrammlotse die beste Gruppierung durch die verfügbaren Spalten, sonst nimmt er die erste geeignete.

---

[3] „Intelligente Spaltenauswahl" wird festgelegt im Menü **Diagramm** mit **Vorgaben...** (siehe Bild 3.21 auf Seite 64).

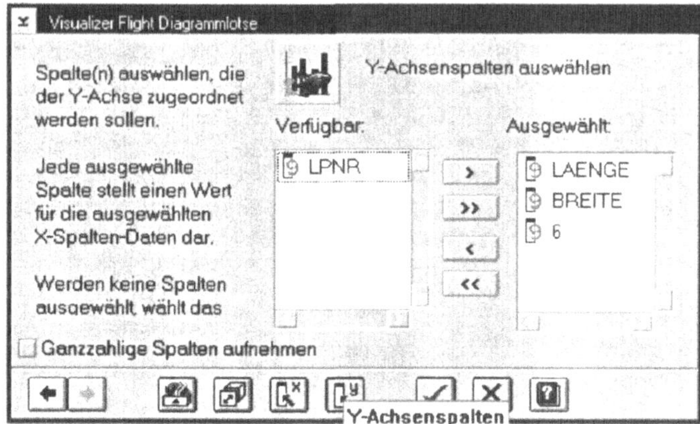

Hier bestimmen Sie die Spalten für die Y-Achse. Die Liste **Verfügbar** enthält die verfügbaren, geeigneten Spalten. Sie wählen

- eine Spalte aus und übertragen diese mit > oder
- alle Spalten aus und übertragen sie mit >>

nach **Ausgewählt.** Weitere Spalten können Sie anschließend wählen und ebenso übertragen. Mit < und << können Sie Ihre Auswahl einzeln oder insgesamt rückgängig machen.

Wählen Sie keine Spalte, so übernimmt dies der Diagrammlotse für Sie. Wenn Sie *ganzzahlige Spalten aufnehmen* deaktivieren, zieht er nur nicht ganzzahlige, numerische Spalten in Betracht. Ganzzahlige Spalten werden häufig für identifizierende Schlüssel oder Fremdschlüssel verwendet. Beziehen Sie diese Spalten deshalb nur nach genauer Prüfung in eine automatische Auswahl mit ein.

Damit ist die Erstellung beendet. Sie haben mit dem Diagrammlotsen zur Zeit keine Möglichkeit, Darstellungsparameter wie Farbe, Schrift oder Beschriftung einzustellen. Klicken Sie auf , um das Diagramm anzuzeigen.

Bild 3.20:
Anzeige des mit dem
Diagrammlotsen
erzeugten
Diagramms

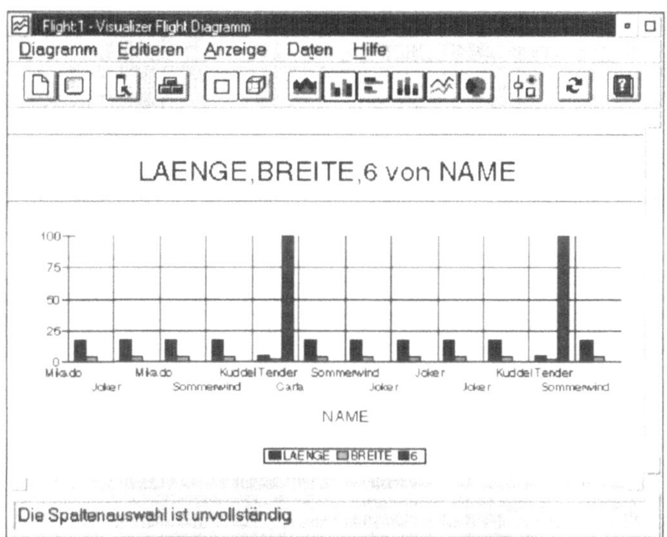

Sie können dieses Diagramm nun noch weiter verändern wie
unter der Funktion *Diagramm* (siehe unten). Die Bedeutung der
Druckknöpfe ist ab Seite 65 beschrieben.

Diagramm

Wählen Sie beim Aufruf der Diagramm-Ausgabe gleich *Diagramm* (statt *Diagrammlotse*, siehe Bild 3.15 auf Seite 59), so
werden Sie zuerst aufgefordert, die Tabellenspalte für die X-
Achse auszuwählen. Der angezeigte Bildschirm ähnelt Bild 3.18
auf Seite 61. Im Gegensatz zum Diagrammlotsen **müssen** Sie die
Auswahl selbst treffen. Dazu erscheint in dem linken Feld die
Liste der verfügbaren Spalten. Sie wählen eine aus und übertragen sie mit **>** nach **Ausgewählt**. Weitere Spalten können
nicht gewählt und übertragen werden. Mit **<** und **<<**
können Sie Ihre Auswahl rückgängig machen.

Mit *Weiter* gelangen Sie zur Auswahl der Spalten für die Y-
Achse. Der angezeigte Bildschirm ähnelt Bild 3.19 auf Seite 62.
Auch hier müssen Sie die Auswahl selbst treffen. Dazu erscheint
in dem linken Feld die Liste der verfügbaren, geeigneten Spalten. Sie wählen

- eine Spalte aus und übertragen diese mit **>**

- alle Spalten aus und übertragen sie mit **>>**

nach **Ausgewählt.** Weitere Spalten können Sie anschließend
wählen und ebenso übertragen. Mit **<** und **<<** können
Sie Ihre Auswahl einzeln oder insgesamt rückgängig machen.

Mit *Zurück* können Sie die Auswahl der X-Achse wiederaufsuchen, mit *OK* schließen Sie die Auswahl ab. Ein zweidimensionales Balkendiagramm wird angezeigt. Die weiteren Einstellungen nehmen Sie in der Menü- oder der Druckknopfleiste vor. Menüpunkte und Druckknöpfe sind teilweise redundant.

Allgemeine Vorgaben

Im Menü **Diagramm** können Sie Ihre Angaben sichern, das Diagramm drucken oder allgemeine Vorgaben für die Diagramm-Komponente des Visualizer Flight machen:

Bild 3.21:
Diagrammvorgaben
festlegen

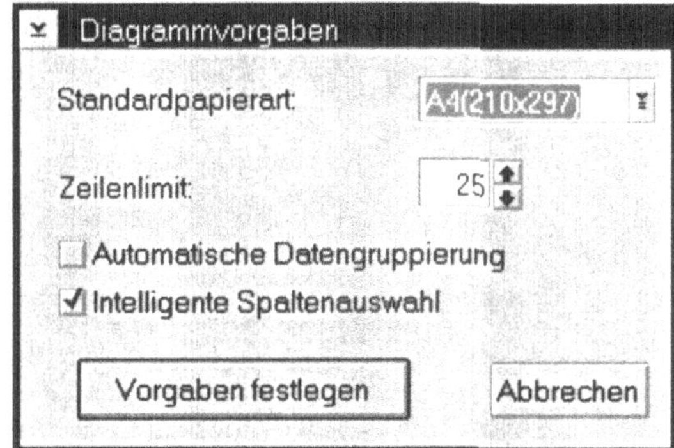

Eintrag	Bedeutung
Standardpapierart	Papierformat für die Anzeige als Seite
Zeilenlimit	Obergrenze für die Anzahl angezeigter Zeilen im Diagramm
Automatische Datengruppierung	Zusammenfassung gleicher Werte der X-Achse
Intelligente Spaltenauswahl	Der Diagrammlotse sucht automatisch die Spalte der X-Achse nach der besten Gruppierung aus.

Mit den folgenden Druckknöpfen können Sie die Darstellung verändern:

Druckknopf	Bedeutung
	zur Seitensicht wechseln In der Seitensicht können Sie zwischen Quer- und Hochformat wählen und die Druckausgabe starten.
	zur Anzeigesicht wechseln
	Spaltenauswahl für X-/Y-Achse verändern
	Diagrammlotsen aufrufen
	auf zweidimensionale Darstellung umschalten
	auf räumliche Darstellung umschalten
	Diagrammtyp Fläche auswählen
	Diagrammtyp Balken vertikal auswählen
	Diagrammtyp Balken horizontal auswählen
	Diagrammtyp Balkenstapel auswählen
	Diagrammtyp Kurve auswählen
	Diagrammtyp Kreis auswählen
	Einstellungen aufrufen (dieses Notizbuch zur Parameter-Einstellung wird weiter unten beschrieben)
	Anzeige umkehren Die Spalten der Y-Achse werden als Gruppierungen der X-Achse dargestellt.
	Hilfefunktion aufrufen

Die vollständigste Möglichkeit zur Definition der Diagramm-Darstellung bietet die Kombination von Spaltenauswahl[4] und dem Notizbuch (Menü **Anzeige** Funktion **Einstellungen..** oder). Der Experte wird diese Variante bevorzugen.

Die anderen Druckknöpfe oder Menüpunkte dienen nur zur schnelleren Variation des Diagramms. Mit den vielfältigen und manchmal inkonsistenten Auswahlmöglichkeiten zur Gestaltung eines Diagramms erscheint uns die Diagramm-Komponente überfrachtet und eher unübersichtlich. In Anbetracht der insgesamt einfachen Diagramm-Darstellung ist der Diagrammlotse, der ohnehin nicht alle Einstellmöglichkeiten bietet, unserer Meinung nach überflüssig.

Bild 3.22:
Notizbuch zur
Parameter-
Einstellung

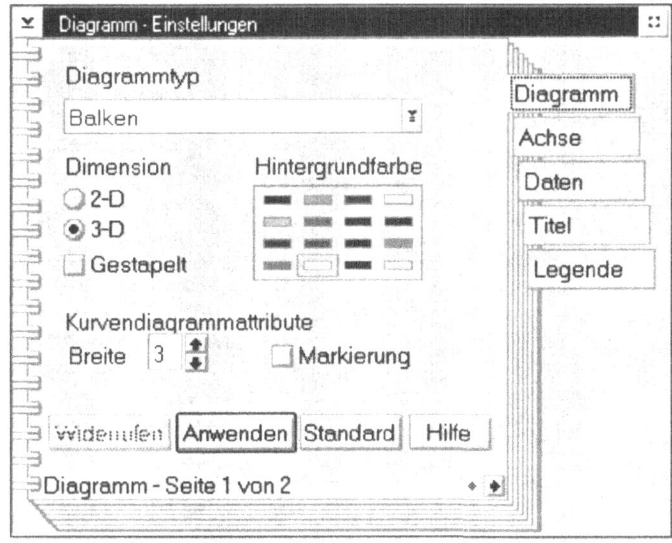

Im Notizbuch legen Sie *Diagramm, Achsen, Daten, Titel* und *Legende* fest. Mit *Anwenden* sehen Sie die Auswirkungen Ihrer Einstellungen sofort, ohne das Notizbuch zu verlassen. Mit *Widerrufen* nehmen Sie Ihre Änderungen zurück und mit *Standard* nutzen Sie die Standard-Voreinstellungen.

---

[4] Diese Spaltenauswahl erscheint schon automatisch, wenn Sie sich bei der Diagramm-Ausgabe für *Diagramm* entscheiden (siehe Bild 3.15 auf Seite 59).

Diagramm-Seite	Auf den *Diagramm*-Seiten wählen Sie Diagrammtyp, zwei- oder dreidimensionale Darstellung, Hintergrundfarbe sowie typspezifische Parameter aus.

Für Kurven können Sie die Strichbreite vorgeben und, ob die Punkte der Datenwerte zusätzlich durch Markierungen kenntlich gemacht werden sollen.

Für Kreise wählen Sie zwischen Prozent- und Absolutwerten („regulär") und können Sektoren durch Herauslösen hervorheben. Die Sektoren bestimmen Sie mit den Listen „Kreis" und „Daten".

Für Balken können Sie zwischen vertikaler und horizontaler Ausrichtung wählen und den Balkenabstand zwischen den X-Werten sowie die Überlappung verschiedener Balken zum gleichen X-Wert vorgeben. Für Balkenstapel wird nur der Abstand wirksam.

Achse-Seite Auf der ersten *Achse*-Seite bestimmen Sie für die X- und Y-Achse (in Liste auszuwählen) jeweils ihre Bezeichnung sowie deren Schriftart, -größe und -farbe. Auf der zweiten Seite geben Sie für X- und Y-Achse (Liste) vor, welche Schriftart, -größe und Farbe die Beschriftung der Werte hat, ob sie Rasterstriche wünschen und wie die Teilungsstriche der Skalen aussehen.

Daten-Seite Auf der ersten *Daten*-Seite bestimmen Sie für jede angezeigte Spalte (Liste) die Farbe und die Bezeichnung, auf der zweiten, ob und wie die Y-Werte angezeigt werden sollen. Für diese Werte können Sie die Anzahl der Dezimalstellen, die Anzeigeposition, die Schriftart und -größe sowie die Farbe vorgeben.

Titel-Seite Auf der *Titel*-Seite wählen Sie Text, Schriftart und -größe sowie die Farbe für Titelzeilen aus.

Legende-Seite Auf der *Legende*-Seite bestimmen Sie, ob und wie diese angezeigt werden soll. Sie bestimmen Position, Schriftart und -größe sowie die Farben. Die Texte haben Sie schon auf der ersten *Daten*-Seite vorgegeben.

3.2 Visualizer Query

Die *Visualizer*-Familie von IBM ist Nachfolger der Produkte *Query Manager, QMF* und *Personal AS* und gilt als das moderne Front-/End-Werkzeug für DB2- und andere Datenbanken. Sie unterstützt Abfragen, Änderungen und Auswertungen von Datenbanken, Geschäftsgrafiken, Multimedia, Statistiken, Planungsmodelle, die Automatisierung von Abläufen und die Erstellung von Anwendungen. Visualizer-Komponenten gibt es zur Zeit für AIX, OS/2, Windows und Lotus Notes.

Wir testeten die „Schnupper"-Version 1.2, die mit DB2 Version 2.1.0 für einen 60-Tage-Test ausgeliefert wurde. Leider war diese Version nur in Englisch verfügbar.

Wir können Ihnen aus diesem umfangreichen Leistungsspektrum in diesem Buch nur einen kurzen Überblick über die Auswertungs- und Änderungsmöglichkeiten unter OS/2 geben.

Visualizer Query ist in seiner Benutzerschnittstelle ganz dem Presentation Manager angepaßt worden. Es kennt die folgenden Objekte, von denen wir Ihnen die datenbankorientierten kurz vorstellen wollen:

- SQL-Datenbank-Ordner
- SQL-Tabelle
- (Visualizer-)Tabelle
- SQL-Datensicht
- SQL-Befehl
- Abfrage
- Bericht
- Grafik

Bild 3.23:
Visualizer-Objekte
und -Symbole

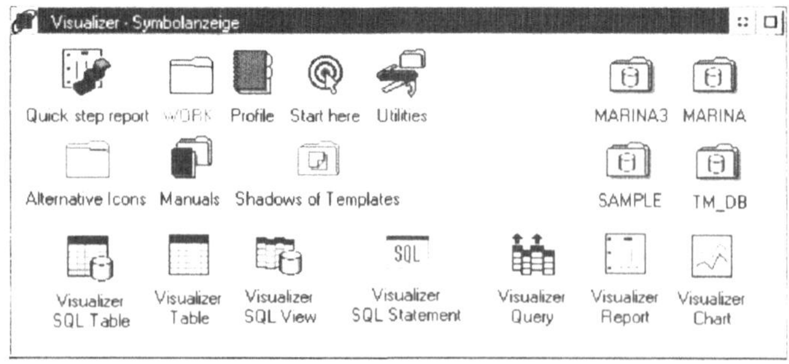

Zur Benutzung müssen Sie die entsprechende Schablone mit der Maus aus dem Visualizer-Schablonenordner (Shadows of Templates) auf die Arbeitsoberfläche oder in einen gewünschten Ordner ziehen und per Doppelklick öffnen. Die Objekte *SQL-Tabelle* (Visualizer SQL Table) und *SQL-Datensicht* (Visualizer SQL View) müssen zwingend in einem Datenbank-Ordner abgelegt werden, die anderen dürfen nicht dorthinein. Unterstützt werden die neuen Möglichkeiten der Version 2 von DB2 noch nicht.

SQL-
Datenbank-
Ordner

Schon bei der Installation legt *Visualizer Query* für jede katalogisierte DB2-Datenbank einen Ordner an. Öffnen Sie einen Ordner, erstellt Visualizer Query standardmäßig eine Verbindung zur zugehörigen Datenbank, fragt den Katalog ab nach Tabellen, deren Schemaname gleich Ihrer Benutzeridentifikation ist, und zeigt diese als Objekte *SQL-Tabelle* oder *SQL-Datensicht* an. Sie können dieses Verhalten ändern, wenn Sie im Notizbuch für Einstellungen zum SQL-Datenbank-Ordner auf der Seite *Include* die Parameter ändern:

- Wenn Sie im Feld **Collection** einen Stern ("*") eintragen, werden alle Tabellen angezeigt. Sie können auch einen gewünschten Schemanamen eingeben.

- Weiterhin können Sie die Anzeige nur auf physische Tabellen oder nur auf Datensichten beschränken.

Sie können zum Ordner auch eine Detailanzeige mit Informationen aus dem Katalog und ein SQL-Fenster öffnen. Wer Informationen statt Bildchen bevorzugt, kann im Notizbuch für Einstellungen zum SQL-Datenbank-Ordner die Detailanzeige zum Standard machen (siehe Bild 3.24). Wir fänden es übrigens schön, wenn solche Tabelleninformationen auch im *Database Director* abrufbar wären.

Bild 3.24:
Detailanzeige eines
geöffneten
Datenbank-Ordners

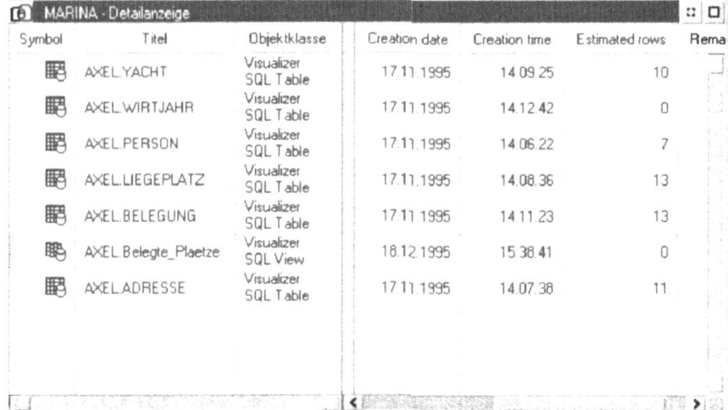

Symbol	Titel	Objektklasse	Creation date	Creation time	Estimated rows	Rema
	AXEL.YACHT	Visualizer SQL Table	17.11.1995	14.09.25	10	
	AXEL.WIRTJAHR	Visualizer SQL Table	17.11.1995	14.12.42	0	
	AXEL.PERSON	Visualizer SQL Table	17.11.1995	14.06.22	7	
	AXEL.LIEGEPLATZ	Visualizer SQL Table	17.11.1995	14.08.36	13	
	AXEL.BELEGUNG	Visualizer SQL Table	17.11.1995	14.11.23	13	
	AXEL.Belegte_Plaetze	Visualizer SQL View	18.12.1995	15.38.41	0	
	AXEL.ADRESSE	Visualizer SQL Table	17.11.1995	14.07.38	11	

Wenn Sie im SQL-Fenster, das Sie zu einem DB-Ordner öffnen können, einen SELECT-Befehl eingeben, erfolgt die Anzeige des Ergebnisses mit dem *Data Viewer* (Data Viewer, siehe Seite 88).

Datenbank-Ordner dienen **nicht** der Ablage Ihrer Berichte und Grafiken, die Sie zu der Datenbank erstellen. Für deren Ablage müssen Sie einen eigenen konventionellen Ordner einrichten. Zur Erstellung von Abfragen, Berichten oder Grafiken müssen Sie auch keinen Datenbank-Ordner öffnen.

Ein Datenbank-Ordner bietet Ihnen nur den direkten Zugang zu einer Datenbank und ihren Tabellen (physische und virtuelle). Sie erhalten so einen einfachen Überblick, welche Tabellen vorhanden sind und welche Daten sie enthalten.

SQL-Tabelle

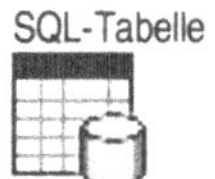

Öffnen Sie per Doppelklick eine SQL-Tabelle, zeigt Ihnen *Visua-izer Query* mit Hilfe des *Data Viewer* (Data Viewer, siehe Seite 88) alle Spalten und so viele Zeilen der Tabelle an, wie der Grenzwert des Profils erlaubt. Andere Selektionen oder Projektionen können Sie im *Data Viewer* vorgeben. Ändern, Löschen oder Hinzufügen von Zeilen ist im Änderungsmodus möglich.

Im Notizbuch für Einstellungen zu einer Tabelle können Sie die Definitionen der Tabelle vorgeben oder ändern. Ihnen stehen dazu Seiten für Angaben zur Tabelle, zu den Spalten, zum Primärschlüssel, zur referentiellen Integrität, zu Indizes und zu Berechtigungen zur Verfügung. Mit der *Apply all*-Taste auf der Table-Seite lassen Sie Ihre Definitionen oder Änderungen ausführen.

Bild 3.25:
Notizbuch für
Einstellungen zu
einer Tabelle

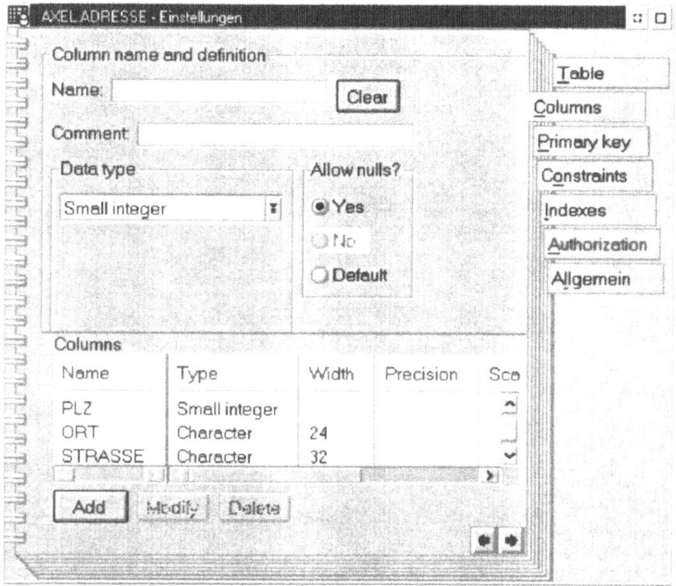

Eine Tabelle können Sie dadurch erstellen, daß Sie die entsprechende Schablone in einen Datenbank-Ordner ziehen und das Notizbuch für Einstellungen zu einer Tabelle ausfüllen. Durch den Datenbank-Ordner wird die zugehörige Datenbank zwingend vorgegeben. Eine andere Art der Vorgabe haben Sie nicht. Löschen (DROP TABLE) können Sie die Tabelle einfach durch Ziehen des Symbols zum Schredder beziehungsweise zum Abfalleimer.

SQL-Datensicht

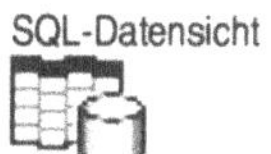

Öffnen Sie per Doppelklick eine SQL-Datensicht, zeigt Ihnen *Visualizer Query* mit Hilfe des *Data Viewer* (Data Viewer, siehe Seite 88) alle Spalten und so viele Zeilen der Sicht an, wie der Grenzwert des Profils erlaubt. Zusätzliche Selektionen oder Projektionen für die jeweilige Anzeige können Sie jedoch nur im *Data Viewer* vorgeben. Im *Data Viewer* ist das Ändern, Löschen oder Hinzufügen von Zeilen im Änderungsmodus möglich, wenn die Datensicht aufgrund ihrer Definition Änderungen zuläßt.

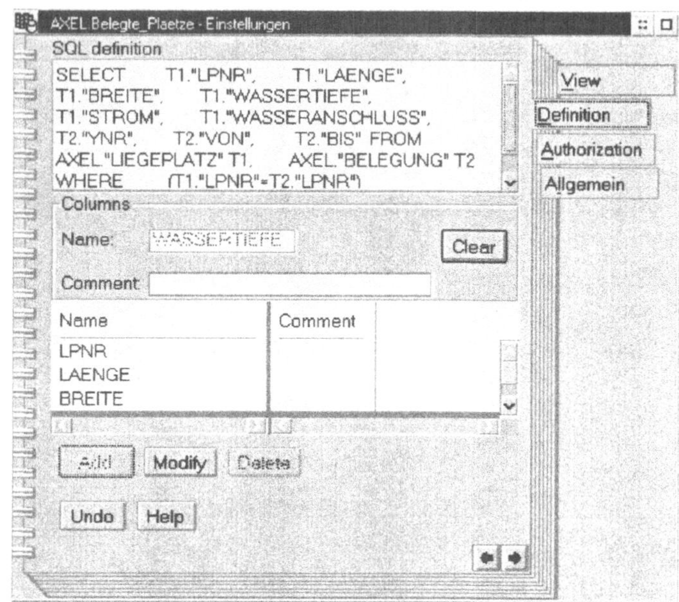

Im Notizbuch für Einstellungen zu einer Datensicht können Sie die Definitionen der Datensicht vorgeben oder ändern. Auf der View-Seite ändern Sie Angaben zur Datensicht (Name und Kommentar), auf der Definition-Seite die SELECT-Angabe und Spaltenkommentare und auf der Authorization-Seite Berechtigungen. Mit der *Apply all*-Taste auf der View-Seite lassen Sie Ihre Definitionen oder Änderungen ausführen.

Als Änderungen können Sie nur Kommentare zu Spalten und Berechtigungen ergänzen, ändern oder löschen.

Die SELECT-Klausel der Datensicht müssen Sie frei formulieren. Eine Unterstützung zur Auswahl von Tabellen, Spalten und Auswahlbedingungen steht hier nicht zur Verfügung. Sie können allerdings mit Hilfe eines Query-Objekts eine Abfrage mit entsprechender Unterstützung erstellen, sich als SQL-Befehl anzeigen lassen und diesen mit der Copy-Taste bereitstellen. Mit der Paste-Funktion (⇧+Einfg) können Sie den Befehl dann in das Fenster der Definition einfügen.

Eine Datensicht können Sie dadurch erstellen, daß Sie die entsprechende Schablone in einen Datenbank-Ordner ziehen und das Notizbuch für Einstellungen zu einer Datensicht ausfüllen. Durch den Datenbank-Ordner wird die zugehörige Datenbank zwingend vorgegeben. Eine andere Art der Vorgabe haben Sie nicht. Löschen (DROP VIEW) können Sie die Datensicht einfach durch Ziehen des Symbols zum Schredder beziehungsweise zum Abfalleimer.

SQL-Befehl

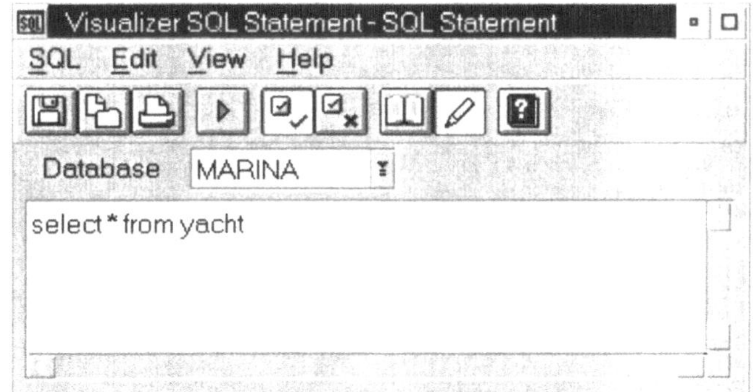

Wer fließend SQL spricht und den Inhalt seiner Datenbanken kennt, kann mit Hilfe des Objekts *SQL-Befehl* Abfragen und Veränderungen frei formulieren und bis zur nächsten Verwendung aufbewahren.

Nach einem Doppelklick auf das SQL-Befehl-Symbol öffnet sich ein Fenster, in das Sie ihren Befehl direkt eingeben können.

Bild 3.27:
SQL-Befehl
formulieren

Statt manueller Eingabe können Sie auch einen Befehl übernehmen, den Sie im Query Manager abgelegt hatten (sofern dessen alte Tabellen noch vorhanden sind!) oder den Sie als Text beispielsweise für die Ausführung über den *CLP* aufbewahrt hatten.

Unter **Database** wählen Sie die Datenbank, gegen die der Befehl ausgeführt werden soll. Zur Ausführung drücken Sie auf.

Wenn Sie eine Abfrage gestartet haben, wird das Ergebnis mit dem *Data Viewer* angezeigt (Data Viewer, siehe Seite 88).

Wollen Sie bei den nächsten Aufrufen des Objekts nur den SQL-Befehl ausführen, dann stellen Sie im Notizbuch für Einstellungen zu SQL-Befehl auf der Menü-Seite im Menüpunkt **Öffnen** den Untermenüpunkt *Run SQL Statement* als Standard ein. Ein Doppelklick auf das SQL-Befehl-Symbol bewirkt dann die sofortige Ausführung des SQL-Befehls.

Abfrage

Wer nicht perfekt in SQL ist oder Unterstützung für die Auswahl von Tabellen und Spalten wünscht, nutzt zur Erstellung seiner Abfrage das Objekt *Abfrage*.

Per Doppelklick auf das Abfrage-Symbol öffnet sich das Abfrage-Fenster. Für die Auswahl von Tabellen oder Abfragen klicken Sie auf

Bild 3.28:
Tabellenauswahl im
Abfrage-Objekt

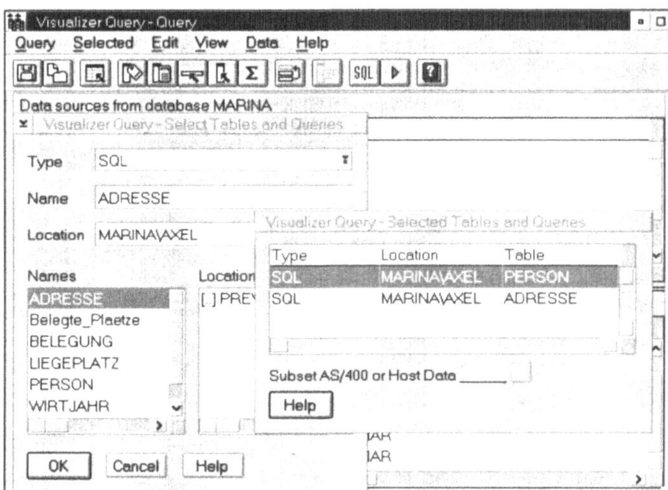

Wählen Sie zuerst den *Typ* aus, zum Beispiel "SQL" für den Zugriff auf relationale Datenbanken. Sie können hier auch andere Tabellen (Visualizer, AS) oder andere Abfragen wählen. Wenn Sie "SQL" gewählt haben, werden Ihnen die verfügbaren DB2-Datenbanken oder ODBC-Treiber für Nicht-DB2-Systeme angezeigt. Wir wählen unsere Beispiel-Datenbank **MARINA** und erhalten die Anzeige aller Schema-Namen. Nach der Auswahl eines Schema-Namen werden alle realen und virtuellen Tabellen zu dem gewählten Schema angezeigt. Wir wählen die Tabellen **PERSON** und **ADRESSE**. Leider läßt sich je Auswahlschritt nur eine Tabelle oder mehrere nebeneinander aufgelistete auswählen.

Da wir mehr als eine Tabelle wählten, verknüpfen wir als nächstes die Tabellen miteinander. Dazu werden im Arbeitsfenster im oberen Feld die gewählten Tabellen mit ihren Spalten nebeneinander aufgelistet. Das untere Feld zeigt die Spalten an, die in der Auswertung erscheinen werden. Zwischen den Tabellen im oberen Feld liegt eine Spalte zu Anzeige der Verküpfung. Wir klikken auf diese Spalte und 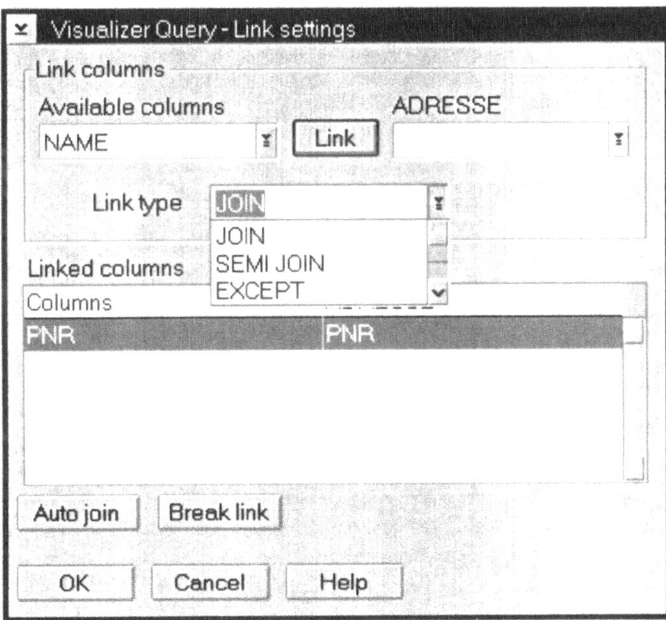 wird aufgeblendet. Per ▣ gelangen wir zum Auswahlfenster für die Tabellenverknüpfung.

Bild 3.29:
Auswahl von
Tabellen-
verknüpfungen

Mit *Auto join* werden automatisch zwei Spalten gleichen Namens und Datentyps für ein Equi-Join ausgewählt. Mit den zwei Auswahllisten für die Spalten und dem *Link*-Knopf können Sie Spalten paarweise verknüpfen. Anschließend wählen Sie unter **Linktype** die Art der Verknüpfung. Hinter "Semi Join" und "Except" verbergen sich Unterabfragen mit EXISTS beziehungsweise NOT EXISTS. Angezeigt wird nur eine Tabelle, die andere verschwindet in der Unterabfrage! Wir wählen den Join über die Personennummer PNR in beiden Tabellen.

Als nächstes benennen wir die Spaltennamen für die Spaltenüberschriften um. Wir klicken auf [D] und das folgende Fenster
erscheint:

Bild 3.30:
Spalten für
Spaltenüberschriften
umbenennen

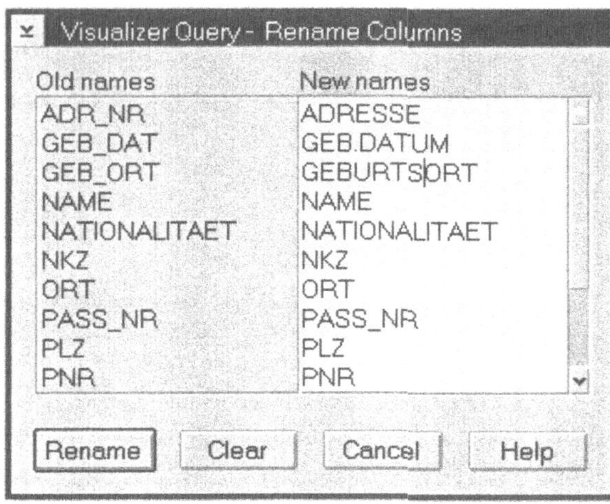

Sie sehen zwei Felder mit Spaltennamen. Unter **New names**
geben wir Alias-Namen ein. Leider werden Alias-Name ignoriert,
wenn sie den Spaltennamen nur in korrekter Groß-/Kleinschrei-
bung darstellen, zum Beispiel "Vorname" für VORNAME.

Bevor wir die Spalten für die Anzeige auswählen, geben wir
eine berechnete Spalte vor: Dazu klicken wir auf [📷] Das folgende Fenster erscheint:

Bild 3.31:
Berechnete Spalte
festlegen

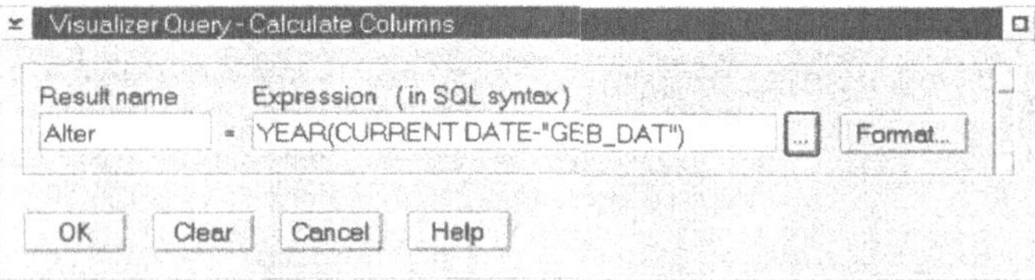

Hier können wir Spaltenalias und Ausdruck direkt eingeben. Für
Unterstützung (Spalten-, Operator-, Funktionsauswahl usw.)
sorgt der Druckknopf mit den drei Pünktchen. Hinter ihm ver-
birgt sich ein Fenster mit Auswahllisten. Wir geben die Spalte
"Alter" als `YEAR(CURRENT DATE-GEB-DAT)` vor.

Für die Selektion (Zeilenauswahl) klicken wir auf [🔍] Hier können wir unsere Auswahlbedingung gleich frei formulieren oder

uns mit Hilfe des Drei-Pünktchen-Knopfs Auswahllisten für Spalten, Operatoren, Funktionen, Konstanten usw. anzeigen lassen. Es fehlen in den Listen übrigens die Mengenoperatoren wie IN, ANY oder EXISTS.

Bild 3.32:
Zeilenauswahl

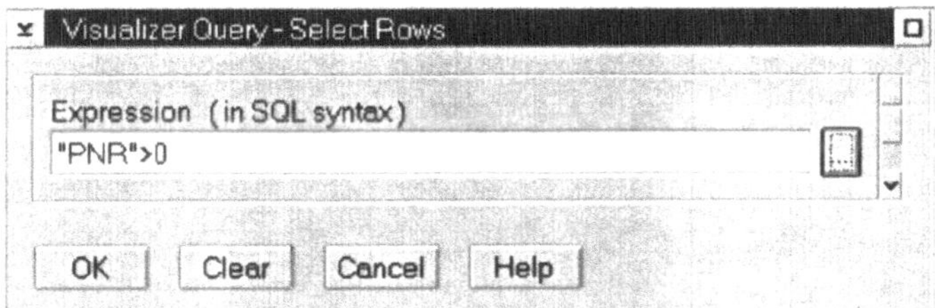

Anschließend wählen wir die angezeigten Spalten aus. Leider können wir die Reihenfolge der angezeigten Spalten bei der Spaltenauswahl nicht beeinflussen, selbst wenn wir diese Auswahl in mehreren Schritten vornehmen. Mit ⬛ gelangen wir ins Auswahlfenster. Bitte beachten Sie, daß Sie Spalten, nach denen Sie die Anzeige sortieren wollen, auch anzeigen müssen.

Nach Spalten- und Zeilenauswahl könnten wir noch eine Gruppierung der Daten und Gruppenfunktionen (SUM(), MIN(), MAX(), AVG()) vorgeben. Dazu dient Σ. Wir verzichten für unsere kleine Liste auf die Gruppierung.

Stattdessen geben wir noch ein Sortierfolge vor. Mit ⬛ gelangen wir in das zugehörige Fenster:

Bild 3.33:
Sortierfolge festlegen

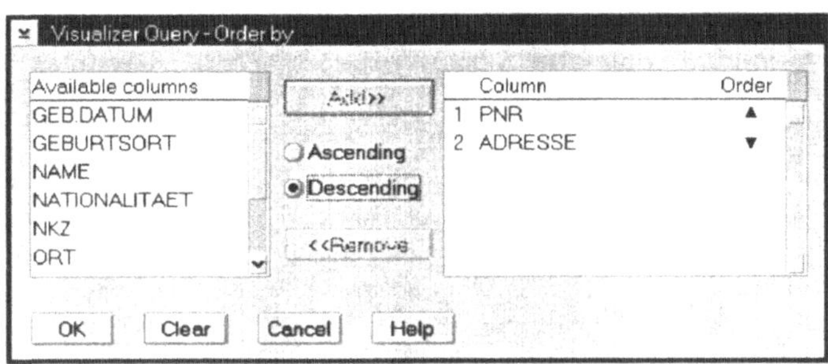

Die Abfrage ist jetzt fertig formuliert. Mit ▶ wird die Abfrage ausgeführt und das Abfrage-Ergebnis mit dem *Data Viewer* angezeigt (Data Viewer, siehe Seite 88).

Bericht

Die Ausgabe von Abfrage-Ergebnissen mit *Data Viewer* (Data Viewer, siehe Seite 88) entspricht sicher nicht den Anforderungen an einen Bericht, der einem größeren oder anspruchsvolleren Kreis von Empfängern zugänglich gemacht wird. Hier hilft das Visualizer-Objekt *Bericht* weiter. Die Formulierung komplexer Abfragen gehört nicht zu den Schwerpunkten dieses Objekttyps. Daher sollten Sie eine bereits formulierte Abfrage oder einen abgelegten SQL-Befehl übernehmen. Am einfachsten geht dies wenn Sie das entsprechende Objekt anklicken und in das schon geöffnete Berichtsobjekt ziehen. Wir benutzen dafür die zuvor erstellte Abfrage.

Nach einer kurzen „Denkpause" öffnet sich ein Fenster zur Auswahl der Berichtsspalten und Gruppen.

Bild 3.34:
Spaltenauswahl für
Bericht

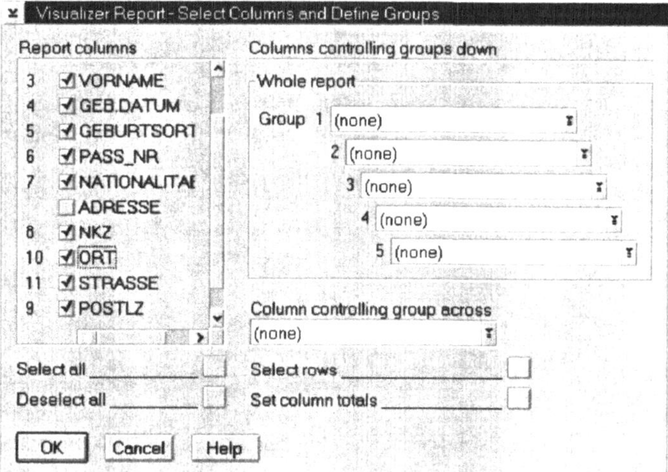

Die Reihenfolge, in der Sie die Spalten auswählen, ist auch Reihenfolge der Spalten im Bericht. Wir begnügen uns zunächst mit der Spaltenauswahl. Nach dem *OK* im Arbeitsfenster wird das erste Layout des Berichts mit Daten angezeigt. Störend in dieser Anzeige ist, daß nur seitenweise geblättert werden kann. Es ist insbesondere nicht möglich, nur um eine Spalte (statt einer Bildschirmseite) seitwärts zu rollen.

Natürlich können Sie noch mit ▣ und ▣ die Zeilen- und Spaltenauswahl zusätzlich beschränken, mit ▣ neue berechnete Spalten einfügen oder mit ▣ die Sortierfolge ändern. Wir verzichten hier auf diese Möglichkeiten, die wir Ihnen in anderen

Objekttypen schon vorgestellt haben. Im Objekttyp *Bericht* sind die Möglichkeiten auch teilweise beschränkter als in den Abfrageobjekten.

Als erstes legen wir den Standard-Font für unseren Bericht fest. Im Menü **Report** wählen wir die Funktion **Default font** aus. Das folgende Fenster erscheint:

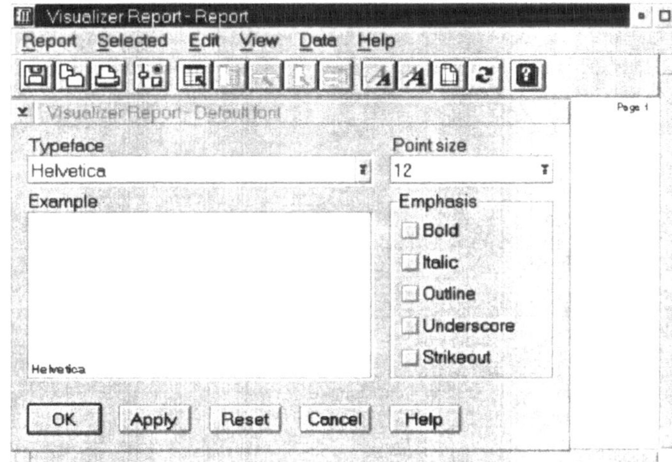

Wir wählen *Helvetica* als Schriftart und *12* als Schriftgröße.

Per ⌗ steigen wir in Anpassung des Layouts an unsere Wünsche ein. Ein Fenster erscheint, in dem die Anzeige und die Parameter für Kopfzeile, Spaltenüberschriften, Details und Fußzeile bestimmt werden können.

Bild 3.36:
Layout für Bericht

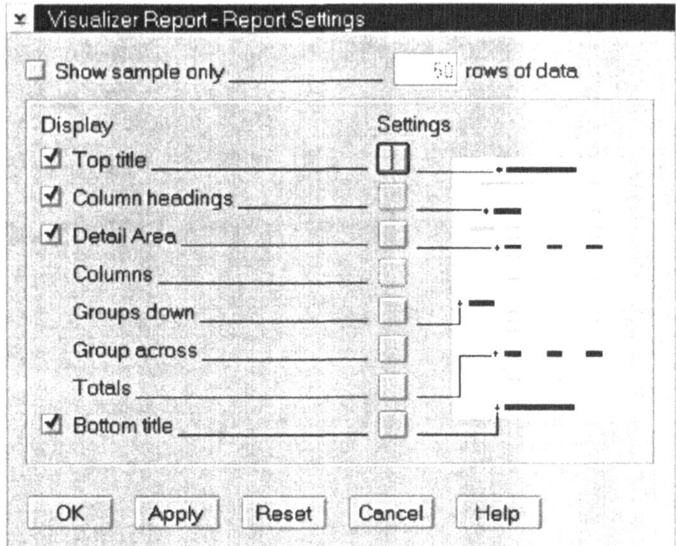

In der Kopfzeile setzen wir eine verständliche Seitenüberschrift ein und lassen uns nur das Datum (Variable _11) anzeigen. Für den Text der Überschrift wählen wir eine größere Schrift und die Farbe *rot*. Textvariable können Sie selbst definieren, vorbelegt sind die Nummer _11 bis _14, reserviert die Nummern _01 bis _10.

Bei den Spaltenüberschriften können wir für jede Spalte einen Überschriftstext vorgeben und Farbe und Font wählen. Hier wird dann auch der gleiche Text in korrekter Groß-/Kleinschreibung akzeptiert. Für alle Überschriften können wir die Position und eine Unterstreichung sowie die Position für ein gedrehtes Layouts (℃) wählen.

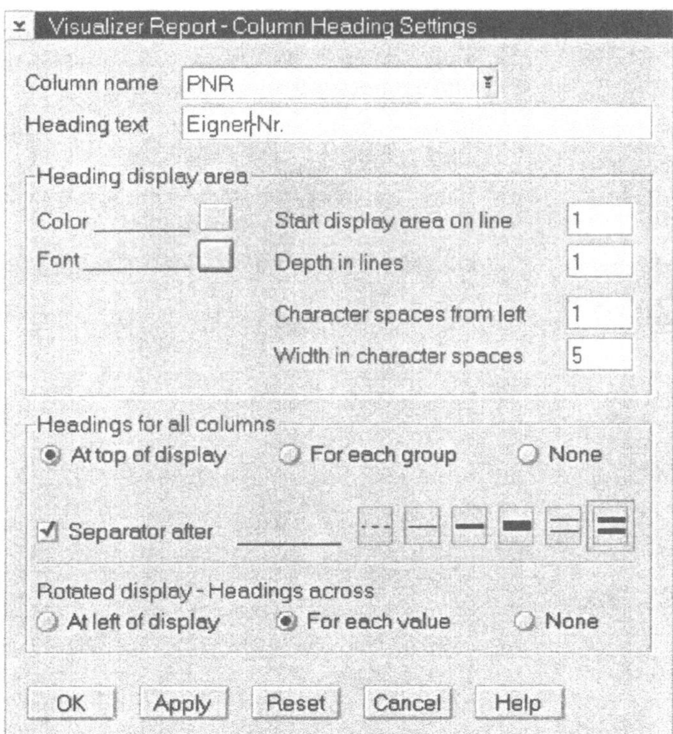

Für jede Spalte können Ausrichtung, Farbe, numerische Formatierung, Font, mehrzeilige Darstellung, Breite der Anzeige und vieles mehr angegeben werden. Leider lassen sich aber die Darstellungsformate für Datumsangaben **hier** nicht individuell vorgeben, sondern nur allgemein im Visualizer Profil.

Da wir die Tabellen PERSON und ADRESSE joinen, erhalten wir Zeilen mit gleichen Personendaten, aber unterschiedlichen Adreßdaten. Es wäre schön, diese wiederholten Daten zu unterdrücken. Dies ist nur im Zusammenhang mit Gruppenbildung möglich. Angaben zur Gruppenbildung hätten wir schon im ersten Fenster (siehe Bild 3.34 auf Seite 78) festlegen können. Wir können dies aber auch mit [⬛] nachholen. Es können nur fünf Spalten zur Definition von Gruppierungen und Untergruppierungen angegeben werden. Leider haben wir sieben Spalten (Hausname, Vorname, Geburtsdatum, Alter, Geburtsort, Paß-Nr), deren Wiederholung wir unterdrücken wollen!

Abgesehen von solchen dummen Restriktionen haben Sie viele Möglichkeiten, das Layout von Gruppierungen zu bestimmen und Gruppenfunktionen zu definieren.

In der Fußzeile zeigen wir die Seitennummer (Variable _13) mit dem Text „Seite " rechtsbündig an.

Damit hätten wir unseren einfachen Bericht so gut formatiert, wie es der Objekttyp *Bericht* zuläßt.

Bild 3.38:
Beispiel für einen Bericht

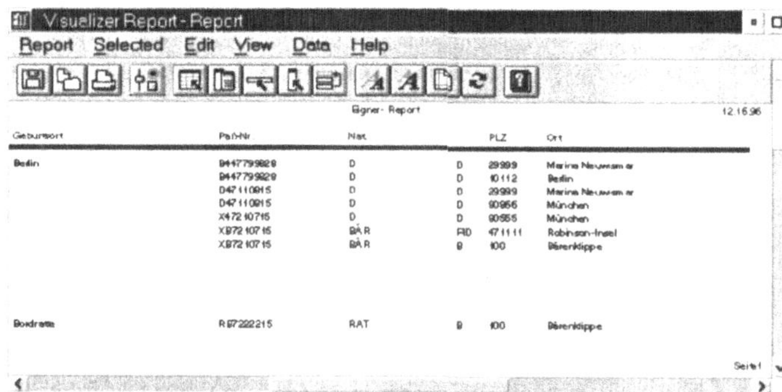

Mit  oder *A* verkleinern oder vergrößern Sie die Darstellung auf dem Bildschirm. Mit ☐ wählen Sie ein Seitenformat für die Druckausgabe aus. Standard ist die Anzeige im Format des Bildschirmfensters. Diese ist für die Definition des Layout anfangs günstig, zeigt Ihnen aber nicht, wie der spätere Ausdruck aussehen wird. Daher sollten Sie auch frühzeitig einmal auf das vorgesehene Papierformat wechseln.

Quick Step Report

Ein anderer Weg zur Erstellung eines Berichtes ist der *Quick Step Report*. Er führt Sie in wenigen Schritten zu einem Standard-Bericht, den Sie dann wie oben für Objekt *Bericht* geschildert bearbeiten können.

Als erstes wählen Sie die Berichtsform aus:

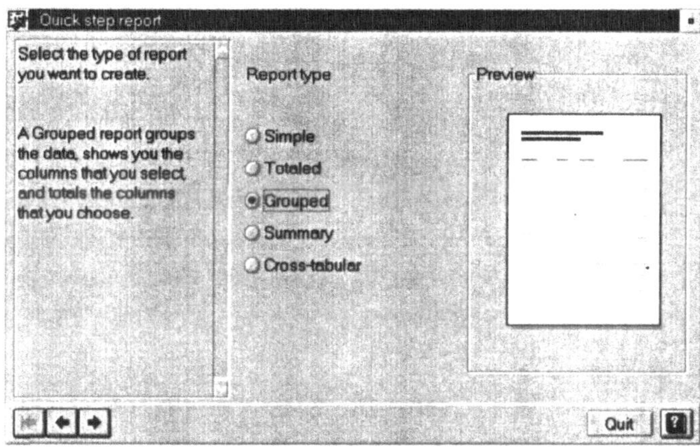

Angeboten werden Ihnen eine einfache Liste, eine einfache Liste mit Gesamtsummen, ein Liste mit Gruppeneinteilung, eine Summenliste und eine Matrix mit vertikaler und horizontaler Gruppenbildung.

Dann bestimmen Sie die darzustellende Datenmenge: Am einfachsten klicken Sie dazu auf eine Abfrage oder einen SQL-Befehl und ziehen sie(ihn) in das Quick Step Report-Fenster.

Als nächstes folgt die Auswahl der Spalten in einem, zwei oder drei Schritten, je nach Berichtsform.

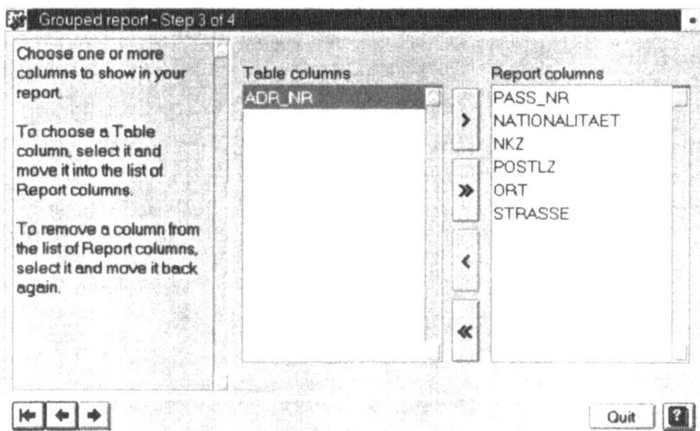

Neben den einfachen Berichtsspalten müssen Sie auch die Spalten für die Gruppensteuerung und für die Summenbildung auswählen. Außerdem können Sie noch zusätzliche Beschränkungen für die Zeilenauswahl angeben.

Der Bericht, der nun als Bericht-Objekt erstellt wird, muß anschließend wie jeder andere Bericht weiterbearbeitet werden.

Welchen Weg Sie wählen, den Quick Step Report oder das direkte Anlegen eines *Bericht*-Objekts, hängt allein davon ab,

- ob Sie lieber **zuerst** die Berichtsform vorgeben oder

- ob Sie die Berichtsform implizit nach Zuweisung der Abfrage oder des SQL-Befehls durch Auswahl von Spalten zur Gruppensteuerung festlegen.

Grafik

Die Ausgabe von Zahlenkolonnen in einem Bericht läßt so manchen Sachverhalt weniger schnell und klar erkennen als eine Grafik. Hier hilft das Visualizer-Objekt *Grafik* weiter, das ein schnelles Erstellen von Geschäftsgrafiken unterstützt. Die Formulierung komplexer Abfragen gehört nicht zu den Schwerpunkten dieses Objekttyps. Daher sollten Sie eine bereits formulierte Abfrage oder einen abgelegten SQL-Befehl übernehmen. Am einfachsten geht dies dadurch, daß Sie das entsprechende Objekt anklicken und in das schon geöffnete Berichtsobjekt ziehen. Wir benutzen dafür einen zuvor erstellten SQL-Befehl für die Datenbank SAMPLE:

```
SELECT DEPTNO, DEPTNAME, SUM(SALARY), SUM(BONUS), SUM(COMM)
FROM DEPARTMENT, EMPLOYEE
WHERE DEPTNO = WORKDEPT
GROUP BY DEPTNO, DEPTNAME
```

Wir wollen also die Summen der Gehälter, Boni und Provisionen je Abteilung darstellen.

Nach einer kurzen „Denkpause" öffnet sich ein Fenster zur Auswahl der Spalten für Achsen der Grafik.

Bild 3.41:
Spalten- und Zeilen-
auswahl

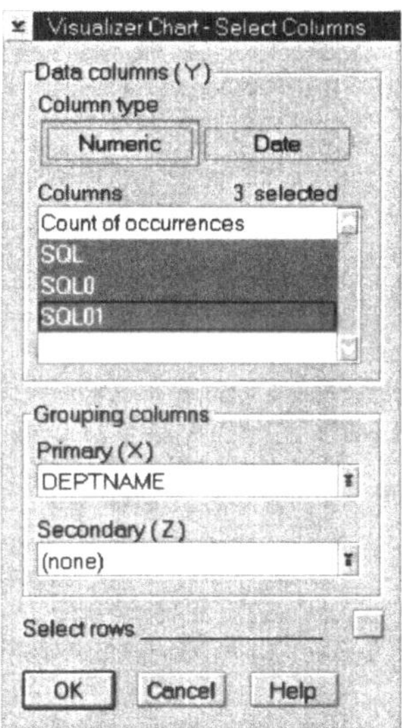

Für die Y-Achse wählen wir die drei Summenspalten, für die X-
Achse den Abteilungsname aus.

Sogleich erscheint im Arbeitsfenster eine erste Anzeige als Balkendiagramm.

Bild 3.42:
Erste Grafik-Anzeige

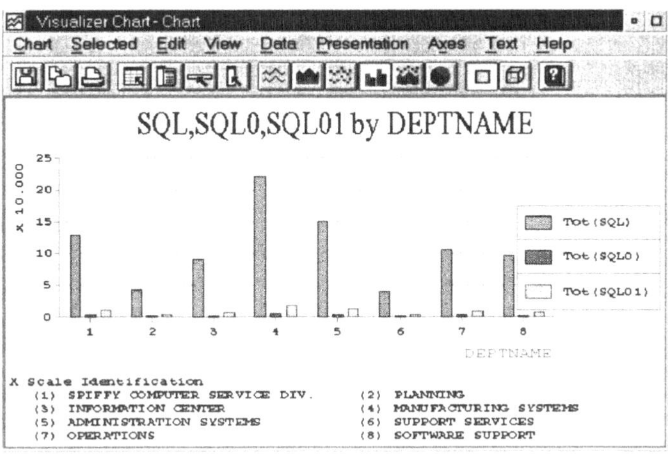

Sie können jetzt beispielsweise die folgenden Druckknöpfe
benutzen:

Funktion	Druckknopf
Tabellen auswählen	
Tabellenverbindungen	
Berechnete Spalten	
Spalten auswählen	
Zeilen auswählen	
Diagrammtyp Kurve auswählen	
Diagrammtyp Fläche auswählen	
Diagrammtyp „scatter chart" auswählen	
Diagrammtyp Balken vertikal auswählen	
Diagrammtyp „mixed chart" auswählen (kombiniert mehrere Diagrammtypen)	
Diagrammtyp Kreis auswählen	
auf zweidimensionalen Darstellung umschalten	
auf räumlichen Darstellung umschalten	

Wir wählen den uns als besonders geeignet erscheinenden Diagrammtyp aus, zum Beispiel Balken in räumlicher Darstellung.

Bevor wir die grafische Darstellung im Detail variieren, legen
wir eine verständliche Beschriftung fest. Wir durchlaufen dazu
die Punkte des Menüs **Text**.

Bild 3.43:
Menü **Text**

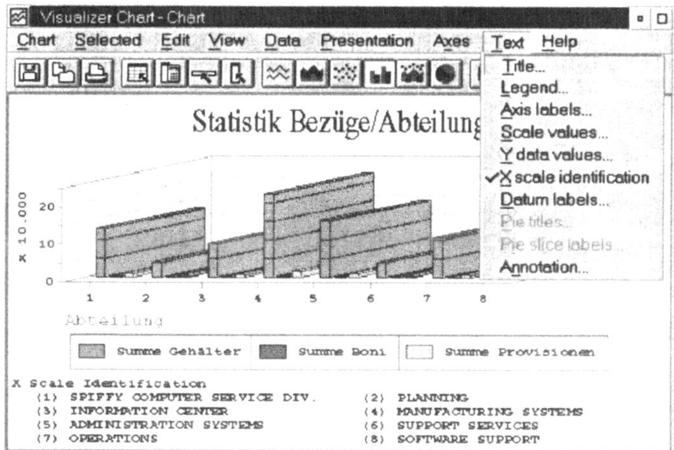

Leider lassen sich hier nicht zugleich auch Schriftart, -größe und Farbe ändern. Dazu muß in der Grafik der Text mit der Maus selektiert und dann das Menü **Selected** angewählt werden. Leider lassen sich auch nicht alle Standard-Beschriftungen ändern oder unterdrücken.

Wir wählen in der Grafik die Balken per Maus-Klick an und ändern über das Menü **Selected** Farbe und Stil. Mit Hilfe des Menüs **Axes** (Achsen) setzen wir die Parameter für X-, Y- und Z-Achse.

Anschließend nehmen wir die Feineinstellung unserer Grafik vor. Im Menü **Presentation** (Präsentation) wählen wir zwischen vertikaler oder horizontaler Darstellung, zwischen additiver, überlagerter oder paralleler Darstellung der Balken, die Perspektive bei räumlicher Darstellung, die Überlappung der Balken, die Abstände der Balkengruppen und die Breite der Ränder.

Bild 3.44:
Menü **Presentation**
(Präsentation)

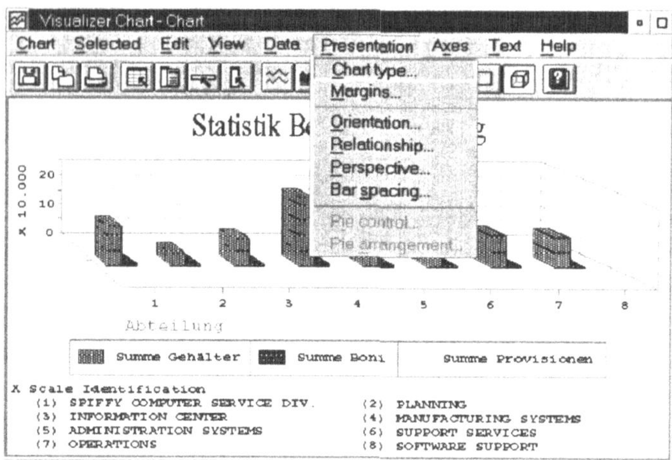

Damit ist die Grafik fertiggestellt.

Neben den Objekttypen finden wir in Visualizer Query noch eine Reihe von Werkzeugen und Hilfen, von denen wir die wichtigsten kurz vorstellen wollen.

Data Viewer

Der Data Viewer besitzt kein eigenes Symbol. Er wird immer dann von den Objekten aufgerufen, wenn Daten aus einer Tabelle angezeigt werden sollen. Er ist also als Methode dieser Objekte zu verstehen.

Öffnen Sie eine Tabelle in einem Datenbank-Ordner per Doppelklick, werden Ihnen die Daten mit Data Viewer angezeigt.

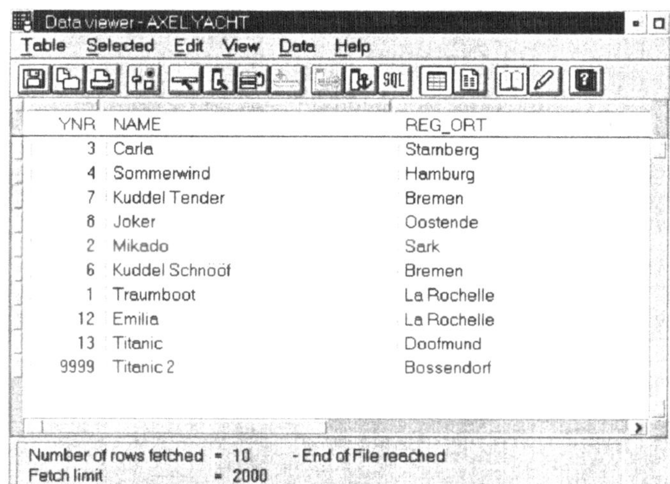

Bild 3.45:
Data Viewer
(Tabellenanzeige)

In diesem Umfeld bietet Ihnen der Data Viewer seine größte Funktionalität: Sie können sich nicht nur den Inhalt der Tabelle ansehen, sondern auch verändern.

Zunächst können Sie die Anzeige verändern, in dem Sie eine Zeilenauswahl ⭲ Spaltenauswahl ⬛ oder eine Sortierfolge vorgeben ⬛

Den erzeugten SQL-Befehl können Sie mit ⬛ ansehen.

Sie können zwischen einer Tabellenanzeige ⬛ und einer einzelsatzorientierten Formularanzeige ⬛ wählen

Sie können Spalten in der Tabellenanzeige fixieren ⬛, so daß beispielsweise eine identifizerende Spalte immer zu sehen ist, egal wie weit Sie seitlich geblättert haben.

Um in den Änderungs-Modus zu gelangen, drücken Sie auf ⬛. Die Farbe der angezeigten Datenfelder ändert sich, um den neuen Modus zu verdeutlichen.

In der Tabellenanzeige können Sie nun alle Felder überschreiben, sofern Sie die dahinterstehenden SQL-Regeln und Datendefinitionen beachten. Eine neue Zeile fügen Sie mit ⬛ ein. Kopieren und fügen Sie Daten ein mit Menü **Edit** oder ⎀Strg⎀+⎀Einfg⎀ und ⎀⇧⎀+⎀Einfg⎀. Ist Ihnen ein Eingabefeld zu „klein", können Sie es ausdehnen mit ⎀Strg⎀+⎀E⎀. Löschen Sie eine oder mehrere Zeilen, in dem Sie diese Zeilen per Druckknopf am linken Rand auswählen und ⎀Entf⎀ drücken. Um die gesamte Tabelle auszuwählen, klicken Sie auf den kleinen Knopf in der linken oberen Ecke des Tabellenrandes.

In der Formularanzeige wird Ihnen nur jeweils eine Zeile angeboten.

Bild 3.46:
Data Viewer mit
Einzelsatz-Anzeige
im Änderungs-Modus

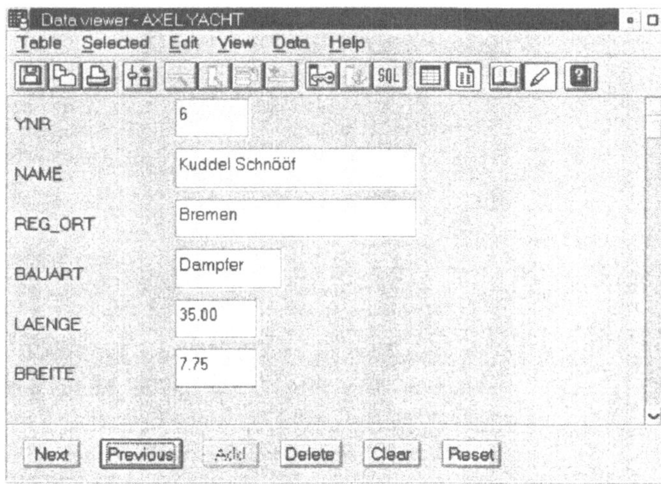

In der untersten Zeile stehen Ihnen Tasten zum Blättern und für die Änderungen zur Verfügung. Ändern können Sie eine Zeile durch Überschreiben der Daten. Mit der *Reset*-Taste setzen Sie diese **Eingaben** wieder zurück (kein ROLLBACK aller Änderungsmaßnahmen!). Copy-/Paste-Funktionen stehen auch hier zur Verfügung. Zu Einfügen einer Zeile müssen Sie zuerst die Anzeige mit der *Clear*-Taste löschen, die Felder ausfüllen und dann mit der *Add*-Taste abschicken.

Ihre Änderungen werden zwar sofort ausgeführt, aber noch nicht festgeschrieben. Über das *Tabellen*-Menü können Sie diese endgültig festschreiben (COMMIT) oder zurücksetzen (ROLLBACK).

Profil

Im Profil werden Angaben zur Konfiguration gemacht und einige Parameter zentral eingestellt.

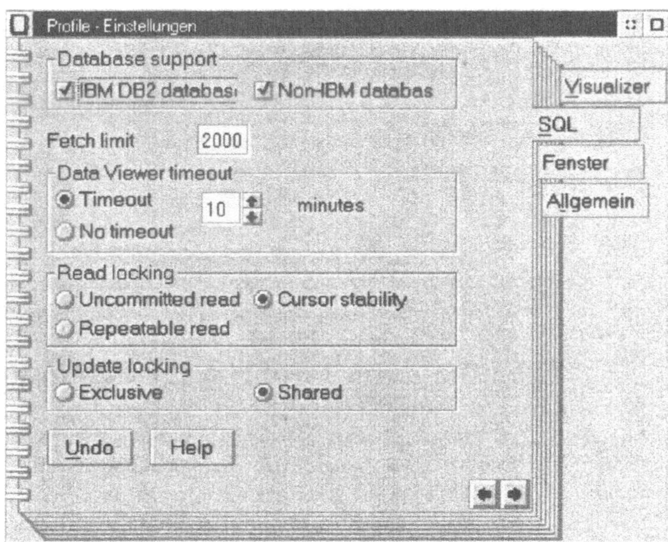

So wählen Sie hier unter anderem die Sprache, das Währungssymbol, die Tausender- und Dezimal-Trenner, die Anzahl der Nachkommastellen, Zeit- und Datumsformate und ihre Separatoren. Sie konfigurieren den Zugriff auf AS und definieren für den Zugriff auf die Datenbanken, ob auch andere als DB2 berücksichtigt werden sollen, wieviel Sätze maximal gelesen werden soll, wie lange der Data Viewer warten soll und welche Sperren gesetzt werden.

ODBC

Visualizer Query ist in der Lage, auch mit anderen Datenbanken als denen der DB2-Familie zu arbeiten. Zu den unterstützten Produkten gehören neben relationalen wie INFORMIX, ORACLE, INGRES usw. auch andere wie BETRIEVE, dBASE und viele mehr. Für den Zugriff auf diese Datenbanken sind ODBC-Treiber erforderlich. Zur Zeit werden nur für zwei Produkte ODBC-Treiber mitgeliefert: für ORACLE und den SQL SERVER von Sybase beziehungsweise Microsoft. Die Konfiguration der Treiber erfolgt sehr einfach mit Hilfe des *ODBC-Admin*-Werkzeugs.

Visualizer benötigt für zufriedenstellende Antwortzeiten leistungsfähige Hardware: Ein Client mit Pentium-Prozessor und schneller Grafikkarte sollte es schon sein! Wir haben die Antwortzeiten von Visualizer Objekten und einer einfachen Benutzer-Schnittstelle, die in REXX programmiert ist, VREXX für Benutzer-Interaktionen nutzt und unter PMREXX abläuft (siehe Kapitel 4.2), einmal auf einem 486er verglichen. Unter *Visualizer Query* haben wir das SQL-Fenster eines Datenbank-Ordners, die Tabellen-Objekte in einem geöffneten Datenbank-Ordner und SQL-Befehlsobjekte getestet. Die Anzeige der Abfragen erfolgt in diesen Fällen mit dem *Data Viewer.* Es erfolgten mehrere Anfragen auf unterschiedliche Tabellen derselben Datenbank nacheinander. Die Antwortzeiten sind mit *Visualizer Query* auch bei minimalen Tabellen signifikant schlechter als mit dem schlichten REXX-Werkzeug, wobei offensichtlich die meiste Zeit im *Data Viewer* verbraucht wird. DB2 ist nicht so langsam, wie es die „Lieferzeiten" des *Data Viewer* auf dieser Hardware erscheinen lassen! Die „Flugobjekte" von *Visualizer Flight* sind in dieser Umgebung schneller.

Der zusätzliche Nachteil einzeln abgelegter SQL-Befehle oder Abfragen gegenüber dem SQL-Fenster des Datenbank-Ordners liegt darin, daß vor jeder Ausführung die Verbindung zur Datenbank neu aufgebaut wird. Dies ist ein Overhead, der noch zu den nicht besonders erfreulichen Antwortzeiten hinzukommt.

Wir testeten die „Schnupper"-Version 1.2, die mit DB2 Version 2.1.0 für einen 60-Tage-Test ausgeliefert wurde. Wir waren mit Stabilität dieser Version nicht zufrieden. Wir hoffen, daß sich diese in Zukunft noch deutlich verbessern werden.

4 Anwendungsprogrammierung

In diesem Kapitel geben wir Ihnen zunächst einen Überblick, in welch vielfältiger Form DB2 die Anwendungsprogrammierung unterstützt. Den Schwerpunkt legen wir dann auf die klassische Anwendungsentwicklung mit Programmiersprachen der 3. Generation.

Obwohl C auf kleineren Systemen die beliebtere Sprache ist, stellen wir in Abschnitt 4.2 Beispiele zu Embedded SQL (ESQ) in COBOL vor, weil wir Ihnen zeigen wollen, daß eine Migration bestehender DB2-Anwendungen vom Mainframe in ein Workstation-Netz nicht so schwierig ist. Und auf dem Mainframe ist COBOL immer noch die meist benutzte Programmiersprache.

Beispiele für dynamisches SQL (DSQL) werden wir Ihnen in Abschnitt 4.3 mit REXX zeigen.

C-Programmierer finden im Kapitel 9 Beispiele in ihrer Sprache. Außerdem wird es einem routinierten C-Programmierer leicht fallen, unsere REXX-Muster in C nachzuimplementieren.

C- und FORTRAN-Anwender finden im übrigen ebenso wie COBOL-Anwender Beispiele im Lieferumfang von DB2 im Unterverzeichnis SAMPLES.

In Abschnitt 4.4 gehen wir auch auf die Migration von CICS-DB2-Anwendungen vom Mainframe auf Workstations ein. Wir zeigen Ihnen an zwei Beispielen, wie CICS-Anwendungen in moderne Benutzer-Schnittstellen integriert werden können.

Am Schluß dieses Kapitels bieten wir Ihnen eine Zusammenstellung der ESQL- und DSQL-Befehle, der Dienstprogramme und Kommandos, die die Anwendungsprogrammierung unterstützen.

4.1 Überblick

DB2 unterstützt den Zugang zu seinen Datenbanken aus Programmen heraus in vielfältiger Weise. Für die zu kompilierenden Programmiersprachen C, COBOL und FORTRAN stellt IBM SQL-Schnittstellen und einen Precompiler mit DB2 zur Verfügung. Für PL/I ist dieser im PL/I-Entwicklungssystem enthalten. Da die SQL-Befehle quasi in die Befehle der Programmiersprache eingebettet werden, spricht man von ESQL (embedded SQL). Im Normalfall sind die ESQL-Befehle statisch, das heißt sie sind fest codiert und können vor ihrer Ausführung genauso übersetzt werden wie die Befehle der Wirtssprache. Alternativ können Sie die SQL-Befehle aber auch erst während der Ausführung Ihres Programms zusammensetzen und an DB2 übergeben. Dann werden diese Befehle erst während der Programmausführung übersetzt. Man spricht in diesem Fall von dynamischem SQL (DSQL).

Statisches und dynamisches SQL

Der Vorteil der statischen ESQL-Befehle liegt darin, daß die Umsetzung der Befehle in eine ausführbare Form vor der Programmausführung liegt und somit die Ausführungszeit nicht belastet. Außerdem ist die Programmierung wohl etwas einfacher als mit dynamischem SQL. Dynamisches SQL hat dagegen den Vorteil, daß der Optimizer immer den aktuell besten Zugriffspfad sucht, während die einmal vor längerer Zeit übersetzten statischen ESQL-Befehle nach vielleicht schon überholten Entscheidungen des Optimizer ausgeführt werden.

Ein weiterer Vorteil von Programmen mit statischem ESQL liegt in der Sicherheit. Der Benutzer erhält nur die Berechtigung, den Zugriffsplan (package) ausführen zu dürfen, aber keine Berechtigungen für den Zugriff auf die darin angesprochenen Tabellen. Mit DSQL muß der Benutzer auch die Berechtigung zur entsprechenden Manipulation der Tabellen – egal in welcher Umgebung – besitzen.

API

Für die interpretierte Sprache REXX stellt IBM eine Call-Schnittstelle oder API (application programming interface) zur Verfügung. Damit wird nur dynamisches SQL unterstützt.

ODBC-Unterstützung

Zusätzlich zur SQL-Schnittstelle verfügt DB2 auch über ein Call-Level-Interface (CLI) zur Unterstützung von Microsofts ODBC und X/Open CLI. Über CLI können alle SQL-Befehle ausgeführt werden, die unter Dynamic SQL erlaubt sind, sowie Compound SQL. CLI-Programme kennen keine Vorübersetzung (PREP) und keinen Bind. Da sie also auch unabhängig von einem Precompiler sind, können sie ohne Kenntnis des späteren DBMS-Produktes entwickelt werden, wenn jenes über ein kompatibles ODBC- oder X/Open-Laufzeitsystem verfügt. Sie erreichen somit ein sehr hohes Maß an Portabilität. Sie besitzen aber auch die Nachteile von DSQL-Programmen.

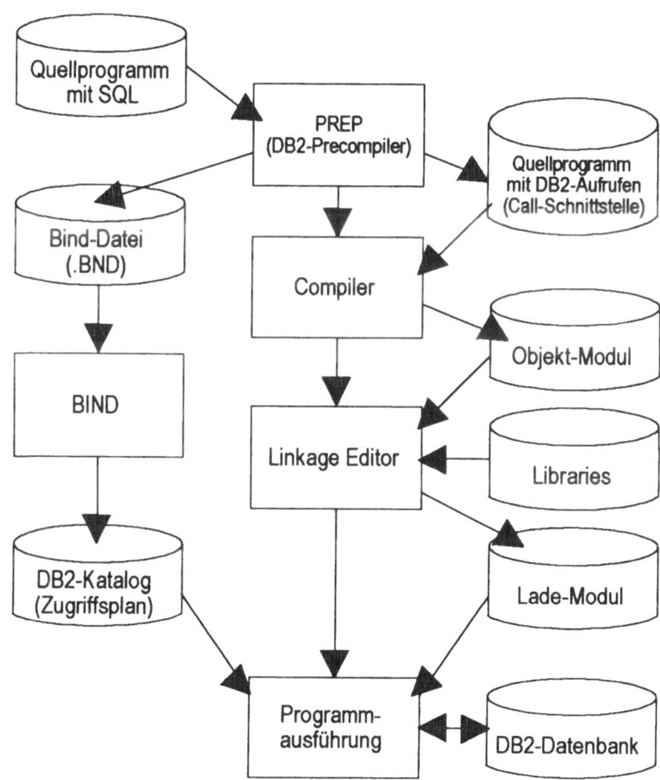

Bild 4.1: Quellprogramm bearbeiten

Für zu kompilierende Programmiersprachen besitzt DB2 einen Precompiler PREP, der die SQL-Befehle im Quellprogramm in DB2-Aufrufe umsetzt und zugleich in eine Binde-Datei (.BND)[1] übernimmt. PREP erzeugt also zwei Ausgabedateien:

- das vorübersetzte Quellprogramm mit DB2-Aufrufen und

- die Binde-Datei.

Das vorübersetzte Quellprogramm wird anschließend wie gewohnt mit dem Compiler und dem Linker (linkage editor) in ein ausführbares Lade-Modul oder Programm umgewandelt.

Die Binde-Datei wird standardmäßig bereits vom Precompiler mit BIND an die Datenbank gebunden, das heißt der DB2-Opti-

---

[1] Unter DB2/MVS wird diese Datei DBRM genannt.

mizer ermittelt zu den SQL-Befehlen die optimalen Zugriffspfade und speichert diese als Zugriffsplan (package) im Datenbank-Katalog ab (Katalog-Tabellen SYSIBM.SYSPLAN und SYSIBM.SYSSECTION). Sie können PREP durch Aufruf-Parameter das Binden untersagen und den Zugriffsplan mit Hilfe von BIND getrennt erstellen.

Precompiler und BIND können über DB2-Kommandos aufgerufen werden. Darüber hinaus besitzt DB2 Version 2 aus Gründen der Kompatibilität auch noch die Dienstprogramme SQLPREP und SQLBIND wie in den älteren Versionen.

Zusätzlich zu der SQL-Unterstützung bietet Ihnen DB2 die Möglichkeit, DB2-Kommandos über Call-Schnittstellen abzusetzen. Für C, COBOL und FORTRAN müssen Sie dazu jeweils dedizierte Schnittstellen-Programme aufrufen. In REXX übergeben Sie das Kommando als Zeichenkette über eine einheitliche Schnittstelle.

4.2   Anwendungsprogrammierung in COBOL

Programmiersprachen der sogenannten 3. Generation sind in der Dateiverarbeitung grundsätzlich einzelsatz-orientiert. Das heißt sie können jeden Satz einer Datei nur einzeln lesen, schreiben, verändern oder löschen. SQL dagegen ist überwiegend mengen-orientiert. Selektion, Ändern oder Löschen *einer* Zeile ist als Sonderfall einer Operation mit einer Menge anzusehen, die aus genau *einem* Tupel besteht, und nur über die WHERE-Bedingung zu erzwingen.

Wegen der Beschränkungen der klassischen Programmiersprachen können in Programmen mit Embedded SQL nur einzelne Zeilen bearbeitet werden[2]. So beschränkt sich ein SELECT-Befehl, den Sie direkt in einem Programm codieren, auf das Lesen genau einer Zeile. Ist die Ergebnis-Tabelle größer, erhalten Sie einen Fehlercode.

Cursor   Für die satzweise Bearbeitung von relationalen Mengen in einem Programm wurde das Konstrukt des Cursor eingeführt. Mit seiner Hilfe können Sie die Ergebnis-Tabelle eines SELECT zeilenweise lesen, die gelesene Zeile ändern oder löschen. Dabei wird der SELECT in die Vereinbarung *DECLARE cr-name*

---

[2] Sie können natürlich aus Programmen heraus mengen-orientierte SQL-Befehle absetzen, wenn die Zeilen der angesprochenen Tabellen dabei nicht im Programm bearbeitet werden.

CURSOR FOR übernommen und mit dem Befehl *OPEN cr-name* ausgeführt. Mit FETCH werden die Zeilen der Ergebnis-Tabelle gelesen, mit *CLOSE cr-name* wird die Ergebnis-Tabelle freigegeben. Die SQL-Befehle UPDATE und DELETE nehmen mit *WHERE CURRENT OF cr-name* Bezug auf die aktuelle Zeile. Weitere Erläuterungen zu den Befehlen finden Sie im Abschnitt 4.5, ESQL-Befehle.

Liegeplatz-Gebühren kassieren (MARIRECH)

Für das Beispiel-Programm wählen wir eine Aufgabenstellung aus unserer Yachthafen-Fallstudie: Der Hafenmeister unserer Marina verwaltet nicht nur die Belegung der Liegeplätze, er muß auch die Liegeplatz-Gebühren kassieren. Dazu erstellt ihm ein COBOL-Programm Rechnungen für alle Yachten, die ab dem ausgewählten Tag eine Liegeplatz belegen, das heißt das VON-Datum der Belegung muß gleich dem vorgegebenen Datum sein. Die Rechnung wird für die gebuchte Liegedauer und auf den registrierten Eigner ausgestellt. Für die Rechnungsanschrift nehmen wir vereinfachend die erste Adresse des Eigners, das heißt diejenige seiner Adressen, die die niedrigste Adreßnummer besitzt (solche Vereinfachungen sind zwar im Sinne einer korrekten Datenmodellierung nicht vernünftig, aber leider durchaus praxisnah). Eindeutige Rechnungsnummer, Kostensätze und andere Basisdaten erhalten wir aus einer jahresbezogenen Tabelle für Geschäftsdaten.

Hier nun der Quellcode als Eingabe für den DB2-Precompiler:

Quellcode für Beispiel-Programm *Liegeplatz-Gebühren kassieren*

```
IDENTIFICATION DIVISION.
****************************************************************
*          MARINA - DEMO-ANWENDUNG
* RECHNUNGSSCHREIBUNG FÜR ALLE YACHTEN, DIE AB HEUTE EINEN LIEGE-
* PLATZ BENUTZEN.
* ALLE RECHTE BEI UNTERNEHMENSBERATUNG PUERNER, DORTMUND
****************************************************************

PROGRAM-ID.     MARIRECH.
AUTHOR.         PUERNER.

ENVIRONMENT DIVISION.
CONFIGURATION SECTION.

SOURCE-COMPUTER. OS2-PC.
OBJECT-COMPUTER. OS2-PC.
SPECIAL-NAMES. DECIMAL-POINT IS COMMA.

INPUT-OUTPUT SECTION.

FILE-CONTROL.
    SELECT AUSGABE ASSIGN TO "RECHNUNG.LST".

DATA DIVISION.
```

```
      FILE SECTION.
      FD  AUSGABE   LABEL RECORDS OMITTED.
      01  ZEILE           PIC X(82).

      WORKING-STORAGE SECTION

      **********************************************************************
      * SQL - DEKLARATIONEN
      **********************************************************************

          EXEC SQL
             INCLUDE SQLCA
          END-EXEC.

          EXEC SQL
             BEGIN DECLARE SECTION
          END-EXEC

      01  NAME1                   PIC X(24).
      01  NAME2                   PIC X(24).
      01  ANSCHRIFT1              PIC X(24).
      01  ANSCHRIFT2              PIC X(24).
      01  TELEFON                 PIC X(15).
      01  TELEFAX                 PIC X(15).
      01  KOSTENSATZ              PIC S99V99    COMP-3.
      01  ZUSCHLAG                PIC S99V99    COMP-3.
      01  ZIND                    PIC S9(4)     COMP-5.
      01  MWST                    PIC S99V9     COMP-3.
      01  RECHNR                  PIC S9(9)     COMP-5.
      01  YNAME                   PIC X(24).
      01  LAENGE                  PIC S9999V99 COMP-3.
      01  LPNR                    PIC S9(4)     COMP-5.
      01  ZEITRAUM                PIC S9(4)     COMP-5.
      01  STROM                   PIC X(4).
      01  WASSER                  PIC X(4).
      01  PNR                     PIC S9(4)     COMP-5.
      01  PNAME                   PIC X(24).
      01  VORNAME                 PIC X(24).
      01  NKZ                     PIC X(3).
      01  PLZ                     PIC X(6).
      01  ORT                     PIC X(24).
      01  STRASSE                 PIC X(32).
      01  STRIND                  PIC S9(4)     COMP-5.
      01  WJAHR                   PIC X(4).
      01  DATUMV                  PIC X(10).

          EXEC SQL
              END DECLARE SECTION
          END-EXEC.
      **********************************************************************
      * SQL - DEKLARATIONEN
      **********************************************************************

          EXEC SQL
             DECLARE CR001 CURSOR FOR
             SELECT NAME,
             Y.LAENGE,
```

```cobol
                B.LPNR,
                DAYS(BIS)-DAYS(VON),
                STROM,
                WASSERANSCHLUSS,
                PNR
                FROM BELEGUNG B, YACHT Y, LIEGEPLATZ L
                WHERE B.LPNR = L.LPNR
                    AND   B.YNR  = Y.YNR
                    AND   VON    = :DATUMV
                ORDER BY B.LPNR
          END-EXEC.


    ****************************************************************
    *   L O K A L E   V A R I A B L E                            *
    ****************************************************************

    01   PROGNAME               PIC X(8)          VALUE "MARINO1".
    01   EOF                    PIC S9(4) COMP-5 VALUE +100.
    01   FEHLER                 PIC --999.
    01   DAT.
         05   TT                PIC X(2).
         05   FILLER            PIC X.
         05   MM                PIC X(2).
         05   FILLER            PIC X.
         05   JJ                PIC X(4).
    01   LGEBUEHR               PIC 9(6)V99 COMP-3.
    01   MWSTB                  PIC 9(6)V99 COMP-3.
    01   ZUSCHLAG1              PIC 9(6)V99 COMP-3.
    01   ZUSCHLAG2              PIC 9(6)V99 COMP-3.
    01   SUMME1                 PIC 9(6)V99 COMP-3.
    01   SUMME2                 PIC 9(6)V99 COMP-3.
    ****************************************************************
    *   DRUCKAUSGABE
    ****************************************************************

    01   KOPF1.
         02   FILLER            PIC X(54) VALUE SPACE.
         02   NAME1K            PIC X(24).
    01   KOPF2.
         02   FILLER            PIC X(54) VALUE SPACE.
         02   NAME2K            PIC X(24).
    01   KOPF3.
         02   FILLER            PIC X(54) VALUE SPACE.
         02   ANSCHRIFT1K       PIC X(24).
    01   KOPF4.
         02   FILLER            PIC X(54) VALUE SPACE.
         02   ANSCHRIFT2K       PIC X(24).
    01   KOPF5.
         02   FILLER            PIC X(54) VALUE SPACE.
         02   FILLER            PIC X(09) VALUE "Telefon ".
         02   TELEFONK          PIC X(15).
    01   KOPF6.
         02   FILLER            PIC X(54) VALUE SPACE.
         02   FILLER            PIC X(09) VALUE "Telefax ".
         02   TELEFAXK          PIC X(15).
    01   DATZEILE.
         02   FILLER            PIC X(68) VALUE SPACE.
```

```
        02      DATUM.
          05    TT                  PIC X(2).
          05    FILLER              PIC X        VALUE ".".
          05    MM                  PIC X(2).
          05    FILLER              PIC X        VALUE ".".
          05    JJ                  PIC X(4).
    01 BETREFF1.
        02      FILLER              PIC X(8)  VALUE SPACE.
        02      FILLER              PIC X(14)
                                        VALUE "Rechnung Nr.: ".
        02      RECH-NR             PIC ZZZ99.
    01 BETREFF2.
        02      FILLER              PIC X(8)  VALUE SPACE.
        02      FILLER              PIC X(16)
                                     VALUE "Liegeplatz Nr.: ".
        02      LIEG-NR             PIC ZZ9.
        02      FILLER              PIC X(17)
                                        VALUE " - Schiffslänge: ".
        02      LAENGEA             PIC Z9,9.
        02      FILLER              PIC X(6)  VALUE " Meter".
    01 AZEILE1.
        02      FILLER              PIC X(4)  VALUE SPACE.
        02      NAME-VORN           PIC X(50).
    01 AZEILE2.
        02      FILLER              PIC X(4)  VALUE SPACE.
        02      STRASSEA            PIC X(24).
    01 AZEILE3.
        02      FILLER              PIC X(4)  VALUE SPACE.
        02      NKZA                PIC X(3).
        02      FILLER              PIC XX       VALUE "- ".
        02      PLZA                PIC X(6).
        02      FILLER              PIC X        VALUE SPACE.
        02      ORTA                PIC X(24).
    01 RZEILE1.
        02      FILLER              PIC X(8)  VALUE SPACE.
        02      TAGE                PIC ZZZ9.
        02      FILLER              PIC X(14) VALUE " Tage zu DM/m ".
        02      KOSTENSATZA         PIC 99,99.
        02      FILLER              PIC X(25) VALUE SPACE.
        02      LIEGEKOSTEN         PIC ZZZZ99,99.
    01 RZEILE2.
        02      FILLER              PIC X(35)
                  VALUE "       Zuschlag für Wasseranschluß".
        02      FILLER              PIC X(21) VALUE SPACE.
        02      WZUSCHLAG           PIC ZZZZ99,99.
    01 RZEILE3.
        02      FILLER              PIC X(34)
                  VALUE "       Zuschlag für Stromanschluß".
        02      FILLER              PIC X(22) VALUE SPACE.
        02      SZUSCHLAG           PIC ZZZZ99,99.
    01 RZEILE4.
        02      FILLER              PIC X(22)
                  VALUE "       Summe Gebühren".
        02      FILLER              PIC X(34) VALUE SPACE.
        02      SUMME-1             PIC ZZZZ99,99.
    01 RZEILE5.
        02      FILLER              PIC X(23)
```

```cobol
                 VALUE "        Mehrwertsteuer ".
      02     MWST-SATZ          PIC 99.
      02     FILLER             PIC X      VALUE "%".
      02     FILLER             PIC X(30) VALUE SPACE.
      02     MWST-BETRAG        PIC ZZZZ99,99.
 01  RZEILE6.
      02     FILLER             PIC X(19)
                 VALUE "        Gesamtsumme".
      02     FILLER             PIC X(37) VALUE SPACE.
      02     SUMME-2            PIC ZZZZ99,99.
 01  STZEILE.
      02     FILLER             PIC X(8)  VALUE SPACE.
      02     STRICHE            PIC X(58) VALUE ALL "-".
 * ---------------------------------------------------------------


 PROCEDURE DIVISION.

 STEUERUNG SECTION.

 ********************************************************************
 *    STANDARD STEUERUNG
 ********************************************************************

     PERFORM VORLAUF
     PERFORM RECHNUNG
     PERFORM NACHLAUF
     .
 Z.  STOP RUN.



 * ---------------------------------------------------------------

 VORLAUF SECTION.

 ********************************************************************
 *   PRUEFEN UEBERGEBENE PARAMETER
 ********************************************************************
 *
 *    RECHNUNGSDATUM ABFRAGEN
 *
     DISPLAY "Bitte Rechnungsdatum (TT.MM.JJJJ) eingeben:"
     ACCEPT DAT
 *   ACCEPT DAT FROM DATE
     MOVE DAT TO DATUMV
     MOVE CORR DAT TO DATUM
 *
 *    ANMELDUNG AN DB2
 *
     EXEC SQL
         CONNECT TO MARINA
     END-EXEC
     IF SQLCODE NOT = 0
        PERFORM SQL-FEHLER
     END-IF
 *
 *    LESEN BASIS-DATEN
```

```cobol
      *
            EXEC SQL
                SELECT NAME_1, NAME_2, ANSCHRIFT_1, ANSCHRIFT_2,
                       TELEFON, TELEFAX, W_JAHR,
                       METER_KOST, ZUSCHLAG, MWST_SATZ, RECHNR
                  INTO :NAME1, :NAME2, :ANSCHRIFT1, :ANSCHRIFT2,
                       :TELEFON, :TELEFAX, :WJAHR,
                       :KOSTENSATZ, :ZUSCHLAG:ZIND, :MWST, :RECHNR
                  FROM WIRTJAHR
                 WHERE W_JAHR = (SELECT MAX(W_JAHR) FROM WIRTJAHR)
            END-EXEC
            IF SQLCODE NOT = 0
               PERFORM SQL-FEHLER
            END-IF
               MOVE NAME1      TO NAME1K
               MOVE NAME2      TO NAME2K
               MOVE ANSCHRIFT1 TO ANSCHRIFT1K
               MOVE ANSCHRIFT2 TO ANSCHRIFT2K
               MOVE TELEFON    TO TELEFONK
               MOVE TELEFAX    TO TELEFAXK
            IF ZIND = -1
      *     ZUSCHLAG IST >NULL<
               MOVE ZERO TO ZUSCHLAG
            END-IF
      *
      *     CURSOR EROEFFNEN
      *
            EXEC SQL
                OPEN CROO1
            END-EXEC
            IF SQLCODE NOT = 0
               PERFORM SQL-FEHLER
            END-IF
      *
      *     AUSGABE EROEFFNEN
      *
            OPEN OUTPUT AUSGABE
            .
       Z.  EXIT.

      * -------------------------------------------------------------

       NACHLAUF SECTION.

      ********************************************************************
      *    NACHARBEITEN
      ********************************************************************

      *    CURSOR SCHLIESSEN

            EXEC SQL CLOSE CROO1
            END-EXEC
            EXEC SQL
                UPDATE WIRTJAHR
                   SET RECHNR = :RECHNR
                 WHERE W_JAHR = :WJAHR
            END-EXEC
```

```cobol
          EXEC SQL COMMIT WORK
          END-EXEC

*    AUSGABE SCHLIESSEN

          CLOSE AUSGABE
          .
    Z.  EXIT.

* -------------------------------------------------------------

  RECHNUNG SECTION.
********************************************************************
* AUSFUEHRUNG DER RECHNUNGSSCHREIBUNG: LESEN DER BELEGUNGEN MIT
* YACHT- UND LIEGEPLATZDATEN, NACHLESEN DER EIGNERDATEN MIT 1.
* ANSCHRIFT ALS RECHNUNGSANSCHRIFT
********************************************************************
          PERFORM UNTIL SQLCODE = EOF
             EXEC SQL
                  FETCH CR001 INTO :YNAME,
                                   :LAENGE,
                                   :LPNR,
                                   :ZEITRAUM,
                                   :STROM,
                                   :WASSER,
                                   :PNR
             END-EXEC
             IF SQLCODE = 0
                PERFORM GET-EIGNER
                PERFORM COMPUTE-GEB
                PERFORM PRINT-RECHNUNG
             ELSE IF SQLCODE NOT = EOF
                     PERFORM SQL-FEHLER
                 END-IF
             END-IF
          END-PERFORM
          .
    Z.  EXIT.


* -------------------------------------------------------------

  GET-EIGNER SECTION.
********************************************************************
* EIGNERDATEN ZUR YACHT LESEN (1. ANSCHRIFT = RECHNUNGSANSCHRIFT)
********************************************************************

     EXEC SQL
          SELECT NAME,
                 VORNAME,
                 NKZ,
                 POSTLZ,
                 ORT,
                 STRASSE
            INTO :PNAME,
                 :VORNAME,
                 :NKZ,
```

```
                        :PLZ,
                        :ORT,
                        :STRASSE:STRIND
             FROM PERSON P, ADRESSE A
             WHERE A.PNR = P.PNR
              AND  ADR_NR = (SELECT MIN(ADR_NR) FROM ADRESSE
                             WHERE PNR = :PNR)
         END-EXEC
         IF SQLCODE NOT = 0
            PERFORM SQL-FEHLER
         END-IF
         IF STRIND = -1
         STRASSE IST >NULL<
            MOVE SPACES TO STRASSE
         END-IF
         .
    Z.   EXIT.


    * ---------------------------------------------------------------


      COMPUTE-GEB SECTION.
    ********************************************************************
    *        GEBÜHREN ERRECHNEN                                       *
    ********************************************************************


         MOVE ZERO TO SUMME1, ZUSCHLAG1, ZUSCHLAG2, SUMME2
         COMPUTE LGEBUEHR = ZEITRAUM * KOSTENSATZ * LAENGE
         IF STROM = "JA"
            COMPUTE ZUSCHLAG1 = ZEITRAUM * ZUSCHLAG
         END-IF
         IF WASSER = "JA"
            COMPUTE ZUSCHLAG2 = ZEITRAUM * ZUSCHLAG
         END-IF
         ADD LGEBUEHR, ZUSCHLAG1, ZUSCHLAG2 TO SUMME1
         COMPUTE MWSTB = SUMME1 * MWST / 100
         ADD SUMME1, MWSTB TO SUMME2
         ADD 1 TO RECHNR
         .
    Z.   EXIT.



    * ---------------------------------------------------------------


    PRINT-RECHNUNG SECTION.
    ********************************************************************
    *        AUSGABE DER RECHNUNG                                     *
    ********************************************************************
         MOVE RECHNR       TO RECH-NR
         MOVE LPNR         TO LIEG-NR
         MOVE LAENGE       TO LAENGEA
         MOVE ZEITRAUM     TO TAGE
        STRING PNAME, ", ", VORNAME DELIMITED BY SPACE
                                INTO NAME-VORN
         MOVE STRASSE      TO STRASSEA
         MOVE NKZ          TO NKZA
         MOVE PLZ          TO PLZA
         MOVE ORT          TO ORTA
```

```
           MOVE KOSTENSATZ TO KOSTENSATZA
           MOVE LGEBUEHR   TO LIEGEKOSTEN
           MOVE ZUSCHLAG2  TO WZUSCHLAG
           MOVE ZUSCHLAG1  TO SZUSCHLAG
           MOVE SUMME1     TO SUMME-1
           MOVE SUMME2     TO SUMME-2
           MOVE MWST       TO MWST-SATZ
           MOVE MWSTB      TO MWST-BETRAG
           WRITE ZEILE FROM KOPF1 AFTER PAGE
           WRITE ZEILE FROM KOPF2 AFTER 1
           WRITE ZEILE FROM KOPF3 AFTER 1
           WRITE ZEILE FROM KOPF4 AFTER 1
           WRITE ZEILE FROM KOPF5 AFTER 1
           WRITE ZEILE FROM KOPF6 AFTER 1
           WRITE ZEILE FROM AZEILE1 AFTER 8
           WRITE ZEILE FROM AZEILE2 AFTER 1
           WRITE ZEILE FROM AZEILE3 AFTER 2
           WRITE ZEILE FROM DATZEILE AFTER 4
           WRITE ZEILE FROM BETREFF1 AFTER 4
           WRITE ZEILE FROM BETREFF2 AFTER 2
           WRITE ZEILE FROM STZEILE AFTER 4
           WRITE ZEILE FROM RZEILE1 AFTER 2
           WRITE ZEILE FROM RZEILE2 AFTER 2
           WRITE ZEILE FROM RZEILE3 AFTER 2
           WRITE ZEILE FROM STZEILE AFTER 2
           WRITE ZEILE FROM RZEILE4 AFTER 1
           WRITE ZEILE FROM RZEILE5 AFTER 1
           WRITE ZEILE FROM STZEILE AFTER 1
           WRITE ZEILE FROM RZEILE6 AFTER 1
           .
   Z.  EXIT.
   * ---------------------------------------------------------------
   FEHLER  SECTION.
   ******************************************************************
   *           BEARBEITEN SQL-FEHLER                               *
   ******************************************************************
       MOVE SQLCODE TO FEHLER
       DISPLAY "DATENBANK-FEHLER: ", FEHLER

       EXEC SQL ROLLBACK WORK
       END-EXEC
       .
   Z.  STOP RUN.
```

Wir lesen in dem Programm zunächst die Basisdaten aus der Tabelle WIRTJAHR mit einem einzelsatz-orientierten SELECT-Befehl. Dann lesen wir in einer Schleife über den Cursor *CR001* die abzurechnenden Belegungsdaten zusammen mit den rechnungsrelevanten Daten der Tabellen LIEGEPLATZ und YACHT. Dazu holen wir uns die Daten zur Eigner-Anschrift aus den Tabellen PERSON und ADRESSE. Sind alle Rechnungen erstellt, wird die letzte Rechnungsnummer in der Tabelle WIRTJAHR mit einem UPDATE-Befehl gesichert.

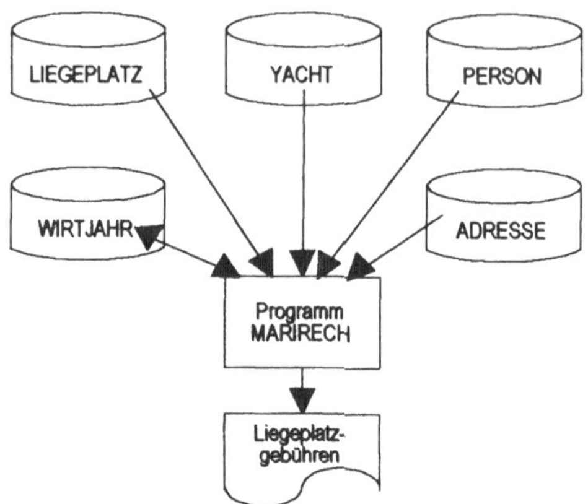

Bild 4.2:
Tabellen in
MARIRECH

Wir hätten natürlich die Daten der Belegung samt Liegeplatz-, Yacht-, Eigner- und Adreßdaten mit einem Join über fünf Tabellen in einem SELECT lesen können – getreu dem Motto „DB2 wird es schon machen". Alternativ hätten wir auch die Tabelle **BELEGUNG** für sich und die benötigten Stammdaten dazu einzeln getrennt voneinander lesen können, wie man das so gern in den ersten Jahren relationaler Anwendungsentwicklung machte. Beide Extremvarianten erschienen uns nicht optimal. Wir hoffen, mit den beiden SELECTs mit kleineren Joins einen performanten Mittelweg gefunden zu haben (siehe auch Abschnitt 6.2 Performance-Analyse, *Visual-EXPLAIN*).

NULL-Wert

Ein Problem im Zusammenspiel von relationalen Datenbanken und klassischen Programmiersprachen ist die Behandlung des Wertes NULL: Die Programmiersprachen besitzen keine Möglichkeiten, einen unbestimmten Wert zu bearbeiten. Daher gibt es für die Übergabe von NULL zwischen Datenbank und Programm NULL-Indikatoren. Wird eine solche Indikator-Variable von der Datenbank-Schnittstelle auf -1 gesetzt, so enthält die zugehörige Programm-Variable *keinen* sinnvollen Wert, da der entsprechende Wert in der Tabelle NULL ist. Sonst nimmt die Indikator-Variable den Wert 0 an. Setzen Sie im Programm bei einem Befehl eine Indikator-Variable auf -1, wird in der Datenbank mit NULL statt mit dem Wert der zugehörigen Programm-Variablen gearbeitet.

IBM nutzt die Indikator-Variable nicht nur für den NULL-Wert, sondern auch für andere Angaben, die über den SQL-Standard hinaus gehen! In DB2 enthält sie auch die ursprüngliche Länge abgeschnittener Zeichenketten oder die Sekunden von Zeitangaben, die bei der Variablenzuweisung abgeschnitten wurden. Außerdem zeigt sie Fehler bei der Datenkonvertierung an.

In unserem Beispiel kann nur in den Feldern ZUSCHLAG und STRASSE der Wert NULL vorkommen. Dafür haben wir die Indikatoren ZIND und STRIND definiert und auf -1 abgefragt. Generell müssen Sie in allen Tabellenspalten, die nicht mit NOT NULL oder mit NOT NULL WITH DEFAULT definiert wurden, mit NULL-Werten rechnen und für sie eine entsprechende Behandlung mit Indikatoren in Ihren Programmen vorsehen.

Wenn Sie bisher hauptsächlich in der Mainframe-Welt tätig waren, werden Ihnen in dem Beispiel-Programm MARIRECH zwei Dinge aufgefallen sein:

- Der CONNECT-Befehl ist in den überwiegend lokalen DB2/MVS-Anwendungen nicht üblich. Er kann auch bei DB2 im Programm entfallen, wenn Sie das implizite CONNECT nutzen. Dazu müssen Sie die Umgebungs-Variable *DB2DBDFT* in CONFIG.SYS oder per OS/2-Kommando setzen, zum Beispiel SET DB2DBDFT=MARINA.

- Der COBOL-Datentyp COMP-5 ist auch nicht auf Mainframes üblich. Er entspricht auf dem PC der ganzzahligen Binärzahl, INTEGER beziehungsweise SMALLINT in DB2. Die interne Darstellung dieser Binärzahl weicht auf einigen Hardware-Plattformen von der vertrauten Darstellung ab: das linke Byte einer Halb-, Voll- oder Doppelwortzahl enthält die weniger signifikanten Stellen als das rechts davon liegende Byte. Man sagt, daß diese Reihenfolge in erster Linie bei Prozessoren vorkommt, die aus der 8-Bit-Welt in die 16- und 32-Bit-Welt empor gewachsen sind. Dazu gehören die Intel-Prozessoren der Reihe 80x86 wie auch die VAX-Maschinen von DEC. In der originären 32-Bit-Welt ist es dagegen üblich, daß die höherwertigen Bytes links von den niederwertigen liegen – wie es ja bei den Bits innerhalb der Bytes immer der Fall ist. Zu den Vertretern dieser Technologie gehören neben allen bekannten Mainframes auch beispielsweise die Prozessoren von Motorola der Reihe 68000.

Sie können diesen COBOL-Datentyp auf PCs vermeiden, wenn Sie in Micro Focus COBOL die Option der erweiterten DB2-Kompatibilität nutzen.

Das Beispiel-Programm MARIRECH wurde – wie die gesamte Fallstudie Yachthafen – schon zuvor mit ORACLE realisiert. Wir haben uns bei der Codierung des Programms am SQL-Standard von 1986 beziehungsweise 1989 orientiert und haben Erweiterungen individueller SQL-Dialekte nicht berücksichtigt. So nutzen wir in unserem Beispiel auch nicht den SQL-Kommunikationsbereich SQLCA, der in vielen Programmen genutzt wird. Dieser hat folgenden Aufbau:

SQL-Kommuni-
kationsbereich
SQLCA

```
    * SQL Communication Area - SQLCA
    01 SQLCA SYNC.
       05 SQLCAID  PIC X(8) VALUE "SQLCA   ".
       05 SQLCABC  PIC S9(9) COMP-5 VALUE 136.
       05 SQLCODE  PIC S9(9) COMP-5.
       05 SQLERRM.
          49 SQLERRML PIC S9(4) COMP-5.
          49 SQLERRMC PIC X(70).
       05 SQLERRP  PIC X(8).
       05 SQLERRD OCCURS 6 TIMES PIC S9(9) COMP-5.
       05 SQLWARN.
          10 SQLWARN0 PIC X.
          10 SQLWARN1 PIC X.
          10 SQLWARN2 PIC X.
          10 SQLWARN3 PIC X.
          10 SQLWARN4 PIC X.
          10 SQLWARN5 PIC X.
          10 SQLWARN6 PIC X.
          10 SQLWARN7 PIC X.
          10 SQLWARN8 PIC X.
          10 SQLWARN9 PIC X.
          10 SQLWARNA PIC X.
       05 SQLSTATE PIC X(5).
```

Wer seine Programme nur im Gültigkeitsbereich von IBMs SAA einsetzt, sollte die SQLCA für eine ausführliche Fehlerbehandlung nutzen. Auch die Hersteller anderer relationaler Systeme unterstützen einen solchen Bereich mit sehr ähnlichem Aufbau.

Nach dem SQL-Standard von 1992 ist die Variable *SQLSTATE* als Status-Variable der Variablen *SQLCODE* in Zukunft vorzuziehen. Für *SQLSTATE* gibt es mehr genormte Werte als für *SQLCODE*. Letztere wird wohl nur aus Gründen der Kompatibilität die nächsten Jahre überleben.

Precompiler PREP

Der DB2-Precompiler wird entsprechend der Herkunft des Programms mit dem Parameter LANGLEVEL MIA (multi-vendor integrated architecture) aufgerufen. Mit diesem Parameter ist die FOR UPDATE-Klausel in Cursor-Deklarationen optional. Außerdem steuert er in C-Programmen, daß Zeichenketten mit Leerzeichen aufgefüllt werden und immer mit einem Null-Terminator enden. LANGLEVEL SAA1 als Standardwert sichert dagegen die Kompatibilität mit IBMs SAA (systems application architecture) Level 1, der nicht völlig mit dem SQL-Standard übereinstimmt.

Danach ist die FOR UPDATE-Klausel zwingend, und bei Feldabschneidungen (truncations) ist nicht sichergestellt, daß eine Zeichenkette in C einen Null-Terminator hat. Wer auf Kompatibilität zum Mainframe achtet und wem SAA1 dann zu wenig bietet, der kann mit dem Parameter SQLFLAG eine Syntax-Prüfung nach DB2/MVS-Konventionen aufrufen. Die Parameterwerte MVSDB2 V23, MVSDB2V31 und MVDDB2V41 stehen für die Versionen 2.3, 3.1 und 4.1. Wir vermissen aber einen Parameter, der expressis verbis die schmale Basis von Standard-SQL nach ANSI und ISO unterstützt. Einen solchen Parameter, STDSQL(86), kannte DB2/MVS schon in der Version 2.3!

Der Precompiler PREP erwartet, daß die angesprochenen Datenbank-Objekte zur Übersetzungszeit angelegt sind und prüft Programm-Angaben gegen den Katalog. So entdeckt er Fehler, die sonst erst bei den Testläufen offenkundig würden. Denken Sie daran: je früher Fehler entdeckt werden, desto kostengünstiger ist ihre Beseitigung. Im Gegensatz zu DB2/MVS, dessen Precompiler üblicherweise nicht auf den System-Katalog zugreift, kennt DB2 keinen DECLARE TABLE-Befehl, aus dem die Tabellenstruktur ersichtlich ist. Dies erhöht die Datenunabhängigkeit der Programme gegenüber DB2/MVS.

PREP erzeugt neben einigen Meldungen eine Datei für den BIND-Lauf und eine Datei mit den vorübersetzten SQL-Befehlen für den COBOL-Compiler (siehe Bild 4.1 auf Seite 95). Zur Zeit werden die COBOL-Compiler von Micro Focus (MF) und IBM unterstützt. Mit dem Parameter TARGET können Sie den gewünschten Compiler explizit vorgeben: IBMCOB für IBMs 32-Bit-Compiler und MFCOB16 für den 16-Bit-Compiler von Micro Focus (Standard).

PREP erzeugt standardmäßig einen Zugriffsplan (package) in der Datenbank. Mit dem Parameter BINDFILE erhalten Sie bindefähiges Modul (progname.BND), mit SYNTAX können Sie eine reine Syntax-Prüfung durchführen.

Zugriffsplan   Ein Zugriffsplan (package) enthält die Zugriffe, die der Optimizer aufgrund der physischen Gegebenheiten in der Datenbank für die SQL-Befehle eines Programms ausgewählt hat. Ändern sich die physischen Gegebenheiten der Datenbank, zum Beispiel durch einen neuen Index oder durch andere Statistikwerte (siehe auch Abschnitt 6.2 Performance-Analyse, *RUNSTATS-Hilfsprogramm*), kann ein erneutes Binden der Zugriffspläne notwendig oder sinnvoll sein.

Ein Zugriffsplan unterteilt sich in Abschnitte (section), die die Zugriffe für einen SQL-Befehl aufnehmen. Je Zugriffsplan wird eine Zeile mit allgemeinen Informationen in der Katalog-Tabelle `SYSIBM.SYSPLAN` und je Abschnitt mindestens eine Zeile mit den verschlüsselten Zugriffsdaten in der Katalog-Tabelle `SYS-IBM.SYSSECTION` gespeichert. Die Abhängigkeiten des Zugriffsplans von Datenbank-Objekten wie Tabellen oder Indizes werden in `SYSIBM.SYSPLANDEP` festgehalten, Berechtigungen in `SYS-IBM.SYPLANAUTH`. Die zugehörigen SQL-Befehle werden in der Tabelle `SYSIBM.SYSSTMT` gespeichert.

Die Aufrufe von COBOL-Compiler und Linker (linkage editor) sind abhängig von den Gegebenheiten Ihrer Installation. Wir benutzten unter OS/2 folgende Aufrufe:

- für den COBOL-Compiler

```
cobol marirech.cbl /notrunc
```

- für den Linker unter Verwendung der statischen COBOL-Bibliothek

```
link marirech+sqlinit,,,lcobol+doscalls+sqldyn16+db2gmf16 /st:64000
```

- für den Linker unter Verwendung der dynamischen COBOL-Bibliothek

```
link marirech+sqlinit,,,coblib+doscalls+sqldyn16+db2gmf16 /st:8196
```

Da das COBOL von Micro Focus (MF) in der Version 3[3] noch in 16-Bit-Technologie arbeitet, ist mit *sqldyn16* im Link-Lauf die 16-Bit-DB2-Bibliothek anzugeben. Die entsprechende 32-Bit-Bibliothek für den IBM COBOL-Compiler und andere Sprachen heißt *db2api*.

In die Version 2.1.1 wurde von IBM eine Korrektur in den Precompiler eingebaut, um das Zurücksetzen der nicht abgeschlossenen Transaktionen sicherzustellen, wenn ein mit PREP und MF-COBOL übersetztes Programm abbricht. Diese Korrektur besteht aus dem Aufruf des Moduls `DB2GMF16` und setzt für den MF-Compiler Version 3.2.46 eine Korrektur voraus, die bei Micro Focus abzurufen ist.

Das fertige Programm `MARIRECH` ist, wie Sie sicher schon erkannt haben, kein Programm mit Schnittstellen zum Presentation Manager. Es kann im OS/2-Fenster oder -Gesamtbildschirm aufgerufen werden oder durch Anklicken seines Symbols, wobei

---

[3] Die Version 4 in 32-Bit-Technologie ist im ersten Halbjahr 1996 auf den Markt gekommen.

sich dann ein OS/2-Fenster für die Eingabe des gewünschten Datums öffnet. Die Rechnungen werden in die Datei RECH-NUNG.LST geschrieben und können mit dem PRINT-Befehl ausgedruckt werden.

Hier ein Beispiel einer Liegeplatz-Abrechnung vom 10.1.1996 für einen Dauerlieger:

```
                                   Marina Neuwismar
                                   Der Hafenmeister
                                   Am Yachthafen 1
                                   D-29999 Neuwismar
                                   Telefon  0333/12-0
                                   Telefax  0333/12-556


Blöd,Hein
Im Wrack 1

B  - 100     Bärenklippe


                                              10.01.1996

     Rechnung Nr.:  9336

     Liegeplatz Nr.:   3 - Schiffslänge:  5,0 Meter


     ------------------------------------------------------

      355 Tage zu DM/m 02,50                      4437,50

     Zuschlag für Wasseranschluß                   00,00

     Zuschlag für Stromanschluß                    00,00
     ------------------------------------------------------
     Summe Gebühren                               4437,50
     Mehrwertsteuer 15%                            665,62
     ------------------------------------------------------
     Gesamtsumme                                  5103,12
```

4.3   **Anwendungsprogrammierung mit REXX**

REXX ist eine Sprache für die Steuerung von Abläufen auf Betriebssystem-Ebene. Sie gibt es für verschiedene Plattformen von MVS bis OS/2. Durch die Einbettung von Betriebssystem-Kommandos ist ihr Befehlsvorrat jedoch von Plattform zu Plattform unterschiedlich. REXX besitzt Schnittstellen zu DB2, die wir in unseren Beispielen nutzen.

REXX-Programme werden nicht übersetzt, sondern zur Ausführungszeit interpretiert. Daher gibt es für sie auch keinen DB2-Precompiler und keine programmspezifische Zugriffspläne (packages). In REXX können Sie DB2-Kommandos und SQL-Befehle über zwei Call-Schnittstellen zur Ausführung bringen:

- SQLEXEC für SQL-Befehle

- SQLDBS für DB2-Kommandos.

Die Unterstützung für SQL-Befehle erstreckt sich auf einige Standard-Befehle, die über SQLEXEC direkt aufgerufen werden können, und auf dynamisches SQL (DSQL), das erst zur Ausführungszeit übersetzt wird.

REXX unterstützt folgende SQL-Befehle direkt:

```
CLOSE
COMMIT
CONNECT
CONNECT TO
CONNECT RESET
DECLARE
DESCRIBE
DISCONNECT
EXECUTE
EXECUTE IMMEDIATE
FETCH
FREE LOCATOR
OPEN
PREPARE
RELEASE
ROLLBACK
SET CONNECTION
```

Alle anderen SQL-Befehle müssen über die dynamischen SQL-Befehle PREPARE und EXECUTE beziehungsweise EXECUTE IMMEDIATE mit SQLEXEC übersetzt und ausgeführt werden.

Es gibt für REXX-Programme fünf vorbereitete Zugriffspläne mit
unterschiedlicher Benutzertrennung:

- SQLARXCS.BND

- SQLARXRR.BND

- SQLARXRS.BND

- SQLARXUR.BND

- SQLARXNC.BND

Diese werden beim Anlegen einer Datenbank automatisch
gebunden. Für die Schnittstelle SQLEXEC ist Benutzertrennung
CS (cursor stability) Standard (siehe auch Abschnitt 6.1, Lei-
stungsbestimmende Einflußfaktoren, *Sperren und Benutzertrennung*).

REXX kennt für die beiden Schnittstellen vordefinierte Variable:

RESULT	Return-Code der Funktion mit REXX-Fehler-codes, sonst 0
SQLMSG	Fehlernachricht wenn SQLCA.SQLCODE ungleich 0
SQLISL	Benutzertrennung RR, CS, UR
SQLCA	SQLCA mit SQLCODE
SQLRODA	Input SQLDA für Server via Application Remote Interface
SQLRIDA	Output SQLDA für Server via Application Remote Interface
SQLRDAT	SQLCHAR-Struktur für Server via Application Remote Interface

Als Beispiel für die Programmierung von DB2-Anwendungen in
REXX stellen wir Ihnen hier die Routine **RexSQL.CMD** als Benut-
zerschnittstelle vor, die in Verbindung mit PMREXX etwas mehr
Komfort als der CLP (command line processor) bietet. Ein weite-
res Beispiel ist die Routine **BLOBSQL.CMD** für das Lesen von
BLOBs (binary large objects) in Kapitel 5.

Die Stärken von REXX liegen darin, komplexe Abläufe auf
Betriebssystem-Ebene mit Aufrufen von Betriebssystem- oder
DB2-Kommandos behandeln zu können. Wir benutzen in unseren Beispielen REXX eher als Ersatz für eine herkömmliche Programmiersprache. Zur schnellen Erstellung von Datenbank-Aus-
wertungen oder zur einmaligen Überprüfung von Tabelleninhal-

ten ist dies sicher sinnvoll. Die Laufzeiten zeigen jedoch deutlich, daß REXX kein Ersatz für die klassische Anwendungsprogrammierung sein kann: In mehreren Testläufen auf größeren Datenbeständen maßen wir, daß ein COBOL-Programm mit ESQL (embedded SQL) 15mal schneller abläuft als die REXX-Lösung.

REXX-Prozedur RexSQL.CMD

Weil der CLP als zeitweilig einzige noch im Produktumfang mitgelieferte Benutzerschnittstelle doch wenig komfortabel für die schnelle Eingabe von einfachen SQL-Befehlen ist (das Niveau seines Zeileneditors ist das der Kommandozeile von DOS 3.0), hatten wir uns für DB2 Version 2.1.0 mit RexSQL in Verbindung mit PMREXX eine kleine Alternative geschaffen. PMREXX ist die PM-Schnittstelle von REXX unter OS/2.

```
/* A REXX Driver for interactive SQL with
   a specified database */

/* Register SQLDBS and SQLEXEC external entry points */
if rxfuncquery('SQLDBS') <> 0 then do
  rcy = rxfuncadd('SQLDBS', 'SQLAR', 'SQLDBS')
  if rcy <> 0 then
    say 'RxFuncAdd return code for SQLDBS is' rcy
end

if rxfuncquery('SQLEXEC') <> 0 then do
  rcz = rxfuncadd('SQLEXEC', 'SQLAR', 'SQLEXEC')
  if rcz <> 0 then
    say 'RxFuncAdd return code for SQLEXEC is' rcz
end

/* Alte Verbindungen zurücksetzen */
call sqlexec 'connect reset'

Say 'RexSQL: Ein interaktiver SQL-Treiber für die Bearbeitung einer Datenbank'
say '        in einer Sitzung jeweils. Die Nutzung erfolgt auf eigene Gefahr!'
say '        Es wird empfohlen, PMREXX zu benutzen, um eine besser aufbereitete'
say '        Ausgabe zu erhalten'
say '                                    (c) Pürner Unternehmensberatung, 1995'
say 'Bitte Datenbank-Namen eingeben:'
pull dbname
call sqlexec 'connect to ' dbname;

/* display any error messages */
sql result = check sql()

if sql result = 0 then do
  stmt = 'start'

  do while stmt <> 'exit'
    say 'RexSQL>'
    pull stmt
    if stmt = 'EXIT' then leave

      if substr(stmt,1,6) = 'SELECT'
        then do  /* Cursor-Verarbeitung */

          /* declare cursor for select statements */
          call sqlexec declare c21 cursor for s21
          /* display any error messages */
          sql result = check sql()
          if sql result = 0 then do
            /* call sqlexec to prepare the sql statement */
            call sqlexec prepare s21 from ':stmt'
            /* display any error messages */
```

```
sql result = check sql()
if sql result = 0 then do
  /* describe */
  call sqlexec describe s21 into ':fulsqlda'
  sql result = check sql()
  Kopf = ' '
  Vari = ' '
  do i = 1 to fulsqlda.sqld
    /* Spezialbehandlung numerische Datentypen */
    select
    when fulsqlda.i.sqltype = 404 | fulsqlda.i.sqltype = 405  /* BLOB */
      then do
           sqllen.i = 12
           call sqlexec "declare :var."i " language type blob file"
           sql result = check sql()
           var.i.file options = 8   /* create */
         end /* do */
    when fulsqlda.i.sqltype = 480 | fulsqlda.i.sqltype = 481
      then do /* floating point */
           sqllen.i = 12
         end /* do */
    when fulsqlda.i.sqltype = 484 | fulsqlda.i.sqltype = 485
      then do /* decimal */
           sqllen.i = fulsqlda.i.sqllen.precision +
                      fulsqlda.i.sqllen.scale + 1
           precis.i = fulsqlda.i.sqllen.precision
           scale.i  = fulsqlda.i.sqllen.scale
         end /* do */
    when fulsqlda.i.sqltype = 496 | fulsqlda.i.sqltype = 497
      then do /* large integer */
           sqllen.i = 10
         end /* do */
    when fulsqlda.i.sqltype = 500 | fulsqlda.i.sqltype = 501
      then do /* small integer */
           sqllen.i = 5
         end /* do */
    otherwise
      sqllen.i = fulsqlda.i.sqllen
    end /* select */

    /* Maximale Ausgabelänge je Spalte ermitteln */
    al = length(fulsqlda.i.sqlname)
    if al >= sqllen.i
      then do
           len.i = al
           Kopf = Kopf || fulsqlda.i.sqlname || ' '
         end
      else do
           dl = sqllen.i - al
           len.i = sqllen.i
           kop.i = insert(' ', fulsqlda.i.sqlname, al, dl, ' ')
           Kopf = Kopf || kop.i || ' '
         end
  Vari = Vari || ' :var.'i':var.'i'.ind,'
  end /* do */
Vari = strip(Vari,'T',',')

/* call sqlexec to open the cursor */
call sqlexec open c21
/* display any error messages */
sql result = check sql()
count = 0
say Kopf

/* while no sql errors */
do while sql result = 0
  do i = 1 to fulsqlda.sqld
    if fulsqlda.i.sqltype = 404 | fulsqlda.i.sqltype = 405 |
       fulsqlda.i.sqltype = 804 & fulsqlda.i.sqltype = 805   /* BLOB */
      then var.i.name = 'd:\tmp\' || fulsqlda.i.sqlname || '.' || count+1
  end /* do */
  /* call sqlexec to fetch a row of data */
  call sqlexec 'fetch c21 into ' Vari
  /* display any error messages */
  sql_result = check_sql()
```

```
                              /* if successful fetch */
                              if sql result = 0 then do
                               count = count + 1
                                /* Ausgabe */
                              Vara = ' '
                              do i = 1 to fulsqlda.sqld
                               select
                                 when fulsqlda.i.sqltype = 404 | fulsqlda.i.sqltype = 405
                                   then do /* BLOB Dateireferenz */
                                       if var.i.ind = -1  /* NULL */
                                         then var.i = '-'
                                         else var.i = var.i.name  /* Dateiname in Ausgabe */
                                   end /* do */
                                 when fulsqlda.i.sqltype >= 480 & fulsqlda.i.sqltype <= 501
                                   then do /* numerisch */
                                       if var.i.ind = -1  /* NULL */
                                         then var.i = -1
                                       if fulsqlda.i.sqltype >= 484 & fulsqlda.i.sqltype <= 485
                                         then do
                                             var.i = format(var.i, precis.i, scale.i)
                                             al = length(var.i)
                                             dl = len.i - al
                                             if dl > 0
                                               then var.i = insert(' ', var.i, al, dl, ' ')
                                           end /* then do */
                                         else var.i = format(var.i, len.i)
                                     end /* do when */
                                   otherwise
                                       if var.i.ind = -1  /* NULL */
                                         then var.i = '-'
                                       al = length(var.i)
                                       dl = len.i - al
                                       var.i = insert(' ', var.i, al, dl, ' ')
                                 end /* select */
                                 Vara = Vara || var.i || ' '
                               end /* do */
                                say Vara
                              end

                            else do
                              if sql result = 100 & count = 0 then do
                              parse source with 'COMMAND ' src
                              say 'Keine Daten gefunden'
                              say 'which match the SQL SELECT statement in' src
                              end
                             end
                            end

                        /* end-of-file */
                        if sql result = 100 then do
                        /* call sqlexec to close the cursor */
                        call sqlexec close c21
                        /* display any error messages */
                        sql result = check sql()
                        /* clear sql-variables */
                        call sqlexec clear sql variable declarations
                        sql result = check sql()
                        say count || ' Zeilen gelesen'
                        end
                       end
                  end

            end /* Cursor */

        else do   /* direktes SQL */

          /* call sqlexec to prepare the sql statement */
          call sqlexec prepare s1 from ':stmt'
          /* display any error messages */
          sql result = check sql()
          if sql result = 0 then do
             /* call sqlexec to execute s1 */
             call sqlexec execute s1;
             /* display any error messages */
             sql_result = check_sql()
```

```
        if sql result = 0
           then say 'OK'
      end /* then */
    end /* direktes SQL */

    call sqlexec commit

    /* display any error messages */
    sql result = check sql()

  end /* while */

  call sqlexec connect reset
  sql result = check sql()

 end /* then */

/* drop the SQLDBS and SQLEXEC external functions */
rcy = rxfuncdrop('SQLDBS')
rcz = rxfuncdrop('SQLEXEC')
exit (0)

check sql: procedure expose result sqlca. sqlmsg
  if (result <> 0) then do
    sql result = result
    say 'Result =' result
  end
  else do
    sql result = sqlca.sqlcode
    if sqlca.sqlcode <> 0 & sqlca.sqlcode <> 100 then
       say sqlmsg
  end
return sql_result
```

Als erstes registrieren wir die Datenbank-Schnittstellen *SQLDBS* für DB2-Kommandos und *SQLEXEC* für SQL-Befehle, falls diese noch nicht registriert sind (wir benötigen *SQLDBS* hier zwar nicht, wollten Ihnen aber auch dies zeigen). Diese Registrierung ist im Prinzip nur einmal für alle Sitzungen (sessions) nötig.

Nach Ausgabe der Vorab-Bemerkungen erfragen wir die gewünschte Datenbank und führen den CONNECT durch. Danach werden in einer Schleife so lange eingegebene SQL-Befehle bearbeitet, bis der Benutzer EXIT eingibt. Bei den SQL-Befehlen muß zwischen SELECT und anderen unterschieden werden, weil für die Ausgabe des SELECT-Ergebnisses ein Cursor nötig ist.

Für SELECT-Befehle definieren wir den Cursor *c21*. In REXX sind *s1* bis *s100* vordefiniert für SQL-Befehlsnamen, ebenso *c1* bis *c100* als Cursornamen. Unter diesen Befehlsnamen werden die Befehle in DB2 zwischengespeichert und zur Ausführung aufgerufen.

Dann übersetzen wir mit dem PREPARE-Befehl den eingegebenen SELECT. Ist der Befehl korrekt (sql_result = 0), so lassen wir uns zur Vorbereitung der Ausgabe des Ausführungsergebnisses die zu erwartenden Daten in der SQLDA *fulsqlda* per DESCRIBE beschreiben. Wir prüfen die Datentypen und Feldlängen der

Ausgabedaten ab. LOBs werden in REXX wie große Zeichenketten behandelt. Dies ist für zeichen-orientierte LOBs auch akzeptabel, binäre können dagegen nicht so sinnvoll dargestellt werden. Also definieren wir für BLOBs eine Variable als Dateireferenz, die wir dann auch in der Ausgabe anzeigen. Wir legen bei der Deklaration fest, daß DB2 die Ausgabedateien für die BLOBs neu anlegen soll. Die Feldlängen werden mit der Länge der Spaltennamen, die wir in der Überschrift ausgeben, verglichen. Die größte Länge wird für die Aufbereitung der Ausgabe benutzt.

Beim Eröffnen des Cursor wird der SELECT-Befehl ausgeführt. In der anschließenden Schleife lesen wir dann die Zeilen der Ergebnismenge mit dem FETCH-Befehl. Wenn BLOBs unter dem SELECT-Ergebnis erwartet werden, wird vor jedem FETCH der Dateireferenz mit dem gewünschten Dateinamen versorgt: Wir weisen den BLOB-Dateien das Verzeichnis \TMP im Laufwerk D: zu und bilden den Namen aus dem Spaltennamen mit der laufenden Zeilennummer als Extension.

Ist ein Ergebniswert unbestimmt (NULL), so nimmt die Indikator-Variable *var.i.ind* den Wert -1 an. Bei numerischen Datentypen benutzen wir diesen Wert auch in der Ausgabe als NULL-Anzeige, bei Zeichenketten geben wir "-" aus. Für eine spaltengerechte Ausgabe müssen die Datenwerte auf die anfangs ermittelte Feldlänge aufgefüllt werden.

Nach der letzten Zeile wird der Cursor geschlossen, und somit die Ergebnismenge des SELECT wieder freigegeben. Abschließend erfolgt noch die Ausgabe der Anzahl der gelesenen Zeilen.

Für andere SQL-Befehle als SELECT wird die Benutzereingabe übersetzt und nach fehlerfreiem PREPARE direkt ausgeführt (EXECUTE). Ist die Ausführung fehlerfrei, erscheint als Ausgabe ein schlichtes OK.

Die Bearbeitung des vom Benutzer eingegebenen SQL-Befehls wird mit einem COMMIT abgeschlossen, das bedeutet, daß alle Änderungen auch sofort wirksam werden.

PMREXX ermöglicht uns die Ausgabe von Zeilen fast beliebiger Länge und das Blättern (Scrollen) in den Zeilen. In einer Variante zu dieser Prozedur nutzen wir die Public Domain Software VREXX für den Dialog mit dem Benutzer. Sie finden sie unter dem Namen `VRexSQL.CMD` auf der beiliegenden Diskette.

Bild 4.3:
VRexSQL-Abfrage
mit Anzeige unter
PMREXX

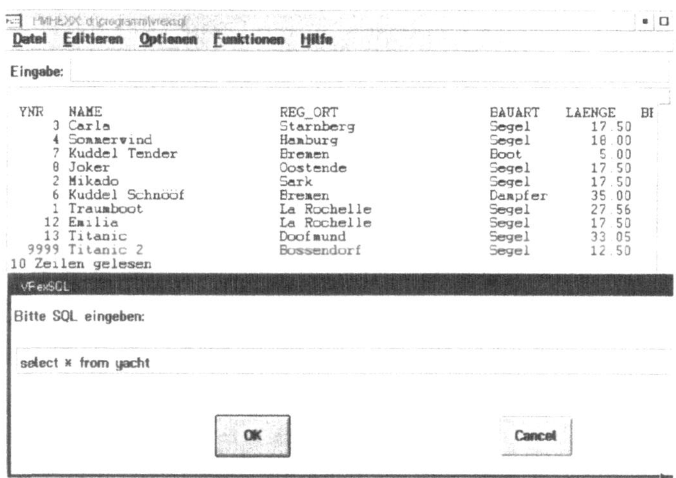

4.4	**Downsizing von CICS/DB2-Anwendungen**
4.4.1	TP-Monitor CICS

CICS ist der führende TP-Monitor auf dem Mainframe. TP-Monitore sind historisch gesehen die Erweiterung alter Batch-Betriebssysteme um Online-Fähigkeiten. Sie sind ein Betriebssystem im Betriebssystem. Um eine akzeptable Performance der Online-Anwendungen zu erzielen, verfügen sie über eigene, maßgeschneiderte Funktionen, die eigentlich Aufgaben des Betriebssystems sind: Sie laden die Anwendungsprogramme, verwalten den Hauptspeicher (den sie vom Betriebssystem erhielten) und erledigen das Task-Scheduling. Sie verfügten über eigene Funktionen für den Dateizugriff. Das alte Datenbank-Managementsystem der IBM, IMS/DB beziehungsweise DL/I, wurde durch die TP-Monitore IMS/DC oder CICS erst mehrbenutzerfähig! Die Mechanismen zur Benutzertrennung und für Restart/Recovery lagen im TP-Monitor.

Heute unterstützt CICS auf dem Mainframe die Dateiverwaltung VSAM und die Datenbank-Managementsysteme DL/I beziehungsweise IMS/DB und DB2. DB2 verfügt zwar selbst über die Funktionen zur Mehrbenutzerfähigkeit, doch CICS synchronisiert sich über ein Zwei-Phasen-Protokoll mit DB2.

CICS erwarb in den ersten Jahren den Ruf, nicht gerade unproblematisch zu sein. So kannte es lange Zeit keinen Schutz gegen Verletzungen des Speicherbereichs. Der Zugriff auf bestimmte Funktionen des Betriebssystems war verboten, einige COBOL-Befehle durften nicht benutzt werden. Zuwiderhandlungen brachten nicht nur das Online-Programm, sondern meist das CICS-System zum Absturz! Andererseits ermöglichen solche, im Komfort abgespeckten TP-Monitore, Online-Anwendungen mit tausenden von angeschlossenen Bildschirmen zu betreiben.

Im Laufe der Jahre wurde CICS weiterentwickelt und intern modernisiert. Einige alte Zöpfe wurden abgeschnitten, neue wichtige Funktionen wie die Interkommunikation zwischen TP-Monitoren kamen hinzu. Neue Versionen auf den Plattformen OS/2, AIX und OS/400 wurden von IBM zur Verfügung gestellt. Heute ist CICS das Produkt der IBM für die verteilte Verarbeitung und die „Middleware" zur Erstellung portabler Anwendungen für IBM-Systeme. Mit CICS übrigens wird auch ein einzelner OS/2-Rechner schon mehrplatzfähig.

Dies Buch ist nicht der Rahmen, die vielfältigen Möglichkeiten von CICS vorzustellen oder über seine Nachteile zu diskutieren. Uns interessiert CICS an dieser Stelle, weil im Zuge von Downsizing oder verteilter Verarbeitung CICS/DB2-Anwendungen auch unter UNIX und OS/2 zum Einsatz kommen können. Wir möchten Ihnen zeigen, wie solche Anwendungen unter UNIX oder OS/2 zum Laufen kommen und welche Möglichkeiten es gibt, sie im OS/2-spezifischen Umfeld einzubetten.

CICS bietet dem Mainframe-Anwender nämlich gute Möglichkeiten in die verteilte Verarbeitung mit Client-Server-Architekturen einzusteigen. Bestehende DB2/CICS-Anwendungen können ohne große Eingriffe in einem AIX- oder OS/2-Umfeld ablaufen. Schrittweise können die in dieser Umgebung reichlich altbacken aussehenden Anwendungen modernisiert werden. Es ist zum Beispiel möglich,

- sie in einen Ablauf zu integrieren und dynamisch aufzurufen

- sie nachträglich mit einer PM-gerechten Oberfläche zu versehen („GUI-fizieren")

- ihre Anwendungslogik von der Benutzerschnittstelle zu trennen, dabei die Anwendungslogik unter CICS zu belassen und die Benutzerschnittstelle neu zu gestalten.

Wir werden Ihnen in diesem Abschnitt dazu einige Beispiele vorstellen.

CICS-Versionen

Im Gegensatz zu DB2 sind die CICS-Versionen unter UNIX und OS/2 zwei getrennte Produkte. Die UNIX-Version basiert auf dem eigenständigen TP-Monitor ENCINA. Die bisher verfügbare Version 2 von CICS unter OS/2 dagegen ist in COBOL geschrieben und als 16-Bit-Anwendung gebunden. Daher müssen alle COBOL-Transaktionsprogramme auch 16-Bit-Anwendungen sein. Die neue Version 3 (verfügbar in 1996) ist dagegen eine 32-Bit-Anwendung. Von der Frage 16 oder 32 Bit sind allerdings C-Programme ausgenommen: diese können auch unter Version 2 als 32-Bit-Anwendungen laufen.

4.4.2 Anwendungsprogrammierung unter CICS

Dialogtechnik

Typisch für CICS-Anwendungen ist eine Dialogtechnik, die IBM als „pseudo-conversational" bezeichnet: Ein Transaktionsprogramm wird mit einer Bildschirmeingabe des Anwenders gestartet, liest die eingegebenen Daten, verarbeitet sie, erzeugt eine Bildschirmausgabe und beendet sich. Es kennt weder den vorher abgelaufenen Dialog, noch den folgenden. Diese Technik hat sich für Online-Anwendungen mit vielen Benutzern als besonders performant erwiesen, da das Programm nicht auf Bildschirmeingaben wartet und während dieser im Vergleich zur eigentlichen Verarbeitung endlos langen Wartezeit keine wichtigen Ressourcen blockiert.

Programmiertechnik
für
CICS-Programme

Diese Dialogtechnik setzt eine entsprechende Technik des Programmierens voraus. CICS-Programme sind grundsätzlich Unterprogramme. Anwendungsbezogene Umfeld-Daten wie Berechtigungsprofile oder Stati müssen zwischen den Transaktionsprogrammen explizit weitergereicht werden. Dafür bietet CICS spezielle Haupt- oder Massenspeicherbereiche wie COMMAREA, TS- (temporary storage) oder TD- (transient data) QUEUEs. Datenbank-Transaktionen werden auf dem Mainframe mit Online-Transaktionen automatisch synchronisiert: Die Rückgabe der Kontrolle eines Transaktionsprogramms an CICS (EXEC CICS RETURN) führt zugleich in DB2 ein COMMIT durch. Satzsperren in DB2 können also nicht über CICS-Transaktionsgrenzen aufrecht erhalten werden. Dies muß bei Pflegeprogrammen besonders berücksichtigt werden, weil ja zwischen der Anzeige und dem Zurückschreiben eines Datenbank-Satzes dieser von anderer Seite bereits verändert oder gar gelöscht werden könnte.

Beispiel-Programme

Unsere Beispiel-Programme sind typische Pflege-Programme. Als Anwendungsbeispiel dient uns die Yachthafen-Verwaltung MARINA, die Sie vielleicht noch aus „DB2/2 kompakt" als Musteranwendung für den Query Manager unter OS/2 kennen.

Unter CICS besitzt die Anwendung folgende Transaktionsprogramme:

EIGNERA	Pflege der Eigner-Stammdaten
EIGNERB	Pflege der Eigner-Adresse
YACHTP	Pflege der Yacht-Stammdaten
LIEGEPP	Pflege der Liegeplatz-Stammdaten
FREIPP	Buchung eines freien Liegeplatzes
EIGNERM	Anzeige Menü Eigner-Pflege
ADRM	Anzeige Menü Adreß-Pflege
YACHTM	Anzeige Menü Yacht-Pflege
LIEGEPM	Anzeige Menü Liegeplatz-Pflege
FREIPV	Vorprogramm Liegeplatz-Buchung

Dazu gehören noch die Masken, in CICS als BMS-Maps bezeichnet, und Copystrecken.

Die Programme dürften recht typisch sein für ältere Mainframe-Anwendungen: Ursprünglich stammen sie von den Beispielen ab, die die IBM im Anhang ihrer CICS-Handbücher abdruckte. Über Jahre hinweg wurden sie von uns als Muster für CICS-Emulatoren auf PCs genutzt, auf verschiedene Datenbanken umgestellt und auf andere Anwendungsfälle angepaßt. Sie lassen ebenso wie alte Mainframe-Programme die Spuren der Wartungsaktionen erkennen. Um die wesentlichen Funktionen deutlich darzustellen, sind die Programme hinsichtlich der Prüfung der eingegebenen Daten nicht vollständig. Die Prüfung der Eingaben auf formale und inhaltliche Plausibilität obliegt unter CICS nämlich dem Anwendungsprogramm. Die Maskenunterstützung BMS (basic mapping support) übernimmt nicht einmal die formale Prüfung – ein in einem Workstation-Umfeld sicher ungewöhnlicher Umstand. Wir unterstellen in unseren Mustern unrealistisch, daß der Benutzer alle Masken vollständig und korrekt ausfüllt. Nur für die Eingabe des Suchschlüssels in den Menümasken findet eine minimale Prüfung statt.

Ein typischer Dialog zum Beispiel für die Pflege der Eigner-Stammdaten hat etwa folgenden Ablauf:

Programm
EIGNERA.CCP

Das Menüprogramm wird über den Transaktionscode EMNU gestartet und gibt die Auswahlmaske auf dem Bildschirm aus. Der Anwender wählt die gewünschte Funktion, zum Beispiel Änderung (Code EUPD) aus und trägt sie zusammen mit der Personennummer des gewünschten Satzes in die Maske ein.

Bild 4.4:
Menü unter CICS

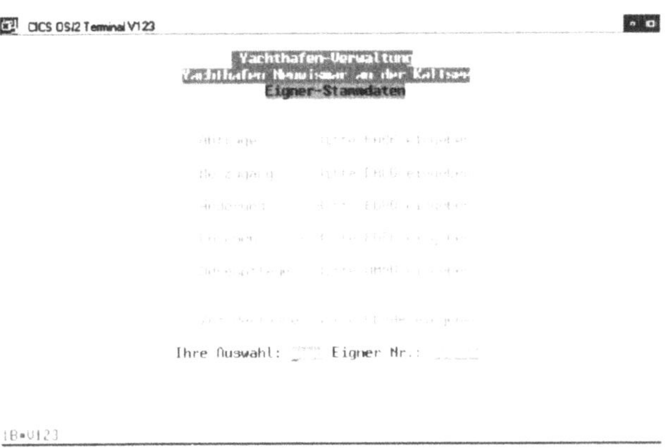

Das Programm **EIGNERA** wird von CICS gestartet. Es erkennt am Transaktionscode die gewünschte Funktion und an einer fehlenden Commarea, daß es ein erstmaliger Aufruf im Dialog ist. Dem gewählten Transaktionscode entsprechend wird der Datensatz mit dem vorgegebenen Schlüssel gelesen. Da der Schlüssel eindeutig ist, kann dazu ein Einzelsatz-SELECT benutzt werden. Zu dem Satz werden maximal drei zugehörige Adressen gelesen. Dazu wird der Cursor *CRO1* benutzt. Die gelesenen Daten werden in die Maskenfelder übertragen; die Maske wird auf den Bildschirm ausgeben. Der gelesene Eigner-Datensatz wird in der Commarea zwischengespeichert. Der Rücksprung an CICS erfolgt mit der Vorgabe, daß die Folgetransaktion wieder die gerade ausgeführte ist (Parameter TRANSID(EIBTRNID)) und daß ihr die Commarea (Parameter COMMAREA() und COM-LENGTH()) zu übergeben ist. Der Rücksprung löst automatisch einen sogenannten SYNCPOINT in CICS aus, bei dem auch ein DB2-COMMIT durchgeführt wird.

Bild 4.5:
Änderungsmaske
Eigner-Daten

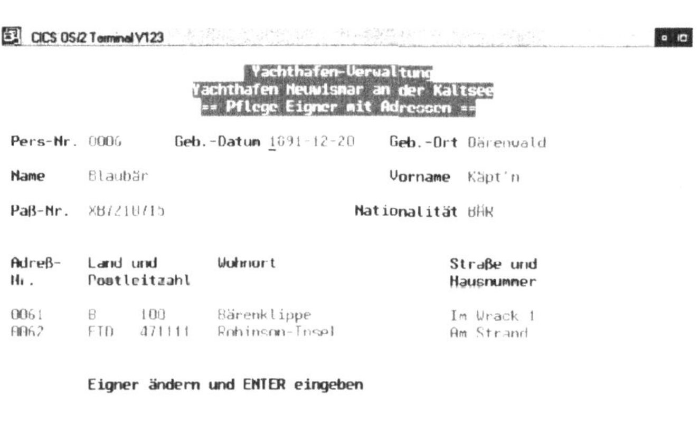

Der Anwender liest nun die Daten auf dem Bildschirm, verändert Eigner-Daten und drückt die Enter-Taste. CICS startet daraufhin erneut das Programm **EIGNERA** (mit frisch initialisierten Datenbereichen). Es erkennt am Transaktionscode die gewünschte Funktion und an der übergebenen Commarea, daß es sich um einen Folgeaufruf im Dialog handelt. Es übernimmt die Commarea-Daten, liest die eingegebenen Daten der Maske und den zu verändernden Datensatz der Datenbank und vergleicht die aktuell gelesenen Daten mit den zwischengespeicherten. Stimmen die Daten nicht mehr überein, so wurde der

Datensatz inzwischen verändert. Die Änderungstransaktion basiert auf nicht mehr aktuellen Daten und muß als ungültig angesehen werden. Die Verarbeitung wird mit einer Fehlernachricht abgebrochen. Gleiches geschieht, wenn der Datensatz inzwischen gelöscht wurde.

Stimmen die Daten überein, kann die Änderung in DB2 durchgeführt werden. Da CICS nur die veränderten Daten ins Programm überträgt, muß geprüft werden, welche Daten in der Eingabestruktur überhaupt vorhanden sind. Gelöschte Felder werden übrigens mit X"80" angezeigt. Nur die eingegebenen Daten überschreiben die alten Werte. Der UPDATE-Befehl ändert alle Spalten der Tabelle mit Ausnahme des Primärschlüssels.

Nach erfolgreicher Änderung wird eine Erfolgsmeldung in die Menü-Maske eingestellt und die Maske ausgegeben. Der Rücksprung zu CICS erfolgt ohne Vorgabe einer Folgetransaktion und ohne Weitergabe von Daten. Der damit verbundene SYNC-POINT löst ein DB2-COMMIT aus und schreibt die Änderung in der Datenbank fest.

Der Anwender liest die Erfolgsmeldung und kann mit Hilfe des Menüs eine neue Dialogfolge beginnen.

Die anderen Funktionen werden nach dem gleichen Muster ausgeführt:

- Bei EADD (siehe Bild 4.4 auf Seite 123) wird in der ersten Transaktion eine Leermaske ausgegeben. Die ausgefüllte Maske wird in der zweiten Transaktion gelesen und ihre Daten in die Datenbank per SQL-INSERT eingestellt.

- Bei EDEL wird der gewünschte Datensatz mit maximal drei zugehörigen Adressen gelesen und angezeigt. Wenn der Benutzer den Löschvorgang nicht mit der Clear-Taste abbricht, wird in der zweiten Transaktion der Datensatz gelöscht. Da in der Datenbank für die Fremdschlüssel-Beziehung zwischen Tabelle **PERSON** und Tabelle **ADRESSE** kaskadierendes Löschen definiert ist, werden alle zugehörigen Adressen ebenfalls gelöscht.

- Bei EABF wird der gewünschte Datensatz mit maximal drei zugehörigen Adressen gelesen und angezeigt. Da eine zweite Transaktion nicht erforderlich ist, setzen wir als Folgetransaktion das Menüprogramm ein.

Code `EIGNERA.CCP`

```
00001  IDENTIFICATION DIVISION.
00002  PROGRAM-ID. EIGNERA.
00003  ENVIRONMENT DIVISION.
00004  CONFIGURATION SECTION.
00005  SOURCE-COMPUTER. IBM-PC.
00006  OBJECT-COMPUTER. IBM-PC.
00007  DATA DIVISION.
00008  WORKING-STORAGE SECTION.
00009  01  MESSAGES PIC X(34).
           EXEC SQL INCLUDE SQLCA END-EXEC.
       *
       *   DB2/2   FELDER
           EXEC SQL BEGIN DECLARE SECTION END-EXEC.
00011  01  KEYNUM        PIC S9(4) COMP-5.
00012  01  EIGNER.
           05    PNR           PIC S9(4) COMP-5.
           05    HNAME         PIC X(24).
           05    VORNAME       PIC X(24).
           05    GEB-DAT       PIC X(10).
           05    GEB-ORT       PIC X(24).
           05    PASS-NR       PIC X(15).
           05    NATIONALITAET PIC X(3).
00013  01  ADRESSE.
           05    ADR-NR        PIC S9(4) COMP-5.
           05    NKZ           PIC X(3).
           05    POSTLZ        PIC X(6).
           05    ORT           PIC X(24).
           05    STRASSE       PIC X(32).
           05    PNR           PIC S9(4) COMP-5.
           EXEC SQL END DECLARE SECTION END-EXEC.
       *
00014  *01 EIGNERAI.
00015     COPY EIGNER.
00018  *01 MENU.
00019     COPY MENU.
       01 EIGNERMI PIC X(50) REDEFINES MENUI.
       01 EIGNERMO PIC X(50) REDEFINES MENUI.
       *   PARAMETER WEITERGABE BEREICH
00013  01  COMLEN PIC S9(4) COMP.
00020  01  COMMAREA. COPY FILEB.
       COPY DFHBMSCA.
       *
00021  LINKAGE SECTION.
       *    PARAMETER UEBERNAHME BEREICH
00022  01  DFHCOMMAREA.
           03 FILLER PIC X OCCURS 400 DEPENDING ON EIBCALEN.
       *   COPY FILEB.
       *
00023  PROCEDURE DIVISION.
       HAUPT SECTION.
           EXEC SQL DECLARE CRO1 CURSOR FOR
                   SELECT ADR_NR, NKZ, POSTLZ, ORT, STRASSE
                     FROM ADRESSE
                       WHERE PNR = :ADRESSE.PNR END-EXEC.
       *
           EXEC SQL WHENEVER SQLERROR  GO TO ERRORO    END-EXEC.
           EXEC SQL WHENEVER NOT FOUND GO TO NOTFOUND END-EXEC.
```

```cobol
         *
         *       PRUEFUNG: ERSTER ODER ZWEITER AUFRUF
00027            IF EIBCALEN NOT = 0
         *          ZWEITER AUFRUF: ADD ODER UPDATE
00028              MOVE DFHCOMMAREA TO COMMAREA
                   PERFORM READ-INPUT
         *         ----------------------> MENU
                   GO TO MENU
                 END-IF.
         *
         *       ERSTER AUFRUF
00029            EXEC CICS HANDLE CONDITION MAPFAIL(MFAIL) ERROR (ERRORS)
00030                END-EXEC.
00031            EXEC CICS RECEIVE MAP('EIGNERM') END-EXEC.
00032            IF KEYL NOT = 6
                   MOVE "6-STELLIGE NUMMER EINGEBEN" TO MESSAGES
         *         ----------------------> MENU
                   GO TO MENU
                 END-IF.
00033            MOVE KEYI TO KEYNUM.
00034            IF KEYI NOT NUMERIC
                   MOVE "BITTE NUR ZIFFERN EINGEBEN" TO MESSAGES
                   GO TO MENU
                 END-IF.
00035            MOVE LOW-VALUE TO EIGNERO.
                 EVALUATE EIBTRNID
                  WHEN 'EADD'
00038                MOVE 'Satz eingeben und ENTER druecken' TO MSG10
00039                MOVE KEYI TO PNR IN FILEREC1, PNRO
00041              ` MOVE 2 TO COMLEN
                     MOVE DFHUNNUM TO ADR-NR1A, ADR-NR2A, ADR-NR3A
                     PERFORM MAP-SEND
                  WHEN 'EABF'
00043                PERFORM READ-IO
00045                MOVE 'Bitte ENTER eingeben' TO MSG10
00046                PERFORM MAP-SEND
00047                EXEC CICS RETURN TRANSID('EMNU') END-EXEC
                  WHEN 'EUPD'
00050                MOVE 'Eigner ändern und ENTER eingeben' TO MSG10
                     MOVE 102 TO COMLEN
                     PERFORM READ-IO
                     MOVE EIGNER TO FILEREC1 IN COMMAREA
                     PERFORM MAP-SEND
                  WHEN 'EDEL'
                     PERFORM READ-IO
                     MOVE 'Zum Löschen bitte ENTER eingeben' TO MSG10
                     MOVE 'Zum Abbrechen CLEAR'  TO MSG20
                     MOVE KEYI TO PNR IN FILEREC1
                     MOVE 2 TO COMLEN
                     MOVE DFHUNNUM TO ADR-NR1A, ADR-NR2A, ADR-NR3A
                     PERFORM MAP-SEND
                  WHEN OTHER
                     MOVE "FALSCHER TA-CODE" TO MESSAGES
         *           ----------------------> MENU
                     PERFORM MENU
                 END-EVALUATE
00056            EXEC CICS RETURN TRANSID(EIBTRNID) COMMAREA(COMMAREA)
```

```
00057              LENGTH(COMLEN) END-EXEC.
       *
00052  MAP-SEND SECTION.
00053      EXEC CICS SEND MAP('EIGNER')
00054             ERASE END-EXEC.
       *
00058  READ-INPUT SECTION.
00059      EXEC CICS HANDLE CONDITION MAPFAIL(MFAIL) NOTFND(NOTFOUND)
00060          ERROR(ERRORS) END-EXEC
00061      EXEC CICS RECEIVE MAP('EIGNER') END-EXEC
00062      EVALUATE EIBTRNID
            WHEN 'EADD'
               MOVE SPACES TO EIGNER
               MOVE PNR IN FILEREC1 TO PNR IN EIGNER
               PERFORM MASKE-EIGNER
               EXEC SQL INSERT INTO PERSON
                     (PNR, NAME, VORNAME, GEB_DAT, GEB_ORT,
                      PASS_NR, NATIONALITAET)
                     VALUES (:EIGNER.PNR,:HNAME, :VORNAME,
                              :GEB-DAT, :GEB-ORT,
                              :PASS-NR, :NATIONALITAET)
               END-EXEC
               PERFORM INSERT-ADR
            WHEN 'EUPD'
               MOVE PNR IN FILEREC1 TO KEYNUM
               EXEC SQL SELECT PNR, NAME, VORNAME,
                GEB_DAT, GEB_ORT,
                PASS_NR, NATIONALITAET
                INTO :EIGNER.PNR, :HNAME, :VORNAME,
                     :GEB-DAT, :GEB-ORT, :PASS-NR,
                     :NATIONALITAET
                FROM PERSON WHERE PNR = :KEYNUM
               END-EXEC
               IF EIGNER NOT = FILEREC1 IN COMMAREA
                  MOVE 'ein anderer war schneller - nochmal'
                  TO MESSAGES
                  GO TO MENU
               ELSE
                   PERFORM MASKE-EIGNER
                   EXEC SQL UPDATE PERSON SET
                     NAME          = :HNAME,
                     VORNAME       = :VORNAME,
                     GEB_DAT       = :GEB-DAT,
                     GEB_ORT       = :GEB-ORT,
                     PASS_NR       = :PASS-NR,
                     NATIONALITAET = :NATIONALITAET
                    WHERE PNR = :KEYNUM
                   END-EXEC
               END-IF
            WHEN 'EDEL'
               MOVE PNR IN FILEREC1 TO PNR IN EIGNER
               EXEC SQL DELETE FROM PERSON
                        WHERE PNR = :EIGNER.PNR END-EXEC
            WHEN OTHER
               MOVE 'Falscher Aufruf' TO MESSAGES
               PERFORM MENU
            END-EVALUATE.
```

```
00066       MOVE 'Die Funktion wurde durchgefuehrt' TO MESSAGES.
      *
      FEHLER SECTION.
00073  MFAIL.
00074      MOVE 'Taste CLEAR druecken' TO MESSAGES.
00075      GO TO MENU.
00076  ERRORS.
00077      MOVE 'Transaktion beendet' TO MESSAGES.
00078      GO TO MENU.
00076  ERRORO.
00077      MOVE SQLCODE TO MESSAGES.
00078      GO TO MENU.
00088  NOTFOUND.
00089      MOVE 'Falsche Nummer - nochmall' TO MESSAGES.
00090      GO TO MENU.
      *
00067  MENU SECTION.
00070      MOVE MESSAGES TO MSGO
00071      EXEC CICS SEND MAP('EIGNERM') ERASE END-EXEC.
           EXEC SQL WHENEVER SQLERROR  CONTINUE   END-EXEC.
00072      EXEC CICS RETURN END-EXEC.
      *
00091  READ-IO SECTION.
           EXEC SQL WHENEVER SQLERROR  GO TO ERRORO   END-EXEC.
           EXEC SQL SELECT PNR, NAME, VORNAME, GEB_DAT, GEB_ORT,
               PASS_NR, NATIONALITAET
               INTO :EIGNER.PNR, :HNAME, :VORNAME,
                   :GEB-DAT, :GEB-ORT, :PASS-NR,
                   :NATIONALITAET
               FROM PERSON WHERE PNR = :KEYNUM
           END-EXEC
00095      MOVE PNR IN EIGNER TO PNRO, PNR IN ADRESSE
00096      MOVE HNAME IN EIGNER TO NAMEO
00097      MOVE VORNAME IN EIGNER TO VORNAMEO
00098      MOVE GEB-DAT IN EIGNER TO GEB-DATO
00099      MOVE GEB-ORT IN EIGNER TO GEB-ORTO
00100      MOVE PASS-NR IN EIGNER TO PASS-NRO
00101      MOVE NATIONALITAET IN EIGNER TO NATIONLO
           EXEC SQL OPEN CRO1 END-EXEC
           PERFORM READ-CRO1
           EXEC SQL CLOSE CRO1 END-EXEC.
      *
      MASKE-EIGNER SECTION.
00103      IF NAMEI NOT = LOW-VALUE MOVE NAMEI TO HNAME IN EIGNER.
00103      IF VORNAMEI NOT = LOW-VALUE
               MOVE VORNAMEI TO VORNAME IN EIGNER.
00104      IF GEB-DATI NOT = LOW-VALUE
               MOVE GEB-DATI TO GEB-DAT IN EIGNER.
00105      IF GEB-ORTI NOT = LOW-VALUE
               MOVE GEB-ORTI TO GEB-ORT IN EIGNER.
00106      IF PASS-NRI NOT = LOW-VALUE
               MOVE PASS-NRI TO PASS-NR IN EIGNER.
00108      IF NATIONLI NOT = LOW-VALUE
00109          MOVE NATIONLI TO NATIONALITAET IN EIGNER.
      *
      READ-CRO1 SECTION.
           EXEC SQL WHENEVER NOT FOUND CONTINUE END-EXEC.
```

```
          PERFORM FETCHREC.                                    00014600
          IF SQLCODE = 100                                     00014610
*             ----------------------> DATEIENDE               00014611
          GO TO CR01-EXIT.
          MOVE ADR-NR IN ADRESSE   TO ADR-NR10
          MOVE NKZ IN ADRESSE      TO NKZ-10
          MOVE POSTLZ IN ADRESSE   TO POSTLZ10
          MOVE ORT IN ADRESSE      TO ORT-10
          MOVE STRASSE IN ADRESSE TO STRASS10
          MOVE ADRESSE             TO FILEREC2(1)
          ADD 69 TO COMLEN.
          PERFORM FETCHREC.                                    00015100
          IF SQLCODE = 100                                     00015200
*             ----------------------> DATEIENDE               00015300
          GO TO CR01-EXIT.
          MOVE ADR-NR IN ADRESSE   TO ADR-NR20
          MOVE NKZ IN ADRESSE      TO NKZ-20
          MOVE POSTLZ IN ADRESSE   TO POSTLZ20
          MOVE ORT IN ADRESSE      TO ORT-20
          MOVE STRASSE IN ADRESSE TO STRASS20
          MOVE ADRESSE             TO FILEREC2(2)
          ADD 69 TO COMLEN.
          PERFORM FETCHREC                                     00015800
          IF SQLCODE = 100                                     00015900
*             ----------------------> DATEIENDE               00016000
          GO TO CR01-EXIT.
          MOVE ADR-NR IN ADRESSE   TO ADR-NR30
          MOVE NKZ IN ADRESSE      TO NKZ-30
          MOVE POSTLZ IN ADRESSE   TO POSTLZ30
          MOVE ORT IN ADRESSE      TO ORT-30
          MOVE STRASSE IN ADRESSE TO STRASS30.
          MOVE ADRESSE             TO FILEREC2(3)
          ADD 69 TO COMLEN.
*
     CR01-EXIT.
          EXIT.
*
     FETCHREC SECTION.                                         00017300
          EXEC SQL FETCH CR01                                  00017500
             INTO :ADR-NR, :NKZ, :POSTLZ, :ORT, :STRASSE
          END-EXEC.
*
     INSERT-ADR SECTION.
          IF ADR-NR1I NOT = LOW-VALUE
             MOVE ADR-NR1I TO ADR-NR IN ADRESSE
             IF NKZ-1I NOT = LOW-VALUE
                MOVE NKZ-1I TO NKZ IN ADRESSE END-IF
             IF POSTLZ1I NOT = LOW-VALUE
                MOVE POSTLZ1I TO POSTLZ IN ADRESSE END-IF
             IF ORT-1I NOT = LOW-VALUE
                MOVE ORT-1I TO ORT IN ADRESSE END-IF
             IF STRASS1I NOT = LOW-VALUE
                MOVE STRASS1I TO STRASSE IN ADRESSE END-IF
             PERFORM SQL-INSERT
          END-IF
          IF ADR-NR2I NOT = LOW-VALUE
             MOVE ADR-NR2I TO ADR-NR IN ADRESSE
```

```
                    IF NKZ-2I NOT = LOW-VALUE
                       MOVE NKZ-2I TO NKZ IN ADRESSE END-IF
                    IF POSTLZ2I NOT = LOW-VALUE
                       MOVE POSTLZ2I TO POSTLZ IN ADRESSE END-IF
                    IF ORT-2I NOT = LOW-VALUE
                       MOVE ORT-2I TO ORT IN ADRESSE END-IF
                    IF STRASS2I NOT = LOW-VALUE
                       MOVE STRASS2I TO STRASSE IN ADRESSE END-IF
                    PERFORM SQL-INSERT
                END-IF
                IF ADR-NR3I NOT = LOW-VALUE
                   MOVE ADR-NR3I TO ADR-NR IN ADRESSE
                   IF NKZ-3I NOT = LOW-VALUE
                      MOVE NKZ-3I TO NKZ IN ADRESSE END-IF
                   IF POSTLZ3I NOT = LOW-VALUE
                      MOVE POSTLZ3I TO POSTLZ IN ADRESSE END-IF
                   IF ORT-3I NOT = LOW-VALUE
                      MOVE ORT-3I TO ORT IN ADRESSE END-IF
                   IF STRASS3I NOT = LOW-VALUE
                      MOVE STRASS3I TO STRASSE IN ADRESSE END-IF
                   PERFORM SQL-INSERT
                END-IF.
           *
 SQL-INSERT SECTION.
                EXEC SQL INSERT INTO ADRESSE (ADR_NR, NKZ, POSTLZ,
                                             ORT, STRASSE, PNR)
                         VALUES (:ADR-NR, :NKZ, :POSTLZ, :ORT,
                                 :STRASSE, :EIGNER.PNR)
                    END-EXEC.
           *
             ENDE-ALLES SECTION.
 00116          GOBACK.
```

Auch die Pflegeprogramme für die Adressen, die Yacht-Daten und die Liegeplatz-Stammdaten arbeiten nach diesem Schema.

Programm FREIPP.CCP

Das Programm für die Buchung eines freien Liegeplatzes FREIPP weicht jedoch geringfügig ab. Zur Auswahl des zu buchenden Liegeplatzes zeigt es zunächst die zum vorgegebenen Zeitraum freien Plätze an (es ist aber auch möglich, sofort die Buchungsdaten Von- und Bis-Datum, Liegeplatz- und Yacht-Nummer einzugeben und somit auf eine Auswahl zu verzichten).

Bild 4.6:
Buchungsmaske
Liegeplätze

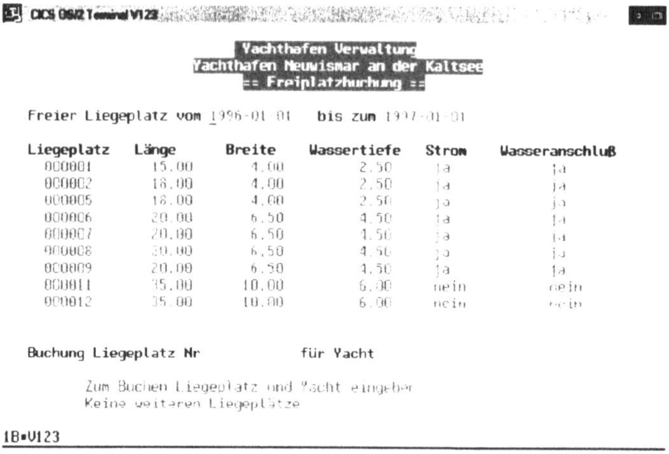

```
CICS OS/2 Terminal V1 23                                          
                      Yachthafen Verwaltung
              Yachthafen Neuwismar an der Kaltsee
                     == Freiplatzbuchung ==

   Freier Liegeplatz vom 1996-01-01   bis zum 1997-01-01

   Liegeplatz   Länge     Breite    Wassertiefe   Strom   Wasseranschluß
     000001     15.00      4.00        2.50        ja          ja
     000002     16.00      4.00        2.50        ja          ja
     000005     16.00      4.00        2.50        ja          ja
     000006     20.00      6.50        4.50        ja          ja
     000007     20.00      6.50        4.50        ja          ja
     000008     30.00      6.50        4.50        ja          ja
     000009     20.00      6.50        4.50        ja          ja
     000011     35.00     10.00        6.00        nein        nein
     000012     35.00     10.00        6.00        nein        nein


   Buchung Liegeplatz Nr            für Yacht

        Zum Buchen Liegeplatz und Yacht eingeben
        Keine weiteren Liegeplätze

   IB-V123
```

Blätterfunktion

Für die Anzeige freier Plätze sind zehn Zeilen in der Maske vorhanden. Diese dürften nicht immer ausreichen. Daher enthält das Programm eine Blätterfunktion zur Anzeige der folgenden Datensätze. Die Datenbankabfrage mit Cursor *CR01* erhält als Ergebnis immer alle gefundenen Datensätze, das Problem besteht dabei jedoch drin, den Cursor auch über Transaktionsgrenzen hinweg lesen zu können:

Auf dem Mainframe synchronisiert CICS seine Transaktionen mit Datenbanktransaktionen unter DB2. Ein CICS-RETURN-Befehl, der die Kontrolle an CICS zurückgibt, erzeugt das Ende einer LUW (logical unit of work) im CICS. Dieses Ende einer LUW ist gleichzusetzen mit einer Transaktion auf der Datenbank. CICS erzwingt dabei ein COMMIT im DB2. Ein COMMIT im DB2 gibt unter anderem alle Sperren frei und schließt alle Cursor, die nicht als WITH HOLD deklariert waren. Allerdings sind bisher HOLD-Cursor im CICS-Umfeld nicht erlaubt. Daher ist das Weiterlesen eines Cursor in einer Folgetransaktion nicht möglich.

Unser Beispiel FREIPP berücksichtigt dies dadurch, daß es grundsätzlich den Cursor öffnet und nach maximal zehn Lesebefehlen (FETCH) wieder schließt. Der letzte gelesene Satzschlüssel wird für die Folgetransaktion in der Commarea gespeichert. Die Folgetransaktion nutzt diesen Schlüssel als Startwert einer erneuten Abfrage, indem es den Schlüsselwert zusätzlich zur Suchauswahl in der WHERE-Klausel mitgibt:

```
.... AND L.LPNR > :KEYNUM
```

Auf den nächsten Seiten können Sie sich selbst ein Bild von der Arbeitsweise des Programms machen:

Code
FREIPP.CCP

```
00001   IDENTIFICATION DIVISION.
00002   PROGRAM-ID. FREIPP.
00003   ENVIRONMENT DIVISION.
00004   CONFIGURATION SECTION.
00005   SOURCE-COMPUTER. IBM-PC.
00006   OBJECT-COMPUTER. IBM-PC.
        SPECIAL-NAMES.
            DECIMAL-POINT IS COMMA.
00007   DATA DIVISION.
00008   WORKING-STORAGE SECTION.
00009   01   MESSAGES PIC X(34).
            EXEC SQL INCLUDE SQLCA END-EXEC.
        *
        *    DB2/2   FELDER
            EXEC SQL BEGIN DECLARE SECTION END-EXEC.
00011   01   KEYNUM        PIC S9(4) COMP-5.
        01   LIEGEPLATZ.
            05    LPNR          PIC S9(4) COMP-5.
            05    LAENGE        PIC S9(5)V99 COMP-3.
            05    BREITE        PIC S9(5)V99 COMP-3.
            05    WASSERTIEFE   PIC S9(5)V99 COMP-3.
            05    STROM         PIC X(4).
            05    WASSERANSCHL  PIC X(4).
        01   BELEGUNG.
            05    YNR           PIC S9(4) COMP-5.
            05    BIS           PIC X(10).
            05    VON           PIC X(10).
        01   IND.
            05    RIND          PIC S9(4) COMP-5.
            05    BIND          PIC S9(4) COMP-5.
            05    TIND          PIC S9(4) COMP-5.
            05    VIND          PIC S9(4) COMP-5.
            EXEC SQL END DECLARE SECTION END-EXEC.
        *
00014  *01 FREITI.
00015     COPY FREIT.
        *    PARAMETER WEITERGABE BEREICH
00013   01   COMLEN PIC S9(4) COMP.
        01   COMMAREA PIC S9(4) COMP-5.
        COPY DFHBMSCA.
        01   ZLAENGE  PIC ZZZZ9,99.
        01   ZBREITE  PIC ZZZZ9,99.
        01   ZWTIEFE  PIC ZZZZ9,99.
        01   ZLPNR    PIC 9(6).
        01   ZYNR     PIC 9(6).
        01   VOR      PIC 9(5).
        01   NACH     PIC 9(5).
        01   CN       PIC S9(4) COMP.
        01   DIVI     PIC 9(6).
        01   X        PIC S9(4) COMP.
        *
00021   LINKAGE SECTION.
        *    PARAMETER UEBERNAHME BEREICH
00022   01   DFHCOMMAREA.
```

```
                      03 FILLER PIC X OCCURS 400 DEPENDING ON EIBCALEN.
          *
00023  PROCEDURE DIVISION.
       HAUPT SECTION.
           EXEC SQL DECLARE CR01 CURSOR FOR
                   SELECT LPNR, LAENGE, BREITE, WASSERTIEFE,
                          STROM, WASSERANSCHLUSS
                     FROM LIEGEPLATZ L
                        WHERE NOT EXISTS (
                          SELECT * FROM BELEGUNG
                           WHERE LPNR = L.LPNR AND
                             (VON  BETWEEN :VON AND :BIS OR
                              BIS  BETWEEN :VON AND :BIS OR
                              :VON BETWEEN VON  AND BIS  OR
                              :BIS BETWEEN VON  AND BIS  )
                              ) AND L.LPNR > :KEYNUM
                   ORDER BY L.LPNR ASC
           END-EXEC.
       *
           EXEC SQL WHENEVER SQLERROR  GO TO ERRORO    END-EXEC.
     EXEC SQL WHENEVER NOT FOUND GO TO NOTFOUND END-EXEC.
       *
           EXEC CICS HANDLE CONDITION MAPFAIL(MFAIL)
               ERROR(ERRORS) END-EXEC
           EXEC CICS RECEIVE MAP('FREIT') END-EXEC
           IF VONL NOT = 10
               MOVE "10-stelliges VON-Datum eingeben" TO MESSAGES
       *       ----------------------> MENU
               GO TO MENU
           END-IF.
           IF BISL NOT = 10
               MOVE "10-stelliges BIS-Datum eingeben" TO MESSAGES
       *       ----------------------> MENU
               GO TO MENU
           END-IF.
           MOVE VONI TO VON
           MOVE BISI TO BIS.

       *   PRUEFUNG: ERSTER ODER ZWEITER AUFRUF
00027      IF EIBCALEN NOT = 0
       *   ZWEITER AUFRUF
00028          MOVE DFHCOMMAREA TO KEYNUM
           ELSE
               MOVE ZERO TO KEYNUM
           END-IF.
           IF LPNRBI NOT = LOW-VALUE
           AND YNRBI NOT = LOW-VALUE
       *   BUCHUNG
               MOVE LPNRBI TO KEYNUM
               MOVE YNRBI  TO YNR
               PERFORM BUCHUNG
               EXEC CICS RETURN TRANSID('FMNU') END-EXEC
           ELSE
       *   LESEN ODER BLÄTTERN
               MOVE 'Zum Buchen Liegeplatz und Yacht eingeben'
                    TO MSG10
               MOVE 'Zum Blättern  ENTER'  TO MSG20
```

```
                    PERFORM READ-LIEGEPLATZ
                    MOVE DFHUNNUM TO VONA, BISA
                    PERFORM MAP-SEND
                    MOVE KEYNUM TO COMMAREA
                    MOVE 2 TO COMLEN
            EXEC CICS RETURN TRANSID(EIBTRNID) COMMAREA(COMMAREA)
                    LENGTH(COMLEN) END-EXEC
            END-IF.
     *
      MAP-SEND SECTION.
          EXEC CICS SEND MAP('FREIT')
                ERASE END-EXEC.
     *
      BUCHUNG SECTION.
      EXEC SQL WHENEVER NOT FOUND CONTINUE END-EXEC.
          EXEC SQL
                SELECT LPNR  INTO :LPNR
                 FROM LIEGEPLATZ L
                  WHERE NOT EXISTS (
                      SELECT * FROM BELEGUNG
                       WHERE LPNR = L.LPNR AND
                         (VON  BETWEEN :VON AND :BIS OR
                          BIS  BETWEEN :VON AND :BIS OR
                          :VON BETWEEN VON  AND BIS  OR
                          :BIS BETWEEN VON  AND BIS  )
                        ) AND L.LPNR = :KEYNUM
          END-EXEC.
          IF SQLCODE = 100
             MOVE 'Liegeplatz nicht frei' TO MSG10
          ELSE
             EXEC SQL
                 INSERT INTO BELEGUNG (LPNR, YNR, VON, BIS)
                    VALUES (:LPNR, :YNR, :VON, :BIS)
             END-EXEC
             MOVE 'Liegeplatz reseviert' TO MSG10
             MOVE 'Taste CLEAR druecken' TO MSG20
          END-IF.
          PERFORM MAP-SEND.
     *
      FEHLER SECTION.
00073 MFAIL.
00074     MOVE 'Taste CLEAR druecken' TO MESSAGES.
00075     GO TO MENU.
00076 ERRORS.
00077     MOVE 'Transaktion beendet' TO MESSAGES.
00078     GO TO MENU.
00076 ERRORO.
00077     MOVE SQLCODE TO MESSAGES.
00078     GO TO MENU.
00088 NOTFOUND.
00089     MOVE 'Falsche Nummer - nochmal!' TO MESSAGES.
00090     GO TO MENU.
     *
      MENU SECTION.
          MOVE MESSAGES TO MSG10
          EXEC CICS SEND MAP('FREIT') ERASE END-EXEC.
          EXEC SQL WHENEVER SQLERROR  CONTINUE   END-EXEC.
```

```cobol
            EXEC CICS RETURN END-EXEC.
*
*
  READ-LIEGEPLATZ SECTION.
      EXEC SQL OPEN CR01 END-EXEC.
  EXEC SQL WHENEVER NOT FOUND CONTINUE END-EXEC.
  PERFORM FETCHREC
  IF SQLCODE = 100
          MOVE 'Keine weiteren Liegeplätze' TO MSG20
*         ----------------------> DATEIENDE
     GO TO READ-EXIT
     END-IF
     MOVE LPNR IN LIEGEPLATZ TO ZLPNR, KEYNUM
     MOVE ZLPNR              TO LPNR10
     MOVE STROM IN LIEGEPLATZ TO STROM10
     MOVE WASSERANSCHL IN LIEGEPLATZ TO WASSER10
     MOVE LAENGE IN LIEGEPLATZ TO ZLAENGE
     MOVE ZLAENGE            TO LAENGE10
     MOVE BREITE IN LIEGEPLATZ TO ZBREITE
     MOVE ZBREITE            TO BREITE10
     MOVE WASSERTIEFE IN LIEGEPLATZ TO ZWTIEFE
     MOVE ZWTIEFE                TO WTIEFE10
*
  PERFORM FETCHREC
  IF SQLCODE = 100
          MOVE 'Keine weiteren Liegeplätze' TO MSG20
*         ----------------------> DATEIENDE
     GO TO READ-EXIT
     END-IF
     MOVE LPNR IN LIEGEPLATZ TO ZLPNR, KEYNUM
     MOVE ZLPNR              TO LPNR20
     MOVE STROM IN LIEGEPLATZ TO STROM20
     MOVE WASSERANSCHL IN LIEGEPLATZ TO WASSER20
     MOVE LAENGE IN LIEGEPLATZ TO ZLAENGE
     MOVE ZLAENGE            TO LAENGE20
     MOVE BREITE IN LIEGEPLATZ TO ZBREITE
     MOVE ZBREITE            TO BREITE20
     MOVE WASSERTIEFE IN LIEGEPLATZ TO ZWTIEFE
     MOVE ZWTIEFE                TO WTIEFE20
*
  PERFORM FETCHREC
  IF SQLCODE = 100
          MOVE 'Keine weiteren Liegeplätze' TO MSG20
*         ----------------------> DATEIENDE
     GO TO READ-EXIT
     END-IF
     MOVE LPNR IN LIEGEPLATZ TO ZLPNR, KEYNUM
     MOVE ZLPNR              TO LPNR30
     MOVE STROM IN LIEGEPLATZ TO STROM30
     MOVE WASSERANSCHL IN LIEGEPLATZ TO WASSER30
     MOVE LAENGE IN LIEGEPLATZ TO ZLAENGE
     MOVE ZLAENGE            TO LAENGE30
     MOVE BREITE IN LIEGEPLATZ TO ZBREITE
     MOVE ZBREITE            TO BREITE30
     MOVE WASSERTIEFE IN LIEGEPLATZ TO ZWTIEFE
     MOVE ZWTIEFE                TO WTIEFE30
*
```

```
        PERFORM FETCHREC
        IF SQLCODE = 100
              MOVE 'Keine weiteren Liegeplätze' TO MSG20
*             ----------------------> DATEIENDE
           GO TO READ-EXIT
           END-IF
           MOVE LPNR IN LIEGEPLATZ TO ZLPNR, KEYNUM
           MOVE ZLPNR              TO LPNR40
           MOVE STROM IN LIEGEPLATZ TO STROM40
           MOVE WASSERANSCHL IN LIEGEPLATZ TO WASSER40
           MOVE LAENGE IN LIEGEPLATZ TO ZLAENGE
           MOVE ZLAENGE             TO LAENGE40
           MOVE BREITE IN LIEGEPLATZ TO ZBREITE
           MOVE ZBREITE             TO BREITE40
           MOVE WASSERTIEFE IN LIEGEPLATZ TO ZWTIEFE
           MOVE ZWTIEFE                 TO WTIEFE40
*
        PERFORM FETCHREC
        IF SQLCODE = 100
              MOVE 'Keine weiteren Liegeplätze' TO MSG20
*             ----------------------> DATEIENDE
           GO TO READ-EXIT
           END-IF
           MOVE LPNR IN LIEGEPLATZ TO ZLPNR, KEYNUM
           MOVE ZLPNR              TO LPNR50
           MOVE STROM IN LIEGEPLATZ TO STROM50
           MOVE WASSERANSCHL IN LIEGEPLATZ TO WASSER50
           MOVE LAENGE IN LIEGEPLATZ TO ZLAENGE
           MOVE ZLAENGE             TO LAENGE50
           MOVE BREITE IN LIEGEPLATZ TO ZBREITE
           MOVE ZBREITE             TO BREITE50
           MOVE WASSERTIEFE IN LIEGEPLATZ TO ZWTIEFE
           MOVE ZWTIEFE                 TO WTIEFE50
*
        PERFORM FETCHREC
        IF SQLCODE = 100
              MOVE 'Keine weiteren Liegeplätze' TO MSG20
*             ----------------------> DATEIENDE
           GO TO READ-EXIT
           END-IF
           MOVE LPNR IN LIEGEPLATZ TO ZLPNR, KEYNUM
           MOVE ZLPNR              TO LPNR60
           MOVE STROM IN LIEGEPLATZ TO STROM60
           MOVE WASSERANSCHL IN LIEGEPLATZ TO WASSER60
           MOVE LAENGE IN LIEGEPLATZ TO ZLAENGE
           MOVE ZLAENGE             TO LAENGE60
           MOVE BREITE IN LIEGEPLATZ TO ZBREITE
           MOVE ZBREITE             TO BREITE60
           MOVE WASSERTIEFE IN LIEGEPLATZ TO ZWTIEFE
           MOVE ZWTIEFE                 TO WTIEFE60
*
        PERFORM FETCHREC
        IF SQLCODE = 100
              MOVE 'Keine weiteren Liegeplätze' TO MSG20
*             ----------------------> DATEIENDE
           GO TO READ-EXIT
           END-IF
```

```
              MOVE LPNR IN LIEGEPLATZ TO ZLPNR, KEYNUM
              MOVE ZLPNR              TO LPNR70
              MOVE STROM IN LIEGEPLATZ TO STROM70
              MOVE WASSERANSCHL IN LIEGEPLATZ TO WASSER70
              MOVE LAENGE IN LIEGEPLATZ TO ZLAENGE
              MOVE ZLAENGE            TO LAENGE70
              MOVE BREITE IN LIEGEPLATZ TO ZBREITE
              MOVE ZBREITE            TO BREITE70
              MOVE WASSERTIEFE IN LIEGEPLATZ TO ZWTIEFE
              MOVE ZWTIEFE                 TO WTIEFE70
       *
        PERFORM FETCHREC
        IF SQLCODE = 100
              MOVE 'Keine weiteren Liegeplätze' TO MSG20
       *      --------------------> DATEIENDE
           GO TO READ-EXIT
           END-IF
           MOVE LPNR IN LIEGEPLATZ TO ZLPNR, KEYNUM
           MOVE ZLPNR              TO LPNR80
           MOVE STROM IN LIEGEPLATZ TO STROM80
           MOVE WASSERANSCHL IN LIEGEPLATZ TO WASSER80
           MOVE LAENGE IN LIEGEPLATZ TO ZLAENGE
           MOVE ZLAENGE            TO LAENGE80
           MOVE BREITE IN LIEGEPLATZ TO ZBREITE
           MOVE ZBREITE            TO BREITE80
           MOVE WASSERTIEFE IN LIEGEPLATZ TO ZWTIEFE
           MOVE ZWTIEFE                 TO WTIEFE80
       *
        PERFORM FETCHREC
        IF SQLCODE = 100
              MOVE 'Keine weiteren Liegeplätze' TO MSG20
       *      --------------------> DATEIENDE
           GO TO READ-EXIT
           END-IF
           MOVE LPNR IN LIEGEPLATZ TO ZLPNR, KEYNUM
           MOVE ZLPNR              TO LPNR90
           MOVE STROM IN LIEGEPLATZ TO STROM90
           MOVE WASSERANSCHL IN LIEGEPLATZ TO WASSER90
           MOVE LAENGE IN LIEGEPLATZ TO ZLAENGE
           MOVE ZLAENGE            TO LAENGE90
           MOVE BREITE IN LIEGEPLATZ TO ZBREITE
           MOVE ZBREITE            TO BREITE90
           MOVE WASSERTIEFE IN LIEGEPLATZ TO ZWTIEFE
           MOVE ZWTIEFE                 TO WTIEFE90
       *
        PERFORM FETCHREC
        IF SQLCODE = 100
              MOVE 'Keine weiteren Liegeplätze' TO MSG20
       *      --------------------> DATEIENDE
           GO TO READ-EXIT
           END-IF
           MOVE LPNR IN LIEGEPLATZ TO ZLPNR, KEYNUM
           MOVE ZLPNR              TO LPNR00
           MOVE STROM IN LIEGEPLATZ TO STROM00
           MOVE WASSERANSCHL IN LIEGEPLATZ TO WASSER00
           MOVE LAENGE IN LIEGEPLATZ TO ZLAENGE
           MOVE ZLAENGE            TO LAENGE00
```

```
          MOVE BREITE IN LIEGEPLATZ TO ZBREITE
          MOVE ZBREITE              TO BREITEOO
          MOVE WASSERTIEFE IN LIEGEPLATZ TO ZWTIEFE
          MOVE ZWTIEFE             TO WTIEFEOO.
     *
       READ-EXIT.
          EXEC SQL CLOSE CRO1 END-EXEC.
          EXIT.
     *
       FETCHREC SECTION.
       EXEC SQL FETCH CRO1
              INTO :LPNR, :LAENGE, :BREITE, :WASSERTIEFE,
                      :STROM, :WASSERANSCHL
       END-EXEC.
     *
       ENDE-ALLES SECTION.
          GOBACK.
```

Eine Ausnahme bildet CICS unter OS/2: Auch hier können Sie eine Synchronisation zwischen CICS und DB2 herbeiführen. Weiter unten erläutern wir Ihnen, wie Sie dies tun können. Jedoch ist das CICS unter OS/2 keine besonders ausgezeichnete Umgebung für das DB2, so daß hier auch HOLD-Cursor erlaubt sind. Sie können also in der OS/2-Umgebung Programme erstellen, die in Transaktionsfolgen **einen** Cursor abarbeiten, der in der ersten Transaktion eröffnet und der letzten geschlossen wird, obwohl CICS zwischendurch COMMITs erzwingt. Dies erlaubt Ihnen eine einfachere Programmierung und in der einzelnen Transaktionsfolge eine bessere Performance. Das längere Halten von auf den Cursor bezogenen Sperren könnte jedoch den Durchsatz der Datenbankanwendungen negativ beeinflussen. Außerdem sind diese Programme nicht mehr portabel. Sie müssen also aufgrund Ihrer individuellen Gegebenheiten entscheiden, ob Sie unter CICS-OS/2 HOLD-Cursor nutzen.

Inwieweit CICS-DB2-Programme ohne Änderungen nach OS/2 portiert werden können, hängt davon ab, welche nicht unterstützten Features darin benutzt werden. Die überwiegende Mehrheit der COBOL-Anwendungsprogramme dürfte aber problemlos portiert werden können. Die Abweichungen im SQL sind in diesem Buch beschrieben. Für Abweichungen im CICS müssen wir auf die einschlägigen Handbücher verweisen.

4.4.3 Synchronisation CICS-DB2 unter OS/2

Ein wichtiger Unterschied zwischen CICS auf dem Mainframe und CICS unter OS/2 ist die Synchronisation seiner LUWs mit DB2-Transaktionen. Während diese auf dem Mainframe automatisch mit einem Zwei-Phasen-Protokoll erfolgt, muß sie unter OS/2 über ein UIM (user installed module) eingerichtet werden. Unter UNIX können die XA-Schnittstellen aus dem X/Open-Standard für eine Synchronisation zwischen CICS und DB2 sorgen.

Über UIMs kann CICS unter OS/2 bis zu fünf verschiedene Ressourcen-Verwalter wie DB2 aufrufen und COMMITs oder ROLL-BACKs anstoßen. Dies geschieht allerdings nur in Form eines Ein-Phasen-Protokolls. Eine XA-Unterstützung gibt es in CICS unter OS/2 im Gegensatz zu DB2 bisher nicht.

Beispiel-Programm
FAARMDBM.SQB

Beispiel-Programme sind im Directory SAMPLES unter CICS zu finden. Wir haben das COBOL-Muster `FAARMDBM.SQB` übernommen, an die Erfordernisse von DB2 Version 2 und Micro Focus-COBOL angepaßt. Das Programm setzt sich zwischen Anwendungsprogramm und DB2-Interface und übergibt CICS beim ersten SQL-Befehl der Transaktion die Entry Points für Commit und Rollback, bevor es den DB2-Aufruf weiterleitet. Daher muß das Programm den Entry Point für DB2-Aufrufe (`_sqlgcall`) exportieren. Die Anwendungsprogramme müssen im Link-Lauf `FAARMDBM._sqlgcall` importieren.

Code
FAARMDBM.SQB

```
*
*  MODULE NAME = FAARMDBM
*
*  DESCRIPTIVE NAME = RESOURCE MANAGER FOR OS/2 DBM
*
*  TRANSACTION NAME = N/A
*
*  Statement:    Licensed Materials - Property of IBM
*
*                33H2061,33H2062 (C) Copyright IBM Corp. 1988, 1995.
*
*                See Copyright Instructions.
*
*                All rights reserved.
*
*                U.S. Government Users Restricted Rights - use,
*                duplication or disclosure restricted by GSA
*                ADP Schedule Contract with IBM Corp.
*
*  Status:       Version 3 Release 0
*
*  Description:
*
*  This is the sample external Resource Manager module. It
*  registers the OS/2 Database Manager with CICS for OS/2 when the
*  first SQL call is made within a CICS for OS/2 transaction and
*  commits or rollbacks the Database manager resources at the
*  time of the CICS for OS/2 sync point.
*
```

```
* There are three functions within this module:
*
* The syncronisation functions RMCommitRoutine and
* RMRollbackRoutine issue SQL commit or rollback calls
* respectively.
* These calls are issued in the context of the CICS for OS/2
* transaction. The functions are called from CICS for OS/2 internal
* task control when a transaction issues an EXEC CICS SYNCPOINT.
*
* The function RMSqlacall intercepts the SQL calls made from the
* CICS for OS/2 transaction. For each logical unit of work it
* registers
* the sync functions with task control as being interested in
* participating in the next syncpoint. This Registration is
* performed via the CICS for OS/2 internal Resource Manager API
* FaaRegisterRM. The parameters passed to this API are the
* Resource Manager DLL name and the addresses of the Commit and
* Rollback routines respectively.
*
* Note that registration occurs once per logical unit of work
* hence the global data flag RegStatus is set when the DLL is
* loaded, cleared for the LUW and set again during syncpointing
*****************************************************************
  IDENTIFICATION DIVISION.
  PROGRAM-ID. FAARMDBM.
*
  ENVIRONMENT DIVISION.
*
  DATA DIVISION.
  WORKING-STORAGE SECTION.
*
* SQL copybooks
*
  COPY SQLCODES.
  COPY SQLENV.
  COPY SQL.
*
  EXEC SQL INCLUDE SQLCA END-EXEC.
*
  01 RM-REGISTERED              COMP-5 VALUE +1  PIC S9(4).

  01 RM-DATA.

* Return Codes for FaaRegisterRM

    02 RM-NO-ERROR              COMP-5 VALUE +0  PIC S9(4).
    02 RM-ERROR                COMP-5 VALUE -1  PIC S9(4).

* Return Codes for commit and rollback routines

    02 RM-SUCCESS              COMP-5 VALUE +0  PIC S9(4).
    02 RM-FAILURE             COMP-5 VALUE -1  PIC S9(4).

* Function pointers

    02 RM-COMMIT               PROCEDURE-POINTER.
    02 RM-ROLLBACK             PROCEDURE-POINTER.
```

```
* local data

  02 SQL-RC                      COMP-5 VALUE +0   PIC S9(9).
  02 RM-RESOURCE-NAME            PIC X(4) VALUE 'RM01'.
*
  LINKAGE SECTION.
*
  01 RM-SQL-NULL-PARM-POINTER POINTER.
  01 RM-SQL-NULL-PARM          COMP-5  PIC 9(9).
  01 RM-SQL-CALL-TYPE          COMP-5  PIC 9(4).
  01 RM-SQL-SECTIONNUMBER      COMP-5  PIC 9(4).
  01 RM-SQL-INPUT-SQLDA-ID     COMP-5  PIC 9(4).
  01 RM-SQL-OUTPUT-SQLDA-ID    COMP-5  PIC 9(4).
*
*-------------------------------------------------------------
*
  PROCEDURE DIVISION USING
                    RM-SQL-NULL-PARM-POINTER
          BY VALUE  RM-SQL-OUTPUT-SQLDA-ID
          BY VALUE  RM-SQL-INPUT-SQLDA-ID
          BY VALUE  RM-SQL-SECTIONNUMBER
          BY VALUE  RM-SQL-CALL-TYPE.

      SET ADDRESS OF RM-SQL-NULL-PARM
          TO RM-SQL-NULL-PARM-POINTER.

* If first time then register the commit and rollback functions

      IF RM-REGISTERED = +1 THEN

*  Set up commit and rollback function pointers

          SET RM-COMMIT TO ENTRY 'RMCOMMIT'
          SET RM-ROLLBACK TO ENTRY 'RMROLLBACK'

*  Register them

*         Use '__FaaRegisterRm' call for Micro Focus COBOL 32 Bit
          CALL '_FaaRegisterRM' USING
*         CALL 'FaaRegisterRM' USING
              BY REFERENCE RM-RESOURCE-NAME
              BY VALUE     RM-COMMIT
              BY VALUE     RM-ROLLBACK
          END-CALL

*  Check return code
          IF RETURN-CODE = RM-NO-ERROR THEN
             MOVE +0 TO RM-REGISTERED
          ELSE
*  Return error in external product
             MOVE SQL-RC-E969 TO SQLCODE
             MOVE -1 TO RETURN-CODE
             GOBACK
          END-IF

      END-IF
```

```
* Call real SQL function

*     Use '__sqlgcall' call for Micro Focus COBOL
      CALL '__sqlgcall' USING
*     CALL 'sqlgcall' USING

                         RM-SQL-NULL-PARM
          BY VALUE       RM-SQL-OUTPUT-SQLDA-ID
          BY VALUE       RM-SQL-INPUT-SQLDA-ID
          BY VALUE       RM-SQL-SECTIONNUMBER
          BY VALUE       RM-SQL-CALL-TYPE
          RETURNING      RETURN-CODE

      END-CALL
      .
      GOBACK.

*
* Commit function
*
      ENTRY 'RMCOMMIT'.

* Set registration flag
      MOVE +1 TO RM-REGISTERED.

* Perform SQL commit

      EXEC SQL COMMIT END-EXEC.

* Set up return code for CICS
      IF SQLCODE = SQL-RC-OK THEN
         MOVE RM-SUCCESS TO RETURN-CODE
      ELSE
         MOVE RM-FAILURE TO RETURN-CODE
      END-IF.

      GOBACK.
*
* Roll back function
*
      ENTRY 'RMROLLBACK'.

* Set registration flag
      MOVE +1 TO RM-REGISTERED

* Perform SQL rollback
      EXEC SQL ROLLBACK END-EXEC.

* Set  up return code for CICS
      IF SQLCODE = SQL-RC-OK THEN
         MOVE RM-SUCCESS TO RETURN-CODE
      ELSE
         MOVE RM-FAILURE TO RETURN-CODE
      END-IF

      GOBACK.
```

Die Link-Anweisungen für FAARMDBM lauten:

```
PROTMODE
CODE LOADONCALL
DATA NONSHARED
EXPORTS __sqlgcall=FAARMDBM @1
        _RMROLLBACK=RMROLLBACK
        _RMCOMMIT=RMCOMMIT
```

Die Link-Anweisungen für die Transaktionsprogramme, die mit der Synchronisation über FAARMDBM arbeiten sollen, lauten:

```
;Module definition file for eignera program
LIBRARY INITINSTANCE
PROTMODE
DATA NONSHARED
CODE LOADONCALL
IMPORTS SQLGCALL=FAARMDBM.__sqlgcall
EXPORTS eignera @1
```

Beachten Sie außerdem, daß

- die Transaktionsprogramme in CICS als resident zu definieren sind (PPT-Eintrag) und

- **FAARMDBM.DLL** am besten im CICS-Directory BIN abgelegt wird und nicht in einem Directory, aus dem CICS die Anwendungsprogramme lädt.

Die Transaktionsprogramme müssen speicher-resident gehalten werden, weil CICS seinen SYNCPOINT nach einem EXEC CICS RETURN erst dann ausführt, wenn es das Transaktionsprogramm bereits aus seinem Speicher entfernt hat.

Es ist nicht unproblematisch, alle Programme einer größeren Anwendung nur deshalb resident im Speicher zu halten, damit sich CICS und DB2 synchronisieren können. Schreiben Sie neue Anwendungen, die nicht mehr auf den Mainframe gelangen werden, so besteht die einfache Möglichkeit, Registrierung und Ausführung der Synchronisation von einem eigenständigen Unterprogramm durchführen zu lassen. Zur Registrierung springen Sie am Beginn einer jeden LUW das Programm per CICS LINK an. Das Programm registriert seine beiden Entry points für Commit und Rollback in CICS und springt mit einem CICS RETURN in Ihr Anwendungsprogramm zurück. Bitte beachten Sie, daß in den Zweigen für Commit und Rollback keine CICS-Aufrufe vorkommen dürfen – auch kein CICS RETURN!

Vorteile dieser Variante:

- nur das eine Unterprogramm muß speicher-resident sein
- kein „Dazwischenklemmen" in Aufrufe von Standardsoftware
- keine Berücksichtigung beim LINK durch IMPORT oder IMP-LIB

Der Nachteil:

- das Programm muß explizit aufgerufen werden, schlägt also in das normale Coding durch.

4.4.4 GUI-fizieren von CICS-Anwendungen

Externe Schnittstellen

Auf Workstations mit ihrer grafischen Benutzerschnittstelle wirken CICS-Anwendungen mit ihrem Mainframe-Look-and-feel mittlerweile etwas deplaziert. Wenn es nur um die Portierung bestehender Anwendungen geht, ist dies sicher tolerierbar. Sollen aber neue Anwendungen CICS als Software für die verteilte Verarbeitung nutzen, so wird wohl eine grafische Benutzerschnittstelle nötig sein. CICS bietet daher neue Schnittstellen für externe Programme:

- ETI (external transaction initiation)
- EPI (external presentation interface)
- ECI (external call interface)

ETI

Mit ETI (external transaction initiation) ist es möglich, außerhalb von CICS die Transaktionsprogramme zu starten. Das startende Programm muß dazu auf einem CICS-Server laufen, eine Einschränkung, die für die anderen Schnittstellen nicht gilt.

EPI

Mit EPI (external presentation interface) können CICS-Transaktionsprogramme so ausgeführt werden, daß ihre Bildschirmein- und -ausgaben vom aufrufenden Programm erstellt oder bearbeitet werden können. Diese Technik ermöglicht es unter anderem, „vor" bestehenden, portierten Anwendungen GUI-gerechte Ein-Ausgabe-Programme ausführen zu lassen, die auf die Maus-Bedienung des Benutzers mit der Maus reagieren.

ECI

Mit ECI (external call interface) können CICS-Transaktionsprogramme ausgeführt werden, die ohne eigene Bildschirmein-/ausgaben arbeiten. Diese Technik bietet sich vor allem für neue Anwendungen an: Der Benutzer interagiert mit einem modernen GUI-Programm, das für bestimmte Funktionen, die auf Anwendungsservern ablaufen, CICS-Transaktionen aufruft. Daten werden dabei über interne Speicherbereiche (COMMAREA) ausgetauscht.

Wir zeigen in zwei einfachen Beispielen unter OS/2, wie Sie ETI- oder EPI-Schnittstellen nutzen können, um bestehende CICS-Anwendungen etwas eleganter in die Workstation-Umgebung zu integrieren. Wir nutzen in unseren Beispielen REXX, für das das IBM-Labor in Hursley (GB) Interessenten auch die ETI-, EPI- und ECI-Schnittstellen, die bisher nicht zum Standard-Lieferumfang von CICS gehörten, auf einer gesonderten Diskette zur Verfügung stellte. Für die PM-Unterstützung unter OS/2 nutzen wir eine VREXX-Ergänzung, die wir aus dem Angebot an Public Domain Software übernommen haben. Diese verfügt über eine einfache, beschränkte Funktionalität, die aber zu Demonstrationszwecken völlig ausreicht. Unter UNIX gibt es vergleichbare Software zur einfachen Erstellung grafischer Benutzerschnittstellen. Für echte Anwendungen empfehlen wir – auch aus Gründen der Performance – C-Programme.

ETI-Beispiel
MARINAct.CMD

Für unsere CICS-Transaktionen haben wir zwar je Teilanwendung ein Menü, in dem die jeweilige Aktion wie Anzeige, Änderung usw. ausgewählt werden kann, es fehlt aber ein Menü für die Gesamtanwendung. Dieses enthält nun die REXX-Prozedur MARINAct.CMD in Form einer VREXX-Radio-Box. Außerdem enthält sie die Anzeige der Liegeplatz-Belegung, die als CICS-Transaktion fehlt. Die Prozedur setzt voraus, daß CICS und DB2 aktiv sind.

```
/* MARINA: MARINAct.CMD */
/*        MARINA-Hauptmenü mit CICS-ETI-Aufrufen
          kann nur auf CICS-Servern ausgeführt werden


+-----------------------------------------------------------------+
|                                                                 |
|   Name       : MARINAct.CMD                                     |
|   Purpose    : Auswahlmenü Marina-Anwendung                     |
|   Platform   : DB2/2                                            |
|   Author     : A. Pürner                                        |
|                Pürner Unternehmensberatung, Dortmund            |
|   Disclaimer : This "sample" code is for demonstrations only, no |
|                warrenties are made or implied as to correct      |
|                function. You should carefully test this code in  |
|                your own environment before using it.             |
|                                                                 |
+-----------------------------------------------------------------+
*/


'@echo off'
/* Register SQLDBS and SQLEXEC external entry points */
if rxfuncquery('SQLDBS') <> 0 then do
  rcy = rxfuncadd('SQLDBS', 'SQLAR', 'SQLDBS')
  if rcy <> 0 then
    say 'RxFuncAdd return code for SQLDBS is' rcy
end

if rxfuncquery('SQLEXEC') <> 0 then do
```

```rexx
   rcz = rxfuncadd('SQLEXEC', 'SQLAR', 'SQLEXEC')
   if rcz <> 0 then
     say 'RxFuncAdd return code for SQLEXEC is' rcz
end

call RxFuncAdd 'VInit', 'VREXX', 'VINIT'
initcode = VInit()
if initcode = 'ERROR' then signal CLEANUP

signal on failure name CLEANUP
signal on halt name CLEANUP
signal on syntax name CLEANUP

If rxfuncquery('RxETILoad') Then Do
    call RxFuncAdd 'RxETILoad', 'RXETI', 'RxETILoad'
    call RxETILoad
    end
DEBUG=5
DEBUGFILE="rxeti.log"

/* Alte Verbindungen zurücksetzen */
call SQLEXEC 'connect reset'
dbname = 'MARINA'
call SQLEXEC 'connect to ' dbname;
/* display any error messages */
sql result = check sql()
if sql result <> 0 then signal CLEANUP

MainMenu:

 /* Vorspann */
 msg.0 = 7
 msg.1 = 'MARINA: Menü zur Funktionsauswahl des DB2/2-Beispiels MARINA'
 msg.2 = '         Die Nutzung erfolgt auf eigene Gefahr!'
 msg.3 = '        ***      Yachthafen-Verwaltung       ***'
 msg.4 = '        *** Marina Neuwismar an der Kaltsee ***'
 msg.5 = '        (Mit CICS-ETI-Aufrufen: CICS-Fenster bitte mit "exit" verlassen)'
 msg.6 = ' '
 msg.7 = '                                  (c) Pürner Unternehmensberatung, 1995'
 call VMsgBox 'MARINA', msg, 1

 /* VRadioBox zur Funktionsauswahl */

 list.0 = 6
 list.1 = 'Neubelegung (Übersicht und Buchung)      '
 list.2 = 'Eigner (Stammdatenpflege Eigner und Adressen)
 list.3 = 'Yacht (Stammdatenpflege Yachtdaten)      '
 list.4 = 'Belegung (Auskunft)       '
 list.5 = 'Liegeplätze (Stammdatenpflege)      '
 list.6 = 'Ende (Verlassen des Menüs)     '
 list.vstring = list.1          /* default list.vstring */

BOX:
 call VRadioBox 'Yachthafen-Verwaltung - Funktionsauswahl ',list, 1
 msg.0 = 1
 msg.1 = list.vstring
    SELECT
        WHEN list.vstring = 'Neubelegung (Übersicht und Buchung)      ' then call CICSfmnu
        WHEN list.vstring = 'Eigner (Stammdatenpflege Eigner und Adressen)      '
             then call CICSemnu
        WHEN list.vstring = 'Yacht (Stammdatenpflege Yachtdaten)      ' then call CICSymnu
        WHEN list.vstring = 'Belegung (Auskunft)      ' then call REXXbelegung
        WHEN list.vstring = 'Liegeplätze (Stammdatenpflege)      ' then call CICSlmnu
        WHEN list.vstring = 'Ende (Verlassen des Menüs)    ' then signal CLEANUP
        OTHERWISE            NOP
    END

    signal BOX

CICSfmnu:

    ETI.transid = "FMNU"
    rc = RXETI('ETI.')
    rc = check rc(rc)
    return
```

```
CICSemnu:

    ETI.transid = "EMNU"
    rc = RXETI('ETI.')
    rc = check rc(rc)
    return

CICSymnu:

    ETI.transid = "YMNU"
    rc = RXETI('ETI.')
    rc = check rc(rc)
    return

CICSlmnu:

    ETI.transid = "LMNU"
    rc = RXETI('ETI.')
    rc = check rc(rc)
    return

REXXbelegung:

 stmt = "SELECT LPNR, YNR, VON, BIS FROM BELEGUNG ORDER BY LPNR, VON"

     /* declare cursor for select statements */
     call sqlexec declare c41 cursor for s41
     /* display any error messages */
     sql result = check sql()
     if sql result = 0 then do
        /* call sqlexec to prepare the sql statement */
        call sqlexec prepare s41 from ':stmt'
        /* display any error messages */
        sql result = check sql()
        if sql result = 0 then do
           /* call sqlexec to open the cursor */
           call sqlexec open c41
           /* display any error messages */
           sql result = check sql()
           count = 0
           /* while no sql errors */
           do while sql result = 0
              /* call sqlexec to fetch a row of data */
              call sqlexec 'fetch c41 into :vari 1, :vari 2, :vari 3, :vari 4'
              /* display any error messages */
              sql result = check sql()
              /* if successful fetch */
              if sql result = 0 then do
                 count = count + 1
                 /* Ausgabe */
                 table.count.1 = vari 1
                 table.count.2 = vari 2
                 table.count.3 = vari 3
                 table.count.4 = vari 4
                 end /* do */
               else do
                 if sql result = 100 & count = 0 then
                    call VMsgBox 'Fehler', 'Keine Daten gefunden', 1
                 end /* do else */
              end /* while */

           /* end-of-file */
           if sql result = 100 then do
           /* call sqlexec to close the cursor */
            call sqlexec close c41
            /* display any error messages */
            sql result = check sql()
           end /* do 100 */
         end
      end
  table.rows = count
  table.cols = 4
  table.label.1 = 'Liegeplatz'
  table.label.2 = 'Yacht'
```

```
  table.label.3 = 'von'
  table.label.4 = 'bis'
  table.width.1 = 11
  table.width.2 = 6
  table.width.3 = 12
  table.width.4 = 10
  button = VTableBox('Belegung für:', table, 1, 50, 10, 1)

return

CLEANUP:

  call SQLEXEC 'connect reset'
  sql_result = check_sql()
  call VExit
  Call RxETIDrop
/* drop the SQLDBS and SQLEXEC external functions */
  rcy = rxfuncdrop('SQLDBS')
  rcz = rxfuncdrop('SQLEXEC')

exit

/***************************************************************/
/*                  Some utility functions                   */
/***************************************************************/

check rc: procedure
arg rc

  msgfile = "rxeti.msg"

  do until lines(msgfile) = 0
    line = linein(msgfile)
    parse var line returncode message
    if rc = returncode then say message
  end
  rc = lineout(msgfile)
return(0)

check sql: procedure expose result sqlca. sqlmsg
  if (result <> 0) then do
    sql_result = result
    say 'Result =' result
  end
  else do
    sql_result = sqlca.sqlcode
    if sqlca.sqlcode <> 0 & sqlca.sqlcode <> 100 then
      say sqlmsg
  end
return sql_result
```

Nach der Registrierung der Funktionen für DB2, VREXX und CICS-ETI melden wir uns in der Datenbank MARINA an. Dann geben wir die Funktionsauswahl als Radio-Box aus und lassen den Benutzer wählen.

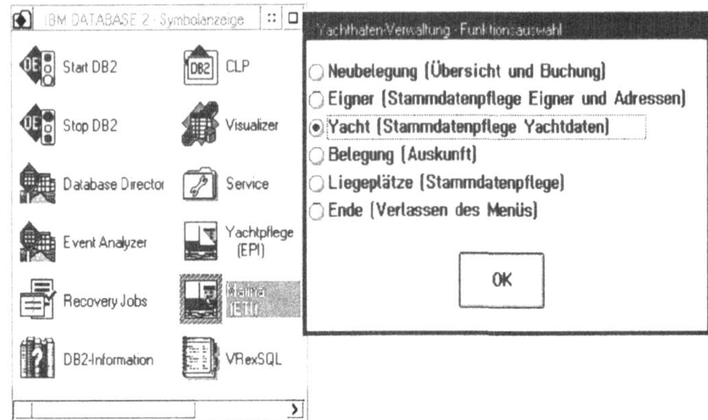

Wählt der Benutzer *Neubelegung, Eigner, Yacht* oder *Liegeplätze*, so stoßen wir die entsprechende Menü-Transaktion in CICS mittels der Funktion RXETI() an. Wir übergeben als Parameter nur den Transaktionscode. CICS erzeugt dann automatisch ein Bildschirm-Terminal entsprechend seinen Standard-Definitionen. Eine Angabe von Benutzeridentifikation und Paßwort ist möglich und in der Praxis sinnvoll, aber in unserem Fall nicht nötig.

Der Benutzer führt den weiteren Dialog auf dem CICS-Bildschirm, der als Fenster erscheint. Er beendet den Dialog mit dem Transaktionscode *EXIT*. CICS schließt das Fenster und gibt die Kontrolle an unsere Prozedur zurück, die dem Benutzer wieder das Auswahl-Menü anzeigt.

Wählt der Benutzer *Belegung*, so lesen wir direkt in der Prozedur die Tabelle **BELEGUNG** mittels Cursor *C41*. Diese Technik ist Ihnen ja schon aus dem vorherigen Abschnitt bekannt. Die Anzeige der Ergebnismenge erfolgt als VREXX-Tabellen-Box.

Bild 4.8:
Anzeige der
Liegeplatz-Belegung

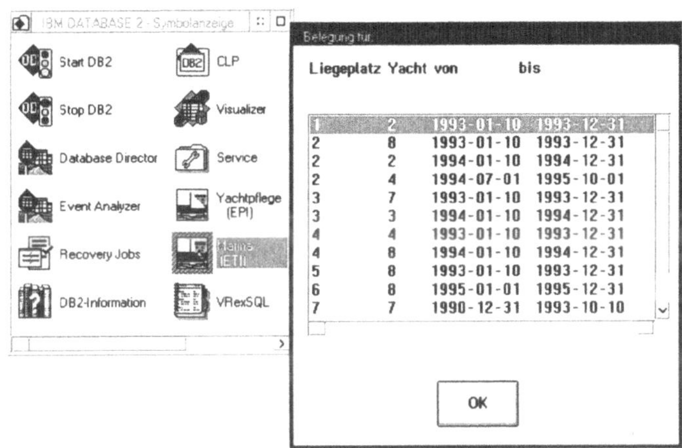

Quittiert der Anwender die Box mit ⏎ oder einem Maus-Klick auf dem OK-Knopf, wird wieder das Auswahl-Menü angezeigt.

Wählt der Benutzer *Ende*, so melden wir uns von der Datenbank ab und rufen die Aufräum-Funktionen von VREXX und CICS-ETI ab.

Wie Sie sehen, ist es mit ETI sehr einfach, CICS-Dialoge in OS/2-Anwendungen einzubinden. Leider ist diese Technik nur auf CICS-Servern möglich.

EPI-Beispiel
`YACHTcp.CMD`

Unsere Teilanwendung *Pflege der Yacht-Stammdaten* haben wir mit der REXX-Prozedur `YACHTcp.CMD` mit VREXX in eine PM-Anwendung umgewandelt, ohne die Transaktionsprogramme zu ändern. Dazu müssen die Bildschirmausgaben der Transaktionsprogramme interpretiert und gefiltert werden und die Benutzereingaben in BMS-gerechte Datenströme umgewandelt werden. Die von BMS ausgegebenen Steuerzeichen und Feldattribute sind von den Feldinhalten zu trennen, die zur Ausgabe gelangen sollen. Für diese aufwendige Aufgabe benutzen wir dankbar die Routinen, die die IBM als Muster mit den REXX-CICS-Schnittstellen zu Verfügung stellte. Auch auf der Eingabeseite greifen wir auf IBM-Routinen zurück, die die Feldattribute für BMS setzen. Bei der Ermittlung der BMS-Maskenfelder, die auszugeben beziehungsweise für die Eingabe zu füllen sind, war der Trace sehr nützlich, den die Muster-Prozedur `RXETI3.CMD` von IBM in eine Datei schrieb.

```
/* YACHTcp.CMD
  +----------------------------------------------------------------------+
  |  Name       : YACHTPcp.CMD                                           |
  |  Purpose    : Yachtpflege mit CICS EPI                              |
  |  Platform   : DB2/2                                                 |
  |  Author     : A. Pürner                                            |
  |               Pürner Unternehmensberatung, Dortmund                 |
  |  Disclaimer : This "sample" code is for demonstrations only, no     |
  |               warrenties are made or implied as to correct          |
  |               function. You should carefully test this code in      |
  |               your own environment before using it.                 |
  |                                                                      |
  +----------------------------------------------------------------------+
*/

SIGNAL ON FAILURE  NAME FAILURE
SIGNAL ON ERROR    NAME FAILURE
SIGNAL ON NOTREADY NAME FAILURE
SIGNAL ON SYNTAX   NAME FAILURE
trace off

  Call RexxSetup                          /* Ensure RexxUtil loaded*/

/* Alte Verbindungen zurücksetzen */
call SQLEXEC 'connect reset'
dbname = 'MARINA'
call SQLEXEC 'connect to ' dbname;
/* display any error messages */
sql result = check sql()
if sql result <> 0 then signal CLEANUP

 /* Vorspann */
 msg.0 = 8
 msg.1 = 'MARINA: VREXX-Benutzerschnittstelle der Transaktionen'
 msg.2 = 'zur Pflege der Yachtstammdaten im DB2/2-Beispiel MARINA'
 msg.3 = '        Die Nutzung erfolgt auf eigene Gefahr!'
 msg.4 = '        ***      Yachthafen-Verwaltung       ***'
 msg.5 = '        *** Marina Neuwismar an der Kaltsee ***'
 msg.6 = '        (Mit CICS-EPI-Aufrufen)'
 msg.7 = ' '
 msg.8 = '                              (c) Pürner Unternehmensberatung, 1995'
 call VMsgBox 'MARINA', msg, 1

/*
   The Field stem is used to hold the 3270 data stream in a more
   structured way.
   Field.0 is the number of fields
*/

Field.0 = 0

/* install Default Terminal at CICS OS/2 */
TERMNAME = ''
TERMTYPE = ''
TERMINDEX = Init EPI()

/* Auswahl der Yachtnummer */              '
SELECT YNR:

 stmt = "SELECT YNR, NAME FROM YACHT ORDER BY YNR"

    /* declare cursor for select statements */
    call sqlexec declare c11 cursor for s11
    /* display any error messages */
    sql result = check sql()
    if sql result = 0 then do
       /* call sqlexec to prepare the sql statement */
       call sqlexec prepare s11 from ':stmt'
       /* display any error messages */
       sql result = check sql()
       if sql result = 0 then do
          /* call sqlexec to open the cursor */
          call sqlexec open c11
          /* display any error messages */
          sql_result = check_sql()
```

```
                    count = 0
                    /* while no sql errors */
                    do while sql result = 0
                        /* call sqlexec to fetch a row of data */
                        call sqlexec 'fetch cll into :vari 1, :vari 2'
                        /* display any error messages */
                        sql result = check sql()
                        /* if successful fetch */
                        if sql result = 0 then do
                            count = count + 1
                            /* Ausgabe */
                            table.count.1 = vari 1
                            table.count.2 = vari 2
                            end /* do */
                          else do
                            if sql result = 100 & count = 0 then
                                call VMsgBox 'Fehler', 'Keine Daten gefunden', 1
                            end /* do else */
                        end /* while */

                    /* end-of-file */
                    if sql result = 100 then do
                    /* call sqlexec to close the cursor */
                     call sqlexec close cll
                     /* display any error messages */
                     sql result = check sql()
                    end /* do 100 */
                  end
              end
  count = count + 1
  table.count.1 = vari 1 + 1
  table.count.2 = " "
  table.rows = count
  table.cols = 2
  table.label.1 = 'Yachtnummer'
  table.label.2 = 'Name'
  table.width.1 = 12
  table.width.2 = 24

SHOW YNR:
  button = VTableBox('Yacht-Liste', table, 1, 50, 10, 1)
  index  = table.vstring
  YNR    = right(table.index.1,6,0)

/* Auswahl der Pflegefunktion */

  list.0 = 5
  list.1 = 'Anzeigen    '
  list.2 = 'Ändern      '
  list.3 = 'Hinzufügen    '
  list.4 = 'Löschen    '
  list.5 = 'Pflege beenden    '
  list.vstring = list.1          /* default list.vstring */

BOX:
  call VRadioBox 'Yachtdatenpflege - Funktionsauswahl ',list, 1
  msg.0 = 1
  msg.1 = list.vstring
    SELECT
        WHEN list.vstring = 'Anzeigen    ' then do
            TC = 'YABF'
            DATA = '275024114173'x || TC || '11504D'x || YNR
            DATASIZE = LENGTH(DATA)
            call Start TA
            call Get Map
            call Map2dw
            call Show Data
            call Next TA
            call Get Dummy
            call End TA
            call Get Dummy
          end
        WHEN list.vstring = 'Ändern    ' then do
            TC = 'YUPD'
            DATA = '275024114173'x || TC || '11504D'x || YNR
```

```
                    DATASIZE = LENGTH(DATA)
                    call Start TA
                    call Get Map
                    call Map2dw
                    kopf = 'Bitte für Yacht ' || YNR || ' Daten eingeben:  '
                    call Prompt Data
                    call Next TA
                    call Get Map
                    call Show Msg
                    call End TA
                    call Get Dummy
                 end
            WHEN list.vstring = 'Hinzufügen      ' then do
                    TC = 'YADD'
                    DATA = '275024114173'x || TC || '115040'x || YNR
                    DATASIZE = LENGTH(DATA)
                    call Start TA
                    call Get Dummy
                    call Init dw
                    kopf = 'Bitte für Yacht ' || YNR || ' Daten eingeben:  '
                    call Prompt Data
                    call Next TA
                    call Get Map
                    call Show Msg
                    call End TA
                    call Get Dummy
                 end
            WHEN list.vstring = 'Löschen       ' then do
                    TC = 'YDEL'
                    DATA = '275024114173'x || TC || '115040'x || YNR
                    DATASIZE = LENGTH(DATA)
                    call Start TA
                    call Get Map
                    call Map2dw
                    kopf = 'Yacht Nr. ' || YNR || ' löschen?  '
                    call Prompt Data
                    call Next TA
                    call Get Map
                    call Show Msg
                    call End TA
                    call Get Dummy
                 end
            WHEN list.vstring = 'Pflege beenden    ' then signal CLEANUP
            OTHERWISE                 NOP
         END

signal SELECT YNR

CLEANUP:

   rc = End EPI(TERMINDEX)
   call SQLEXEC 'connect reset'
   sql result = check sql()
   call VExit
/* drop the SQLDBS and SQLEXEC external functions */
   rcy = rxfuncdrop('SQLDBS')
   rcz = rxfuncdrop('SQLEXEC')

exit

Start TA:
rc = RxEpiStartTran(TERMINDEX,'', DATA, DATASIZE)
if rc \= 'CICS EPI NORMAL' then do
        rc = ErrorExit("RxEpiStartTran", rc, TERMINDEX);
        end
return

Get Map:
    /* first we have to make some space to hold the data in */
    EVENT. SIZE = DETAILS. MAXDATA

    rc = RxEpiGetEvent(TERMINDEX,'CICS EPI WAIT','EVENT.')

    if rc \= 'CICS EPI NORMAL' & rc \= 'CICS EPI ERR MORE EVENTS' then do
        rc = ErrorExit("RxEpiGetEvent", rc, TERMINDEX)
```

```rexx
        end

    if EVENT. EVENT = "CICS EPI EVENT SEND" then do
            /* new data has arrived, so previous is to be dropped */
            drop Field.
            /* map data stream onto stem */
            COMMAND = data2field(EVENT. DATA)
            select
               when COMMAND = '31'x then do
                    index = field2buffer()
                    end
               when COMMAND = '35'x then do
                    buffer  = ''
                    index = field2buffer()
                    end
               otherwise
                    say 'COMMAND =' COMMAND
               end /* select */
            end
    return

Get Dummy:
    /* first we have to make some space to hold the data in */
    EVENT. SIZE = DETAILS. MAXDATA

    rc = RxEpiGetEvent(TERMINDEX,'CICS EPI WAIT','EVENT.')

    if rc \= 'CICS EPI NORMAL' & rc \= 'CICS EPI ERR MORE EVENTS' then do
        rc = ErrorExit("RxEpiGetEvent", rc, TERMINDEX)
        end


return

Next TA:
    /* first we have to make some space to hold the data in */
    EVENT. SIZE = DETAILS. MAXDATA

    rc = RxEpiGetEvent(TERMINDEX,'CICS EPI WAIT','EVENT.')

    if rc \= 'CICS EPI NORMAL' & rc \= 'CICS EPI ERR MORE EVENTS' then do
        rc = ErrorExit("RxEpiGetEvent", rc, TERMINDEX)
        end

    if EVENT. EVENT = "CICS EPI EVENT END TRAN" then do
            /* transaction has ended, next transaktion is already waiting
               CICS waits for some input  */
            if dw.0 = 1 then
                    DATA = ' '
            else do
                    DATA = '274A5B114746'x || dw.1 /* name */
                    DATA = DATA || '114840'x || dw.2 /* pnr */
                    DATA = DATA || '112E2A'x || dw.3 /* reg-ort */
                    DATA = DATA || '113C46'x || dw.4 /* bauart */
                    DATA = DATA || '112840'x || dw.5 /* länge */
                    DATA = DATA || '112B57'x || dw.6 /* breite */
                    DATA = DATA || '11262A'x || dw.7 /* tiefgang */
                    DATA = DATA || '114A46'x || dw.8 /* verdrängung */
            end
            DATASIZE = LENGTH(DATA)
            rc = RxEpiStartTran(TERMINDEX,'', DATA, DATASIZE)
            if rc \= 'CICS EPI NORMAL' then do
               rc = ErrorExit("RxEpiStartTran", rc, TERMINDEX);
             end
        end
    else say "EVENT Folge-Fehler in Next TA: " || EVENT. EVENT
return

End TA:
    /* first we have to make some space to hold the data in */
    EVENT. SIZE = DETAILS. MAXDATA

    rc = RxEpiGetEvent(TERMINDEX,'CICS EPI WAIT','EVENT.')

    if rc \= 'CICS_EPI_NORMAL' & rc \= 'CICS_EPI_ERR_MORE_EVENTS' then do
```

```
          rc = ErrorExit("RxEpiGetEvent", rc, TERMINDEX)
          end

      if EVENT. EVENT = "CICS EPI EVENT END TRAN" then do
              /* transaction has ended, next transaktion is already waiting
                 CICS waits for some input */
              DATA = ' '   /* clear */
              DATASIZE = LENGTH(DATA)
              rc = RxEpiStartTran(TERMINDEX,'', DATA, DATASIZE)
              if rc \= 'CICS EPI NORMAL' then do
                 rc = ErrorExit("RxEpiStartTran", rc, TERMINDEX);
                 end
          end
      else say "EVENT Folge-Fehler in End TA: " || EVENT. EVENT
return

Prompt Data:

  txt.0 = 8
  txt.1 = 'Yachtname '
  txt.2 = 'Eignernummer '
  txt.3 = 'Registerort '
  txt.4 = 'Bauart '
  txt.5 = 'Länge '
  txt.6 = 'Breite '
  txt.7 = 'Tiefgang '
  txt.8 = 'Verdrängung '

  fl.0 = txt.0
  fl.1 = 24
  fl.2 = 6
  fl.3 = 24
  fl.4 = 6
  fl.5 = 6
  fl.6 = 6
  fl.7 = 6
  fl.8 = 5

  button = call VMultBox(kopf, txt, fl,, dw, 3)
  if button = 'CALL CANCEL' then do
     dw.0 = 1
     dw.1 = ' '
   end
  else do
     do j = 1 to dw.0
        dw.j = left(dw.j, fl.j, ' ')
     end
  end
return

Show Data:

  txt.0 = 8
  txt.1 = 'Yachtname    ...:' || dw.1
  txt.2 = 'Eignernummer .:' || dw.2
  txt.3 = 'Registerort    .:' || dw.3
  txt.4 = 'Bauart         .:' || dw.4
  txt.5 = 'Länge        ...:' || dw.5
  txt.6 = 'Breite       ...:' || dw.6
  txt.7 = 'Tiefgang     ...:' || dw.7
  txt.8 = 'Verdrängung  ...:' || dw.8

  kopf = 'Yacht Nr.: ' || YNR
  button = call VMsgBox(kopf, txt, 1)
  dw.0 = 1  /* keine Daten an CICS */

return

Show Msg:

  dw.0 = 1
  dw.1 = Field.34.Content || '  '
  kopf = 'Yacht Nr.: ' || YNR
  button = call VMsgBox(kopf, dw, 1)
```

```rexx
return

Init dw:

  dw.0 = 8

  dw.1 = ''
  dw.2 = 000000
  dw.3 = ''
  dw.4 = 'Segel'
  dw.5 = '000,00'
  dw.6 = '000,00'
  dw.7 = '000,00'
  dw.8 = '000,0'

return

Map2dw:

  dw.0 = 8

  YNR = Field.25.Content

  dw.1 = Field.33.Content
  dw.2 = Field.41.Content
  dw.3 = Field.58.Content
  dw.4 = Field.66.Content
  dw.5 = Field.74.Content
  dw.6 = Field.82.Content
  dw.7 = Field.90.Content
  dw.8 = Field.98.Content

return
/*****************************************************************/
/*                   Some utility functions                    */
/*****************************************************************/
/*****************************************************************/
/*                                                             */
/* DESCRIPTIVE NAME Demonstrates RxEPI                         */
/*                                                             */
/* Statement:      Licensed Materials - Property of IBM        */
/*                                                             */
/*                 CA31 SupportPac                             */
/*                 (c) Copyright IBM Corp. 1994.               */
/*                                                             */
/* Status:         Version 1 Release 0                         */
/* Modified                                                    */
/*                                                             */
/*  NOTES :-                                                   */
/*    DEPENDENCIES = OS/2 V2.x,CICS OS/2, RxEPI                */
/*                   None                                      */
/*    RESTRICTIONS = none                                      */
/*    MODULE TYPE  = Command file                             */
/*    PROCESSOR    = PS/2 and PC                               */
/*                                                             */
/*****************************************************************/
/*        includes a RXEPI based REXX 3270 Terminal emulator   */
/*****************************************************************/


   /*****************************************************************/
   /* data2field() does the time consuming tasks of examining the 3270 */
   /* data stream and maps it onto stem Field.                    */
   /* Good candidate to code in 'C' to speed up processing.       */
   /*                                                             */
   /*****************************************************************/
data2field: procedure expose logfile DETAILS. Field. binvalues dispvalues
arg DATA

/* analyse data stream */
index = 1
i = 1

/* Command */
```

```rexx
      Field.index.Content = substr(DATA, i, 1)
           Field.index.Type   = 'CMD'
      index = index  + 1
      i = i + 1

/* Write Control Character */
      Field.index.Content = substr(DATA, i, 1)
           Field.index.Type    = 'WCC'
      i = i + 1

/* loop through data */
      datalength = length(DATA) + 1
      do while ( i < datalength)
         data type = ''
         ORDER        = substr(DATA, i, 1)
         Select
            when ORDER = '1D'X then do        /* CICS EPI ORDER SF Start Field */
               length = 2
               data type = 'SF'
               end

            when ORDER = '1D'X then do        /* CICS EPI ORDER SFE Start Field Extended */
               length = 2 + 2 * c2d(substr(DATA, i + 1, 1))
               data type = 'SFE'
               end

            when ORDER = '11'X then do        /* CICS EPI ORDER SBA Set Buffer Address */
               length = 3
               data type = 'SBA'
               end

            when ORDER = '13'X then do        /* CICS EPI ORDER IC  Insert Cursor */
               length = 1
               data type = 'IC'
               end

            otherwise
/* CICS EPI ORDER SA  0x1F Set Attribute (Not a standard 3270 value)     */
/* CICS EPI ORDER MF  0x1E Modify Field (Not a standard 3270 value)      */
/* CICS EPI ORDER PT  0x09 Program Tab */
/* CICS EPI ORDER RA  0x14 Repeat to Address */
/* CICS EPI ORDER EUA 0x12 Erase Unprotected to Address */
               length = 1
               data type = 'D'
         end /* select */

      if (data type = 'D') then do        /* build up data field */
         Field.index.Content = Field.index.Content || ORDER
         Field.index.Type    = data type
         end
      else do                             /* start next field */
         if (Field.index.Content \= "") then index = index + 1
         Field.index.Content = substr(DATA, i, length)
         Field.index.Type    = data type
         index = index + 1
         Field.index.Content = ""
         end
      i = i + length
      end /* do */

Field.0 = index
return(Field.1.Content)

   /********************************************************************/
   /* field2buffer() analyses the field stem and puts displayable data */
   /* in a display buffer. In addition a few more variables are stored  */
   /* in the stem to speed up later processing.                        */
   /*                                                                  */
   /********************************************************************/
field2buffer: procedure expose logfile DETAILS. Field. binvalues dispvalues buffer

   Call SysCls
   /* first position in a REXX variable is 1, not 0 */
   cursor = 1
   startcursor = 1
```

```
/* display screen */
index = 1
Field.inputfield.0 = 0
do while ( index < Field.0 + 1) /* go through fields */
    Select
        when Field.index.Type = 'CMD' then do
            Field.index.dez = cursor
            end

        when Field.index.Type = 'IC' then do
            /* this is where the cursor blinks for the first input */
            startcursor = cursor - 1
            end

        when Field.index.Type = 'WCC' then do
            Field.index.dez = cursor
            end

        when Field.index.Type = 'D' then do
            Field.index.dez = cursor
            buffer = overlay(Field.index.Content,buffer,cursor)

            /* check if CICS has send some data to input fields
               if so, declare them as modified and send back later */
            savecursor = cursor
            saveindex = index
            /* we have to find the attribute field */
            do while ( cursor > 0)
                if (DATATYPE(Field.Bufferaddress.cursor,'N') = 1) then do
                    index = Field.Bufferaddress.cursor
                    leave
                    end
                cursor = cursor - 1
                end
            /* if it was a input field, mark is as modified */
            if (Field.index.protect = '0') then do
                Field.index.modify   = '1'
                end
            cursor = savecursor
            index  = saveindex
            cursor =  cursor + length(Field.index.Content)
            end

        when Field.index.Type = 'SBA' then do
            /* next address in buffer */
            BA = substr(Field.index.Content, 2, 2)
            cursor = BA2dez(BA) + 1
            Field.index.dez = cursor
            end

        when Field.index.Type = 'SFE' then do
            /* tedious task of attrubte processing */
            PAIRS = c2d(substr(Field.index.Content, 2, 1))
            Field.index.0         = PAIRS
            k = 1
            i = 3
            do while ( k < PAIRS+1)
                EAType = c2x(substr(Field.index.Content, i, 1))
                i = i + 1
                EAValue = substr(Field.index.Content, i, 1)
                i = i + 1
                Field.index.k.Type   = EAType

                Select
                    when EAType = '42' then do
                        Field.index.k.Value = EAValue
                        end
                    when EAType = '43' then do
                        end
                    when EAType = '41' then do
                        end
                    when EAType = 'C0' then do
                        /* 3270 attributes */
                        Field.index.k.Value =
                            c2x(translate(EAValue,binvalues,dispvalues))
```

```
                                   ATTRbin   = x2b(Field.index.k.Value)
                                   Field.index.protect  = substr(ATTRbin, 3, 1)
                                   if (Field.index.protect  = '0') then do
                                        Field.inputfield.0 = Field.inputfield.0 + 1
                                        nofield = Field.inputfield.0
                                        Field.inputfield.nofield = cursor
                                        end
                                   Field.index.alpha    = substr(ATTRbin, 4, 1)
                                   Field.index.display0 = substr(ATTRbin, 5, 1)
                                   Field.index.display1 = substr(ATTRbin, 6, 1)
                                   if (Field.index.display0 = '1' ) & (Field.index.display1 = '1')
                                        then
                                            Field.index.hide  = '1'
                                   Field.index.reserved = substr(ATTRbin, 7, 1)
                                   if (substr(ATTRbin, 8, 1) = '1') then
                                            Field.index.modify   = '0'
                               end
                     when EAType = 'C1' then do
                               end
                     when EAType = 'C2' then do
                               end
                     when EAType = '00' then do
                               end
                     otherwise
                     end
                k = k + 1
                end
             Field.index.dez = cursor
             /* this helps to find the field, which sits at a
                certain bufferaddress */
             Field.Bufferaddress.cursor = index
             buffer = overlay(' ',buffer,cursor)
             cursor = cursor + 1
             end

        otherwise
        end
     index = index + 1
     end

/* now display
rc = charout(,buffer)
rc = SetCursor(startcursor) */

/* log to file */
   index = 1
   do while ( index < Field.0 + 1)
        index = index + 1
        end

return(index)

 /*******************************************************************/
 /* ErrorExit() - Report errors and exit                          */
 /*******************************************************************/
ErrorExit: procedure
arg function, rc, TERMINDEX

   say function || "() call failed "
   if (rc \= "CICS EPI ERR FAILED") then do
     say "with return code message:" rc
     end
   else do
                                        /* EPI ERR FAILED, more error  */
                                        /* information in GetSysError  */
     rc = RxEpiGetSysError(TermIndex, 'SYSERR.');
     say "with a system error"
     say "Cause:" SYSERR. Cause
     say "Error:" SYSERR. Value
     say "Message:" SYSERR. Msg
     end
rc = RxEpiTerminate()
call SQLEXEC 'connect reset'
sql result = check sql()
call VExit
```

```
/* drop the SQLDBS and SQLEXEC external functions */
rcy = rxfuncdrop('SQLDBS')
rcz = rxfuncdrop('SQLEXEC')
exit
return (0)

 /*******************************************************************/
 /* Failure()                                                     */
 /*******************************************************************/
FAILURE:
  Say 'Failure line' sigl
  Say '+++' sourceline(sigl)
  rc = RxEpiTerminate()
  call SQLEXEC 'connect reset'
  sql result = check sql()
  call VExit
/* drop the SQLDBS and SQLEXEC external functions */
  rcy = rxfuncdrop('SQLDBS')
  rcz = rxfuncdrop('SQLEXEC')
  exit

 /*******************************************************************/
 /* Init EPI()                                                    */
 /*******************************************************************/
Init EPI: procedure expose LIST. DETAILS. binvalues dispvalues buffer
parse arg TERMNAME, TERMTYPE

  /* add the Epi functionality as external function */
     if rxfuncquery('RxEpiLoad') Then Do
     call RxFuncDrop 'RxEpiLoad'
     call RxFuncAdd 'RxEpiLoad', 'RXEPI', 'RxEpiLoad'
     call RxEpiLoad
     end

  /* empty character buffer */
  buffer = ''
  /* tranlation tables */
  binvalues  =                  '00 01 02 03 04 05 06 07 08 09 0A 0B 0C 0D 0E 0F'X
  dispvalues =                  '20 41 42 43 44 45 46 47 48 49 5B 2E 3C 28 2B 21'X
  binvalues  = binvalues  ||'10 11 12 13 14 15 16 17 18 19 1A 1B 1C 1D 1E 1F'X
  dispvalues = dispvalues ||'26 4A 4B 4C 4D 4E 4F 50 51 52 5D 24 2A 29 3B 5E'X
  binvalues  = binvalues  ||'20 21 22 23 24 25 26 27 28 29 2A 2B 2C 2D 2E 2F'X
  dispvalues = dispvalues ||'2D 2F 53 54 55 56 57 58 59 5A 7C 2C 25 5F 3E 3F'X
  binvalues  = binvalues  ||'30 31 32 33 34 35 36 37 38 39 3A 3B 3C 3D 3E 3F'X
  dispvalues = dispvalues ||'30 31 32 33 34 35 36 37 38 39 3A 23 40 27 3D 22'X

  /* initialize  EPI */
  rc = RxEpiInitialize()
  if rc \= 'CICS EPI NORMAL' then do
          rc = ErrorExit("RxEpiInitialize", rc, TERMINDEX);
          end
  /* list available systems */
  rc = RxEpiListSystems('','SYSTEMS','LIST.')
  if rc \= 'CICS EPI NORMAL' then do
          rc = ErrorExit("RxEpiListSystems", rc, TERMINDEX);
          end

  /* add a terminal */
  rc = RxEpiAddTerminal('',LIST. SYSTEMNAME,TERMNAME,TERMTYPE,'','DETAILS.','TERMINDEX')
  if rc \= 'CICS EPI NORMAL' then do
          rc = ErrorExit("RxEpiAddTerminal", rc, TERMINDEX);
          end
return(TERMINDEX)

 /*******************************************************************/
 /* End EPI()                                                     */
 /*******************************************************************/
End EPI: procedure expose LIST. DETAILS. Field. buffer
parse arg TERMINDEX

/* Delete Terminal */
rc = RxEpiDelTerminal(TERMINDEX)
if rc \= 'CICS EPI NORMAL' then do
    rc = ErrorExit("RxEpiDelTerminal", rc, TERMINDEX);
    end
```

```
/* event processing */
do forever
    EVENT. SIZE = 500
    rc = RxEpiGetEvent(TERMINDEX,'CICS EPI WAIT','EVENT.')
    if rc \= 'CICS EPI NORMAL' & rc \= 'CICS EPI ERR MORE EVENTS' then do
        rc = ErrorExit("RxEpiGetEvent", rc, TERMINDEX)
        end
    Select
        when EVENT. EVENT = "CICS EPI EVENT END TERM" then do
            say "Terminal ended"
            leave
        end
        otherwise say "Getting next event"
    end
end
/* terminating */
rc = RxEpiTerminate()
if rc \= 'CICS EPI NORMAL' then do
        rc = ErrorExit("RxEpiTerminate", rc, TERMINDEX);
        end
/* dropping functions, can be omitted */
Call RxEpiDrop
Say 'The functions have now been dropped.'

return (rc)

  /*********************************************************************/
  /* RexxSetup - Ensure RexxSetup is loaded                          */
  /*********************************************************************/
RexxSetup: Procedure
  Call RxFuncAdd 'SysLoadFuncs', 'RexxUtil', 'SysLoadFuncs'
  Call SysLoadFuncs

  /* Register SQLDBS and SQLEXEC external entry points */
  if rxfuncquery('SQLDBS') <> 0 then do
    rcy = rxfuncadd('SQLDBS', 'SQLAR', 'SQLDBS')
    if rcy <> 0 then
      say 'RxFuncAdd return code for SQLDBS is' rcy
  end

  if rxfuncquery('SQLEXEC') <> 0 then do
    rcz = rxfuncadd('SQLEXEC', 'SQLAR', 'SQLEXEC')
    if rcz <> 0 then
      say 'RxFuncAdd return code for SQLEXEC is' rcz
  end

  call RxFuncAdd 'VInit', 'VREXX', 'VINIT'
  initcode = VInit()

Return 0

  /*********************************************************************/
  /* BA2dez() translates buffer address to decimal, there are probably */
  /* more efficinet ways to do this, but it works.                   */
  /*********************************************************************/
BA2dez: Procedure expose binvalues dispvalues DETAILS. logfile
parse arg BA
    BAhex  = c2x(translate(BA,binvalues,dispvalues))
    BAlow  = substr(BAhex, 3, 2)
    BAhigh = substr(BAhex, 1, 2)
    BAdez  = x2d(BAlow)+x2d(BAhigh)*64
return (BAdez)

  /*********************************************************************/
  /* dez2BA() translates decimal back to buffer address, see BA2dez() */
  /*********************************************************************/
dez2BA: Procedure expose binvalues dispvalues DETAILS. logfile
parse arg BAdez

    BAhigh = BAdez%64
    BAlow  = BAdez//64
    BAhex  = d2x(BAhigh) || d2x(BAlow)
    BA     = translate(x2c(BAhex),dispvalues, binvalues)
return (BA)
```

```
/*******************************************************************/
/* SetCursor() takes a decimal cursor address.                   */
/*******************************************************************/
SetCursor: Procedure expose DETAILS.
parse arg cursor
      row = cursor%DETAILS. NUMCOLUMNS
      col = cursor//DETAILS. NUMCOLUMNS
      rc = SysCurPos(row,col)
return (rc)

   /*******************************************************************/
   /* GetCursor() returns a decimal cursor address, we are not inter- */
   /* ested in rows an columns n this program.                       */
   /*******************************************************************/
GetCursor: Procedure expose DETAILS.
      parse value SysCurPos() with row col
      cursor = col + row * DETAILS. NUMCOLUMNS + 1
return (cursor)


   /*******************************************************************/
   /* check rc()                                                     */
   /*******************************************************************/
check rc: procedure
arg rc

  msgfile = "rxepi.msg"

  do until lines(msgfile) = 0
     line = linein(msgfile)
     parse var line returncode message
     if rc = returncode then say message
     end
  rc = lineout(msgfile)
return(0)

check sql: procedure expose result sqlca. sqlmsg
  if (result <> 0) then do
    sql result = result
    say 'Result =' result
  end
  else do
    sql result = sqlca.sqlcode
    if sqlca.sqlcode <> 0 & sqlca.sqlcode <> 100 then
      say sqlmsg
  end
return sql_result
```

Nach der Registrierung der Funktionen für DB2 und VREXX in der Routine `RexxSetup` melden wir uns in der Datenbank `MARINA` und in CICS an. Neben der Anmeldung werden in `Init_Epi()` noch die Umsetztabelle für die 3270-BMS-Daten initialisiert, die Liste verfügbarer CICS-Systeme eingeholt und ein Terminal für den folgenden Dialog angefordert. CICS erzeugt automatisch ein Terminal und gibt seine Indexnummer, seinen Gerätetyp und weitere technische Daten (DETAILS) zurück. Die Indexnummer muß in den weiteren EPI-Aufrufen benutzt werden.

Dann lesen wir in der Tabelle für alle Yachten deren Nummern und Namen mittels Cursor *C11* in der bekannten Weise und geben die Ergebnismenge plus die nächsthöhere freie Yacht-Nummer als VREXX-Tabellen-Box aus.

Bild 4.9:
Anzeige der Yacht-
Liste

Der Benutzer wählt die gewünschte Yacht und aus der folgenden Radio-Box die gewünschte Funktion (natürlich können Sie
diese Reihenfolge auch vertauschen!).

Bild 4.10:
Funktionsauswahl

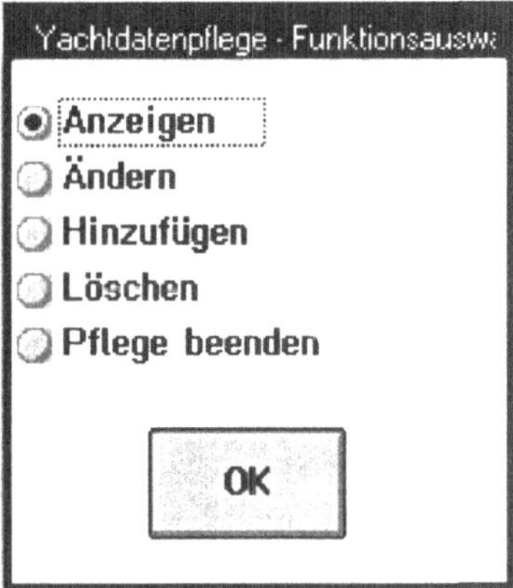

Je nach gewünschter Funktion rufen wir eine Folge von Funktionen auf, die wir Ihnen am Beispiel der Funktion *Ändern*
erläutern wollen.

Zunächst erstellen wir den Transaktionsaufruf als BMS-kompatible Zeichenkette bestehend aus

- Datentaste (Enter),

- Cursorposition,

- Attributen,

- Transaktionscode (hier YUPD),

- Attributen und

- ausgewählter Yacht-Nummer.

Diese Zeichenkette wird in Routine `Start_TA` beim Start der Transaktion (RxEpiStartTran) mitgegeben. Nach dem erfolgreichen Start erhalten wir weitere Informationen über den Ablauf der Transaktion über Ereignisse (events), die CICS in einer FIFO-Warteschlange bereit hält und die wir abrufen müssen.

Daher wird als nächstes die erwartete Ausgabemaske der Transaktion in Routine `Get_Map` abgerufen: Wir erfragen in CICS das nächste unser Terminal betreffende Ereignis (RxEpiGetEvent) und erwarten in Kenntnis der ablaufenden Transaktion, daß es sich um die Ausgabe von Daten handelt (CICS_EPI_EVENT_ SEND). Das Feld *COMMAND* gibt uns Auskunft, ob es sich um eine Ausgabe ohne ("31") oder mit ("35") Löschen des alten Bildschirms handelt. Die REXX-Prozedur `field2buffer()` analysiert den ausgegebenen BMS-Datenstrom und strukturiert ihn.

In der Routine `Map2dw` übernehmen wir die reinen Datenfelder der ausgegebenen BMS-Maske (map), die wir zur Anzeige auf dem PC-Schirm benötigen.

Wir setzen die Überschrift ein und geben in Routine `Prompt_Data` die Yacht-Daten als VREXX-Multi-Box aus. Der Anwender hat nun die Gelegenheit, die Daten der Yacht zu ändern und dies mit dem OK-Knopf zu bestätigen oder die Änderung durch Klick auf den CANCEL-Knopf abzubrechen. Wird die Änderung abgebrochen, setzen wir das erste Datenfeld auf "_" als CICS-Code für die Clear-Taste, sonst richten wir die Datenfelder aus.

In der Routine `Next_TA` rufen wir das nächste unser Terminal betreffende Ereignis ab und erwarten, daß es ein Transaktionsende (CICS_EPI_EVENT_END_TRAN) ist. Wir starten die nächste Transaktion und übergeben ihr dabei die Eingabedaten. Wurde die Verarbeitung vom Anwender abgebrochen, so übergeben wir nur den Code für die Clear-Taste. Andernfalls erstellen wir mit den Benutzereingaben den benötigten BMS-Datenstrom. Es ist dabei nicht nötig, den neuen Transaktionscode als ersten Datenwert zu übermitteln, da das Transaktionsprogramm schon im EXEC CICS RETURN den Transaktionscode vorbestimmt hat.

Wir erwarten anschließend die Ausgabe der Transaktion: Wir erfragen in CICS das nächste unser Terminal betreffende Ereignis (RxEpiGetEvent) und erwarten in Kenntnis der ablaufenden Transaktion, daß es sich um die Ausgabe der Menü-Maske mit einer Meldung über den Erfolg der Transaktion handelt (CICS_ EPI_EVENT_SEND). Die REXX-Prozedur `field2buffer()` analysiert wiederum den ausgegebenen BMS-Datenstrom und strukturiert ihn.

In der Routine `Show_Msg` übernehmen wir die Meldung der ausgegebenen BMS-Maske (map), die wir zur Information des Benutzer anzeigen wollen.

Abschließend erwarten wir in Routine `End_TA` das Ereignis des Transaktionsendes (CICS_EPI_EVENT_END_TA) und beenden die Transaktionsfolge mit einem *Clear*, das wir per `RxEpiStart-Tran()` an CICS senden. Mit Routine `Get_Dummy` holen wir nur noch die Reaktion darauf ab.

Damit ist der Zweig für die Änderungsfunktion beendet. Die Zweige für Hinzufügen oder Löschen einer Yacht sind analog aufgebaut. Der Einfachheit halber haben wir auf die Plausibilitätsprüfungen der Benutzereingaben verzichtet. Solche wären natürlich in Praxisabläufen unverzichtbar. Der Zweig für die Anzeige-Funktion zeigt mit der Routine `Show_Data` die Yacht-Daten per VREXX-Message-Box an und übergibt in der folgenden Routine `Next_TA` ein *Clear* an CICS. Da die anschließend ausgegebene Menü-Maske für uns ohne Informationsgehalt ist, verzichten wir auf eine Bearbeitung der Daten (`Get_Dummy`) und beenden die Dialogfolge (`END_TA` und `Get_Dummy`).

Nach diesen Funktionen springen wir zum Lesen der Tabelle `YACHT` zurück, um dem Anwender den aktuellen Stand der Yacht-Nummern und -Namen anzuzeigen.

Wählt der Anwender *Pflege beenden*, verlassen wir diese Schleife. In der Routine `End_Epi` wird das Terminal gelöscht und die Warteschlange der Ereignisse so lange abgearbeitet, bis CICS_EPI_EVENT_TERM das Löschen bestätigt. Anschließend erfolgt die Abmeldung von CICS (`RxEpiTerminate`) und die Freigabe der RxEpi-Funktionen. Danach melden wir uns in DB2 und VREXX ab.

Das Erstellen eines Front-End-Programms für bestehende, eventuell vom Mainframe portierte Transaktionsprogramme setzt, wie Sie sicher erkannt haben, die genaue Kenntnis der Dialogablaufs und der CICS-Aus- und Eingaben voraus. Es ist schon etwas mühsam, die Ausgabefelder zu ermitteln und die BMS-gerechten Eingaben zusammenzusetzen – auch wenn die von IBM gelieferten Demo-Programme mit ihrem Trace hervorragende Unterstützung boten.

Insbesondere bei komplexen Masken kann es daher günstiger sein, den Benutzer-Dialog aus den CICS-Transaktionen herauszutrennen, auf Basis einer zeitgemäßen grafischen Oberfläche neu zu implementieren und die Anwendungslogik, die in den bewährten Transaktionsprogrammen bleibt, über die ECI-Schnittstelle aufzurufen.

4.5 ESQL-Befehle

Es gilt zwar der Grundsatz, daß alle SQL-Befehle auch aus Programmen heraus absetzbar sind, dennoch sind einige Befehle oder Befehlsformen speziell auf die Belange der Anwendungsprogrammierung zugeschnitten. In diesem Abschnitt geben wir Ihnen einen kurzen Überblick über die statischen SQL-Befehle beziehungsweise -Befehlsformen, die nur in Anwendungsprogrammen benutzt werden können. Für eine ausführliche Darstellung dieser Befehle verweisen wir Sie auf das SQL-Referenzhandbuch Ihrer aktuellen DB2-Version.

Wir werden Ihnen folgende Befehle kurz vorstellen:

    BEGIN DECLARE SECTION
    END DECLARE SECTION
    INCLUDE

    DECLARE CURSOR

    OPEN
    FETCH
    CLOSE
    DELETE
    INSERT
    UPDATE
    SELECT INTO

    CALL
    FREE LOCATOR
    VALUES INTO

    Compound SQL

    WHENEVER

BEGIN DECLARE SECTION

Mit BEGIN DECLARE SECTION leiten Sie den Deklarationsteil für die Programm-Variablen ein, die in SQL-Befehlen benutzt werden.

SQL-Befehle sind in der DECLARE SECTION nicht erlaubt.

Die Befehle BEGIN DECLARE SECTION und END DECLARE SECTION müssen paarweise verwendet und dürfen nicht ineinander verschachtelt werden.

Der Befehl darf in Programmen überall dort benutzt werden, wo Variablen-Deklarationen in der jeweiligen Programmiersprache erlaubt sind.

Dieser Befehl wird in REXX nicht unterstützt.

END DECLARE SECTION

Mit END DECLARE SECTION beenden Sie den Deklarationsteil für die Programm-Variablen, die in SQL-Befehlen benutzt werden.

Die Befehle BEGIN DECLARE SECTION und END DECLARE SECTION müssen paarweise verwendet und dürfen nicht ineinander verschachtelt werden.

SQL-Befehle sind in der DECLARE SECTION nicht erlaubt.

Der Befehl darf in Programmen überall dort benutzt werden, wo Variablen-Deklarationen in der jeweiligen Programmiersprache erlaubt sind.

Dieser Befehl wird in REXX nicht unterstützt.

INCLUDE

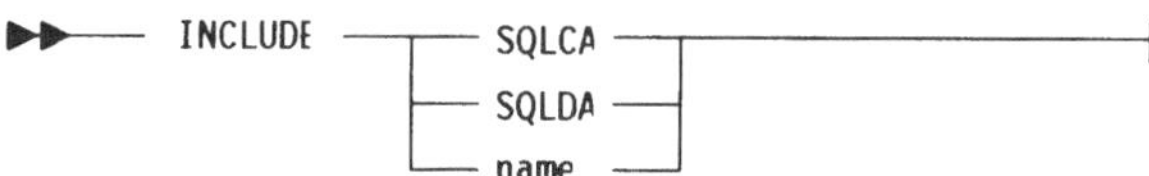

Mit INCLUDE kopieren Sie Deklarationen in ein Quellprogramm. Der Precompiler ersetzt diese Anweisung durch die referenzierten Quellanweisungen.

INCLUDE kann nur an den Stellen des Quellprogramms angegeben werden, wo die eingefügten Quellanweisungen erlaubt sind.

INCLUDE-Anweisungen dürfen ineinander verschachtelt (nested) werden, zyklische Aufrufe sind nicht erlaubt.

Parameter	
SQLCA	Die Beschreibung des SQL-Kommunikationsbereichs SQLCA (SQL communication area) wird in das Programm eingefügt.

Parameter	
SQLDA	Die Beschreibung des SQL-Deskriptorbereichs SQLDA (SQL deskriptor area) wird in das Programm eingefügt.
name	Der Text in der Datei *name* wird in das Programm eingefügt. *name* kann ein SQL-Identifier oder eine Textkonstante in Hochkommata (') eingeschlossen sein. Bei einem SQL-Identifier wird die Dateinamen-Ergänzung unterstellt, die zum übersetzten Quellprogramm gehört. Der Text in der angegebenen Datei muß den Regeln der verwendeten Programmiersprache gehorchen. Dieser Parameter ist in COBOL-Programmen nicht erlaubt.

DECLARE CURSOR

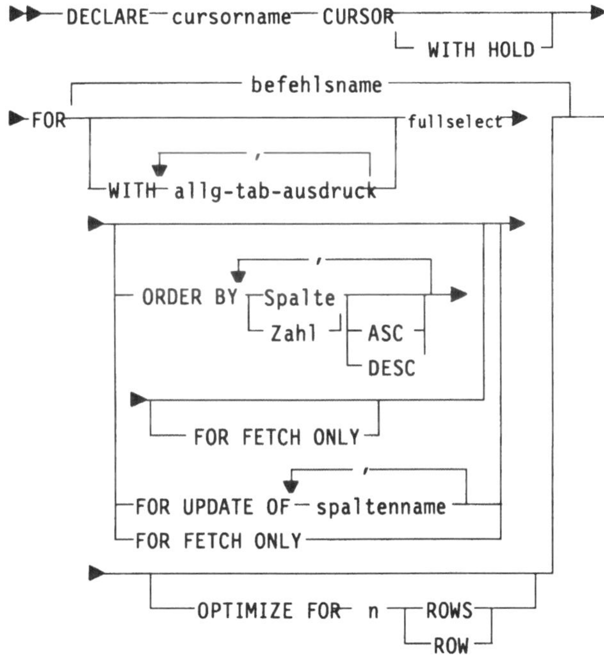

DECLARE CURSOR definiert einen Cursor zur satzweisen Bearbeitung der Ergebnis-Tabelle des darin enthaltenen SELECT-Befehls. Der Cursor referenziert die Ergebnis-Tabelle und zeigt auf eine Zeile darin. Diese Anweisung ist kein ausführbarer Befehl.

Unterprogramme können keine Cursor benutzen, die im aufrufenden Programm definiert wurden.

Der enthaltene SELECT-Befehl wird beim Öffnen des Cursor ausgeführt (siehe *OPEN*, Seite 175). Daher weisen die im SELECT enthaltenen System-Variablen CURRENT DATE, CURRENT TIME oder CURRENT TIMESTAMP denselben Wert bei jedem FETCH-Befehl auf.

Dieser Befehl kann nicht mit PREPARE dynamisch übersetzt werden.

Ein Cursor ist nur zum Lesen bestimmt, wenn

- das Ergebnis des SELECT nicht änderungsfähig ist. Dies ist der Fall, wenn
  - die erste FROM-Angabe mehr als eine Tabelle enthält,
  - die erste FROM-Angabe eine nicht änderungsfähige Sicht enthält,
  - die SELECT-Angabe DISTINCT oder eine Spaltenfunktion enthält,
  - die äußere Abfrage GROUP BY oder HAVING enthält,
  - die Abfrage eine Unterabfrage auf dieselbe Tabelle enthält, die in der FROM-Angabe der Hauptabfrage enthalten ist,
  - die äußere Abfrage einen Mengenoperator enthält,
  - die Abfrage eine ORDER BY-Angabe enthält,
- die Cursor-Deklaration FOR FETCH ONLY enthält,
- die Cursor-Deklaration *keine* FOR UPDATE OF-Angabe enthält und das Programm mit der Precompiler-Option LANGLEVEL SAA1 übersetzt wird, keinen DELETE-Befehl mit Bezug auf den Cursor enthält und der Cursor nicht in einem Zugriffsplan mit dynamischen SQL-Befehlen zusammengebunden ist.

Ein Cursor ist zum Ändern bestimmt, wenn

- die Cursor-Deklaration FOR UPDATE OF enthält,
- das Programm mit der Precompiler-Option LANGLEVEL MIA übersetzt wird und der Cursor änderungsfähig ist,
- ein DELETE-Befehl Bezug auf den Cursor nimmt.

Ein Cursor ist zweideutig (ambiguous), wenn keine der vorgenannten Bedingungen zutrifft und das Programm dynamische SQL-Befehle übersetzt und ausführt. Zweideutige Cursor sind nur dann änderungsfähig, wenn das Programm mit der Precompiler-Option BLOCKING NO oder UNAMBIG übersetzt wurde.

Parameter	
cursorname	identifiziert den Cursor und darf nicht mit dem Namen eines anderen Cursor, der im selben Programm definiert wurde, übereinstimmen.

Parameter	
`WITH HOLD`	erhält benötigte Ressourcen über Transaktionsgrenzen hinweg. Dies bedeutet im Falle eines COMMIT-Befehls, daß

- eröffnete Cursor, die mit WITH HOLD definiert wurden, geöffnet bleiben und ihre Positionierung in der Ergebnismenge behalten,

- bei folgendem DISCONNECT der Cursor zuvor explizit geschlossen werden muß, damit der DISCONNECT nicht scheitert,

- alle übersetzten SQL-Befehle (siehe auch PREPARE auf Seite 195) erhalten bleiben, die eröffnete Cursor referenzieren, die mit WITH HOLD definiert wurden,

- alle Sperren freigegeben werden, außer Tabellensperren für eröffnete Cursor, die mit WITH HOLD definiert wurden.

- LOB-Lokatoren freigegeben werden.

Gültige Befehle mit Cursor, die mit WITH HOLD definiert wurden, unmittelbar nach einem COMMIT sind: FETCH, CLOSE sowie UPDATE und DELETE mit WHERE CURRENT OF *cursorname.*

Dies bedeutet im Falle eines ROLLBACK-Befehls, daß

- alle eröffneten Cursor geschlossen werden,

- alle Sperren, die in der Transaktion gesetzt wurden, freigegeben werden,

- alle übersetzten Befehle gelöscht werden,

- LOB-Lokatoren freigegeben werden.

Parameter	
`befehlsname`	verweist auf einen SELECT-Befehl, der unter diesem Namen übersetzt wird, bevor der Cursor geöffnet wird. Der Befehlsname darf nicht mit einem anderen Befehlsnamen übereinstimmen, der im selben Programm in einem anderen DECLARE CURSOR angegeben wurde.
`fullselect`	darf Programm-Variable enthalten, die zuvor im Quellprogramm als solche deklariert wurden.
`allg-tab-ausdruck`	verbindet das Ergebnis eines SELECT-Befehls mit einem Tabellennamen, unter dem das Ergebnis innerhalb des DECLARE CURSOR verfeinert werden kann
`ORDER BY`	sortiert die Ergebnis-Tabelle aufsteigend (ASC) oder absteigend (DESC) nach den angegebenen Spalten. Die Sortierkriterien müssen in der Auswahlliste (siehe Abschnitt 5.25 *SELECT*) enthalten sein. Sie können statt des Spaltennamens auch die relative Position der Spalten in der Liste angeben (nützlich bei arithmetischen Ausdrücken ohne Namen).
`FOR UPDATE OF`	meldet die Änderungsabsicht an.
`FOR FETCH ONLY`	definiert den Cursor als reinen Lese-Cursor (read only).
`OPTIMIZE FOR`	beeinflußt die Optimierung und gibt die Größe des Kommunikationspuffers für geblockte Cursor an

Berechtigungen

Für den DECLARE CURSOR-Befehl brauchen Sie keine Berechtigungen, für die Ausführung des darin enthaltenen SELECT-Befehls mindestens eine der folgenden für jede angegebene Tabelle oder Sicht:

- SYSADM oder DBADM
- CONTROL-Berechtigung
- SELECT-Berechtigung.

OPEN

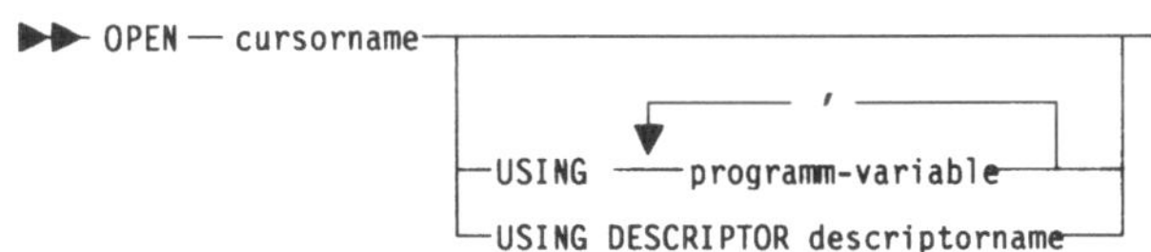

OPEN öffnet einen deklarierten Cursor und führt das zugehörige SELECT aus. Dabei werden die aktuellen Werte der Programm-Variablen benutzt, die im SELECT angeben wurden. Der Cursor wird vor den ersten Satz der Ergebnis-Tabelle positioniert. Ist die Ergebnis-Tabelle leer, verhält sich der Cursor wie nach der letzten gelesenen Zeile.

Für das Lesen der Zeilen aus der Ergebnis-Tabelle müssen Sie FETCH verwenden. Um den SELECT erneut auszuführen, müssen Sie den Cursor schließen (CLOSE) und nochmals öffnen.

DB2 entscheidet, ob das Ergebnis in einer temporären Tabelle zwischengespeichert oder dynamisch erstellt wird. In Abhängigkeit davon können ändernde Befehle (INSERT, DELETE, UPDATE) das Ergebnis nicht oder sehr wohl beeinflussen. Eine Beeinflussung der Ergebnis-Tabelle ist **mit** einer temporären Tabelle *nicht möglich*, **ohne** diese temporäre Tabelle *möglich*, aber nicht immer in der Auswirkung eindeutig vorhersehbar.

Der Befehl darf in Programmen überall dort benutzt werden, wo ausführbare Anweisungen in der jeweiligen Programmiersprache erlaubt sind.

Dieser Befehl kann nicht mit PREPARE dynamisch übersetzt werden.

Parameter	
`cursorname`	verweist auf den Cursor, der unter diesem Namen mit DECLARE CURSOR zuvor definiert wurde.
`USING`	leitet eine Liste von Programm-Variablen ein, die bei dynamischen SELECT-Befehlen die Parameter-Platzhalter ersetzen. Die Ersetzung erfolgt der Reihenfolge nach.
`USING DESCRIPTOR`	verweist auf die SQLDA (SQL dynamic area), die eine Beschreibung der Programm-Variablen enthält. Vor Ausführung des OPEN muß der Benutzer die SQLDA mit den benötigten Angaben versorgen.

Berechtigungen

Für die Ausführung des SELECT-Befehls, der mit dem zuvor durchgeführten OPEN ausgelöst wird, brauchen Sie mindestens eine der folgenden Berechtigungen für jede angegebene Tabelle oder Sicht:

- SYSADM oder DBADM
- CONTROL-Berechtigung
- SELECT-Berechtigung.

FETCH

FETCH positioniert den Cursor auf die nächste Zeile der Ergebnis-Tabelle und überträgt deren Inhalt in die angegebenen Programm-Variablen. Der Cursor muß zuvor eröffnet worden sein.

Steht der Cursor bereits auf oder hinter der letzten Zeile, erhalten Sie den Status +100 in der Variablen SQLCODE zurück.

Der Befehl darf in Programmen überall dort benutzt werden, wo ausführbare Anweisungen in der jeweiligen Programmiersprache erlaubt sind.

Dieser Befehl kann nicht mit PREPARE dynamisch übersetzt
werden.

Parameter	
cursorname	verweist auf den Cursor, der unter diesem Namen mit DECLARE CURSOR zuvor definiert wurde.
INTO	leitet eine Liste von Programm-Variablen ein, in die die Spalten der Zeile aus der Ergebnis-Tabelle übertragen werden. Die Zuweisung erfolgt der Reihenfolge nach. Ist die Anzahl der Spalten kleiner als die der angegebenen Variablen, erhalten Sie den Wert "W" im Feld SQLWARN3 der SQLCA zurück. Die Datentypen von Spalten und Programm-Variablen müssen kompatibel sein. Um NULL-Werte der Datenbank erkennen zu können, müssen Sie Indikator-Variablen angeben.
USING DESCRIPTOR	verweist auf die SQLDA (SQL dynamic area), die eine Beschreibung der Programm-Variablen enthält. Vor Ausführung des FETCH muß der Benutzer die SQLDA mit den benötigten Angaben versorgen.

Berechtigungen Für die Ausführung des SELECT-Befehls, der mit dem zuvor
durchgeführten OPEN ausgelöst wird, brauchen Sie mindestens
eine der folgenden Berechtigungen für jede angegebene Tabelle
oder Sicht:

- SYSADM oder DBADM

- CONTROL-Berechtigung

- SELECT-Berechtigung.

CLOSE

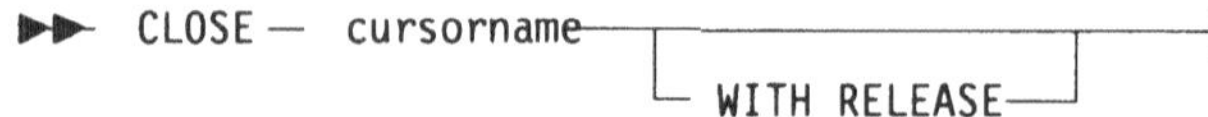

CLOSE schließt den Cursor und gibt die Ergebnis-Tabelle frei. Wurde von DB2 eine temporäre Tabelle für die Ergebnis-Tabelle benutzt, wird diese gelöscht.

CLOSE enthält **kein** Transaktionsende (COMMIT oder ROLL-BACK).

Der Befehl darf in Programmen überall dort benutzt werden, wo ausführbare Anweisungen in der jeweiligen Programmiersprache erlaubt sind.

Dieser Befehl kann nicht mit PREPARE dynamisch übersetzt werden.

Parameter	
cursorname	verweist auf den Cursor, der unter diesem Namen mit DECLARE CURSOR zuvor definiert wurde.
WITH RELEASE	gibt an, daß alle Lese-Sperren des Cursors freigegeben werden. Diese Angabe ist nur für die Benutzertrennungen RS und RR von Bedeutung und hebt deren spezifische Vorteile auf.

DELETE

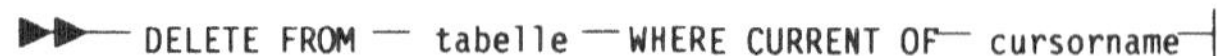

Diese Form des DELETE löscht die aktuelle Zeile, auf die der angegebene Cursor zeigt. Der Cursor muß auf einer Zeile positioniert sein. Nach Ausführung des DELETE ist der Cursor vor der nächsten Zeile der Ergebnis-Tabelle positioniert. Wurde die letzte Zeile gelöscht, so ist er hinter der letzten Zeile positioniert.

Die Regeln zur Erhaltung der referentiellen Integrität werden entsprechend den Angaben in den Tabellen-Definitionen angewendet.

In SQLERRD(3) der SQLCA sehen Sie die Anzahl der gelöschten Zeilen ohne die Anzahl der Zeilen in anderen Tabellen, die über CASCADE-Regeln gelöscht wurden. Bei diesem Befehl beträgt die Anzahl immer 1. Die von den Regeln der referentiellen Integrität und ausgelösten Triggern betroffenen Zeilen sehen Sie in SQLERRD(5). Die Anzahl umfaßt Zeilen mit zutreffenden CASCADE- oder SET NULL-Angaben.

Der Befehl darf in Programmen überall dort benutzt werden, wo ausführbare Anweisungen in der jeweiligen Programmiersprache erlaubt sind.

Parameter	
tabelle	gibt die Tabelle oder Sicht an, aus der die Zeile gelöscht werden soll. Sie muß mit der Tabellen-Angabe im DECLARE CURSOR übereinstimmen.
cursorname	verweist auf den Cursor, der unter diesem Namen mit DECLARE CURSOR zuvor definiert wurde.

Berechtigungen

Für die Ausführung dieses DELETE-Befehls brauchen Sie mindestens eine der folgenden Berechtigungen für die angegebene Tabelle oder Sicht:

- SYSADM oder DBADM
- CONTROL-Berechtigung
- DELETE-Berechtigung.

INSERT

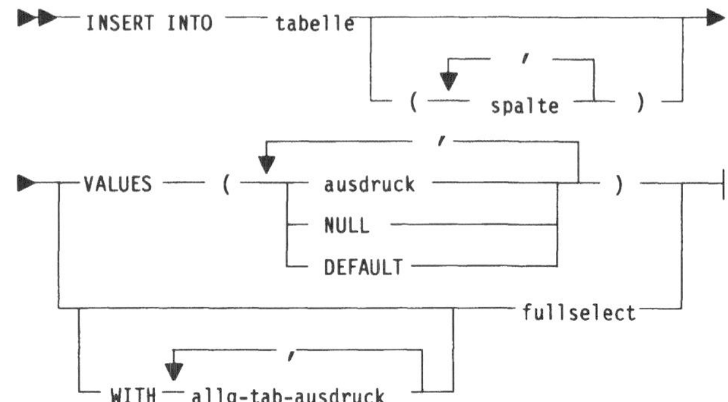

Der Befehl darf in Programmen überall dort benutzt werden, wo ausführbare Anweisungen in der jeweiligen Programmiersprache erlaubt sind.

Zur Unabhängigkeit der Programme von den Tabellendefinitionen sollten Sie immer eine Spaltenliste im Befehl angeben.

In SQLERRD(3) der SQLCA sehen Sie die Anzahl der eingefügten Zeilen.

In SQLERRD(5) der SQLCA sehen Sie die Anzahl der Zeilen, die von allen ausgelösten Triggern eingefügt, gelöscht oder verändert wurden.

Parameter	
`tabelle`	gibt die Tabelle oder Sicht an, in die Zeilen eingefügt werden sollen. Eine angegebene Sicht muß änderungsfähig sein.
`VALUES`	leitet eine Liste von Datenwerten ein, die eingefügt werden sollen
`fullselect`	gibt eine Tabelle als Ergebnis eines vollständigen SELECT-Befehls vor. Ist die Ergebnistabelle leer, wird SQLCODE +100 gesetzt.

Parameter	
`allg-tab-ausdruck`	definiert einen allgemeinen Tabellenausdruck, der im folgenden SELECT benutzt wird

UPDATE

zuordnungs-anw:

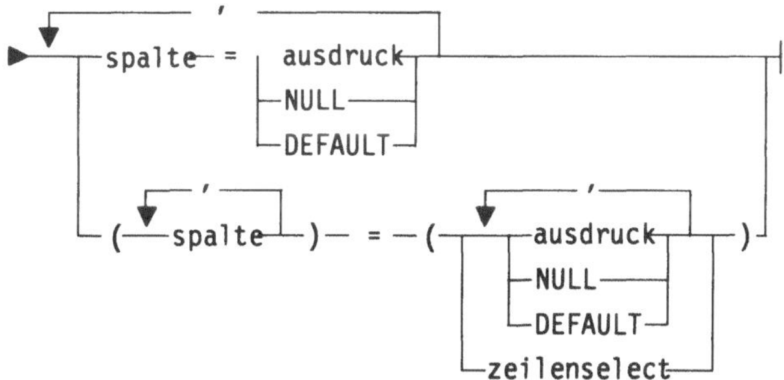

Diese Form des UPDATE-Befehls ändert die aktuelle Zeile, auf die der angegebene Cursor zeigt. Der Cursor muß auf einer Zeile positioniert sein.

Die Integritätsregeln werden entsprechend den Angaben in den Tabellen- oder Sicht-Definitionen angewendet.

Der Befehl darf in Programmen überall dort benutzt werden, wo ausführbare Anweisungen in der jeweiligen Programmiersprache erlaubt sind.

In SQLERRD(3) der SQLCA sehen Sie die Anzahl der geänderten Zeilen. Bei diesem Befehl beträgt die Anzahl immer 1.

In SQLERRD(5) der SQLCA sehen Sie die Anzahl der Zeilen, die von allen ausgelösten Triggern eingefügt, gelöscht oder verändert wurden.

Parameter	
`tabelle`	gibt die Tabelle oder Sicht an, in der die Zeile geändert werden soll. Sie muß mit der Tabellen-Angabe im DECLARE CURSOR übereinstimmen und änderungsfähig sein.
`SET`	Wurde die FOR UPDATE-Klausel nicht spezifiziert, aber das Programm mit Precompiler-Option LANGLEVEL MIA übersetzt, können in der Zuweisungsliste beliebige Spalten der Tabelle oder Sicht angegeben werden. Wurde die FOR UPDATE-Klausel nicht spezifiziert, und das Programm mit Precompiler-Option LANGLEVEL SAA1 übersetzt, dürfen keine Spalten verändert werden. Ein SELECT in der Zuweisung darf nur eine Zeile zum Ergebnis haben.
`cursorname`	verweist auf den Cursor, der unter diesem Namen mit DECLARE CURSOR zuvor definiert wurde.
`zeilenselect`	SELECT-Befehl, der eine Zeile als Ergebnis hat. Kann keine Zeile als Ergebnis ermittelt werden, werden NULLs zugewiesen.

Berechtigungen

Für die Ausführung dieses UPDATE-Befehls brauchen Sie mindestens eine der folgenden Berechtigungen für die angegebene Tabelle oder Sicht:

- SYSADM oder DBADM
- CONTROL-Berechtigung
- UPDATE-Berechtigung.

SELECT INTO

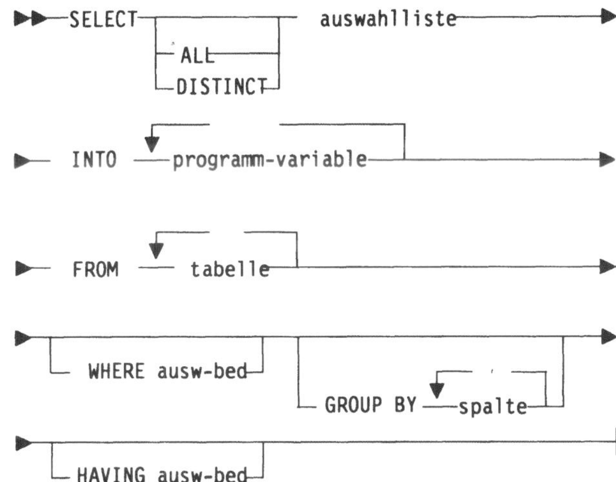

SELECT INTO führt eine Abfrage aus und weist das Ergebnis den angegebenen Programm-Variablen zu. Das Ergebnis der Abfrage darf nur aus einer Zeile bestehen. Ist die Ergebnis-Tabelle leer, wird der SQLCODE +100 gesetzt.

Besteht das Ergebnis der Abfrage aus mehr als einer Zeile, erhalten Sie einen Fehlercode. Die Programm-Variablen können dann Werte enthalten. Es ist aber nicht definiert, zu welcher Zeile diese gehören.

Dieser Befehl wird nicht in REXX unterstützt. Er kann nicht mit PREPARE dynamisch übersetzt werden.

Parameter	
`auswahlliste`	Die Auswahlliste der gewünschten Spalten (Projektion) kann enthalten: * (Stern) bewirkt die Auswahl aller Spalten in der Reihenfolge ihrer Definition Name.* bewirkt die Auswahl aller Spalten in der Reihenfolge ihrer Definition von der Tabelle, deren Name oder Alias dem * vorangestellt wurde. Spaltennamen Die Spalten werden entsprechend ihrer Reihenfolge in der Aufzählung ausgegeben. Der Name muß eindeutig sein, gegebenenfalls muß er durch Tabellenname oder Tabellen-Alias qualifiziert werden. Ausdrücke mit Spalten, Konstanten und Funktionen, ausgegeben wird das Ergebnis des Ausdrucks. Konstanten
`INTO`	leitet eine Liste von Programm-Variablen ein, in die die Spalten der Zeile aus der Ergebnis-Tabelle übertragen werden. Die Zuweisung erfolgt der Reihenfolge nach. Ist die Anzahl der Spalten kleiner als die der angegebenen Variablen, erhalten Sie den Wert "W" in dem Feld SQLWARN3 der SQLCA zurück. Die Datentypen von Spalten und Programm-Variablen müssen kompatibel sein. Um NULL-Werte der Datenbank erkennen zu können, müssen Sie Indikator-Variablen angeben.
`FROM`	gibt die Tabelle oder Sicht an, die durchsucht werden soll.

Parameter	
`WHERE ausw-bed`	Es werden nur die Zeilen ausgewählt, die die Kriterien der Auswahlbedingung erfüllen (Selektion).
`GROUP BY spalte`	GROUP BY verdichtet die Ergebnisse des SELECT-Befehls. Die Spalten, die in dieser Klausel angegeben sind, werden auf Zeilen mit gleichen Werten geprüft und bei Gleichheit zu einer Zeile zusammengefaßt. Die Spalten in der GROUP BY-Angabe müssen auch in der *auswahlliste* enthalten sein.
`HAVING ausw-bed`	HAVING erlaubt eine nochmalige Zeilenauswahl nach Verdichtung der Tabelle gemäß der GROUP BY-Angabe. Fehlt die GROUP BY-Angabe, werden alle Zeilen der Tabelle als eine Gruppe angesehen.

Berechtigungen

Für die Ausführung dieses SELECT-Befehls brauchen Sie mindestens eine der folgenden Berechtigungen für die angegebene Tabelle oder Sicht:

- SYSADM oder DBADM
- CONTROL-Berechtigung
- SELECT-Berechtigung.

CALL

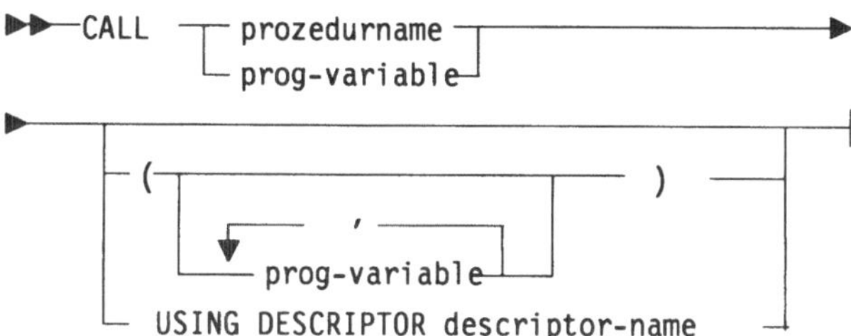

CALL ruft eine (entfernt) gespeicherte Prozedur (stored procedure) auf. Eine solche Prozedur wird auf dem Server der Datenbank ausgeführt und liefert dem aufrufenden Client Daten zurück. Sie läuft innerhalb derselben Transaktion wie die aufrufende Anwendung ab.

Der Befehl darf in Programmen überall dort benutzt werden, wo ausführbare Anweisungen in der jeweiligen Programmiersprache erlaubt sind.

Er kann nicht mit PREPARE dynamisch übersetzt werden. Allerdings darf der Name der Prozedur über eine Programm-Variable erst zur Laufzeit bestimmt werden.

Parameter	

`CALL`
`prozedurname`
oder
`prog-variable`
	gibt den Namen der Prozedur direkt oder als Inhalt der Programm-Variablen an. Die maximale Länge des Prozedurnamens beträgt 254 Bytes. Der Namen muß den Konventionen des Betriebssystems des Datenbank-Servers entsprechen.

`prog-variable`	Jede Programm-Variable ist ein Parameter des Aufrufs. Indikator-Variablen helfen den Ein- und Ausgabe-Parameter zu identifizieren: -1 beim Aufruf zeigt an, daß keine Eingabe für diese Variable vorgesehen ist. -128 beim Rücksprung zeigt an, daß für diese Variable keine Ausgabe vorgesehen ist. Die Parameter von Prozeduren unter DB2 Common Server müssen auf Client- und Server-Seite vom passenden Datentyp sein. Bei Prozeduren unter DB2/MVS und DB2/400 sind Typ-Konvertierungen möglich.
`USING` `DESCRIPTOR`	verweist auf die SQLDA (SQL dynamic area), die eine Beschreibung der Programm-Variablen enthält. Vor Ausführung des CALL muß der Benutzer die SQLDA mit den benötigten Angaben versorgen.

Berechtigungen

Die Berechtigungen orientieren sich am Server, auf dem die Prozedur gespeichert ist. Für DB2 Common Server brauchen Sie mindestens eine der folgenden:

- EXECUTE-Berechtigung für den Zugriffsplan (package)
- CONTROL-Berechtigung für den Zugriffsplan (package)
- SYSADM oder DBADM.

Für den Aufruf von Prozeduren auf Servern mit DB2/MVS oder DB2/400 verweisen wir Sie auf die zugehörigen Handbücher.

FREE LOCATOR

FREE LOCATOR trennt die Verbindung zwischen der Lokator-Variable und ihrem Inhalt.

Der Befehl darf in Programmen überall dort benutzt werden, wo ausführbare Anweisungen in der jeweiligen Programmiersprache erlaubt sind.

Er kann nicht mit PREPARE dynamisch übersetzt werden.

Parameter	
`variable-name`	identifiziert eine Variable, der ein Lokator (durch FETCH oder SELECT INTO) zugewiesen ist.

Berechtigungen keine

VALUES INTO

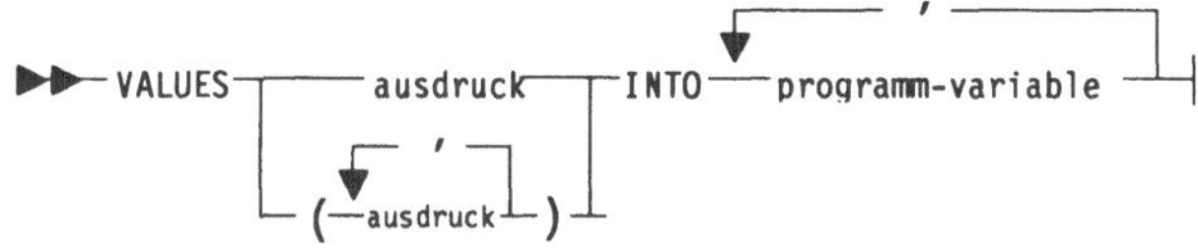

VALUES INTO erzeugt eine Ergebnis-Tabelle mit meistens einer Zeile, die den Programm-Variablen zugewiesen wird.

Der Befehl darf in Programmen überall dort benutzt werden, wo ausführbare Anweisungen in der jeweiligen Programmiersprache erlaubt sind.

Er wird in REXX nicht unterstützt und kann nicht mit PREPARE dynamisch übersetzt werden.

Parameter	
`VALUES ausdruck`	gibt eine oder mehrere Spalten der Ergebnis-Tabelle an.
`INTO programm-variable`	gibt eine oder mehrere Programm-Variablen an, denen die Spalten der Ergebnis-Tabelle zugewiesen werden. Werden weniger Programm-Variable angegeben als Spalten, so wird dem Feld SQLWARN3 der SQLCA der Wert "W" zugewiesen.

Berechtigungen

Keine

Compound SQL

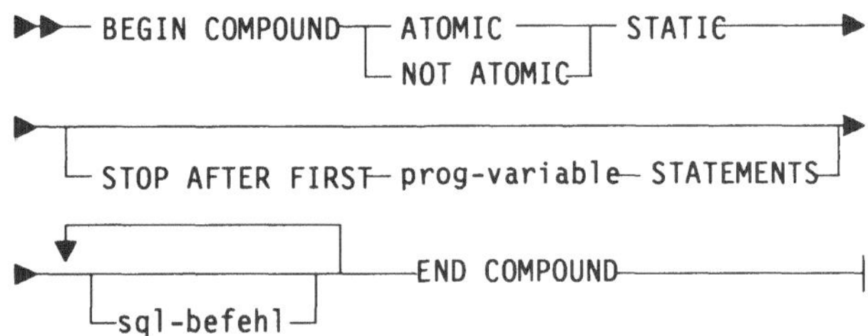

Compound SQL faßt einen oder mehrere SQL-Befehle (Unterbefehle) in einem ausführbaren Block zusammen. Es sind dazwischen keine Befehle in der Gastsprache erlaubt. Compound SQL-Befehle können nicht geschachtelt werden.

Es wird nur eine SQLCA benutzt. Ihre Werte geben im allgemeinen die Werte nach der Ausführung des letzten Unterbefehls wieder. Die SQLWARN-Felder enthalten allerdings die Akkumulation über alle Unterbefehle. SQLSTATE 02000 (No data found) erhält aber Vorrang vor anderen Warnungen und kann auch von weiter vorne liegenden Unterbefehle gesetzt worden sein.

Der Befehl darf nur in Programmen benutzt werden. Der gesamte Compound SQL-Befehl ist eine ausführbare Anweisung, die nicht dynamisch übersetzt werden kann und nicht in REXX unterstützt wird.

Parameter	
ATOMIC	gibt vor, daß im Falle eines Fehlers eines enthaltenen SQL-Befehls alle Veränderungen, auch die erfolgreich durchgeführter Unterbefehle, des Compound SQL zurückgesetzt werden (nicht erlaubt unter DDCS).
NOT ATOMIC	gibt vor, daß im Falle eines Fehlers eines enthaltenen SQL-Befehls keine Veränderungen anderer Unterbefehle zurückgesetzt werden.
STATIC	gibt an, daß alle Programm-Variablen als Eingabe-Parameter ihren Übergabewert für alle Unterbefehle behalten – selbst wenn sie zwischenzeitlich in Unterbefehlen überschrieben wurden. Dynamisches Verhalten (not static) wird zur Zeit nicht unterstützt, das heißt zwischen Unterbefehlen können keine Abhängigkeiten bestehen, und die Verarbeitungsreihenfolge kann nicht als sequentiell angesehen werden.
STOP AFTER FIRST prog-variable STATEMENTS	gibt vor, daß nur die in *prog-variable* enthaltene Anzahl von Befehlen ausgeführt wird.

Parameter	
`sql-befehl`	alle SQL-Befehle sind als Unterbefehle erlaubt **außer**:
	CALL, FETCH, CLOSE, OPEN, CONNECT, PREPARE, Compound SQL, RELEASE, DESCRIBE, ROLLBACK, DISCONNECT, SET CONNECTION, EXECUTE IMMEDIATE
	Ein COMMIT darf nur als letzter Unterbefehl enthalten sein. Als solcher wird er auch nach einer STOP AFTER FIRST-Klausel ausgeführt, wenn er außerhalb der vorgegebenen Spanne liegt.

Berechtigungen

Für den Compound SQL-Befehl selber brauchen Sie keine Berechtigungen. Sie benötigen aber die entsprechenden Berechtigungen für die SQL-Befehle, die darin enthalten sind.

WHENEVER

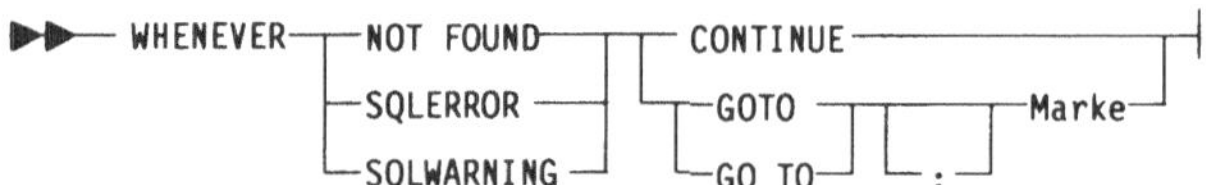

WHENEVER gibt die Aktion vor, die beim Auftreten von Ausnahmezuständen (exceptions conditions) durchgeführt werden soll.

Diese Anweisung ist kein ausführbarer Befehl, sondern eine Anweisung an den Precompiler, der die ausführbaren Befehle zur Durchführung der Aktion generiert. Von der Anweisung betroffen sind daher alle ausführbaren SQL-Befehle in der Reihenfolge ihres Erscheinens im Quellcode nach WHENEVER, nicht aber in der Reihenfolge ihrer Ausführung.

Ein folgendes WHENEVER ändert ein vorheriges WHENEVER zur gleichen Ausnahmebedingung ab seinem Platz im Quellcode.

Geben Sie kein WHENEVER an, so gilt für alle Ausnahmezustände CONTINUE.

Dieser Befehl wird in REXX nicht unterstützt.

Parameter	
NOT FOUND	bedeutet SQLCODE = +100 oder SQLSTATE = '02000'.
SQLERROR	bedeutet SQLCODE < 0.
SQLWARNING	bedeutet SQLCODE > 0 aber <> +100 oder SQLWARN0 = 'W'.
CONTINUE	bringt den nächsten Befehl im Quellcode zur Ausführung.
GOTO oder GO TO	springt die angegebene Marke an.

4.6 **Dynamic SQL-Befehle**

Die folgenden SQL-Befehle dienen der dynamischen Übersetzung und Ausführung von SQL-Befehlen aus Programmen heraus.

DESCRIBE
PREPARE
EXECUTE
EXECUTE IMMEDIATE

DESCRIBE

DESCRIBE stellt Informationen über den übersetzten SQL-Befehl *befehlsname* in den Bereich *deskriptor.*

Dieser Befehl kann nicht mit PREPARE dynamisch übersetzt werden.

Vor dem Aufruf von DESCRIBE muß folgende Variable gesetzt werden:

SQLDA	
SQLN	Anzahl der Variablen, die der Bereich SQLVAR enthält.

DB2 versorgt folgende Variablen bei Befehlsausführung:

SQLDA	
SQLDAID	8 Bytes langes Feld, beginnend mit "SQLDA " Das 7. Byte enthält "2", wenn zwei SQLVAR-Einträge für eine Spalte benutzt werden. Das 8. Byte enthält immer ein Leerzeichen.
SQLDABC	Länge der SQLDA

SQLDA	
SQLD	Anzahl der Spalten bei einem übersetzten SELECT-Befehl, sonst 0. Ist SQLD 0 oder größer als SQLN, enthält der Bereich SQLVAR keine Daten.
SQLVAR	Für 0 < SQLD <= SQLN enthält SQLVAR die Beschreibungen der Spalten der Ergebnis-Tabelle in der Reihenfolge dieser Tabelle. Die Beschreibung besteht jeweils aus SQLTYPE, SQLLEN und SQLNAME und ggf. aus SQLLONGLEN und SQLDATATYPE_NAME. SQLTYPE — Codierter Datentyp für die Spalte, Wertebereich 384 bis 501, wobei gerade Zahlen angeben, daß NULL erlaubt ist, ungerade, daß NULL nicht erlaubt ist. Die Werte 804 bis 813 stehen für LOB-Dateireferenzen und 960 bis 969 für LOB-Lokatoren. SQLLEN — Länge in Abhängigkeit vom Datentyp der Spalte, 0 für LOB-Spalten SQLNAME — Unqualifizierter Spaltenname SQLLONGLEN Länge der LOB-Spalte SQLDATATYPE_NAME — voll qualifizierter Name des Datentyps

Parameter	
`befehlsname`	verweist auf einen Befehl, der unter diesem Namen zuvor übersetzt wurde.
`INTO deskriptor`	verweist auf die SQLDA, die unter *deskriptor* angelegt wurde.

Die SQLDA hat folgenden Aufbau:


```
*****************************************************************
*       * Source File Name = SQLDA.CBL
*       * (C) Copyright IBM Corp. 1987, 1995
* All Rights Reserved
* Licensed Material - Program Property of IBM
* US Government Users Restricted Rights - Use, duplication or
* disclosure restricted by GSA ADP Schedule Contract with IBM Corp.
*       * Function = Copy File defining:
*           SQLDA
*****************************************************************
*   SQL Descriptor Area - Variable descriptor
*                   SQL Descriptor Area - SQLDA
 01 SQLDA SYNC.
    05 SQLDAID PIC X(8) VALUE "SQLDA ".
*                   Eye catcher = 'SQLDA   '
    05 SQLDABC PIC S9(9) COMP-5.
*                   SQLDA size in bytes = 16+44*SQLN
    05 SQLN PIC S9(4) COMP-5.
*                   Number of SQLVAR elements
    05 SQLD PIC S9(4) COMP-5.
*                   # of used SQLVAR elements
    05 SQLVAR-ENTRIES OCCURS 0 TO 1489 TIMES
        DEPENDING ON SQLN OF SQLDA.
      10 SQLVAR.
        15 SQLTYPE PIC S9(4) COMP-5.
*                   Variable data type
        15 SQLLEN PIC S9(4) COMP-5.
*                   Variable data length
        15 SQLDATA USAGE POINTER.
*                   Pointer to variable data value
        15 SQLIND USAGE POINTER.
*                   Pointer to Null indicator
        15 SQLNAME.
*                   Variable Name
          20 SQLNAMEL PIC S9(4) COMP-5.
*                   Name length varies from 1 to 30
          20 SQLNAMEC PIC X(30).
*                   Variable or Column name
      10 SQLVAR2 REDEFINES SQLVAR.
        15 SQLVAR2-RESERVED-1 PIC S9(9) COMP-5.
*                   Reserved for future use
        15 SQLLONGLEN REDEFINES SQLVAR2-RESERVED-1
            PIC S9(9) COMP-5.
*                   LOB variable data length
        15 SQLVAR2-RESERVED-2 PIC S9(9) COMP-5.
*                   Reserved for future use
        15 SQLDATALEN USAGE POINTER.
*                   Pointer to LOB variable data length
        15 SQLDATATYPE-NAME.
*                   Variable Name
          20 SQLDATATYPE-NAMEL PIC S9(4) COMP-5.
*                   Name length varies from 1 to 27
          20 SQLDATATYPE-NAMEC PIC X(27).
*                   Variable or Column name
          20 FILLER PIC X(3).
```

Berechtigungen

Zur Ausführung dieses Befehls benötigen Sie keine Berechtigungen.

PREPARE

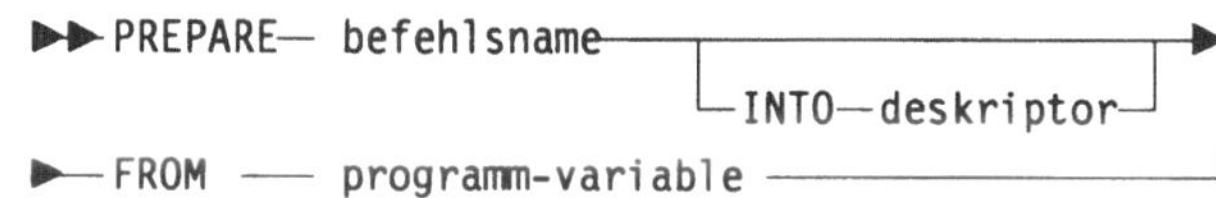

PREPARE übersetzt in einem Anwendungsprogramm zu dessen Ausführungszeit einen SQL-Befehl, der als Zeichenkette vorliegt, und speichert ihn. Enthält der SQL-Befehl als Zeichenkette Fehler, wird er nicht in übersetzter Form abgelegt; die SQLCA enthält dann den Fehlercode.

Übersetzte Befehle können mit EXECUTE beliebig oft ausgeführt werden, wenn sie keine SELECT-Befehle sind. SELECT-Befehle müssen als Cursor deklariert und mit OPEN ausgeführt werden. Wenn Befehle nur einmal ausgeführt werden sollen, ist es effizienter, EXECUTE IMMEDIATE zu benutzen.

Übersetzte Befehle bleiben bis zur Transaktionsgrenze erhalten, es sei denn, sie beziehen sich auf Cursor, die mit WITH HOLD definiert wurden.

PREPARE selbst kann nicht mit PREPARE dynamisch übersetzt werden.

Parameter	
befehlsname	benennt den übersetzten Befehl. Wenn der Name bereits einen übersetzten Befehl identifiziert, wird dieser zerstört. Der Name darf keinen übersetzten SELECT-Befehl identifizieren, dessen Cursor geöffnet ist.
INTO deskriptor	verweist auf die SQLDA, die unter *deskriptor* angelegt wurde. Der DESCRIBE-Befehl kann stattdessen verwendet werden.

Parameter	
`FROM programm-` `variable`	verweist auf zuvor als solche deklarierte Programm-Variable, die den SQL-Befehl als Zeichenkette enthält. Die Variable muß einen der folgenden SQL-Befehle enthalten: ALTER TABLE, COMMENT ON, COMMIT, CREATE, DELETE, DROP, GRANT, INSERT, LOCK TABLE, REVOKE, ROLLBACK, SELECT, SET CONSTRAINTS, SET CURRENT ..., SET EVENT MONITOR STATE, SIGNAL STATE, UPDATE. Die Zeichenkette darf nicht enthalten: • SELECT INTO • EXEC SQL und Befehlsbegrenzer wie END-EXEC oder ; • Referenzen auf Programm-Variablen • Kommentare. Statt der Programm-Variablen kann die Zeichenkette Parameter-Platzhalter "?" (auch mit CAST-Angabe) enthalten. Diese werden durch die Werte von Programm-Variablen ersetzt, wenn der Befehl ausgeführt wird.

Berechtigungen

Bei Ausführung des Befehls werden für DML-Befehle die Berechtigungen geprüft. Sie müssen über die notwendigen Berechtigungen für die Ausführung des zu übersetzenden Befehls verfügen. Bei anderen Befehlen (DDL, DCL) werden die Berechtigungen zu deren Ausführung erst zur Ausführungszeit geprüft. Dann benötigen Sie keine Berechtigungen, um PREPARE aufzurufen.

EXECUTE

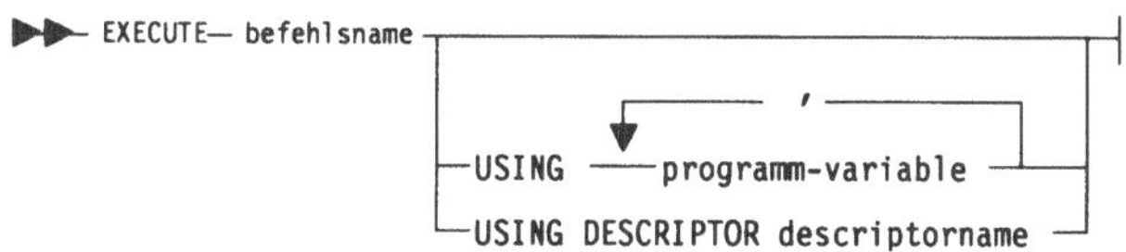

EXECUTE führt einen zuvor übersetzten SQL-Befehl aus.

Dieser Befehl kann nicht mit PREPARE dynamisch übersetzt werden.

Parameter	
befehlsname	verweist auf den SQL-Befehl, der unter diesem Namen mit PREPARE zuvor in derselben Transaktion übersetzt wurde. Der Befehl darf kein SELECT sein.
USING	leitet eine Liste von Programm-Variablen ein, die die Parameter-Platzhalter ersetzen. Die Ersetzung erfolgt der Reihenfolge nach.
USING DESCRIPTOR	verweist auf die SQLDA (SQL dynamic area), die eine Beschreibung der Programm-Variablen enthält. Vor Ausführung des OPEN muß der Benutzer die SQLDA mit den benötigten Angaben versorgen.

Berechtigungen

Für Befehle, bei denen zur Ausführungszeit die Berechtigung geprüft wird, müssen Sie über die Berechtigungen verfügen, die zur Ausführung des auszuführenden Befehls notwendig sind. Für Befehle, bei denen die Berechtigung bereits bei der Übersetzung geprüft wurde, benötigen Sie keine Berechtigungen, um EXECUTE aufzurufen.

EXECUTE IMMEDIATE

▶▶── EXECUTE IMMEDIATE──programm-variable────┤

EXECUTE IMMEDIATE übersetzt in einem Anwendungsprogramm zu dessen Ausführungszeit einen SQL-Befehl, der als Zeichenkette vorliegt, führt ihn aus und zerstört anschließend sein ausführbares Format. Enthält der SQL-Befehl als Zeichenkette Fehler, wird er nicht ausgeführt; die SQLCA enthält dann den Fehlercode.

Führen Sie denselben Befehl mehrmals aus, ist es effizienter, ihn mit PREPARE einmal zu übersetzen und dann mit EXECUTE mehrmals auszuführen.

Parameter	
`programm-` `variable`	verweist auf zuvor als solche deklarierte Programm-Variable, die den SQL-Befehl als Zeichenkette enthält. Die Variable muß einen der folgenden SQL-Befehle enthalten: ALTER TABLE, COMMENT ON, COMMIT, CREATE INDEX, CREATE TABLE, CREATE VIEW, DELETE, DROP, GRANT, INSERT, LOCK TABLE, REVOKE, ROLLBACK, SELECT, SET CONSTRAINTS, SET CURRENT ..., SET EVENT MONITOR STATE, SIGNAL STATE, UPDATE. Die Zeichenkette darf nicht enthalten: • SELECT INTO • EXEC SQL und Befehlsbegrenzer wie END-EXEC oder ; • Parameter-Platzhalter oder Referenzen auf Programm-Variablen • Kommentare.

Dieser Befehl kann nicht mit PREPARE dynamisch übersetzt werden.

Berechtigungen · Zur Ausführung dieses Befehls müssen Sie über die Berechtigungen verfügen, die Sie zur Ausführung des angegebenen SQL-Befehls benötigen.

4.7 Kommandos zum Übersetzen und Binden

BIND

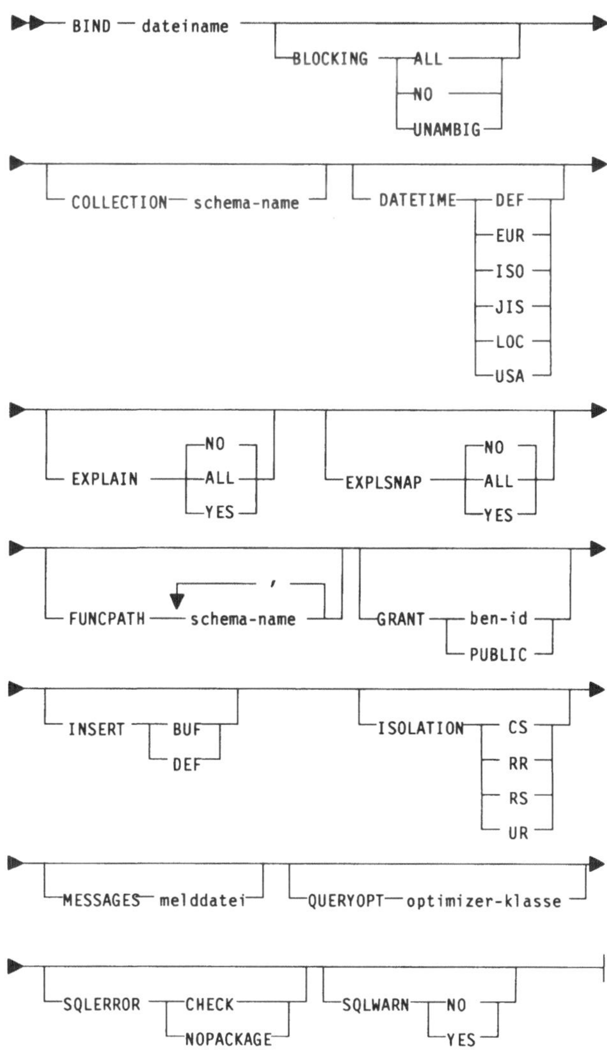

Für BINDs auf DRDA-Servern gelten teilweise andere Parameter, die Sie bei Bedarf im DB2-Handbuch nachschlagen können.

BIND setzt die Ausgabe des Precompilers mit den SQL-Befehlen um in einen Zugriffsplan (package), der im DB2-Katalog in den Tabellen SYSIBM.SYSPLAN und SYSIBM.SYSSECTION gespeichert wird.

Bild 4.11:
Zugriffsplan mit
BIND erstellen

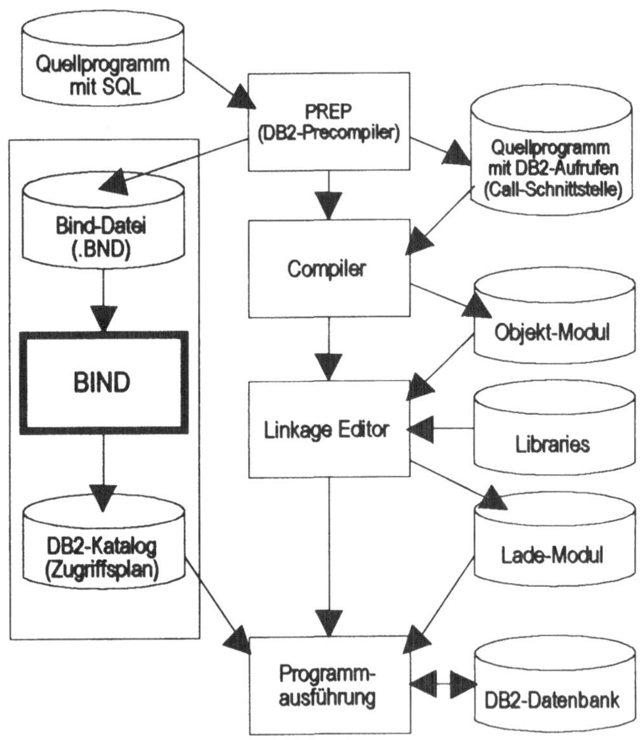

Ein Zugriffsplan unterteilt sich je SQL-Befehl in Abschnitte (sections). Er kann maximal 400 Abschnitte besitzen.

BIND bricht die Verarbeitung ab, wenn ein schwerer Fehler (fatal error) oder mehr als 100 Fehler aufgetreten sind. Die Fehlermeldungen werden in der Reihenfolge ihres Auftretens in die Meldungsdatei geschrieben.

Bei einem schweren Fehler bricht BIND die Verarbeitung ab, versucht alle Dateien zu schließen, und löscht den Zugriffsplan in der Datenbank.

Der Precompiler kann ebenfalls den Binde-Lauf durchführen, wenn er eine Datei übersetzt.

Der Standard-Name für den Zugriffsplan steht in der .BND-Datei und beruht auf dem Namen der Quelldatei, aus der die .BND-Datei erzeugt wurde. Die Namen der .BND-Datei und des Zugriffsplans können Sie beim Übersetzen überschreiben.

Statt des Namens der zu bindenden Datei können Sie auch den Namen einer Listendatei angeben, in der Sie mehrere zu bindende Dateien benennen können. Der Name der Listendatei muß mit einem "@" beginnen. Die Dateinamen der Aufzählung müssen mit einem Plus-Zeichen (+) miteinander verbunden sein, zum Beispiel *test_r.bnd+test_i.bnd*.

Sie müssen mit der Datenbank verbunden sein, für die die Anwendung gebunden werden soll. Bei implizitem Verbindungsaufbau wird eine Anmeldung an der als Standard definierten Datenbank durchgeführt.

BIND arbeitet unter der Transaktion, die Sie bereits gestartet haben. Es beendet diese durch COMMIT oder ROLLBACK.

Parameter

BLOCKING

BLOCKING gibt die Art der Satzblockung für die Behandlung mehrdeutiger (ambiguous) Cursor vor.

- Mit ALL blocken Sie:
  - reine Fetch-Cursor,
  - Cursor, die nicht mit FOR UPDATE OF definiert wurden,

  Mehrdeutige (ambiguous) Cursor werden als fetch-only behandelt.

- Mit UNAMBIG blocken Sie:
  - reine Fetch-Cursor,
  - Cursor, die nicht mit FOR UPDATE OF definiert wurden,
  - Cursor, zu denen keine dynamischen SQL-Befehle existieren.

  Mehrdeutige (ambiguous) Cursor werden als änderbar behandelt.

- Mit NO blocken Sie keinen Cursor.

Mehrdeutige Cursor werden als änderbar behandelt.

Wenn Sie keine Blockart vorgeben, benutzt BIND die Blockart, die beim Aufruf des Precompilers vorgegeben wurde. Binden Sie eine .BND-Datei, die von einer Vorläuferversion erstellt wurde, die diesen Parameter nicht unterstützte, so benutzt BIND UNAMBIG als Standard.

COLLECTION schema-name

Mit COLLECTION geben Sie einen 8-stelligen Schema-Namen vor. Standardmäßig wird die Berechtigungsidentifikation des Benutzers benutzt, der den Zugriffsplan (package) ausführt.

DATETIME

DATETIME legt das Format für Datum und Uhrzeit fest für Felder der entsprechenden Datentypen, die Zeichenketten-Darstellungen zugeordnet werden. Wenn Sie kein Format angeben, benutzt BIND DEF.

gültige Angaben	
DEF	Format, das zum Ländercode der Datenbank gehört.
USA	USA-Format nach IBM Standard Datum: mm/tt/jjjj Uhrzeit: hh:mm AM oder PM
EUR	Europa-Format nach IBM-Standard Datum: tt.mm.jjjj Uhrzeit: hh.mm.ss
ISO	International genormtes Format Datum: jjjj-mm-tt Uhrzeit: hh.mm.ss
JIS	Japanischer Industriestandard Datum: jjjj-mm-tt Uhrzeit: hh:mm:ss
LOC	Spezielles Format in Abhängigkeit vom Ländercode der Datenbank

EXPLAIN

Mit EXPLAIN können Sie Informationen über die Zugriffswege
für jeden SQL-Befehl in die EXPLAIN-Tabellen abspeichern lassen.

gültige Angaben	
NO	keine Informationen werden gespeichert.
YES	Informationen werden gespeichert.
ALL	Informationen für jeden statischen SQL-Befehl wer-den gespeichert. Zusätzlich werden zur Laufzeit Informationen über dynamische SQL-Befehle gesammelt, selbst wenn die Umgebungs-Variable CURRENT EXPLAIN SNAPSHOT auf NO gesetzt ist.

EXPLSNAP

Mit EXPLSNAP speichern Sie EXPLAIN-Schnappschuß-Informationen in den EXPLAIN-Tabellen

gültige Angaben	
NO	keine Schnappschüsse
YES	ein EXPLAIN-Schnappschuß für jeden statischen SQL-Befehl wird in den EXPLAIN-Tabellen gespei-chert.
ALL	ein EXPLAIN-Schnappschuß für jeden statischen SQL-Befehl wird in den EXPLAIN-Tabellen gespei-chert. Zusätzlich werden zur Laufzeit Schnapp-schuß-Informationen über dynamische SQL-Befehle gesammelt, selbst wenn die Umgebungs-Variable CURRENT EXPLAIN SNAPSHOT auf NO gesetzt ist.

FUNCPATH

Mit FUNCPATH geben Sie einen Suchpfad für benutzerdefinierte
Datentypen und Funktionen in statischem SQL vor. Der Standard-Suchpfad ist "SYSIBM", "SYSFUN" und USER, wobei USER
der Inhalt der Umgebungs-Variablen USER ist.

schema-name gibt ein existierendes Schema auf dem Server an.
Es wird zur Übersetzungs- oder Bindezeit nicht geprüft, ob das

Schema existiert. Ein Schema kann nur einmal im Suchpfad aufgeführt werden.

SYSIBM muß nicht explizit aufgeführt werden, da es immer als erstes Schema des Suchpfads angenommen wird.

Die maximale Länge des Suchpfads ist 254 Bytes.

GRANT

Mit GRANT vergeben Sie EXECUTE- und BIND-Berechtigung an die angegebene Benutzer- oder Gruppen-Identifikation oder an PUBLIC.

INSERT

Mit INSERT steuern Sie auf einem DB2 V2 Client, ob in einem Programm, das für einen DB2 Parallel Edition Server übersetzt oder gebunden wird, Datenzugänge zur Verbesserung der Performance gepuffert werden sollen.

gültige Angaben	
BUF	puffert Neuzugänge
DEF	keine Pufferung

ISOLATION

Mit ISOLATION bestimmen Sie die Ebene der Benutzertrennung.

gültige Angaben	
CS	Cursor Stability
RR	Repeatable Read
RS	Read Stability
UR	Uncommitted Read

Der Standard für die Benutzertrennung ist die Angabe beim Aufruf des Precompilers. *CS* ist Standard, wenn auch dort nichts explizit vorgegeben wurde. *RR* ist Standard für .BND-Dateien, die mit dem Precompiler der Vorläuferversion übersetzt wurden, die diesen Parameter noch nicht unterstützte.

MESSAGES

Mit MESSAGES geben Sie an, wohin die Fehler-, Warn- und Beendigungsmeldungen ausgegeben werden sollen. Die Meldedatei wird angelegt unabhängig davon, ob der BIND erfolgreich ist oder nicht. Eine schon bestehende Datei wird überschrieben. Ohne explizite Angabe erfolgt die Ausgabe auf die Standard-Ausgabe des Betriebssystems.

QUERYOPT

Mit QUERYOPT geben Sie eine gewünschte Optimizer-Klasse vor. Der Standardwert ist 5.

SQLERROR

Mit SQLERROR bestimmen Sie, ob bei einem Fehler ein Zugriffsplan (package) oder eine Binde-Datei erstellt werden sollen.

gültige Angaben	
CHECK	Das Zielsystem führt alle Syntax- und Semantik-Prüfungen der SQL-Befehle durch. Ein Zugriffsplan wird nicht erstellt.
NOPACKAGE	kein Zugriffsplan oder Binde-Datei im Fehlerfalle

SQLWARN

Mit SQLWARN geben Sie vor, ob für dynamisches SQL Warnungen zurückgegeben werden von PREPARE, EXECUTE IMMEDIATE oder DESCRIBE.

gültige Angaben	
NO	keine Warnungen
YES	Ausgabe von Warnungen

SQLCODE +238 ist eine Ausnahmebedingung, die unabhängig von diesem Parameter zurückgegeben wird.

Berechtigungen

Um einen Binde-Lauf durchführen zu können, benötigen Sie mindestens eine der folgenden Berechtigungen:

- SYSADM oder DBADM
- BINDADD
- BIND.

PREP (PRECOMPILE PROGRAM)

PREP übersetzt die Quelldatei eines Anwendungsprogramms in eine erweiterte Quelldatei und erzeugt eine .BND-Datei, die für den Binde-Lauf benötigt wird.

Bild 4.12:
Quellprogramm mit
PREP vorübersetzen

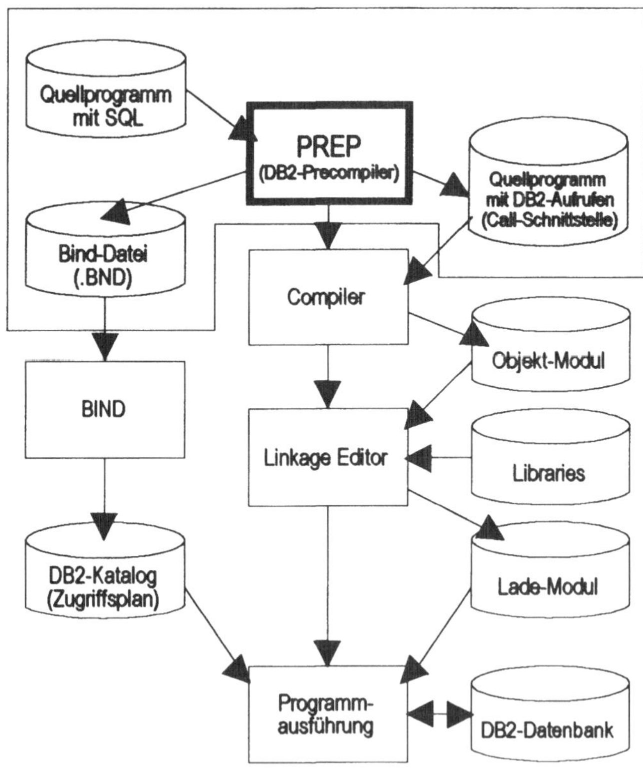

Beim Binden werden die SQL-Befehle, die in der .BND-Datei enthalten sind, in einen Zugriffsplan (package) umgesetzt und in den Tabellen SYSIBM.SYSPLAN und SYSIBM.SYSSECTION im DB2-Katalog gespeichert. Das Binden kann von PREP übernommen oder abgetrennt und als eigenständiger Schritt mit BIND oder BIND-Kommando durchgeführt werden.

Ein Zugriffsplan unterteilt sich je SQL-Befehl in Abschnitte (sections). Er kann maximal 400 Abschnitte besitzen.

Sie müssen mit der Datenbank verbunden sein, für die die Anwendung übersetzt und gebunden werden soll. Bei implizitem Verbindungsaufbau wird eine Anmeldung an der als Standard definierten Datenbank durchgeführt.

Wenn Sie bereits bei einer Datenbank angemeldet sind, arbeitet PREP unter der Transaktion, die Sie bereits gestartet haben, und beendet diese durch COMMIT oder ROLLBACK.

Der BIND wird abgebrochen, wenn ein schwerer Fehler (fatal error) oder mehr als 100 Fehler aufgetreten sind. Die Fehlermeldungen werden in der Reihenfolge ihres Auftretens ausgeben.

Bei einem schweren Fehler wird der Binde-Lauf abgebrochen.

Sie müssen mindestens den Namen des zu übersetzenden Programms und die zugehörige Datenbank angeben.

Das Programm muß in einer unterstützten Programmiersprache geschrieben sein. Unterstützt werden zur Zeit C, C++, COBOL und FORTRAN[4].

Das Programm wird vorübersetzt und mit der Datenbank gebunden. Ergebnis des PREP-Laufs sind eine erweiterte Quelldatei als Eingabe für den Compiler und eine .BND-Datei mit den SQL-Befehlen und zusätzlichen Angaben für DB2.

PREP entnimmt der Erweiterung (extension) des Dateinamens die Programmiersprache.

gültige Dateinamen-Erweiterungen	
.sqc	C
.sqx	C++ unter OS/2
.sqC	C++ unter AIX

---

[4] REXX-Programme werden nicht übersetzt.

gültige Dateinamen-Erweiterungen	
.sqb	COBOL
.sqf	FORTRAN

Wenn Sie keine weiteren Angaben machen, unterstellt PREP folgende Standards:

- Für die ausgegebene erweiterte Quelldatei:

Dateinamen-Standards	
Programm-Name.c	C-Programme
Programm-Name.cxx	C++-Programme unter OS/2
Programm-Name.C	C++-Programme unter AIX
Programm-Name.cbl	COBOL-Programme
Programm-Name.for	FORTRAN-Programme unter OS/2
Programm-Name.f	FORTRAN-Programme unter AIX

- Für den Zugriffsplan den Namen des Programms (ohne Erweiterung (extension))
- Für die Binde-Datei[5] Programm-Name.BND. Eine existierende Datei wird überschrieben.

PREP speichert die erweiterte Quelldatei und die .BND-Datei in demselben Verzeichnis wie das Programm, wenn Sie keinen anderen Pfad angeben.

---

5 Bei DB2/MVS heißt diese Datei DBRM (DataBase Resource Module)

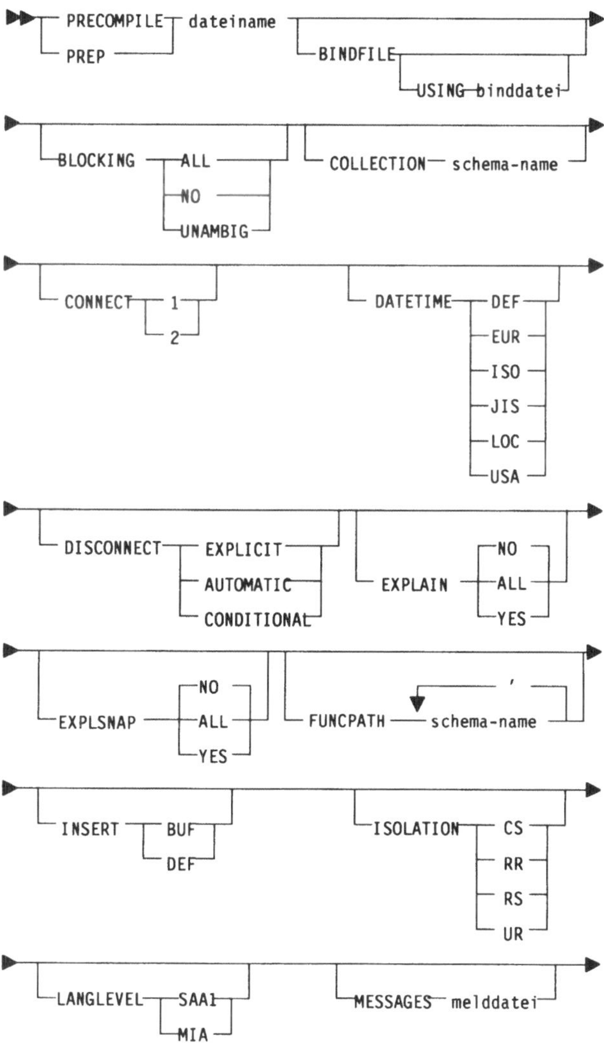

PRECOMPILE dateiname
PREP
BINDFILE
USING binddatei
BLOCKING ALL
NO
UNAMBIG
COLLECTION schema-name
CONNECT 1
2
DATETIME DEF
EUR
ISO
JIS
LOC
USA
DISCONNECT EXPLICIT
AUTOMATIC
CONDITIONAL
EXPLAIN NO
ALL
YES
EXPLSNAP NO
ALL
YES
FUNCPATH schema-name
INSERT BUF
DEF
ISOLATION CS
RR
RS
UR
LANGLEVEL SAA1
MIA
MESSAGES melddatei

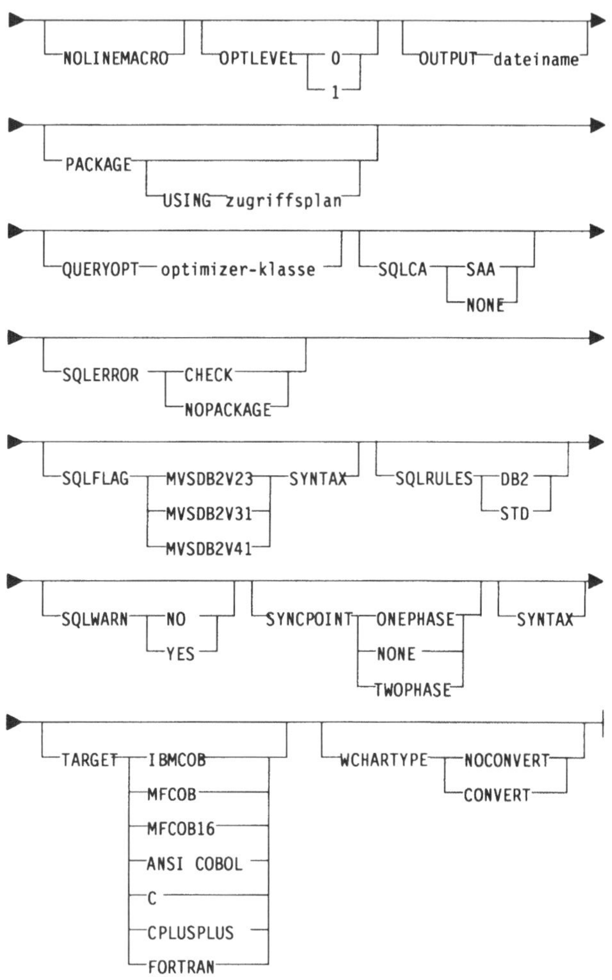

Für Übersetzungen auf DRDA-Servern gelten teilweise andere Parameter, die Sie bei Bedarf im DB2-Handbuch nachschlagen können.

<table>
<tr><td>Parameter</td><td>

BINDFILE

BINDFILE erzeugt eine Binde-Datei. Ein Zugriffsplan (package) wird nur erzeugt, wenn Sie die PACKAGE-Option auch angeben. SQLCODES wegen fehlender Objekte oder Berechtigung werden nur als Warnungen behandelt. Dadurch können Sie auch dann eine Binde-Datei erzeugen, wenn die Datenbank nicht alle Objekte besitzt. Mit dieser Datei können Sie später dann einen Zugriffsplan erzeugen (BIND).

USING dateiname

Mit USING geben Sie den Namen der Binde-Datei vor. Geben Sie keinen Namen an, wird eine Datei mit dem Namen *programm.BND* erzeugt. Machen Sie keine vollständige Pfadangabe, benutzt PREP das aktuelle Verzeichnis.

BLOCKING

BLOCKING gibt die Art der Satzblockung für die Behandlung mehrdeutiger (ambiguous) Cursor vor.

- Mit ALL blocken Sie:
  - reine Fetch-Cursor
  - Cursor, die nicht mit FOR UPDATE OF definiert wurden.

  Mehrdeutige (ambiguous) Cursor werden als fetch-only behandelt.

- Mit UNAMBIG blocken Sie:
  - reine Fetch-Cursor,
  - Cursor, die nicht mit FOR UPDATE OF definiert wurden,
  - Cursor, zu denen keine dynamischen SQL-Befehle existieren.

  Mehrdeutige (ambiguous) Cursor werden als änderbar behandelt.

- Mit NO blocken Sie keinen Cursor.

  Mehrdeutige Cursor werden als änderbar behandelt.

Wenn Sie keine Blockart vorgeben, benutzt BIND die Blockart, die beim Aufruf des Precompilers vorgegeben wurde. Binden Sie eine .BND-Datei, die von einer Vorläuferversion erstellt wurde, die diesen Parameter nicht unterstützte, so benutzt BIND UNAMBIG als Standard.

</td></tr>
</table>

COLLECTION schema-name

Mit COLLECTION geben Sie einen 8-stelligen Schema-Namen vor. Standardmäßig wird die Berechtigungsidentifikation des Benutzers benutzt, der den Zugriffsplan (package) ausführt.

CONNECT

Parameter	
1	ein CONNECT-Befehl wird als Typ 1 behandelt.
2	ein CONNECT-Befehl wird als Typ 2 behandelt.

Weitere Erläuterungen zu CONNECT finden Sie in Abschnitt 9.2.3.

DATETIME

DATETIME legt das Format für Datum und Uhrzeit fest für Felder der entsprechenden Datentypen, die Zeichenketten-Darstellungen zugeordnet werden. Wenn Sie kein Format angeben, benutzt BIND DEF.

gültige Angaben	
DEF	Format, das zum Ländercode der Datenbank gehört.
USA	USA-Format nach IBM Standard Datum: mm/tt/jjjj Uhrzeit: hh:mm AM oder PM
EUR	Europa-Format nach IBM-Standard Datum: tt.mm.jjjj Uhrzeit: hh.mm.ss
ISO	International genormtes Format Datum: jjjj-mm-tt Uhrzeit: hh.mm.ss
JIS	Japanischer Industriestandard Datum: jjjj-mm-tt Uhrzeit: hh:mm:ss
LOC	Spezielles Format in Abhängigkeit vom Ländercode der Datenbank

DISCONNECT

Parameter	
`AUTOMATIC`	bewirkt beim COMMIT die automatische Abmeldung von allen Datenbanken.
`CONDITIONAL`	bewirkt beim COMMIT die Abmeldung der Datenbank-Verbindungen, die mit RELEASE markiert wurden oder keine mit WITH HOLD-Option definierten Cursor eröffnet haben.
`EXPLICIT`	bewirkt beim COMMIT die Abmeldung der Datenbank-Verbindungen, die explizit mit dem RELEASE-Befehl markiert wurden.

EXPLAIN

Mit EXPLAIN können Sie Informationen über die Zugriffswege für jeden SQL-Befehl in die EXPLAIN-Tabellen abspeichern lassen.

Parameter	
`NO`	keine Informationen werden gespeichert.
`YES`	Informationen werden gespeichert.
`ALL`	Informationen für jeden statischen SQL-Befehl werden gespeichert. Zusätzlich werden zur Laufzeit Informationen über dynamische SQL-Befehle gesammelt, selbst wenn die Umgebungs-Variable CURRENT EXPLAIN SNAPSHOT auf NO gesetzt ist.

EXPLSNAP

Mit EXPLSNAP speichern Sie EXPLAIN-Schnappschuß-Informationen in den EXPLAIN-Tabellen.

Parameter	
`NO`	keine Schnappschüsse
`YES`	ein EXPLAIN-Schnappschuß für jeden statischen SQL-Befehl wird in den EXPLAIN-Tabellen gespeichert.

Parameter	
ALL	ein EXPLAIN-Schnappschuß für jeden statischen SQL-Befehl wird in den EXPLAIN-Tabellen gespeichert. Zusätzlich werden zur Laufzeit Schnappschuß-Informationen über dynamische SQL-Befehle gesammelt, selbst wenn die Umgebungs-Variable CURRENT EXPLAIN SNAPSHOT auf NO gesetzt ist.

FUNCPATH

Mit FUNCPATH geben Sie einen Suchpfad für benutzerdefinierte Datentypen und Funktionen in statischem SQL vor. Der Standard-Suchpfad ist "SYSIBM", "SYSFUN" und USER, wobei USER der Inhalt der Umgebungs-Variablen USER ist.

schema-name gibt ein existierendes Schema auf dem Server an. Es wird zur Übersetzungs- oder Bindezeit nicht geprüft, ob das Schema existiert. Ein Schema kann nur einmal im Suchpfad aufgeführt werden.

SYSIBM muß nicht explizit aufgeführt werden, da es immer als erstes Schema des Suchpfads angenommen wird.

Die maximale Länge des Suchpfads ist 254 Bytes.

GRANT

Mit GRANT vergeben Sie EXECUTE- und BIND-Berechtigung an die angegebene Benutzer- oder Gruppen-Identifikation oder an PUBLIC.

INSERT

Mit INSERT steuern Sie auf einem DB2 V2 Client, ob in einem Programm. das für einen DB2 Parallel Edition Server übersetzt oder gebunden wird, Datenzugänge zur Verbesserung der Performance gepuffert werden sollen.

Parameter	
BUF	puffert Neuzugänge
DEF	keine Pufferung

ISOLATION

Mit ISOLATION bestimmen Sie die Ebene der Benutzertrennung.

gültige Angaben	
CS	Cursor Stability
RR	Repeatable Read
RS	Read Stability
UR	Uncommitted Read

CS ist Standard, wenn nichts explizit vorgegeben wurde.

LANGLEVEL

LANGLEVEL gibt die Ebene der Kompatibilität vor:

Parameter	
SAA1	erfordert Kompatibilität mit SAA Level 1 Database CPI. Dies bedeutet, daß für änderbare Cursor die FOR UPDATE OF-Angabe für alle veränderten Spalten erwartet wird und daß abgeschnittene Zeichenketten in C nicht mit Binär-0 beendet werden.
MIA	verlangt Kompatibilität mit MIA (multi-vendor integrated architecture). Dies bedeutet, daß die FOR UPDATE OF-Angabe in Cursor-Deklarationen optional ist und daß Zeichenketten in C immer, auch abgeschnittene, mit Binär-0 beendet werden.

MESSAGES

Mit MESSAGES geben Sie an, wohin die Fehler-, Warn- und Beendigungsmeldungen ausgegeben werden sollen. Die Meldedatei wird angelegt unabhängig davon, ob der BIND erfolgreich ist oder nicht. Eine schon bestehende Datei wird überschrieben. Ohne explizite Angabe erfolgt die Ausgabe auf die Standard-Ausgabe des Betriebssystems.

NOLINEMACRO

NOLINEMACRO unterdrückt die Erzeugung von #-Makros in der Ausgabedatei *programm.c.* Dies ist nützlich, wenn die Datei mit Entwicklungswerkzeugen bearbeitet wird, die Zeileninformationen des Quellcodes benötigen, wie Debugger oder Cross-Reference-Dienstprogramme.

Dieser Parameter gilt nur für C/C++-Programme.

OPTLEVEL

Mit OPTLEVEL geben Sie vor, die Initialisierung der SQLDA für SQL-Befehle mit Programm-Variablen zu optimieren.

Parameter	
0	keine Optimierung
1	Optimierung

OUTPUT

Mit OUTPUT überschreiben Sie den Standardnamen des Compilers für das vorübersetzte Quellprogramm. Die Angabe kann einen Pfad enthalten

PACKAGE

Mit PACKAGE erstellen Sie einen Zugriffsplan.

USING plan

Mit USING geben Sie den Namen vor, unter dem der Zugriffsplan abgelegt wird. Geben Sie keinen Namen vor, übernimmt PREP den Namen der Quelldatei (maximal 8-stellig).

QUERYOPT

Mit QUERYOPT geben Sie eine gewünschte Optimizer-Klasse vor. Der Standardwert ist 5.

SQLCA

Parameter	
NONE	gibt an, daß der modifizierte Quellcode mit den SAA-Definitionen *nicht* übereinstimmt.
SAA	gibt an, daß der modifizierte Quellcode mit den SAA-Definitionen übereinstimmt.

Dieser Parameter gilt nur für FORTRAN-Programme.

SQLERROR

Mit SQLERROR bestimmen Sie, ob bei einem Fehler ein Zugriffsplan (package) oder eine Binde-Datei erstellt werden sollen.

Parameter	
CHECK	Das Zielsystem führt alle Syntax- und Semantik-Prüfungen der SQL-Befehle durch. Ein Zugriffsplan wird nicht erstellt.
NOPACKAGE	kein Zugriffsplan oder Binde-Datei im Fehlerfalle

SQLFLAG

SQLFLAG dient der Kompatibilität mit DB2/MVS und prüft auf Abweichungen der SQL-Syntax von der spezifizierten Vorgabe:

Parameter	
MVSDB2V23	Syntax-Prüfung gegen die SQL-Syntax von DB2/MVS Version 2.3
MVSDB2V31	Syntax-Prüfung gegen die SQL-Syntax von DB2/MVS Version 3.1
MVSDB2V41	Syntax-Prüfung gegen die SQL-Syntax von DB2/MVS Version 4.1

Eine Binde-Datei oder ein Zugriffsplan werden nur erstellt, wenn der BINDFILE- oder PACKAGE-Parameter im Aufruf zusätzlich angegeben wurde.

Eine lokale Syntaxprüfung wird nur durchgeführt, wenn Sie einen der folgenden Parameter angegeben haben:

- BINDFILE
- PACKAGE
- SQLERROR CHECK
- SYNTAX

SQLRULES

SQLRULES gibt an, ob ein CONNECT Type 2 nach den DB2-Regeln oder entsprechend dem SQL-ISO/ANS-Standard von 1992 durchgeführt wird.

Parameter	
DB2	erlaubt es, mit dem SQL CONNECT von der aktuellen Verbindung zu einer aufgebauten, ruhenden Verbindung umzuschalten.
STD	erlaubt nur, eine neue Verbindung aufzubauen. Zum Umschalten auf eine ruhende Verbindung muß der Befehl SET CONNECTION benutzt werden.

SQLWARN

Mit SQLWARN geben Sie vor, ob für dynamisches SQL Warnungen zurückgegeben werden von PREPARE, EXECUTE IMMEDIATE oder DESCRIBE.

Parameter	
NO	keine Warnungen
YES	Ausgabe von Warnungen

SQLCODE +238 ist eine Ausnahmebedingung, die unabhängig von diesem Parameter zurückgegeben wird.

SYNCPOINT

SYNCPOINT gibt an, wie COMMITs oder ROLLBACKs über mehrere Datenbanken hinweg koordiniert werden.

Parameter	
NONE	Kein Transaktionsmanager wird für ein Zwei-Phasen-Commit benutzt. Für jede beteiligte Datenbank wird ein COMMIT abgesetzt. Die Anwendung ist für die Wiederherstellung verantwortlich, wenn ein COMMIT fehlschlägt.
ONEPHASE	Kein Transaktionsmanager wird für ein Zwei-Phasen-Commit benutzt. Ein Ein-Phasen-Commit wird benutzt.
TWOPHASE	Ein Transaktionsmanager wird benötigt zur Koordination von Zwei-Phasen-Commits.

SYNTAX

SYNTAX unterdrückt die Erzeugung von .BND-Datei und Zugriffsplan. Sie können so eine Syntaxprüfung durchführen, ohne bestehende .BND-Dateien oder Zugriffspläne zu überschreiben.

SYNTAX ist Synonym zu SQLERROR CHECK.

TARGET

Mit TARGET geben Sie vor, für welchen Compiler PREP Code
generieren soll.

Parameter	
IBMCOB	IBM COBOL unter AIX und OS/2
MFCOB	Micro Focus COBOL (32-Bit)
MFCOB16	Micro Focus COBOL Version 3 unter OS/2 (noch 16 BIT)
ANSI_COBOL	COBOL nach Standard ANS X3.23-1985
C	C-Compiler, der von DB2 unterstützt wird
CPLUSPLUS	C++-Compiler, der von DB2 unterstützt wird
FORTRAN	FORTRAN-Compiler, der von DB2 unterstützt wird

WCHARTYPE

Für die Erläuterung dieses Parameters verweisen wir Sie auf das
DB2-Handbuch zur Anwendungsprogrammierung.

Berechtigungen

Um einen PREP-Lauf durchführen zu können, benötigen Sie
mindestens eine der folgenden Berechtigungen:

- SYSADM oder DBADM

- BINDADD

- BIND.

Sie benötigen außerdem alle Berechtigungen, die zur Übersetzung jedes statischen SQL-Befehls nötig sind.

5 Objektorientierung und Multimedia

Codds Relationenmodell kennt nur symmetrische Relationen, die atomare (nicht mehr zerlegbare) Attribute besitzen. Das machte seine Theorie einfach, aber erschwert oder verhindert sogar die Abbildung von komplexen, strukturierten Systemen der realen Welt. Eine neue, mathematisch fundierte Theorie als Basis für ein neues Datenbankmodell, das diese Beschränkungen überwindet, ist bisher ausgeblieben, auch wenn die mathematischen Grundlagen seit Jahrzehnten gelegt sind.

In den letzten Jahren hat es massive Kritik an Beschränkungen gegeben, die uns SQL auferlegt. Außerdem ist der Druck auf die relationalen Datenbank-Managementsysteme, ihr Leistungsangebot deutlich zu vergrößern, sehr gewachsen: einerseits fehlt noch immer die Realisierung wesentlicher Konzepte aus dem relationalen Modell, andererseits versuchen objekt-orientierte Datenbank-Managementsysteme (OODBMS) die Beschränkungen des Relationenmodells zu überwinden. Auch die Entdeckung neuer Anwendungsbereiche wie Multimedia erfordert Erweiterungen der bisherigen Funktionalität.

Wir stellen Ihnen in diesem Kapitel die wichtigsten Erweiterungen von DB2 vor. In Abschnitt 5.1 erläutern wir einige wichtige Ergänzungen zum SELECT-Befehl, die seine Handhabung erleichtern und seine Funktionalität ausweiten. In Abschnitt 5.2 behandeln wir die DB2-Erweiterungen, die Multimedia-Anwendungen unterstützen und allgemein als objekt-orientiert angesehen werden. In Abschnitt 5.3 zeigen wir Ihnen an einem kleinen Beispiel, wie Grafikobjekte aus der Datenbank gelesen und angezeigt werden können. Abschnitt 5.4 demonstriert, wie Sie über einen Internet-Web-Browser auf DB2-Datenbanken zugreifen können.

5.1 SQL-Erweiterungen

Einige Erweiterungen in SQL erlauben die Formulierung komplexerer und deutlich leistungsfähigerer Abfragen. Damit werden einige häufig genannte Kritikpunkte bereinigt. Wir stellen Ihnen im folgenden die wichtigsten Erweiterungen kurz vor.

5.1.1 CASE

Mit der CASE-Operation kann innerhalb eines SELECT-Befehls ein Datenwert oder Ausdruck aufgrund von Bedingungen ausgewählt werden. Die allgemeine Form von CASE ist

```
CASE bedingungsliste
     ELSE ausdruck
END
```

Eine Bedingung der Liste hat die Struktur

```
WHEN bedingung THEN ausdruck
```

Die `Bedingungsliste` wird in der geschriebenen Reihenfolge abgearbeitet. Sobald eine Bedingung als wahr (true) ausgewertet wird, wird der zugehörige Ausdruck als Ergebnis übernommen und die Auswertung der `Bedingungsliste` abgebrochen. Trifft keine Bedingung zu, wird der Ausdruck der ELSE-Klausel als Ergebnis übernommen; fehlt in diesem Fall der ELSE-Zweig ist das Ergebnis NULL.

CASE können Sie beispielsweise in einer Auswahlliste (Projektion), einer WHERE-Bedingung (Selektion) oder einer VALUES-Angabe benutzen.

Beispiele

Einige Beispiele verdeutlichen am besten die Anwendungsmöglichkeiten von CASE:

```
SELECT YNR, YNAME,
   CASE BAUART
      WHEN 'SY' THEN 'Segelyacht'
      WHEN 'MY' THEN 'Motoryacht'
      WHEN 'MS' THEN 'Motorsegler'
      ELSE 'unbekannt'
   END
FROM YACHT
```

ersetzt die Kürzel für die Bauart der registrierten Yachten durch den Klartext.

Im folgenden Beispiel klassifizieren wir die Yachten in unserer Stammdatenverwaltung nach der Länge:

```
SELECT YNR, YNAME,
  CASE
    WHEN LAENGE < 12 THEN 'Klein'
    WHEN LAENGE < 18 THEN 'Mittelgroß'
    ELSE 'Groß'
  END
FROM YACHT
```

Wie Sie mit CASE Fehler durch Division mit 0 vermeiden können, zeigt Ihnen unser nächstes Beispiel:

```
SELECT YNR, YNAME, LAENGE
WHERE (CASE BREITE = 0 THEN NULL
              ELSE LAENGE / BREITE
       END) > 5
```

NULLIF und COALESCE

Zwei weitere Funktionen leisten jeweils eine Untermenge der Funktionalität von CASE: NULLIF und COALESCE.

Ausdruck	**Äquivalent**

`CASE WHEN e1=e2`
`  THEN NULL`
`  ELSE e1 END`
	`NULLIF(e1,e2)`

`CASE WHEN e1 IS NOT NULL`
`  THEN e1`
`  ELSE e2 END`
	`COALESCE(e1,e2)`

`CASE WHEN e1 IS NOT NULL`
`  THEN e1`
`  ELSE COALESCE(e2,...,eN) END`
	`COALESCE(e1,e2,.,eN)`

5.1.2 Skalarer SELECT

Ein skalarer SELECT ist ein geklammerter SELECT-Befehl, der als Ergebnis genau *eine* Zeile mit *einer* Spalte, das heißt *einen* Wert zurückgibt. Er kann in Ausdrücken eingesetzt werden, um einen Wert aus der Datenbank zu ermitteln. Zum Beispiel ermittelt

```
SELECT PNR, NAME FROM PERSON
  WHERE 2 <= (
    SELECT COUNT(*) FROM YACHT
      WHERE PERSON.PNR = YACHT.PNR
    )
```

die Yachteigner, die mit mehr als einer Yacht in unserer Stammdatenverwaltung bekannt sind.

Mit seiner Hilfe können auch Werte aus verschiedenen Tabellen ermittelt und zusammengestellt werden:

```
SELECT COUNT(DISTINCT PNR) AS "Anzahl_Eigner",
  (SELECT COUNT(DISTINCT YNR) AS "Anzahl_Yachten" FROM YACHT)
FROM PERSON
```

5.1.3 Verschachtelte SELECTs

Bei verschachtelten SELECTs können SELECT-Ausdrücke direkt in der FROM-Klausel eines SELECT-Befehl aufgeführt werden – vergleichbar einer Sicht, deren Definition direkt anstelle ihres Namens in der FROM-Klausel erscheint.

Im folgenden Beispiel fragen wir nach der durchschnittlichen Liegeplatzmiete großer Yachten über 15 m Länge, gruppiert nach Länge und Jahr.

```
SELECT LAENGE, L_JAHR, AVG(MIETE)
  FROM (
        SELECT YNR, YEAR(VON) AS L_JAHR, LAENGE,
          KOSTENSATZ*(DAYS(BIS)-DAYS(VON)) AS MIETE
        FROM YACHT Y, BELEGUNG B, WIRTJAHR W
        WHERE Y.YNR = B.YNR
          AND YEAR(B.VON) = W.W_JAHR
          AND LAENGE > 15
  ) AS MIETEN
  GROUP BY LAENGE, L_JAHR
```

Die Abfrage benötigt den verschachtelten SELECT, damit zuerst das Jahr des VON-Datums der Belegung mit der Funktion YEAR() extrahiert werden kann, bevor es in der GROUP BY-Klausel benutzt wird.

5.1.4 Allgemeine Tabellenausdrücke

Allgemeine Tabellenausdrücke entsprechen Sicht-Definitionen, die innerhalb einer komplexen Abfrage formuliert, aber nicht permanent gespeichert werden sollen. Sie werden mit dem Schlüsselwort WITH und einem Namen eingeleitet und in der Abfrage unter diesem Namen referenziert. Die wiederholte Referenz auf denselben Tabellenausdruck nimmt Bezug auf dieselbe Ergebnismenge des **einmal** ausgewerteten Tabellenausdrucks. In dieser Hinsicht unterscheidet sich der allgemeine Tabellenausdruck von einer Sicht oder einem geschachtelten SELECT, die möglicherweise bei jeder Referenz erneut ausgewertet werden.

Der Name eines allgemeinen Tabellenausdrucks muß innerhalb des Befehls, in dem er benutzt wird, eindeutig sein. Gleichlautende Tabellen-, Sicht- oder Alias-Namen im Katalog werden bezogen auf den jeweiligen Befehl durch diesen Namen überschrieben.

Sie können allgemeine Tabellenausdrücke nutzen

- anstelle von Sichten

- zur Gruppierung der Ergebnismenge nach einer aus einem
  Ausdruck abgeleiteten Spalte

- wenn die Ergebnismenge auf Programm-Variablen basiert

- wenn der gleiche Ausdruck mehrfach im selben Befehl benötigt wird

- zur Formulierung rekursiver Abfragen.

Im folgenden Beispiel listen wir die Yachten großer Länge
(> 15m) auf, die in einem Wirtschaftsjahr weniger als die durchschnittliche Liegeplatzmiete bezahlt haben.

```
WITH
  MIETEN (YNR, L_JAHR, LAENGE, MIETE) AS
  (SELECT YNR, YEAR(VON), LAENGE,
    SUM(KOSTENSATZ*(DAYS(BIS)-DAYS(VON)))
   FROM YACHT Y, BELEGUNG B, WIRTJAHR W
   WHERE Y.YNR = B.YNR
     AND YEAR(B.VON) = W.W_JAHR  AND LAENGE > 15
  ),
  D_MIETE (JAHR, MIET_D) AS
  (SELECT W_JAHR, AVG(KOSTENSATZ*(DAYS(BIS)-DAYS(VON)))
     FROM BELEGUNG B, WIRTJAHR W
     WHERE YEAR(VON) = W_JAHR
     GROUP BY W_JAHR
  )
 SELECT YNR, LAENGE, JAHR, MIETE, MIET_D
  FROM MIETEN, D_MIETE
  WHERE L_JAHR = JAHR AND MIETE < MIET_D
```

Im ersten allgemeinen Tabellenausdruck mit dem Namen `MIETEN`
ermitteln wir für Yachten über 15 m Länge die jeweils bezahlte
Liegeplatzmiete einer Belegungsperiode.

Im zweiten Tabellenausdruck `D_MIETE` errechnen wir die durchschnittliche Liegeplatzmiete je Belegung eines Jahres.

In der eigentlichen Abfrage „joinen" wir die Tabellen `MIETEN`
und `D_MIETE`, um die großen Yachten zu ermitteln, deren Liegeplatzmiete in einem Jahr geringer als die Durchschnittsmiete
war.

5.1.5   Rekursive SELECTs

Eine wesentliche Erweiterung von DB2-SQL ist der rekursive SELECT. Damit lassen sich nun endlich Stücklisten ohne Spezialkonstrukte abfragen! Auch für Reservierungssysteme, Fahrpläne und andere Netze profitieren Sie davon.

Eine rekursive Abfrage wertet iterativ die Ergebnisse vorheriger Abfrage-Schleifen aus. Sie enthält mindestens einen allgemeinen Tabellenausdruck, der eine Referenz auf sich selbst enthält. Die Gefahr einer rekursiven Abfrage besteht darin, eine Endlos-Schleife zu erzeugen. Daher sollte eine rekursive Abfrage auch über eine Möglichkeit zur Kontrolle und Beendigung der Schleife verfügen. Ein solches Konstrukt kann ein einfacher Zähler sein in Verbindung mit der Bedingung *zähler < konstante* beziehungsweise *zähler < :prog_var*.

Für rekursive Abfragen sind folgende Beschränkungen zu beachten:

- Jeder SELECT als Teil einer Iterationsschleife darf nicht mit einem SELECT DISTINCT beginnen. Ebenso sind nur UNION ALL-Operationen erlaubt.

- Die Spaltennamen müssen im allgemeinen Tabellenausdruck spezifiziert werden.

- Der erste SELECT der UNION-Operation darf keine Referenzen auf Spalten des allgemeinen Tabellenausdrucks enthalten.

- Jeder SELECT als Teil einer Iterationsschleife darf keine Spaltenfunktionen, GROUP BY- oder HAVING-Klauseln enthalten.

- Iterationsschleifen dürfen keine Unterabfragen enthalten.

Am einfachsten lassen sich rekursive Abfragen und die zugehörigen Regeln am klassischen Beispiel der Stückliste erklären. Wir gehen von einer Tabelle STUECKL aus, die die Stücklistenauflösung der Teile wiedergibt. Sie enthält die Teilenummern vom aufzulösenden Teil (TEIL), von enthaltenen Bestandteilen (UNTERTEIL) und die Stückzahl des enthaltenen Bestandteils (STUECKZ):

```
CREATE TABLE STUECKL (
          TEIL      CHAR(4),
          UNTERTEIL CHAR(4),
          STUECKZ   INTEGER)
```

Wir gehen von folgender Tabellenbelegung aus:

```
TEIL UNTERTEIL STUECKZ
---- --------- -------
 00   01          5
 00   05          3
 01   02          2
 01   03          3
 01   04          4
 01   06          3
 02   05          7
 02   06          6
 03   07          6
 04   08         10
 04   09         11
 05   10         10
 05   11         10
 06   12         10
 06   13         10
 07   14          8
 07   12          8
```

Der erste Schritt zur vollständigen Auflösung ist die Abfrage, aus welchen Teilen Teil 01 besteht:

```
SELECT TEIL, UNTERTEIL, STUECKZ
  FROM STUECKL
 WHERE TEIL = '01'
```

Allerdings bestehen die Teile 02, 03, 04 und 06 ihrerseits aus anderen Teilen. Auch für diese sind ihre Bestandteile aufzulisten, um einen vollständigen Überblick zu erhalten, welche Bestandteile in Teil 01 enthalten sind:

```
SELECT ANFANG.TEIL, ANFANG.UNTERTEIL, ANFANG.STUECKZ
  FROM STUECKL ANFANG
 WHERE ANFANG.TEIL = '01'
UNION
SELECT UNTER.TEIL, UNTER.UNTERTEIL, UNTER.STUECKZ
  FROM STUECKL OBER, STUECKL UNTER
 WHERE OBER.UNTERTEIL = UNTER.TEIL
   AND OBER.TEIL = '01'
```

Auch im Ergebnis dieser Abfrage sind noch weiter zerlegbare Teile enthalten. Die Verallgemeinerung der Abfrage über beliebige Stufen zu einer rekursiven Formulierung lautet:

```
WITH
  STL (TEIL, UNTERTEIL, STUECKZ) AS (
  SELECT ANFANG.TEIL, ANFANG.UNTERTEIL, ANFANG.STUECKZ
   FROM STUECKL ANFANG
   WHERE ANFANG.TEIL = '01'
  UNION ALL
  SELECT UNTER.TEIL, UNTER.UNTERTEIL, UNTER.STUECKZ
   FROM STL OBER, STUECKL UNTER
   WHERE OBER.UNTERTEIL = UNTER.TEIL
  )
  SELECT DISTINCT TEIL, UNTERTEIL, STUECKZ
   FROM STL
   ORDER BY TEIL, UNTERTEIL
```

Die Abfrage benutzt einen allgemeinen Tabellenausdruck mit einer UNION ALL-Operation für den rekursiven Teil. Der erste Operand der UNION ist der initialisierende Teil mit der Angabe der aufzulösenden Teilenummer. In der FROM-Klausel wird die Ursprungstabelle angegeben, nie ein Bezug auf sich selbst. Der zweite Operand der UNION enthält den Join zwischen dem allgemeinen Tabellenausdruck und der ursprünglichen Tabelle. Er sorgt so für die Auflösung von Bestandteilen in Unter-Bestandteile bis keine weiteren mehr existieren.

Die DISTINCT-Angabe im eigentlichen SELECT dient der Unterdrückung doppelter Zeilen, da Teil 06 Bestandteil der Teile 01 und 02 ist und somit in der Rekursion zweimal erreicht wird.

Die Ergebnistabelle sieht folgendermaßen aus:

```
TEIL UNTERTEIL STUECKZ
---- --------- -------
01   02              2
01   03              3
01   04              4
01   06              3
02   05              7
02   06              6
03   07              6
04   08             10
04   09             11
05   10             10
05   11             10
06   12             10
06   13             10
07   12              8
07   14              8
```

Neben der einstufigen Auflösung einer Stückliste wie im obigen Beispiel ist auch vollständige Auflösung von Interesse, der man die Gesamtanzahl der Bestandteile direkt entnehmen kann. Dazu müssen die Stückzahlen aller Teil/Bestandteil-Zeilen der Rekursion summiert werden. Außerdem muß für Unter-Bestandteile berücksichtigt werden, wievielfach das Bestandteil bereits im Oberteil benötigt wird. Daraus ergibt sich folgende Abfrageformulierung

```
WITH
  STL (TEIL, UNTERTEIL, STUECKZ) AS (
  SELECT ANFANG.TEIL, ANFANG.UNTERTEIL, ANFANG.STUECKZ
   FROM STUECKL ANFANG
   WHERE ANFANG.TEIL = '01'
  UNION ALL
  SELECT OBER.TEIL, UNTER.UNTERTEIL, OBER.STUECKZ *
         UNTER.STUECKZ
   FROM STL OBER, STUECKL UNTER
   WHERE OBER.UNTERTEIL = UNTER.TEIL
  )
  SELECT TEIL, UNTERTEIL, SUM(STUECKZ) AS "Gesamtmenge"
   FROM STL
   GROUP BY TEIL, UNTERTEIL
   ORDER BY TEIL, UNTERTEIL
```

und folgendes Ergebnis

TEIL	UNTERTEIL	Gesamtmenge
01	02	2
01	03	3
01	04	4
01	05	14
01	06	15
01	07	18
01	08	40
01	09	44
01	10	140
01	11	140
01	12	294
01	13	150
01	14	144

In unserem Beispiel wird die Rekursion dadurch begrenzt, daß sehr schnell die nicht weiter zerlegbaren Elementarteile erreicht werden. In Stücklisten großer Tiefe oder anderen Anwendung kann es sinnvoll, ja notwendig sein, die Tiefe der Rekursion zu begrenzen. Dazu geben wir die gewünschte Tiefe der Auflösung als Stufe in unserem ersten Beispiel zur jeweils einstufigen Auflösung an:

```
WITH
  STL (STUFE, TEIL, UNTERTEIL, STUECKZ) AS (
  SELECT 1, ANFANG.TEIL, ANFANG.UNTERTEIL, ANFANG.STUECKZ
    FROM STUECKL ANFANG
    WHERE ANFANG.TEIL = '01'
  UNION ALL
  SELECT OBER.STUFE+1, UNTER.TEIL, UNTER.UNTERTEIL,
         UNTER.STUECKZ
    FROM STL OBER, STUECKL UNTER
    WHERE OBER.UNTERTEIL = UNTER.TEIL
  )
  SELECT TEIL, STUFE, UNTERTEIL, STUECKZ
    FROM STL
    WHERE STUFE < 3
    ORDER BY TEIL, UNTERTEIL
```

Die Abfrage führt zu folgendem Ergebnis:

TEIL	STUFE	UNTERTEIL	STUECKZ
01	1	02	2
01	1	03	3
01	1	04	4
01	1	06	3
02	2	05	7
02	2	06	6
03	2	07	6
04	2	08	10
04	2	09	11
06	2	12	10
06	2	13	10

5.2 Objekt-orientierte Ansätze

Zu den neuen Anforderungen an relationale Datenbank-Managementsysteme gehört unter anderem die Forderung, nicht nur formatierte Daten beschränkter Größe, sondern auch Datenobjekte in beliebiger Struktur und fast unbegrenzter Größe speichern und bearbeiten zu können. Diese Objekte können zum Beispiel Sprache oder andere Tonfolgen, Fotos, Videos oder Fingerabdrücke enthalten.

large objects (LOBs)

Dieser Forderung kommen moderne RDBMS wie DB2 mit der Unterstützung großer Objekte (LOBs, large objects) nach.

benutzerdefinierte Datentypen (UDT) und Funktionen (UDF)

Mit der Möglichkeit, vom Anwender definierbare Datentypen (UDT, user-defined distinct type) und dazu gehörende, frei definierbare Funktionen (UDF, user defined function) verarbeiten zu können, eröffnen sich in Verbindung mit LOBs weitere Anwendungsmöglichkeiten. Obendrein werden damit die Grundlagen für objekt-orientierte Erweiterungen relationaler Datenbank-Managementsysteme gelegt.

Vorteile

Die Vorteile von UDT und UDF sind:

- Individuelle Erweiterung der unterstützten Datentypen

- Erweiterte Funktionalität durch benutzerdefinierte Funktionen für zusätzliche Manipulationen mit Datentypen

- Konsistentes Verhalten:
  Die konsequente Überwachen der Datentypen (strong typing) sichert das erwünschte Verhalten; es werden nur Funktionen angewendet, die für einen Datentyp definiert wurden.

- Datenkapselung:
  Das Verhalten der Datentypen ist beschränkt auf die dafür vorgesehenen Funktionen und Operatoren.

5.2.1 Large Objects

Unter dem Begriff „große Objekte" oder dem Kürzel LOB werden in DB2 die folgenden Datentypen zusammengefaßt

- BLOB   Binary Large Object
- CLOB   Character Large Object
- DBCLOB   Double Byte Character Large Object.

Für diese gelten die gleichen Beschränkungen wie für den Datentyp LONG VARCHAR – selbst wenn sie kleiner als 255 Bytes sind. Sie dürfen nicht aufgeführt werden in

- DISTINCT-Klauseln

- GROUP BY-Klauseln

- ORDER BY-Klauseln

- Unterabfragen mit einem anderen Mengenoperator als UNION ALL.

Ebensowenig dürfen sie in einer Reihe von Funktionen oder Ausdrücken benutzt werden wie zum Beispiel Spaltenfunktionen, BETWEEN, IN, LIKE, TRANSLATE (siehe SQL-Reference Manual).

LOBs können bis zu 2 GB groß werden, wobei für DBCLOBs aufgrund der Doppelbyte-Zeichendarstellung die Größe auf 1 Milliarde Zeichen begrenzt ist. CLOBs und DBCLOBs dienen in erster Linie der Aufnahme von großen Dokumenten mit möglicherweise speziellen Zeichensätzen, BLOBs eher der Aufnahme neuerer Datenstrukturen wie Fotos, Ton- oder Videoaufnahmen.

Beispiel

Die Objekte werden bei der Definition einer Tabelle wie andere Datentypen auch angegeben:

```
CREATE TABLE PER_DOKU (
  PNR INTEGER NOT NULL,
  CV  CLOB(50K),
  FOTO BLOB(102·000),
  PRIMARY KEY PNR
)
```

In der Tabelle `PER_DOKU` werden zu jedem Mitarbeiter, identifiziert durch seine Personalnummer PNR, sein Lebenslauf als Textdokument und sein Foto als Bitmap gespeichert.

In Client-Server-Architekturen können LOBs dann Engpässe verursachen, wenn sie im vollen Umfang über das Netz transportiert werden, damit sie dem aufrufenden Programm übergeben werden. Abhilfe können sogenannte LOB-Lokatoren schaffen, die es erlauben, LOBs auf dem Server zu bearbeiten.

LOB-Lokator

Ein LOB-Lokator ist eine Programm-Variable, der ein Wert zugewiesen wird, der einen LOB-Wert oder das Ergebnis eines Ausdrucks mit LOBs auf dem Datenbank-Server repräsentiert. Wie zu allen Programm-Variablen gehören zur Behandlung von

NULL-Werten auch zu LOB-Lokatoren Indikator-Variablen, die dann den üblichen Wert -1 annehmen.

LOB-Lokatoren bleiben mit ihrem Wert bis zum Transaktionsende oder einem FREE LOCATOR-Befehl erhalten.

Alternativ können LOBs auch in Dateien abgelegt statt an das Programm übergeben werden. Strukturierte Dateireferenz-Variablen geben dabei an, wie die Dateien heißen. Zugehörige Optionsfelder bestimmen, wie die Dateien zu behandeln sind (Lesen, Erstellen, Überschreiben, Fortschreiben).

DB2 Extenders

SQL erlaubt keine Auswahl oder Bearbeitung von Tabellenzeilen nach Kriterien, die in LOBs enthalten sind. Abhilfe schaffen Erweiterungen (extenders), die für bestimmte LOB-Datentypen wie Text, Bild (image), Video, Ton (voice) oder Fingerabdrücke spezielle Such- und Bearbeitungsfunktionen enthalten. Dazu werden die DB2-Funktionalitäten UDT und UDF genutzt und Trigger für die Überwachung der Integrität eingesetzt. Mit diesen Erweiterungen können in einem SQL-Befehl neben den klassischen Datentypen auch diese neuen Multimedia-Datentypen bearbeitet werden.

Die Anwendungsmöglichkeiten dieser Multimedia-Funktionalität im DB2 sind außerordentlich groß. So können zum Beispiel neben den längst genutzten „strukturierten" Daten

- Personalabteilungen von den Mitarbeitern Fotos und handgeschriebene oder maschinell formatierte Lebensläufe

- Banken Faksimiles von Dokumenten wie Schecks oder Wechseln

- Sicherheitsabteilungen Fotos und Fingerabdrücke

- Vertriebsabteilungen Fotos, Videos, Sprachbeschreibungen zu ihren Produkten

- Schadensabteilungen in Versicherungen Gutachten, Fotos und Schriftverkehr

in derselben Datenbank abspeichern und **integriert** bearbeiten. Es ist abzusehen, daß die bisher getrennten Dokumenten- oder Bild-Archivierungssysteme durch integrierte Multimedia-Datenbanken verdrängt werden, zumal die meisten von ihnen ohnehin eine zusätzliche relationale Datenbank für die Verwaltung der Suchbegriffe benötigen. Wenn Sie mit DB2 das Datenbank-Managementsystem für den Index des Archivs schon im Hause haben, warum sollten Sie bei einer Unterstützung von WORM-Platten durch DB2 nicht gleich auch die Dokumente in DB2 archivieren?

DB2 Extender unterstützen Client-Server-Architekturen. Die unterstützten Plattformen können je nach Extender unterschiedlich sein. IBM verspricht jedoch im Laufe Zeit die Unterstützung von AIX und OS/2 für Server und AIX, OS/2, Windows und Macintosh für Clients.

Text Extender

Die erste Erweiterung, die zur Zeit der Bucherstellung verfügbar wird, ist der DB2 Text Extender. Sie unterstützt eine Reihe von Dokument-Formaten (auch von Textverarbeitungssystemen), mehrere Sprachen, textliche Einheiten wie Wort, Satz oder Absatz. Dank einer linguistischen Suchtechnik ist die Abfrage nach Textinhalten mit maskierten Suchbegriffen und mit Synonymen möglich. Sie können also die Suche nach Textinhalten mit der Selektion nach strukturierten Daten wie Autoren, Erscheinungsdatum oder Ähnlichem kombinieren.

Image Extender

Ein Image Extender für die Bild-Verarbeitung ist von der IBM angekündigt. Er enthält einen UDT und einige UDFs für die Suche und den Zugriff auf Bilder. Zu den angekündigten Leistungen gehören

- Datenbank-Import und -Export von Bildern mit ihren Attributen

- Zugriffssteuerung und -schutz wie bei herkömmlichen Datentypen

- Selektion und Änderung von Bildern auf Basis von Eigenschaften wie Format, Höhe oder Breite

- Generierung und Ausgabe von Vollbildern oder Vorschauen

Video Extender

Ein angekündigter Video Extender enthält einen UDT und einige UDFs für die Suche und den Zugriff auf Video Clips. Er wird Formate wie MPEG1, AVI und Quicktime sowie eine Reihe von datei-orientierten Video-Servern unterstützen. Zu den angekündigten Leistungen gehören

- Datenbank-Import und -Export von Video Clips mit ihren Attributen

- Selektion und Änderung von Video Clips auf Basis von Eigenschaften wie Komprimierungsmethode, Länge, Bildrate (frame rate) und Anzahl Bildern (frames)

- automatisches Segmentieren eines Video Clips ausgehend vom Erkennen von Szenenänderungen und Finden spezieller Schnappschüsse

- Wiedergabe der Video Clips.

Audio Extender

Ein angekündigter Audio Extender enthält einen UDT und einige UDFs für die Suche und den Zugriff auf Audio Clips. Er wird Formate wie WAVE und MIDI sowie verschiedene datei-orientierte Audio-Server unterstützen. Zu den angekündigten Leistungen gehören

- Datenbank-Import und -Export von Audio Clips und ihren Attributen

- Selektion und Änderung von Audio Clips auf Basis von Eigenschaften wie Anzahl Kanäle, Länge oder Sampling-Rate (sampling rate)

- Wiedergabe von Audio Clips.

Fingerprint Extender

Ein angekündigter Fingerprint Extender zur Suche und Bearbeitung von Fingerabdrücken zielt auf spezielle Anforderungen von bestimmten Geschäftskunden. Zusätzlich zu den Funktionen des Image Extenders soll er über folgende Leistungen verfügen:

- Automatische Indizierung von Fingerabdrücken beim Datenbank-Import

- Suche nach indizierten Fingerabdrücken zu einem vorgegebenen Fingerprint, Ausgabe mit Ranginformationen (ranking information).

Selbstverständlich sollen auch mehrere Extender zusammen einsetzbar sein. So sollen Sie beispielsweise eine SQL-Abfrage formulieren können, in der Sie nach CDs suchen, die 1985 produziert wurden, wobei Sie sich das Cover als Grafik und die Namen der Interpreten strukturiert anzeigen und die Musikstücke vorspielen lassen.

5.2.2 Benutzerdefinierte Datentypen (UDT)

Ein vom Benutzer definierter Datentyp (UDT, user-defined distinct type) basiert auf einem von DB2 standardmäßig angebotenen Datentyp. Er wird aber in fast allen Operationen als eigenständig und nicht zum Basistyp kompatibel behandelt. Er erbt nicht automatisch die Funktionen und Operatoren seines Basistyps. So kann man zum Beispiel auf der Basis binärer Objekte (BLOBs) Datentypen mit so unterschiedlicher Bedeutung wie AUDIO, FOTO oder LANDKARTE definieren. Diese können nur mit Funktionen und Operatoren bearbeitet werden, die ausdrücklich für sie definiert wurden.

UDTs werden qualifiziert benannt, das heißt ihre Identifikation besteht aus dem Schema-Namen und dem eigentlichen Typ-Namen. Wird in einem Aufruf der Schema-Name nicht explizit angegeben, wird der Suchpfad für Funktionen zur Identifikation genutzt.

Datentyp-Konvertierung mit CAST

Da UDTs einer strengen Typ-Unterscheidung unterliegen, ist für die Wandlung des Datentyps in Zuweisungen und Ausdrücken die Benutzung der Funktion CAST notwendig. Explizite Typwandlung ist aber nur möglich von

- UDT in seinen Basistyp

- Basistyp in zugehörigen UDT

- UDT in denselben UDT

- Standard-Datentyp in UDT, wobei der Standard-Datentyp in den Basistyp des UDT implizit umsetzbar sein muß

- INTEGER in UDT mit Basistyp SMALLINT

- VARCHAR in UDT mit Basistyp CHAR

- VARGRAPHIC in UDT mit Basistyp GRAPHIC

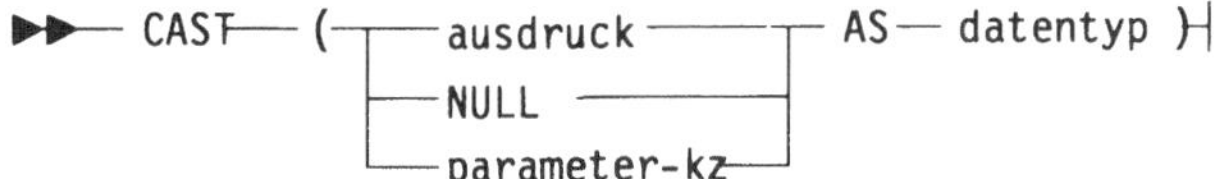

Die individuellen Datentypen werden mit einer Variante des CREATE-Befehls definiert. Zum Beispiel wird in DB2 mit

```
CREATE DISTINCT TYPE AUDIO AS BLOB (2M)
```

der Datentyp AUDIO auf Basis des Datentyps BLOB angelegt. Daten vom Typ AUDIO werden als unterschiedlich von Daten des Typs BLOB oder anderer darauf basierender Typen behandelt.

Beispiel Währungen

Nicht nur auf der Basis von LOBs machen UDTs Sinn. Unterstellen wir eine Buchhaltung, die schon auf die Europäische Währungsunion vorbereitet ist. Diese muß neben DM-Beträgen auch Beträge in der neuen Währung EURO verarbeiten können. Wir ergänzen noch als dritte Währung den bisherigen ECU. Führen wir die Währungen als eigene Datentypen auf der Basis von DECIMAL ein, so ist zugleich sichergestellt, daß nicht versehentlich Beträge in unterschiedlichen Währungen miteinander verrechnet werden. Zusätzlich definieren wir noch den Datentyp KURS für die Umrechnung der Währungen:

```
create distinct type DM   as dec(12,2) with comparisons
create distinct type ECU  as dec(12,2) with comparisons
create distinct type EURO as dec(12,2) with comparisons
create distinct type KURS as dec(9,5)  with comparisons
```

Die Kurse zur Umrechnung entnehmen wir einer Tabelle:

```
create table kurse (
      kb       kurs,
      kursart  smallint not null,
      waehrung char(3) not null,
      datum    date not null with default,
      primary key (waehrung, kursart, datum) )
```

Die Anwendung unserer Währungs-Datentypen in Tabellen könnte wie folgt aussehen:

```
create table halbbuchung (
      konto char(10),
      betrag_DEM DM not null,
      betrag_ECU ECU,
      betrag_EUR EURO,
      S_H char,
      datum date not null with default,
      pm char(12),
      bnr integer )
```

5.2.3 Benutzerdefinierte Funktionen (UDF)

Eine Datenbank-Funktion führt Operationen auf Eingabedaten aus und gibt einen Datenwert als Ergebnis zurück.

notwendig für UDTs

Obwohl die Anzahl der von DB2 unterstützten Funktionen stetig gewachsen ist, blieb dennoch der Wunsch offen, individuelle Operationen als neue Funktionen selbst zu implementieren. Mit dem Konzept benutzerdefinierter Datentypen (UDT, user-defined distinct type) ist aus dem Wunsch eine Notwendigkeit geworden, weil die selbst vorgegebenen Datentypen nicht mit den Standard-Funktionen bearbeitet werden dürfen.

Ab Version 2.1 können die „eingebauten" Standard-Funktionen des Lieferumfangs nun um eigene, benutzerdefinierte Standard-Funktionen erweitert werden.

Zu den „eingebauten" Standard-Funktionen gehören unter anderem Spaltenfunktionen, Operanden oder Wandlungsfunktionen. Ihre Namen werden alle mit dem Schema-Namen SYSIBM qualifiziert.

<table>
<tr><td>gleichberechtigt mit Standard-Funktionen</td><td>

Benutzerdefinierte Funktionen (UDFs, user defined functions) stellen eine Erweiterung der Menge der mitgelieferten Funktionen dar und sind mit diesen gleichberechtigt. Sie werden mittels CREATE FUNCTION in der Katalogtabelle `SYSIBM.SYSFUNCTIONS` registriert. Sie dürfen nicht mit dem Schema-Namen SYSIBM (oder anderen mit SYS beginnend) qualifiziert werden. Zum Lieferumfang von DB2 gehören über 100 solcher Funktionen, die mit dem Schema-Namen SYSFUN qualifiziert sind.

UDFs können extern in einer Objekt-Bibliothek abgelegt sein oder eine andere, bereits vorhandene eingebaute oder benutzerdefinierte Funktion referenzieren. Externe UDFs dürfen keine Spaltenfunktionen sein.

Eine Funktion wird identifiziert durch den Schema-Namen, den Funktionsnamen, die Anzahl der Parameter und die Datentypen ihrer Parameter. Diese Identifikation muß in der Datenbank eindeutig sein und wird als Signatur bezeichnet. Es können also unter demselben Schema- und Funktionsnamen mehrere Funktionen mit unterschiedlicher Anzahl an Parametern oder unterschiedlichen Parameter-Datentypen existieren.

</td></tr>
</table>

Überladetechnik

Beim Aufruf einer Funktion wird diese entsprechend der angegebenen Schema- und Funktionsnamen, Anzahl und Datentypen der Parameter ausgewählt. Wird kein Schema-Name vorgegeben, erfolgt die Suche entsprechend dem gültigen Funktionssuchpfad, der eine Reihe von Schemas enthält, die in dieser Reihenfolge durchsucht werden.

Bei der Definition von Funktionssuchpfaden wird das Schema SYSIBM immer implizit vorangestellt, wenn es nicht explizit in der Pfaddefinition erwähnt wird.

Beim Aufruf einer Funktion müssen Sie ebenfalls darauf achten, daß der Datentyp ihres Ergebniswerts in die Umgebung ihres Aufruf paßt (beispielsweise Ausdruck usw.).

Beispiele

Zum Beispiel kann die übliche Funktion LENGTH(), die die Anzahl Zeichen einer Zeichenkette ermittelt, durch eine selbst programmierte Funktion LENGTH() für den individuellen Datentyp AUDIO überladen werden, die in einer in C geschriebenen Routine die Abspieldauer errechnet:

```
CREATE FUNCTION LENGTH (AUDIO)
            RETURNS INTEGER
            EXTERNAL NAME 'testliblakulen'
            LANGUAGE C
            PARAMETER STYLE DB2SQL
            NOT VARIANT
            NO SQL
            NO EXTERNAL ACTION
```

Für den benutzerdefinierten Datentyp MONEY wird die Standard-Summenfunktion SUM() nutzbar gemacht:

```
CREATE FUNCTION SUM(MONEY)
            RETURNS MONEY
            SOURCE SYSIBM.SUM(DECIMAL)
```

Da UDTs nicht die arithmetischen Operatoren nutzen können, können Sie für diese, soweit es sinnvoll ist, referenzierende UDFs definieren. Zum Beispiel basieren die UDTs UMSATZ und KOSTEN auf DECIMAL(12,2). Mit der folgenden Definition können Sie nun den Operator "-" den UDTs für die Berechnung des Überschusses zugänglich machen:

```
CREATE FUNCTION - (UMSATZ, KOSTEN)
            RETURNS DECIMAL(8,2) SOURCE "-" (DECIMAL, DECIMAL)
```

Für das Währungsbeispiel aus dem vorigen Abschnitt (siehe Seite 236) fehlen uns noch die Operatoren, um die Beträge buchen oder umrechnen zu können (die Vergleichsoperatoren wurden uns dank der WITH COMPARISONS-Angabe automatisch generiert.) Wir treffen folgende Definitionen:

```
create function "+" (DM, DM) returns DM
   source "+" (decimal, decimal);
create function "+" (ECU, ECU) returns ECU
   source "+" (decimal, decimal);
create function "+" (EURO, EURO) returns EURO
   source "+" (decimal, decimal);
create function "*" (ECU, KURS) returns DM
   source "*" (decimal, decimal);
create function "*" (EURO, KURS) returns DM
   source "*" (decimal, decimal);
```

Damit nutzen wir den Additionsoperator zur Buchung und den Multiplikationsoperator für die Umrechnung von EURO und

ECU in DM. Die tägliche Umrechnung von ECU-Beträgen in DM-Beträge sieht beispielsweise so aus:

```
update halbbuchung b
 set betrag_DEM = betrag_ECU * (
                select kb from kurse k
                 where k.waehrung = 'ECU' and k.datum = b.datum
    )
 where betrag_DEM = cast(0.0 as DM);
```

5.3   Anwendungsbeispiel Multimedia

Unser einfaches Beispiel soll Ihnen eine Idee von den Möglichkeiten geben, die DB2 mit den LOBs eröffnet. Wir zeigen Ihnen die Nutzung von Dateireferenzen (file locators) und eines Standard-Produkts zur Anzeige von BLOBs. Zugleich wollen wir Sie damit anregen, selber Testprogramme mit LOB-Daten zu erstellen. Der Einfachheit halber nutzen wir REXX unter OS/2 und ein frei verteiltes Werkzeug zur Anzeige von Bitmaps.

REXX-Prozedur
`BLOBSQL2.CMD`

Wir benutzen aus der Datenbank `SAMPLE`, die von IBM mitgeliefert wird, die Tabellen `EMPLOYEE` und `EMP_PHOTO`. `EMPLOYEE` enthält die Stammdaten der Mitarbeiter, `EMP_PHOTO` ein Paßfoto (vielleicht das Foto des Dienstausweises) zu jedem Mitarbeiter. IBM hat übrigens die Fotos dreifach abgespeichert – in drei verschiedenen Formaten. Wir haben uns entschieden, das Datenformat *bitmap* zu benutzen. Wir zeigen für jeden Mitarbeiter, für den ein Foto im Bitmap-Format vorliegt, Vorname, Hausname, Geburtsdatum und das Foto an. Zur Anzeige des Fotos benutzen wir das Software-Produkt `OPALVIEW` von Opalis, das die Deutsche Telekom AG Mitte 1995 beziehungsweise Anfang 1996 jedem T-Online-Kunden (Btx) zusammen mit dem Opalis Decoder kostenlos zusandte.

Als Ausgangsbasis für die Prozedur nahmen wir `RexSQL.CMD` und löschten daraus das nicht benötigte, sehr allgemein gehaltene Coding. Für `BLOBSQL2.CMD` sind uns ja die Datentypen und die Größe des SELECT-Ergebnisses bekannt.

Für die Fehlerbehandlung haben wir die Routine `sql_check()` aus Beispielen von IBM übernommen.

```
/* A REXX Sample for BLOBs - as a special version of RexSQL
  +----------------------------------------------------------------+
  |  Name       : BLOBSQL2.CMD                                     |
  |  Purpose    : BLOB - example                                   |
  |  Platform   : DB2                                              |
  |  Author     : A. Pürner                                        |
  |               Pürner Unternehmensberatung, Dortmund            |
  |  Disclaimer : This "sample" code is for demonstrations only, no|
  |               warrenties are made or implied as to correct     |
  |               function. You should carefully test this code in |
  |               your own environment before using it.            |
  |                                                                |
  +----------------------------------------------------------------+
  */

'@echo off'
/* Register SQLDBS and SQLEXEC external entry points */
if rxfuncquery('SQLDBS') <> 0 then do
  rcy = rxfuncadd('SQLDBS', 'SQLAR', 'SQLDBS')
  if rcy <> 0 then
    say 'RxFuncAdd return code for SQLDBS is' rcy
end
```

```
if rxfuncquery('SQLEXEC') <> 0 then do
  rcz = rxfuncadd('SQLEXEC', 'SQLAR', 'SQLEXEC')
  if rcz <> 0 then
    say 'RxFuncAdd return code for SQLEXEC is' rcz
end

/* Alte Verbindungen zurücksetzen */
call sqlexec 'connect reset'

Say '         Ein REXX-Beispiel für die Bearbeitung von BLOBs mit Dateireferenz'
say '         Benutzt wird die Tabelle EMP PHOTO der Datenbank SAMPLE'
say '         Die BLOBs werden mit dem Tool OPALISVW von OPALIS angezeigt;'
say '         es ist auch jedes andere Tool zur Anzeige von Bitmaps möglich.'
say '                              (c) Pürner Unternehmensberatung, 1995'
dbname = 'SAMPLE'
call sqlexec 'connect to ' dbname;

/* display any error messages */
sql result = check sql()

if sql result = 0 then do
 stmt = "SELECT FIRSTNME, LASTNAME, BIRTHDATE, PICTURE FROM EMPLOYEE A, EMP PHOTO B WHERE
A.EMPNO = B.EMPNO AND PHOTO FORMAT = 'bitmap' "

        /* declare cursor for select statements */
        call sqlexec declare c31 cursor for s31
         /* display any error messages */
        sql result = check sql()
        if sql result = 0 then do
          /* call sqlexec to prepare the sql statement */
          call sqlexec prepare s31 from ':stmt'
          /* display any error messages */
          sql result = check sql()
          if sql result = 0 then do
            call sqlexec "declare :vari 4 language type blob file"
             sql result = check sql()
            vari 4.file options = 8   /* create */
            /* call sqlexec to open the cursor */
            call sqlexec open c31
            /* display any error messages */
            sql result = check sql()
            count = 0
            Kopf = 'Vorname   Hausname   Geburtsdatum  Foto in:'
            say Kopf
            /* while no sql errors */
            do while sql result = 0
              vari 4.name = 'd:\tmp\' || foto || '.' || count+1
              /* call sqlexec to fetch a row of data */
              call sqlexec 'fetch c31 into :vari 1, :vari 2, :vari 3, :vari 4'
              /* display any error messages */
              sql result = check sql()
              /* if successful fetch */
              if sql result = 0 then do
                count = count + 1
                /* Ausgabe */
                "detach opalview " vari 4.name /* Anzeige per Utility */
                vari 4 = vari 4.name  /* Dateiname in Ausgabe */
                say vari 1 || vari 2 || '   ' || vari 3 || '   ' || vari 4
                pull x   /* Dialogpause zum Fotogucken */
              end
              else do
               if sql result = 100 & count = 0 then do
                parse source with 'COMMAND ' src
                say 'Keine Daten gefunden'
                say 'which match the SQL SELECT statement in' src
               end
              end
            end

            /* end-of-file */
            if sql result = 100 then do
             /* call sqlexec to close the cursor */
             call sqlexec close c31
             /* display any error messages */
             sql_result = check_sql()
```

```
            end
          end
        end

  call sqlexec connect reset
  sql result = check sql()

 end /* then */

/* Bilddateien löschen */
"del d:\tmp\FOT*.*"

/* drop the SQLDBS and SQLEXEC external functions */
rcy = rxfuncdrop('SQLDBS')
rcz = rxfuncdrop('SQLEXEC')
exit (0)

check sql: procedure expose result sqlca. sqlmsg
  if (result <> 0) then do
    sql result = result
    say 'Result =' result
  end
  else do
    sql result = sqlca.sqlcode
    if sqlca.sqlcode <> 0 & sqlca.sqlcode <> 100 then
      say sqlmsg
  end
return sql_result
```

Für den SELECT-Befehle definieren wir den Cursor *c31*. Dann übersetzen wir mit dem PREPARE-Befehl den eingegebenen SELECT. Ist der Befehl korrekt (sql_result = 0), definieren wir für das BLOB PICTURE eine Variable als Dateireferenz-Variable und legen dabei fest, daß DB2 die Ausgabedateien neu anlegen soll.

Beim Eröffnen des Cursor wird der SELECT-Befehl ausgeführt. In der anschließenden Schleife lesen wir die Zeilen der Ergebnismenge mit dem FETCH-Befehl. Für das BLOB wird vor jedem FETCH die Dateireferenz-Variable mit dem gewünschten Dateinamen versorgt: wir weisen den Foto-Dateien das Verzeichnis \TMP im Laufwerk D: zu und bilden den Namen aus der Konstanten "FOTO" mit der laufenden Zeilennummer als Erweiterung.

NULL-Werte erwarten wir nicht. Für eine spaltengerechte Ausgabe müssen die Datenwerte auf die maximale Feldlänge aufgefüllt werden. Den Dateinamen der Foto-Datei geben wir ebenfalls aus.

Zur Anzeige des Fotos mit `OPALVIEW` starten wir jeweils einen eigenen Prozeß per DETACH.

Nach der Ausgabe einer Zeile halten wir die Prozedur an (PAUSE), damit OPALVIEW das Foto auf dem Bildschirm anzeigen und der Benutzer die zusammengehörigen Informationen in Ruhe betrachten kann. Mit ⏎ wird die Prozedur fortgesetzt.

Wir empfehlen übrigens die Foto-Anzeige vorher jeweils zu schließen.

Bild 5.1:
BLOBSQL2
mit Text- und
Bildausgabe

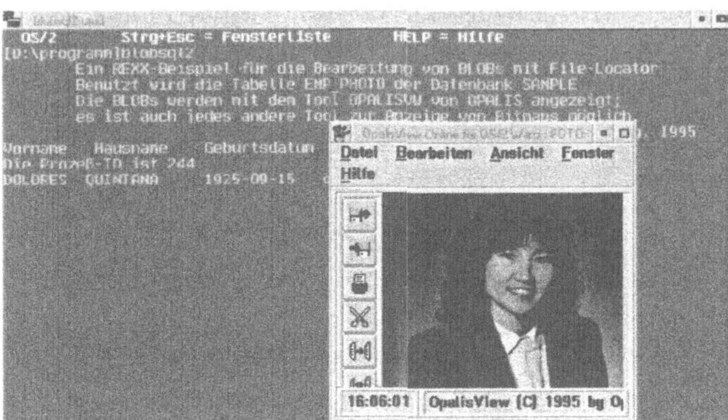

Nach der letzten Zeile wird der Cursor geschlossen, und somit die Ergebnismenge des SELECT wieder freigegeben. Abschließend werden die Foto-Dateien gelöscht.

Dieses Beispiel kann nur andeuten, welche Möglichkeiten DB2 für die Speicherung und Verarbeitung von nicht fest formatierten Daten bietet. Statt des Mitarbeiterfotos können es auch Fingerabdrücke, Stimmproben oder Schriftstücke sein. Ihrem Ideenreichtum sind keine Grenzen gesetzt. Zum Beispiel könnten im Zahlungsverkehr der Banken Schecks, die ja zur Einlösung im Original präsentiert werden müssen, gescannt und gespeichert werden. Im Reklamationsfall hätte man immer eine getreue Kopie des Schecks mit Unterschrift usw. zur Verfügung, ohne dafür auf getrennte Software-Systeme zugreifen zu müssen. Wenn DB2 jetzt noch WORM-Platten unterstützen würde, ... Aber man muß ja noch Raum für Erweiterungen in den kommenden Versionen lassen.

5.4   Internet-Zugriff auf DB2-Daten

Wenn zur Zeit von Multimedia gesprochen wird, ist auch schnell vom Internet die Rede. Und wer vom Internet spricht, meint damit meist nur einen seiner Dienste: das World Wide Web, kurz **WWW** oder Web genannt. Nach einigen kritischen Vorbemerkungen zur Technologie zeigen wir Ihnen in diesem Abschnitt an einer Beispiel-Anwendung, wie Sie mit einem Web-Browser auf DB2-Daten zugreifen können.

Das Internet ist zwar erst durch die Web-Technologie populär geworden, geht aber in seiner Entstehungsgeschichte auf das Jahr 1969 zurück. Sein Netzwerk-Protokoll TCP/IP und seine Dienste wie Telnet und FTP werden auch in lokalen Netzen eingesetzt. Während Telnet und FTP eher Dienste für DV-Profis sind, ist das Web für DV-Laien ausgelegt. Die Web-Technologie wurde zwischen 1989 und 1992 am europäischen Kernforschungszentrum CERN entwickelt. Sie beruht, vereinfachend ausgedrückt, auf dem Versenden von Hypertext-Seiten von einem Server an Clients, die mit einem Hypertext-Browser ausgerüstet sind. Die Seiten werden mit dem Hypertext Transfer Protocol (HTTP) übertragen. Die Hypertext-Seiten werden mit HTML (Hypertext Markup Language) beschrieben.

Wenn schon Internet-Technologie wie TCP/IP, Telnet und FTP in lokalen Netzen eingesetzt wird, liegt es nahe, auch das Web im lokalen Netz zu nutzen. Unter der Bezeichnung *Intranet* wird die interne Web-Nutzung zur Zeit als Lösung vielfältiger EDV-Probleme vermarktet.

Voraussetzungen   Wir zeigen Ihnen im folgenden, wie Sie im Rahmen einer Inter- oder Intranet-Anwendung Daten in DB2-Datenbanken bearbeiten können. Für eine solche Anwendung benötigen Sie

- ein TCP/IP-Netzwerk
- einen Web-Server
- den DB2-Gateway Net.Data[1]
- Web-Browser.

Für das schnelle Ausprobieren unseres Beispiels reichen zwei Rechner, die über serielle Schnittstellen, Null-Modem und SLIP-

---

[1] Die erste Version des DB2-Gateway hieß DB2WWW. Unter dieser Bezeichnung ist er wohl geläufiger als unter dem neuen Namen Net.Data.

Protokoll miteinander verbunden sind. Auf einem Rechner setzen Sie die Web-Server-Software, Net.Data und DB2, auf dem anderen einen Web-Browser ein. Die Software dafür erhalten Sie geschenkt: Im Rahmen der großen Marketing-Anstrengungen rund um die Web-Technologie verteilen viele Software-Anbieter die Basis-Versionen ihrer Produkte kostenlos.

Für den Web-Server benutzen wir den IBM Internet Connection Server (ICS) Version 4.1, den Sie sich über das Internet auf Ihren Rechner laden können ebenso wie Net.Data.. Installieren Sie diese Software nach Anweisung, die Dokumentation dazu finden Sie auf HTML-Seiten, die Sie mit einem Browser lesen können. Vergessen Sie bei Net.Data bitte auch nicht, die DB2-Zugriffe in `DB2SQL.BND` mit den Datenbanken zu binden, die Sie in der Web-Anwendung nutzen wollen!

Als Web-Browser setzen wir IBM WebExplorer Version 1.02c und Version 1.1h sowie Netscape Navigator Version 2.01 und Version 2.02 ein. Bei der Erstellung von HTML-Seiten unterstützen Sie viele Shareware-Editoren, die auf Knopfdruck die Formatierungsanweisungen in den Text einsetzen.

An dieser Stelle muß – gerade wegen des euphorischen Marketings – ein wenig Kritik an der Technologie geübt werden:

- WWW arbeitet mit vollständigen Seiten, die übertragen werden. Wer es von Client-Server-Anwendungen mit intelligenten Workstations gewohnt ist, daß Benutzereingaben sofort feldweise geprüft werden, muß sich umgewöhnen: In Web-Seiten werden erst alle Eingaben gemacht, dann an den Server geschickt, dort geprüft und eventuell zur Korrektur zurückgeschickt an den Client – wie bei den guten alten Mainframe-Bildschirmen. Nur mit JAVA-Applets sind andere Techniken möglich.

- Web-Browser verschiedener Hersteller geben dieselbe HTML-Seite unterschiedlich wieder. Seiten, die in einem Browser gut aussahen, fallen in einem anderen weniger schön aus. Nicht alle HTML-Anweisungen werden auch interpretiert. Anweisungen für den Font oder die Hintergrund-Farbe werden oft ignoriert. Es ist also nicht leicht, eine ansprechende HTML-Seite zu entwerfen – zumal die Editoren auch nicht nach dem WYSIWYG-Prinzip arbeiten!

Common Gateway Interface

ICS besitzt eine Schnittstelle zur Ausführung externer Programme: das Common Gateway Interface (CGI). Die Programme müssen auf dem Server liegen. Über CGI können HTML-Seiten mit Programmen kommunizieren, zum Beispiel Aufruf-Parameter übergeben und Ergebnisdaten zur Anzeige zurückerhalten. Net.Data ist ein solches Programm, das CGI unterstützt. Es führt Makros aus, in denen Sie die Anwendungslogik und die Datenbankzugriffe formulieren. Die Datenbankzugriffe werden von Net.Data als dynamisches SQL ausgeführt. Anstelle von Net.Data können Sie auch eigene Programme in einer gängigen Programmiersprache oder in REXX entwickeln, die CGI unterstützen und auf Ihre Datenbanken zugreifen.

Bild 5.2:
Übersicht
Net.Data-
Anwendungen

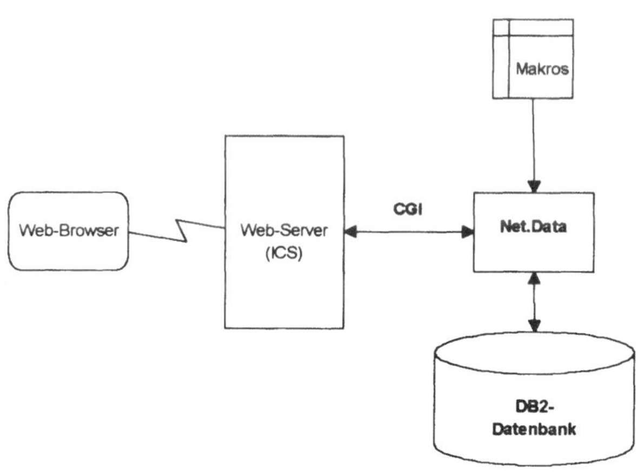

Net.Data-Makros

Net.Data-Makros sind in folgende Abschnitte (sections) untergliedert:

- %DEFINE{
  %}   zur Definition von Variablen

- %SQL{
  %}   zur Vorgabe von SQL-Befehlen mit
    - %SQL_REPORT{
      %} zur Aufbereitung der Ergebnisdaten mit HTML-Anweisungen
    - %SQL_MESSAGE{
      %} zur Ausgabe eigener Fehlermeldungen

- %HTML-INPUT{
  %}   zur Definition einer HTML-Seite für die Eingabe von benötigten Daten

- %HTML_REPORT{

  %} zur Definition der HTML-Seite für die Ausgabe mit

  - %EXEC_SQL für die Ausführung der SQL-Section

Die geschweiften Klammern können übrigens entfallen, wenn nur eine Anweisung folgt.

Net.Data-Variable Neben benutzerdefinierten Variablen gibt es in den Makros einige System-Variablen. Zu den wichtigsten gehören

V1 ... Vn	enthalten das Ergebnis der SQL-Abfrage in der Reihenfolge der Spaltenaufzählung im SELECT
ROW_NUM	Anzahl gelesener Zeilen
SQL_CODE	Fehlerstatus SQLCODE

Vom Benutzer zu definieren ist

DATABASE	zur Angabe der Datenbank

Vom Benutzer definiert werden sollte

LOGIN	zur Vorgabe der Benutzer-Kennung
PASSWORD	zur Angabe der zugehörigen Paßworts

Große Objekte (LOBs) werden von Net.Data in Dateien im Verzeichnis TMPLOBS abgelegt. Die zugehörige Variable *Vx* enthält die Dateireferenz dazu. Diese Technik haben wir Ihnen im vorigen Abschnitt in unserem Beispiel vorgestellt.

Testen können Sie Ihre Makros auch ohne Web-Server. Dies ist aber umständlich und nur mit Einschränkungen möglich. Daher empfehlen wir Ihnen, lieber mit der oben beschriebenen Minimalkonfiguration zu testen. Ergeben sich Probleme mit den SQL-Befehlen, sollten Sie diese mit einem Ereignis-Monitor auf Befehls- und Tabellen-Ebene analysieren.

Beispiel Wir stellen Ihnen hier einige Makros vor, mit denen wir eine Beispiel-Anwendung realisiert haben. Hintergrund unseres Beispiel ist die Yachthafen-Anwendung mit der Datenbank Marina. Mittels HTML-Seiten geben wir unseren Kunden (Yachteignern, die bereits in der Datenbank geführt werden) Auskunft über Yachten einschließlich deren Foto und ermöglichen Ihnen die Reservierung eines Liegeplatzes. Für die Ablage der Fotos oder Grafiken haben wir eine eigene Tabelle gewählt: YACHT_P. Der Vorteil dieser Lösung liegt in der Modularität unserer Beispiel-Anwendungen: Sie brauchen diese Tabelle mit den Fotos nur dann anzulegen, wenn Sie dieses Beispiel nachvollziehen wollen. Alle anderen Beispiele bleiben davon unberührt. Für die Praxis wäre es wohl die bessere Lösung, die Tabelle YACHT um die BLOB-Spalte zu erweitern und diese in einen eigenen Tablespace zu legen.

Unsere Beispiel-Anwendung besteht aus einer HTML-Seite und vier Makros, von denen drei Makros Eingabe- und Ausgabeseiten erzeugen und eines nur eine Ausgabeseite. Wir verzichten in allen Makros der Einfachheit halber auf die Prüfung der Benutzereingaben auf formale und inhaltliche Plausibilität. Sie finden das Beispiel mit allen Seiten, Makros und Grafiken für die Web-Anwendung sowie die Anweisungen zur Einrichtung der zusätzlichen Tabelle auf der Begleit-Diskette. Wir geben Ihnen hier einen Überblick über die Anwendung und stellen Ihnen zwei Makros vor. Unser Beispiel hat folgende Struktur:

Bild 5.3:
Struktur des
Beispiels

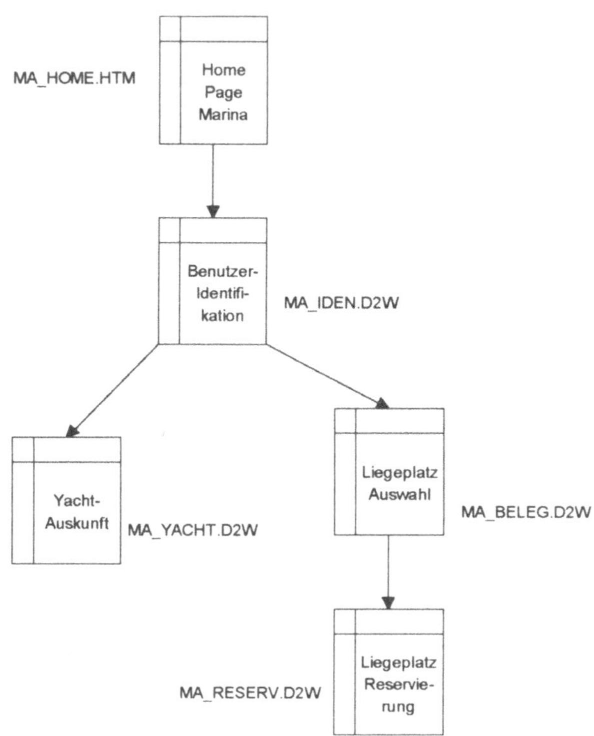

Unser Yachthafen *Marina Neuwismar an der Kaltsee* besitzt eine eigene Home-Page `MA_HOME.HTM` mit Hinweisen auf die Anwendungen "Yacht-Auskunft" und "Liegeplatz-Reservierung".

Bild 5.4:
Home-Page unseres Yachthafens (Anzeige mit IBM WebExplorer)

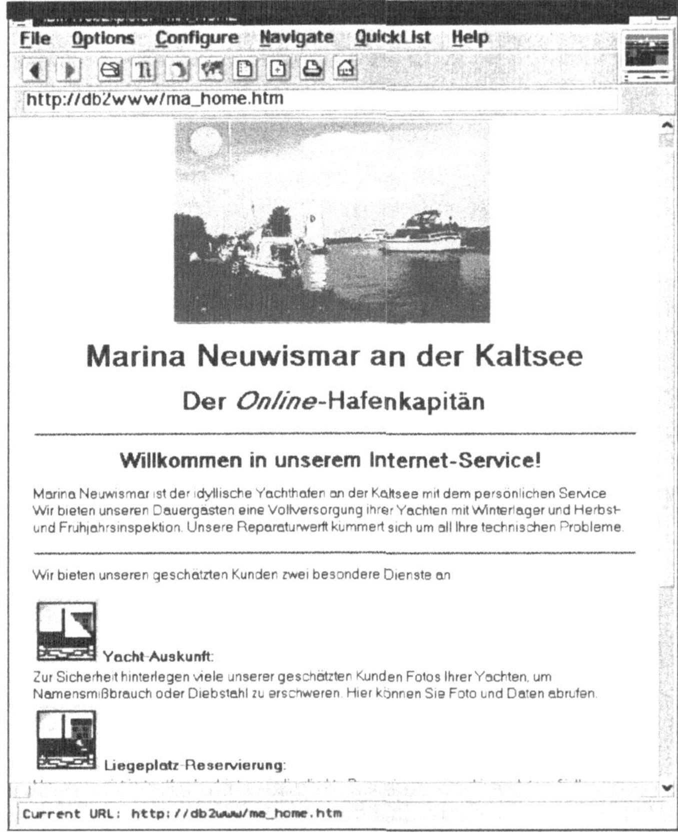

Zu den beiden Anwendungen gelangt der Benutzer nur über einen Identifikationsdialog (Makro `MA_IDEN.D2W`), in dem er seine Kunden- beziehungsweise Eigner-Nummer eingeben muß. Diese Nummer wird in der Tabelle `PERSON` gesucht. Ist die Nummer vorhanden, wird der Benutzer mit Namen begrüßt (siehe Bild 5.5); er kann dann die gewünschte Anwendung auswählen. Ist die Nummer nicht bekannt, wird der Benutzer mit einer Fehlermeldung abgewiesen.

Bild 5.5:
Auswahl zwischen
Yacht-Auskunft und
Liegeplatz-
Reservierung

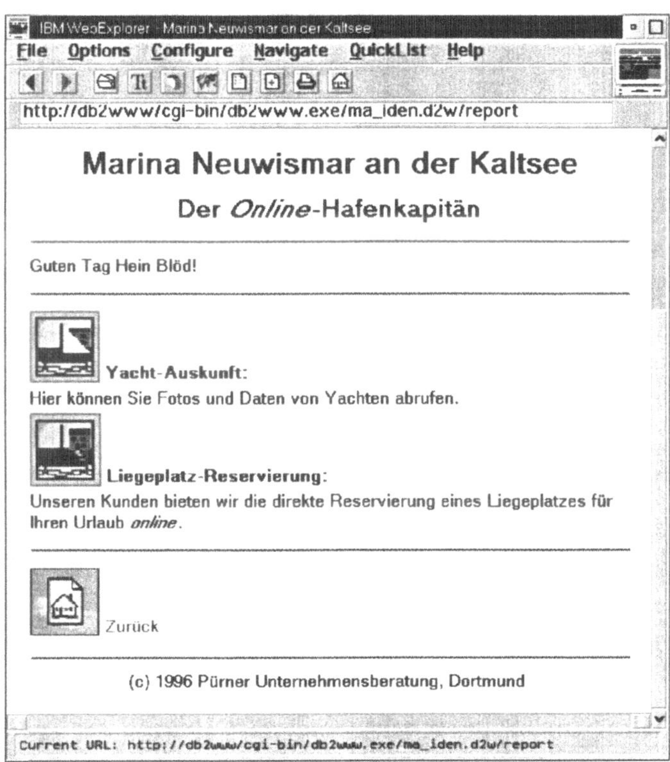

Wählt der Benutzer die Yacht-Auskunft (Makro `MA_YACHT.D2W`), so muß er auf der nächsten Seite als Suchkriterien Yacht-Nummer oder Yacht-Name und Registerort eingeben. Die Yachten, die in Tabelle `YACHT` gefunden wurden, werden ihm angezeigt. Werden keine gefunden, erhält er eine Fehlermeldung und kann nochmals die Eingabe-Seite aufrufen.

Makro
MA_YACHT.D2W

```
%define{
%{ MA_YACHT.D2W: Net.Data-Makro für die Anzeige von Yachten
   Die Nutzung erfolgt auf eigene Gefahr!
   (c) Pürner Unternehmensberatung, 1996
%}DATABASE="marina"
%}

%SQL{
SELECT  P.NAME, P.VORNAME, Y.NAME, REG_ORT, LAENGE, BREITE, YFOTO
 FROM PERSON P, YACHT Y, YACHT_P F
 WHERE P.PNR = Y.PNR
   AND Y.YNR = F.YNR
   AND (Y.YNR = INTEGER($(DBYNR))
        OR (Y.NAME = '$(DBYNM)' AND REG_ORT = '$(DBREG)'))
```

```
%SQL_REPORT{
%ROW{
Yacht $(V3) registriert in $(V4)<br>
Länge $(V5) m Breite $(V6) m<br>
Eigner: $(V2) $(V1)<br>
<center>
<img src="$(V7)"><br>
</center>
%}
%}
%SQL_MESSAGE{
100 : "<strong>Nein</strong>: Diese Yachtdaten sind uns
unbekannt!<p>"
 : continue
%}
%}

%HTML_INPUT{
<TITLE>Marina Neuwismar an der Kaltsee</TITLE>
<BODY BGCOLOR="#8080FF">

<P ALIGN=center>
<CENTER>
<IMG SRC="/admin/neuwism.gif">
<H1>Marina Neuwismar an der Kaltsee</H1>
<H2>Der <I>Online</I>-Hafenkapitän</H2>
</CENTER>
<HR>
</P>
<p>
<center><H2>
<IMG SRC="/ADMIN/BLUESTAR.GIF">
 Yacht-Suche
<IMG SRC="/ADMIN/BLUESTAR.GIF"></H2> </center>
Bitte geben Sie die Daten der gesuchten Yacht ein:
<FORM METHOD="POST"
ACTION="/cgi-bin/db2www.exe/ma_yacht.d2w/report">
<PRE>
Yachtnummer: <INPUT TYPE="text" NAME="DBYNR" SIZE=06 VALUE="000000"
MAXLENGTH=6>
</PRE>
<center>
<IMG SRC="/ADMIN/BLUESTAR.GIF"> oder<IMG SRC="/ADMIN/BLUESTAR.GIF">
</center>
<PRE>
Yachtname  : <INPUT TYPE="text" NAME="DBYNM" SIZE=24 VALUE=""
MAXLENGTH=24>
Registerort: <INPUT TYPE="text" NAME="DBREG" SIZE=24 VALUE=""
MAXLENGTH=24>
</PRE>
<hr>
<INPUT TYPE="submit" VALUE="OK"> <INPUT TYPE="reset" VALUE="Reset">
</FORM>
<hr>
<A HREF="/MA_HOME.HTM"> <IMG SRC="/ADMIN/SKYHOME.GIF"> Home</A>
</P>
<HR>
```

```
<P>
<CENTER>
(c) 1996 Pürner Unternehmensberatung, Dortmund
</CENTER>
</P>
</BODY>
%}

%HTML_REPORT{
<TITLE>Marina Neuwismar an der Kaltsee</TITLE>
<BODY BGCOLOR="#8080FF">
<P ALIGN=center>
<CENTER>
<IMG SRC="/admin/neuwism.gif">
<H1>Marina Neuwismar an der Kaltsee</H1>
<H2>Der <I>Online</I>-Hafenkapitän</H2>
</CENTER>
<HR>
</P>
<P >
%EXEC_SQL
<HR>
<A HREF="/ma_home.htm"> <IMG SRC="/ADMIN/SKYHOME.GIF"> Home</A>
<A HREF="/cgi-bin/db2www.exe/ma_yacht.d2w/input"> <IMG
SRC="/ADMIN/GO2FIRST.GIF"> Erneute Eingabe</A>
<hr>
<CENTER>
(c) 1996 Pürner Unternehmensberatung, Dortmund
</CENTER>
</P>
</BODY>
%}
```

Wir gehen davon aus, daß zu jeder Yacht auch ein Bild existiert beziehungsweise daß Yachten ohne Bild auch nicht angezeigt werden sollen. Daher formulieren wir in der SQL-Section den Zugriff auf die Tabellen YACHT und YACHT_P als Equi-Join. Im Unterabschnitt SQL_REPORT definieren wir die Ausgabe der Abfrage je Zeile (%ROW{}). Wie schon erwähnt, benutzt Net.Data zur Ausgabe von BLOBs Datei-Lokatoren. Die Variable *V7* enthält eine solche Dateireferenz als Ergebnis der Abfrage. Wir brauchen diese Variable für die Anzeige des Bilds daher nur in die IMG-Anweisung von HTML einzusetzen. Wir erwarten zwar nur eine Ergebniszeile je Abfrage, können aber auch mehrere ausgeben. Im Unterabschnitt SQL_MESSAGE legen wir die Fehlermeldung fest, wenn keine Yacht gefunden werden konnte.

Die HTML_INPUT-Section definiert die Seite mit dem Formular zur Eingabe der Abfrage-Parameter Yacht-Nummer, Yacht-Name und Registerort. Das Formular besteht aus den drei Eingabefeldern und den Druckknöpfen "OK" für das Abschicken der Eingaben und "Reset" zum Löschen der Eingaben. Mit dem Formular verknüpft ist REPORT-Section unseres Makros, die mit dem Abschikken der Eingaben aufgerufen wird.

Die HTML_REPORT-Section definiert nur den Seitenkopf mit Titelbild und Überschriften und den Seitenfuß mit den Hyperlinks zum Rücksprung zur Home-Page oder zur Eingabe-Seite und die Fußzeile (siehe Bild 5.6). Kern des Abschnitts ist die Anweisung %EXEC_SQL, mit der die Abfrage und die Aufbereitung der Ergebnisse aufgerufen wird.

Bild 5.6:

Anzeige von
Yacht-Daten und Bild

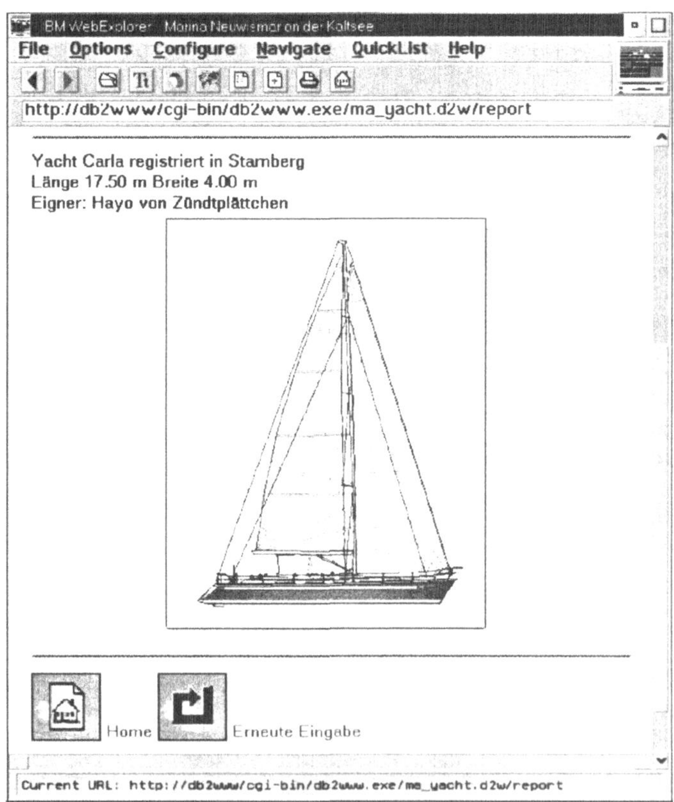

Wählt der Benutzer die Liegeplatz-Reservierung (Makro MA_BELEG.D2W), so muß er auf der nächsten Seite den gewünschten Reservierungszeitraum und die Yacht-Nummer eingeben. Die freien Liegeplätze werden angezeigt, die seine Yacht aufnehmen können. Werden keine Liegeplätze gefunden, erhält er eine Fehlermeldung und er kann nochmals die Eingabe-Seite aufrufen.

Bild 5.7:
Eingabe der
Reservierungsdaten

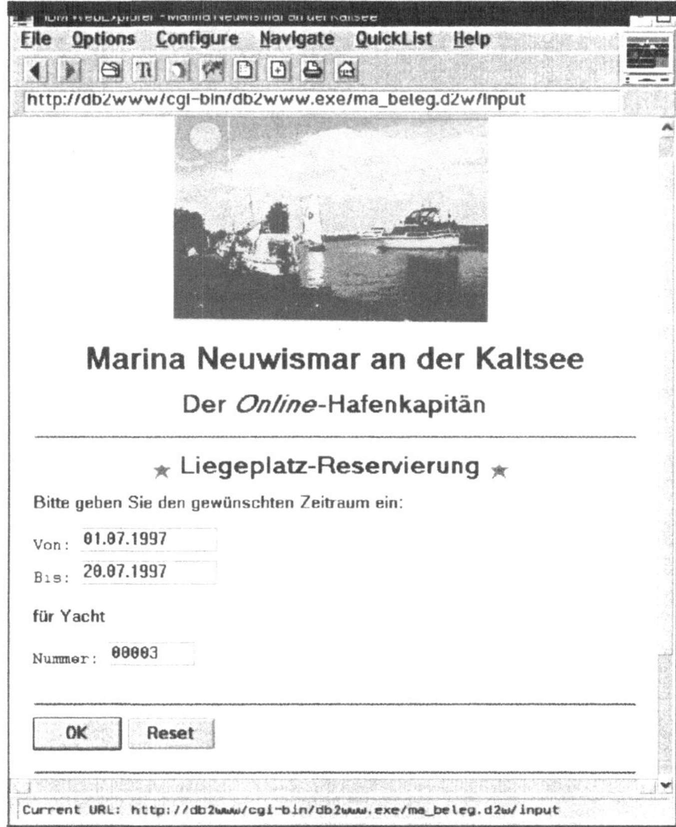

Aus den angezeigten Liegeplätzen wählt der Benutzer einen aus, der dann in die Tabelle BELEGUNG aufgenommen wird (Makro MA_RESRV.D2W). Wir prüfen, ob der Liegeplatz nicht zwischenzeitlich anderweitig reserviert wurde, und fügen dann eine entsprechende Zeile in die Tabelle BELEGUNG ein.

Bild 5.8
Anzeige der freien
Liegeplätze mit
Auswahlmöglichkeit
(Anzeige mit
Netscape Navigator)

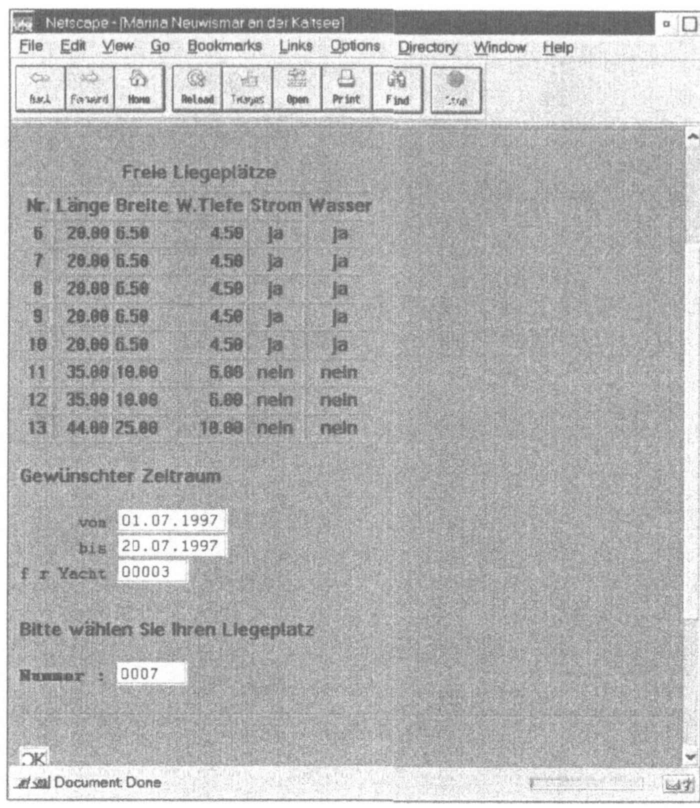

Makro
MA_RESRV.D2W

```
%define DATABASE="marina"
%{ MA_RESRV.D2W: Net.Data-Makro für die Reservierung eines Liegeplatzes
    Die Nutzung erfolgt auf eigene Gefahr!
    (c) Pürner Unternehmensberatung, 1996
%}
%SQL_MESSAGE{
100 : "<strong>Nein</strong>: Liegeplatz nicht mehr frei<p>"
 : exit
%}

%SQL(Frei){
SELECT LPNR FROM LIEGEPLATZ L, YACHT Y
 WHERE YNR = INTEGER($(DBYNR))
  AND LPNR = INTEGER($(DBLPNR))
  AND L.LAENGE > Y.LAENGE
  AND L.BREITE > Y.BREITE
  AND NOT EXISTS (
```

```
    SELECT * FROM BELEGUNG
      WHERE LPNR = L.LPNR AND
            (VON   BETWEEN '$(DBVON)' AND '$(DBBIS)' OR
             BIS   BETWEEN '$(DBVON)' AND '$(DBBIS)' OR
             '$(DBVON)' BETWEEN VON  AND BIS  OR
             '$(DBBIS)' BETWEEN VON  AND BIS)
 )
%SQL_REPORT{
<P>
%ROW{
Liegeplatz Nr. $(DBLPNR) frei<br>
%}
</P>
%}
%}


%SQL(Bel){
INSERT INTO BELEGUNG(LPNR, YNR, VON, BIS)
 VALUES(INTEGER($(DBLPNR)),INTEGER($(DBYNR)),'$(DBVON)','$(DBBIS)')
%}


%HTML_REPORT{
<TITLE>Marina Neuwismar an der Kaltsee</TITLE>
<BODY BGCOLOR="#8080FF">
<P ALIGN=center>
<CENTER>
<IMG SRC="/admin/neuwism.gif">
<H1>Marina Neuwismar an der Kaltsee</H1>
<H2>Der <I>Online</I>-Hafenkapitän</H2>
</CENTER>
<HR>
</P>
<P >
%EXEC_SQL(Frei)
%EXEC_SQL(Bel)
          ... und für Sie reserviert
<HR>
<A HREF="/ma_home.htm"> <IMG SRC="/ADMIN/SKYHOME.GIF"> Home</A>
<A HREF="/cgi-bin/db2www.exe/ma_beleg.d2w/input"> <IMG
SRC="/ADMIN/GO2FIRST.GIF"> Erneute Eingabe</A>
<hr>
<CENTER>
(c) 1996 Pürner Unternehmensberatung, Dortmund
</CENTER>
</P>
</BODY>
%}
```

Das Makro `MA_RESRV.D2W` enthält keine `HTML_INPUT`-Section, weil das Formular zur Eingabe des gewünschten Liegeplatzes (Variable DBLPNR) bereits in der Ausgabe von Makro `MA_BELEG.D2W` enthalten ist. Das Formular übergibt außerdem den gewünschten Zeitraum (DBVON, DBBIS) und die Yacht (DBYNR).

Das Makro enthält zwei SQL-Sections mit den Namen `Frei` und `Bel`. `Frei` enthält den SELECT-Befehl zur Überprüfung, ob der gewählte Liegeplatz noch frei ist, `Bel` den INSERT-Befehl für seine Reservierung.

Die `HTML_REPORT`-Section definiert Kopf und Fuß der Ausgabeseite und ruft die beiden SQL-Sections auf. Die eigentliche Ausgabe besteht nur aus zwei Textzeilen zur Bestätigung der Reservierung.

Ist der Liegeplatz nicht mehr frei, wird die Verarbeitung mit einer entsprechenden Nachricht abgebrochen (`SQL_MESSAGE`).

Noch ein Hinweis, wenn Sie alle unsere Beispiele nachvollziehen: Für den INSERT auf die Tabelle **BELEGUNG** wurde in Kapitel 2 ein Trigger definiert, der eine Doppel-Reservierung verschiedener Liegeplätze von einer Yacht verhindert. Dieser könnte beim Spielen mit dieser Anwendung zuschlagen und zu einer unverständlichen Fehlermeldung führen (SQLCODE -438), da Net.Data den Fehlercode des Triggers nicht durchreichen kann. Nehmen Sie also bitte die Reservierungen mit Bedacht vor!

Wie Sie gesehen haben, ist eine Web-Anwendung für DB2 mit Hilfe von Net.Data-Makros schnell und leicht zu erstellen. Wenn Sie sich mit HTML schon auskennen, sollten Ihnen die zusätzlichen SQL-Befehle auch keine Schwierigkeiten bereiten. Weitere Beispiele finden Sie im Lieferumfang von Net.Data und in IBMs *Redbook* "World Wide Web Access to DB2" (SC24-4716-00). Wenn Ihnen der Leistungsumfang von Net.Data nicht ausreichen sollte, können Sie auch eigene Programme erstellen, die CGI unterstützen.

6 Leistung und Durchsatz

Kurze Durchlaufzeiten von Programmen und schnelle Antwortzeiten am Bildschirm sind für die Benutzer die auffälligsten
Kennzeichen guter Systemleistungen. Diese nicht nur zufällig zu
erreichen und über einen längeren Zeitraum auch zu erhalten,
ist das Ergebnis vieler Maßnahmen vom korrekten logischen
und guten physischen Datenbank-Entwurf über die saubere
Anwendungsprogrammierung bis zur richtigen Wahl von Daten-
bank- und System-Parametern. Mit diesen Maßnahmen wollen
wir uns in diesem Kapitel beschäftigen.

Voraussetzung für das Einsetzen der richtigen Maßnahmen sind

- das Verstehen, wie sich DB2 verhält und

- die sorgfältige Analyse der auftretenden Probleme.

In Abschnitt 6.1 erläutern wir Ihnen daher einige wesentliche
Faktoren, die die Anwendungsentwicklung betreffen:

- den Optimizer

- die DB2-Zugriffstechniken

- die Benutzertrennung und Sperrmechanismen.

In Abschnitt 6.2 stellen wir Ihnen Voraussetzungen und Möglichkeiten der Performance-Analyse vor. In Abschnitt 6.3 geben
wir Ihnen noch Hinweise auf eher systembezogene Optimie-
rungsmöglichkeiten.

6.1 Leistungsbestimmende Einflußfaktoren

Voraussetzung für die Analyse des Leistungsverhaltens von
Anwendungen unter DB2 ist das Verständnis der leistungsbestimmenden Faktoren, von denen wir Ihnen die wichtigsten im
folgenden vorstellen.

6.1.1 Optimizer

Herzstück eines jeden relationalen Datenbank-Verwaltungssy-
stems ist der sogenannte Optimizer. Um die realen Fähigkeiten
dieser Software wird meist ein großes Geheimnis gemacht. Über

die „Intelligenz" des Optimizers erzählt so mancher Vertriebsmann wahre Wunder. Was ist also seine Aufgabe?

prozedurales Vorgehen

In den klassischen Datenbank-Verwaltungssystemen der guten, alten EDV-Zeit gab der Programmierer an, wie er einen Datensatz finden wollte. Er mußte sich durch die komplexen Netzwerk-Strukturen, die man mit diesen Systemen definieren konnte, hindurch „navigieren". Der Programmierer bestimmte also den Weg, wie das DBMS die gewünschten Sätze zu finden hätte. Dieses Vorgehen wird als prozedural bezeichnet.

nicht-prozedurales Vorgehen

Ein RDBMS ist dagegen nicht-prozedural, das heißt es läßt sich vom Programmierer nicht vorschreiben, wie es Datensätze (Tabellenzeilen) sucht und ob es dazu einen Index benutzt oder nicht. Es gibt nämlich darin Programme, die für die Ermittlung der optimalen Zugriffe zuständig sind. Diese Programme sind der Optimizer. Ein guter Optimizer muß von der Befehlsformulierung unabhängig sein und die kürzesten Zugriffswege in der optimalen Reihenfolge zusammenstellen.

Struktur und Füllungsgrad der Datenbank

Ein Optimizer ermittelt aus einem SQL-Befehl nach vorprogrammiertem Muster zusammen mit Informationen über die Datenbank einen optimalen Zugriffsweg zu den Daten. Zu den Informationen über die Datenbank gehören die Datenbank-Struktur mit ihren Indizes sowie Zustand und Füllungsgrad der Datenbank. Die letzteren Informationen werden von einem Hilfsprogramm namens RUNSTATS ermittelt und im System-Katalog abgelegt. Zu den Statistik-Daten gehören unter anderem die Anzahl der Tabellenzeilen, der Indexwerte, der Blöcke, Angaben zum Wertebereich von Indizes, zur Sortierfolge der Daten sowie optional die Häufigkeitsverteilung der Datenwerte. Sie können Statistik-Daten im Katalog auch verändern, um „Was wäre, wenn"-Analysen zu machen oder für den Optimizer die Produktionsumgebung zu simulieren (siehe Abschnitt 6.2.1, *Erstellen von Katalog-Statistiken*, ab Seite 277).

Der Zugriffsweg wird beim BIND des SQL-Befehls ermittelt und im Zugriffsplan (package) für die Ausführung bereitgehalten. Benutzen Sie in Ihren Programmen SQL-Befehle mit Programm-Variablen, so kann der Optimizer die Verteilungsstatistik nur eingeschränkt nutzen, weil er beim BIND nicht wissen kann, welche Werte den Variablen zur Ausführungszeit zugewiesen werden.

Änderungen an der Datenbank-Struktur wie beispielsweise das nachträgliche Erstellen eines Index haben Auswirkungen auf die

Programme: Um diesen Index nutzen zu können, müssen die in Frage kommenden Programme nochmals gebunden werden.

Zur Bewertung der möglichen Zugriffswege und zur Auswahl des optimalen benutzt der Optimizer von DB2 einen Ansatz, der die Kosten der möglichen Zugriffswege ermittelt und vergleicht. In die Ermittlung der Kosten gehen auch der DB2-Konfigurations-Parameter *cpuspeed* für die Schnelligkeit der CPU und die Tablespace-Parameter *overhead* und *transferrate* ein, die die Zugriffs- und Transferzeit des Mediums wiedergeben, auf dem ein Tablespace angelegt wurde. Die geschätzten Kosten werden in *timerons* angegeben, einer Verrechnungseinheit, in die die geschätzte Anzahl der CPU-Instruktionen bewertet mit *cpuspeed* und die Anzahl der I/Os bewertet mit *overhead* und *transferrate* einfließen.

Formulierung des SQL-Befehls

Ein anderer Einflußfaktor für den Optimizer ist die Formulierung des SQL-Befehls. Im anzustrebenden Idealfall hat die Formulierung keinen Einfluß, in der Realität aber doch. Je schlechter der Optimizer, um so leichter ist er durch Formulierungsänderungen zu beeinflussen. Ist zum Beispiel die Reihenfolge, in der die Tabellen im SELECT genannt werden, für ihre Behandlung in der Join-Verarbeitung ausschlaggebend, so ist der Optimizer so schlecht, daß er seinen Namen nicht verdient.

Die Schilderung, daß ein Join zweier Tabellen so ausgeführt wird, daß

- zuerst alle Zeilen der ersten Tabelle mit allen Zeilen der zweiten verknüpft werden (kartesisches Produkt),

- dann alle Zeilen, die die Selektionsbedingungen (WHERE) nicht erfüllen, in diesem Zwischenergebnis gelöscht,

- danach die Gruppierungen (GROUP BY) und Gruppenselektionen (HAVING) durchgeführt,

- schließlich die gewünschten Spalten (Projektion) extrahiert werden und

- abschließend die verbliebene Tabelle sortiert wird (ORDER BY),

sollte heute mit der Realität in unserem RDBMS nicht mehr allzuviel zu tun haben.

Schwieriger sind da schon die Fälle, in der unterschiedliche SELECT-Formulierungen, einmal mit Join, einmal mit Unter-SELECT, zum selben Ergebnis führen. Ein guter Optimizer

ermittelt hier unabhängig von der Formulierung den gleichen
Zugriffsweg und erzielt damit gleiches Antwortzeitverhalten.

IBM nennt diese Fähigkeit des DB2-Optimizer *Query Rewrite*.
Das Neuformulieren einer Abfrage ist grundsätzlich notwendig,
um bei der Benutzung von Sichten, die ja als SELECT im Katalog
abgelegt werden, die eigentliche Abfrage gegen die Basistabel-
len zur ermitteln und den besten Zugriffspfad zu finden. Darüber hinaus kann der DB2-Optimizer noch Unterabfragen, wie
oben erwähnt, in Joins transformieren und bei der Umformulierung entstehende redundante Joins eliminieren. Er erkennt Primärschlüssel und nutzt diese zur Auswertung von DISTINCT-
Klauseln. Er fügt bei Joins redundante Auswahl- oder Join-
Bedingungen hinzu, um sie für einen besseren Zugriff zu nutzen. Die hinzugefügten Kriterien oder Prädikate können zum
Beispiel eine frühere Beschränkung der auszuwählen Zeilen
(Ergebnismenge) oder die Nutzung eines Index ermöglichen.
Die Verknüpfung von Auswahlbedingungen mit logischem Oder
(OR) kann er in einen Mengenvergleich IN (...) ebenso umset-
zen wie er diesen durch OR-Verknüpfungen auflösen kann – je
nachdem, welche Formulierung unter den gegebenen Daten-
bankstrukturen günstiger erscheint.

korrelierte
Unterabfragen

Umformuliert werden auch die korrelierten Unterabfragen, die
früher grundsätzlich prozedural, das heißt für jede Zeile aus
dem Haupt-SELECT neu ausgeführt wurden.

Optimierungsklassen

Ab DB2 Version 2 läßt sich der Aufwand, den der Optimizer zur
Ermittlung optimaler Zugriffspfade investieren soll, durch den
Anwender vorgeben. Zum Beispiel können Sie so für Dynamic
SQL-Programme kurze PREPARE-Zeiten wählen oder bei kleinen
Datenbanken unnötigen Aufwand vermeiden. Auch ein
beschränkter Speicher zur Übersetzungszeit kann die Wahl einer
eingeschränkten Optimierung notwendig machen. Andererseits
rechtfertigen verbesserte Antwortzeiten von komplexen, regel-
mäßig ausgeführten Abfragen gegen große Datenmengen sicher
einen einmalig höheren Optimierungsaufwand. Komplexe
Abfragen sind gekennzeichnet durch **viele** Joins, Unterabfragen,
Sichten, Mengenoperatoren wie UNION oder INTERSECT, Prädikate, verschachtelte Tabellen oder GROUP BY und HAVING-
Klauseln.

Den gewünschten Aufwand bestimmen Sie über die Auswahl
einer Optimierungsklasse. Diese können Sie beim Aufruf von
PREP oder BIND mit dem Parameter QUERYOPT oder in Dyna-

mic SQL-Programmen mit SET CURRENT QUERY OPTIMIZA-TION vorgeben.

DB2 kennt zur Zeit folgende Klassen:

Optimierungsklasse	
0	Minimaler Aufwand • Für Katalog-Statistiken wird Gleichverteilung unterstellt • Nur elementare Regeln für *Query Rewrite* • *Nested loop* und *index scan* bevorzugt • *List prefetch* nicht genutzt
1	Geringer Aufwand, entspricht in etwa dem Optimierungs-aufwand von DB2 Version 1 mit kleinen Verbesserungen • Für Katalog-Statistiken wird Gleichverteilung unterstellt • Nur eine Untermenge der Regeln für *Query Rewrite* • *Nested loop* und *merge join* sowie *table* und *index scan* gleichberechtigt • *List prefetch* nicht genutzt
3	Bescheidener Aufwand, entspricht in etwa dem Optimie-rungsansatz von DB2/MVS • Für Katalog-Statistiken werden auch Häufigkeitsvertei-lungen berücksichtigt • Die meisten Regeln für Query Rewrite, einschließlich Umwandlung von Unterabfragen in Joins • List prefetch genutzt
5	Signifikanter Aufwand, Standard-Wert für DB2 • Alle verfügbaren Katalog-Statistiken werden berück-sichtigt • Fast alle Regeln für *Query Rewrite*, außer seltenen, besonders rechenintensiven Regeln • Begrenzung des Optimierungsaufwands, wenn zusätz-liche Ressourcen und Ausführungszeiten nicht garan-tiert sind
7	Signifikanter Aufwand wie bei Klasse 5, jedoch ohne Begrenzung des Aufwands
9	Höchstmöglicher Aufwand, nutzt alle Optimierungstechni-ken

IBM rät dazu, die Klassen 0 und 9 nur in Ausnahmefällen zu benutzen. Die Klassen 3 und 5 sollten im täglichen Gebrauch gute Ergebnisse bringen, bei Joins über viele Tabelle (> 4) ist 5 vorzuziehen. Bei einfachen Anwendungen mit guter Indizierung der Tabellen kann auch 1 ausreichen.

Welche Optimierungsklasse zum Erzeugen eines Zugriffsplan (package) benutzt wurde, finden Sie im Katalog in der Spalte QUERYOPT der Sicht SYSCAT.PACKAGES wieder.

Bekanntlich gibt es eine Reihe von Experten, die durch Tests herausgefunden haben, wie sich Optimizer bestimmter Versionen und Releases durch Formulierungen beeinflussen lassen. Vor deren Wissen sei erst einmal gewarnt! Die Optimizer werden von Version zu Version verbessert. Ihr Optimierungsaufwand ist wählbar. So mancher Trick, der früher erfolgreich war, wirkt sich nach einem Release-Wechsel oder mit einer höheren Optimierungsklasse plötzlich nicht mehr oder nachteilig aus. Wer sich also auf solche, manchmal ja ganz hilfreiche Kniffe einläßt, sollte ihre möglichen Folgen bedenken.

Andererseits ist das muntere Drauflos-Formulieren von SQL-Befehlen nach dem Motto „DB2 wird's schon richten" doch noch etwas naiv. Wer nicht durch schlechte Antwortzeiten auf großen Produktionsdatenbeständen überrascht werden möchte, sollte sich nicht darauf beschränken, den Befehl mit ein paar Testdaten auf ein korrektes Ergebnis zu prüfen[1], sondern ihn mit einem großen Datenbestand im Rücken übersetzen, ausführen und analysieren (siehe Abschnitt 6.2.1, Erstellen von Katalog-Statistiken, ab Seite 277).

6.1.2 Zugriffstechniken

Ein Optimizer kann natürlich nur die Zugriffstechniken auswählen, die ihm im Datenbank-Verwaltungssystem zur Verfügung stehen. DB2 kennt zwei Grundarten:

- das physisch-sequentielle Lesen einer Tabelle (*relation scan*) und

- die Benutzung eines Index (*index scan*).

---

[1] Achtung bei komplexen Abfragen: Nicht alle syntaktisch korrekten SQL-Befehle erzeugen wirklich das Ergebnis, das man sich beim Formulieren vorstellte.

relation scan

Beim *relation scan* wird die Tabelle, die ja ungeordnet in genau einer Datei abgelegt ist, Block (page) für Block, Zeile für Zeile sequentiell gelesen. Dieser Zugriff ist immer dann notwendig, wenn kein Index existiert, der im konkreten Fall benutzt werden kann. Er ist auch dann günstiger als ein *index scan*, wenn

- die Tabelle sehr klein ist,
- das Übereinstimmungsverhältnis[2] zwischen Index und Daten sehr klein ist,
- fast die gesamte Tabelle gelesen werden muß.

Beim *relation scan* und anderen sequentiellen Zugriffen auf die Tabellendaten nutzt DB2 die Technik des sequentiellen Vorauslesens. Dabei werden aufeinander folgende Blöcke in den Pufferbereich eingelesen, noch bevor sie explizit anfordert werden. Die Menge der auf einmal eingelesenen Blöcke wird bestimmt durch den Parameter *prefetchsize*, der für Tablespaces angegeben wird. Auf Indizes wird die Technik des Vorauslesens nicht angewandt.

index scan

Beim *index scan* wird zuerst auf einen Index zugegriffen, bevor auf die Tabellenzeilen über die gefundenen Zeilen-IDs zugegriffen wird. Voraussetzung ist natürlich, daß ein brauchbarer Index existiert. Ein *index scan* wird von DB2 benutzt, um

- die Anzahl der gesuchten Zeilen, auf die zugegriffen werden muß, einzuschränken (dabei können bei Oder-Verknüpfungen von Prädikaten mehrere Indizes benutzt und ihre Trefferlisten zusammengemischt werden = *Index ORing)*,
- die Ausgabe zu ordnen,
- die gewünschten Daten zu lesen.

Falls alle gewünschten Daten in einem Index enthalten sind, erfolgt kein Zugriff auf die Tabellenzeilen (*index-only* Zugriff).

Auswahlkriterien zur Benutzbarkeit eines Index sind:

- Gleichheitsbedingung in der Selektion (WHERE)
  Die Indexspalte wird auf Gleichheit getestet gegen eine Konstante, eine Variable, einen Ausdruck, der eine Konstante errechnet, NULL oder eine nicht korrelierte Unterabfrage, die

---

[2] IBM verwendet hier den Begriff *Index Clustering*, obwohl im DB2 ein Clustering à la DB2/MVS nicht existiert, bei dem der Cluster-Index die Reihenfolge der Tabellenzeilen erzwingt. Im DB2 wird unter *Index Clustering* nur das statistische Verhältnis der tatsächlichen Zeilenreihenfolge zu einer Index-Folge verstanden. Das Verhältnis wird von RUNSTATS ermittelt.

einen Wert ermittelt. Indexspalten können allerdings nur dann genutzt werden, wenn sie entweder an erster Stelle im Index stehen oder alle vor ihnen stehenden Indexspalten ebenfalls nach diesen Auswahlkriterien benutzbar sind.

- Ungleichheitsbedingungen in der Selektion (WHERE)
  Die Indexspalte wird auf Ungleichheit getestet gegen eine Konstante, eine Variable, einen Ausdruck, der eine Konstante errechnet, oder eine nicht korrelierte Unterabfrage, die einen Wert ermittelt. Es kann je Index nur eine Spalte auf Ungleichheit getestet werden, dabei sind mehrere Vergleiche für dieselbe Spalte erlaubt. Erlaubte Operatoren sind <, >, <=, >=, BETWEEN, LIKE – sofern Vergleichsoperand nicht mit Jokerzeichen (% oder _) beginnt.

- Ordnungskriterien
  Die Spalten der Ordnungskriterien stimmen in ihrer Reihenfolge mit den Indexspalten mit der ersten beginnend überein. Ordnungskriterien werden vorgegeben durch ORDER BY, DISTINCT, GROUP BY, INTERSECT, EXCEPT, UNION, Unterabfragen mit = ANY oder <> ALL und *merge joins* (siehe Seite 267). Werden voranstehende Indexspalten in einfachen Gleichheitstests mit Konstanten verglichen, können nachfolgende Indexspalten in Ordnungskriterien noch zur diesbezüglichen Indexbenutzung führen.

List Prefetch

Die Erstellung einer *Prefetch*-Liste beim *index scan* verbessert den Zugriff auf die Daten, wenn die Daten nicht in Indexfolge sortiert geladen wurden oder *Index ORing* genutzt wird. Das Lesen der Tabellendaten wird dazu ausgesetzt, bis alle Verweise auf die Daten (RID, row identifier) aus dem Index beziehungsweise den Indizes zusammengestellt worden sind. Dann wird die Liste nach den Seitennummern der RIDs sortiert. Die Tabelle wird entsprechend der Liste gelesen.

Prädikate

Der Optimizer teilt Prädikate, das heißt Selektionsbedingungen oder Projektionen, in vier Klassen ein:

- *bereichsbegrenzende* Prädikate
  Diese Prädikate begrenzen den Bereich einer Index-Suche beidseitig durch Anfangs- und Ende-Kriterium ein.

- *index sargable*[3] Prädikate
  Diese Prädikate begrenzen zwar nicht die Index-Suche beiderseitig, können aber über einen Index evaluiert werden.

---

[3] sargable - as Search Argument usable

- *sargable* Prädikate

  Diese Prädikate können nicht durch einen Index evaluiert werden, sondern verlangen den Zugriff auf die Tabellenzeilen.

- *residual* Prädikate

  Diese Prädikate erfordern zusätzliche Zugriffe auf andere Tabellen beziehungsweise in andere Dateien. Dazu gehören korrelierte Unterabfragen, mengen-orientierte Unterabfragen (zum Beispiel mit ANY, ALL, SOME, IN) und Zugriffe auf Spalten der Datentypen LONG VARCHAR oder LOB.

Aus Performance-Gründen sollten *residual* Prädikate möglichst vermieden werden.

Tabellen verknüpfen

Neben den Zugriffstechniken auf einzelne Tabellen(zeilen) sind die Techniken zum Verknüpfen mehrerer Tabellen miteinander (Verbund oder Join) entscheidend für gute Reaktionszeiten. DB2 kennt zwei Techniken: *merge join* und *nested loop*.

Bei Verknüpfen zweier Tabellen wird eine als die *äußere* und die andere als die *innere* benutzt. Die äußere Tabelle ist führend, das heißt sie ist die erste, die bearbeitet wird, und wird nur einmal durchlaufen. Die innere kann je nach SQL-Befehl, Join- und Selektions-Kriterien und Join-Technik mehrfach bearbeitet werden. Schon die Auswahl der äußeren Tabelle durch den Optimizer hat großen Einfluß auf die Laufzeit der Join-Operation.

merge join

Die Technik des merge join setzt die Formulierung eines Equi-Join, `Tab_1.Sp_a = Tab_2.Sp_b`, voraus. Außerdem verlangt sie, daß die Tabellen nach den Join-Bedingungen geordnet werden, sei es durch geeignete Indizes, sei es durch Sortierung. Für die Sortierung gilt die Begrenzung, daß nur die ersten 255 Bytes einer Spalte als Sortierschlüssel genutzt werden können. Daher dürfen die Join-Bedingungen nicht größer 255 Bytes sein.

Die Tabellen werden beim merge join parallel abgearbeitet. Die äußere Tabelle wird nur einmal durchlaufen. Bei n:1- oder n:m-Beziehungen zwischen äußerer und innerer Tabelle wird die innere gruppenweise mehrfach durchlaufen, da sich die Join-Bedingungen der äußeren Tabelle mehrfach wiederholen.

DB2 wählt die äußere Tabelle danach aus, daß wiederholtes Lesen der inneren Tabelle möglichst vermieden wird. Die Tabelle mit den Join-Bedingungen, bei denen sich die Werte am wenigsten wiederholen, ist die bessere Wahl für die äußere. Zur

Bestimmung wird die Anzahl unterschiedlicher Werte (in SYS-COLUMNS.COLCARD) mit der Anzahl der Tabellenzeilen (in SYS-TABLES.COLCOUNT) verglichen.

nested loop

Liegt kein Equi-Join vor, benutzt DB2 die Technik des *nested loop*. Für jede Zeile der äußeren Tabelle wird in der inneren Tabelle nach den zugehörigen Zeilen gesucht. Im ungünstigen Fall muß dabei die innere Tabelle sequentiell durchlaufen werden. Im günstigeren Fall existiert ein geeigneter Index für den Zugriff auf die innere Tabelle. Dies kann aber auch nur dann der Fall sein, wenn – neben der Existenz eines Index mit den Join-Spalten – der Join-Operator <, <=, > oder >= ist.

Die Tabelle, für deren Zugriff ein Index benutzt werden kann, ist Kandidatin für die innere Tabelle. Gibt es für keine Tabelle einen geeigneten Index, ist die kleinere Tabelle Kandidatin für die innere, wenn DB2 dabei Vorteile über die Nutzung der Puffer ziehen kann. Dies ist unter anderem abhängig von der Tabellengröße und der Größe des Pufferbereichs (buffer pool). Die größere Tabelle kann auch dann Kandidatin für die äußere sein, wenn der Optimizer Vorteile durch das sequentielle Vorauslesen mehrerer Datenblöcke mit einem I/O vermutet.

Nach einer Änderung der Größe des Pufferbereichs (siehe Parameter *buffpage*, Seite 346) oder der Angabe *prefetchsize* eines Tablespace kann es daher sinnvoll sein, die Programm-Zugriffspläne (packages) mit BIND erneut zu binden.

Darüber hinaus gehen noch andere Randbedingungen in die Auswahl von äußerer und innerer Tabelle ein. So kann beispielsweise eine Join-Bedingung auch Sortierschlüssel (ORDER BY) sein. In diesem Fall kann es sinnvoll sein, die Tabelle mit dieser Sortier- und Join-Bedingung zur äußeren zu wählen, um zusätzliche Sortierläufe zu vermeiden.

Joins von mehr als zwei Tabellen werden als Folge von Joins mit zwei Tabellen bearbeitet.

Sortierläufe können immer dann notwendig sein, wenn Tabellenzeilen geordnet werden müssen (ORDER BY, DISTINCT, GROUP BY, INTERSECT, EXCEPT, UNION, Unterabfragen mit = ANY oder <> ALL und *merge joins*) und kein Index dazu verfügbar oder der Indexzugriff aufwendiger als ein Sort ist. Im günstigsten Fall passen die zu ordnenden Tabellenzeilen in den Sortierbereich und müssen auch nicht zur Rückgabe zwischengespeichert werden. Dann ist kein I/O notwendig. Passen sie aber nicht in den Sortierbereich des Hauptspeichers, werden sie in mehreren Schritten sortiert, wobei jeweils eine Untermenge geordnet wird. Die Untermengen werden jeweils auf Platte zwischengespeichert. Die Sortierzeiten hängen also von der Größe der zu ordnenden Tabelle und der Größe des Sortierbereichs im Hauptspeicher ab (siehe Parameter *sortheap*, Seite 355).

6.1.3   Sperren und Benutzertrennung

Im vorigen Abschnitt wurden die Gesichtspunkte besprochen, die für die schnelle Durchführung von Datenbank-Operationen und damit von Programmen ausschlaggebend sind. In einem Mehrbenutzer-Umfeld können sich aber parallel laufende Programme und Benutzer-Dialoge gegenseitig behindern und somit die Lauf- oder Antwortzeiten verschlechtern. In diesem Abschnitt wollen wir auf diese Aspekte für die Datenbank-Zugriffe eingehen.

Sperren

Daß konkurrierende Programme nicht beliebig frei zugreifen und sich gegenseitig Daten überschreiben oder löschen dürfen, ist selbstverständlich. Daher werden benutzte Ressourcen gegen fremden Zugriff gesperrt. Programme, die auf benutzte (also gesperrte) Ressourcen zugreifen wollen, müssen solange warten, bis diese freigegeben werden. Die Größe der gegenseitigen Behinderung durch das Sperren hängt nun davon ab,

- wie umfangreich die Sperre ist,

- gegen welche Zugriffsarten sie wirksam ist,

- wie lange sie aufrecht erhalten wird.

DB2 kennt folgende Arten von Sperren:

Sperre	Bedeutung
IN (intent none)	keine Sperren beabsichtigt
IS (intent share)	nur Lesesperren (S) beabsichtigt
S (share)	zum Lesen
IX (intent exclusive)	exklusives Sperren beabsichtigt
SIX (share intent exclusive)	die Tabelle ist mit S gesperrt, geänderte Zeilen werden exklusiv gesperrt
U (update)	in der Absicht einer Änderung
X (exclusive)	nach Einfügung, Änderung, Löschung

Sperre	Bedeutung
Z (super exclusive)	nur bei reinem Tabellensperren für DROP / ALTER TABLE und CREATE / DROP INDEX

IN, IS, IX und SIX werden auf Tablespace- und Tabellen-Ebene angemeldet, wenn die eigentlichen Sperren S, U, X auf Zeilen-Ebene angefordert werden sollen. Z kann nur auf Tablespace- oder Tabellenobjekt-Ebene angefordert werden.

Verträglichkeit von Sperren

Die folgende Matrix zeigt ihre Verträglichkeit untereinander:

Sperr-Art gehalten: angefordert:	IN	IS	S	IX	SIX	U	X	Z
IN	+	+	+	+	+	+	+	-
IS	+	+	+	+	+	+	-	-
S	+	+	+	-	-	+	-	-
IX	+	+	-	+	-	-	-	-
SIX	+	+	-	-	-	-	-	-
U	+	+	+	-	-	-	-	-
X	+	-	-	-	-	-	-	-
Z	-	-	-	-	-	-	-	-

+   die Sperre erfolgt unabhängig davon, ob ein anderes Programm bereits auf die Ressource wartet oder nicht.

-    der Anfordernde muß solange warten, bis alle unverträglichen Sperren zu dieser Ressource aufgehoben wurden. DB2 kennt keine Alternative zum Warten wie zum Beispiel eine Rückkehr zum Aufrufenden mit Fehlercode.

Benutzertrennung

Neben den eigentlichen Sperren kennt DB2 vier Philosophien der Benutzertrennung, auch *isolation level* genannt:

- cursor stability (CS)
- repeatable read (RR)
- read stability (RS)
- uncommitted read (UR).

cursor stability

Mit *cursor stability* wird die aktuelle Tabellenzeile, die zu einem Zeitpunkt im Zugriff ist, gesperrt. Sie wird beim Lesen der nächsten Zeile freigegeben, wenn an ihr keine Änderung vorgenommen wurde. Wurde sie geändert, bleibt sie bis zum nächsten COMMIT oder ROLLBACK gesperrt. Wird eine Zeile von einem Programm zweimal gelesen, könnte sie zwischenzeitlich verändert worden sein. Dennoch ist diese Technik der beste Kompromiß zwischen guter Benutzertrennung und geringer Behinderung. Zeilen, die von anderen Benutzern nach Änderung gesperrt wurden, können nicht gelesen werden. *cursor stability* ist die Standard-Technik in DB2.

Cursor stability wird im ISO-Standard als *read committed* bezeichnet.

repeatable read   Mit *repeatable read* werden alle von einer Anwendung referenzierten (und nicht nur die gelesenen!) Tabellenzeilen bis zum nächsten COMMIT beziehungsweise ROLLBACK gesperrt. So ergibt ein SELECT-Befehl, der innerhalb einer Transaktion mehrfach ausgeführt wird, immer dieselbe Ergebnismenge. Keine andere Anwendung kann die referenzierten Tabellenzeilen ändern, löschen oder neue hinzufügen. Zeilen, die von anderen Benutzern nach Änderung gesperrt wurden, können nicht gelesen werden. Phantom-Zeilen werden nur mit dieser Technik ausgeschlossen.

Unter Phantom-Zeilen versteht man Zeilen, die bei einer erneuten Ausführung einer Abfrage innerhalb einer Transaktion die Ergebnismenge vergrößern, also bei der vorherigen Ausführung noch nicht existierten.

repeatable read wird im ISO-Standard als *serializable* bezeichnet.

read stability   Mit *read stability* wird eine gelesene Tabellenzeile bis zum nächsten COMMIT beziehungsweise ROLLBACK gesperrt. Die gelesenen Tabellenzeilen können so innerhalb einer Transaktion mehrfach gelesen werden, ohne daß ein anderer Benutzer sie zwischenzeitlich ändern oder löschen kann. Zeilen, die von anderen Benutzern nach Änderung gesperrt wurden, können nicht gelesen werden.

Read stability wird im ISO-Standard als *repeatable read* bezeichnet.

uncommitted read   *uncommitted read* (oder *dirty read*) ist nur für lesende SQL-Befehle möglich, für andere gilt *cursor stability*. Tabellenzeilen werden unabhängig davon gelesen, ob sie nach Änderungen noch gesperrt sind oder nicht. Da ohne jedes Warten auf die Aufhebung irgendwelcher Sperren gelesen wird, ist diese Technik die schnellste. Dafür lesen Sie auch Daten, deren Veränderungen noch nicht konsistent durchgeführt wurden oder im nächsten Augenblick wieder zurückgesetzt wurden!

Uncommitted read wird im ISO-Standard als *Read Uncommitted* bezeichnet.

Beim BIND-Lauf eines Programms können Sie die Technik der Benutzertrennung explizit wählen.

Die Benutzertrennung eines bestehenden Zugriffsplans (package) können Sie im Katalog mit Hilfe der Sicht SYS-CAT.PACKAGES in ihrer Spalte ISOLATION finden.

Auswahl der Sperrgröße

Sperren können für Zeilen oder ganze Tabellen verhängt werden. Der Optimizer entscheidet über diese Sperrgröße aufgrund

- der gewählten Benutzertrennung (isolation level),
- der Zugriffswege (via Index oder sequentiell),
- der Selektionsbedingungen (wenige Zeilen oder ganze Tabelle).

Der Optimizer wählt Sperren auf Zeilen-Ebene für

- Benutzertrennungen CS und RS
- Benutzertrennung RR bei Zugriff über Index.

Er benutzt Sperren auf Tabellen-Ebene für

- Benutzertrennung RR bei sequentiellem Zugriff
- LOCK TABLE
- DROP / ALTER TABLE oder CREATE / DROP INDEX.

Die folgenden Tabellen geben Ihnen einen detaillierten Überblick über die verhängten Sperren in Abhängigkeit von der Zugriffstechnik, der Art der Benutzertrennung und der Zugriffsart. Für von einem Cursor gesteuerte Zugriffe wird zunächst der Sperrmodus des Cursors benutzt; beim Ändern oder Löschen einer Zeile der Cursor-Daten wird immer eine exklusive Sperre zur Durchführung der Operation verhängt.

Ist in den Tabellen nur ein Sperrmodus angegeben, so bezieht er sich auf Tabellen-Ebene. Sind zwei angegeben, so bezieht sich der erste auf Tabellen-, der zweiten auf Zeilen-Ebene.

Sperrmodi für *relation scans*			
Benutzer- trennung	nur Lesen	Änderungs- absicht	Änderung
Zugriffstechnik: *relation scan* ohne Prädikate			
RR	S	U	X
RS	IS / S	IX / U	IX / X
CS	IS / S	IX / U	IX / X
UR	IN	IX / U	IX / X
Zugriffstechnik: *relation scan* mit Prädikaten			
RR	S	U	U
RS	IS / S	IX / U	IX / X
CS	IS / S	IX / U	IX / X
UR	IN	IX / U	IX / X

Sperrmodi für *index scans*			
Benutzer- trennung	nur Lesen	Änderungs- absicht	Änderung
Zugriffstechnik: index *scan* ohne Prädikate			
RR	S	IX / U	X
RS	IS / S	IX / U	IX / X
CS	IS / S	IX / U	IX / X
UR	IN	IX / U	IX / X
Zugriffstechnik: index *scan* Einzelzeile			
RR	IS / S	IX / U	IX / X
RS	IS / S	IX / U	IX / X
CS	IS / S	IX / U	IX / X
UR	IN	IX / U	IX / X

Spermmodi für *index scans*			
Benutzertrennung	**nur Lesen**	**Änderungsabsicht**	**Änderung**
Zugriffstechnik: *index* scan nur mit Anfangs- und Ende-Kriterien			
RR	IS / S	IX / S	IX / X
RS	IS / S	IX / U	IX / X
CS	IS / S	IX / U	IX / X
UR	IN	IX / U	IX / X
Zugriffstechnik: *index scan* mit Prädikaten			
RR	IS / S	IX / S	IX / U
RS	IS / S	IX / U	IX / U
CS	IS / S	IX / U	IX / U
UR	IN	IX / U	IX / U

Die folgende Tabelle zeigt Ihnen die Sperrmodi für die Indexzugriffe, bei denen der Zugriff auf die Datenblöcke verzögert wird, um zuvor auf weitere Indizes zuzugreifen oder für den *List Prefetch* zu sortieren.

Spermmodi für *index scans* mit verzögertem Zugriff auf die Datenblöcke			
Benutzertrennung	**nur Lesen**	**Änderungsabsicht**	**Änderung**
Zugriffstechnik: *index scan* ohne Prädikate			
RR	IS / S	IX / S	X
RS	IN	IN	IN
CS	IN	IN	IN
UR	IN	IN	IN

<table>
<tr><th colspan="4">Sperrmodi für index scans
mit verzögertem Zugriff auf die Datenblöcke</th></tr>
<tr><th>Benutzer-
trennung</th><th>nur Lesen</th><th>Änderungs-
absicht</th><th>Änderung</th></tr>
<tr><td colspan="4">Zugriffstechnik: Verzögerter Datenzugriff nach index scan ohne Prädikate</td></tr>
<tr><td>RR</td><td>IN</td><td>IX / S</td><td>X</td></tr>
<tr><td>RS</td><td>IS / S</td><td>IX / U</td><td>IX / X</td></tr>
<tr><td>CS</td><td>IS / S</td><td>IX / U</td><td>IX / X</td></tr>
<tr><td>UR</td><td>IN</td><td>IX / U</td><td>IX / X</td></tr>
<tr><td colspan="4">Zugriffstechnik: index scan mit Prädikaten</td></tr>
<tr><td>RR</td><td>IS / S</td><td>IX / S</td><td>IX / S</td></tr>
<tr><td>RS</td><td>IN</td><td>IN</td><td>IN</td></tr>
<tr><td>CS</td><td>IN</td><td>IN</td><td>IN</td></tr>
<tr><td>UR</td><td>IN</td><td>IN</td><td>IN</td></tr>
<tr><td colspan="4">Zugriffstechnik: index scan nur mit Anfangs- und Ende-Kriterien</td></tr>
<tr><td>RR</td><td>IS / S</td><td>IX / S</td><td>IX / X</td></tr>
<tr><td>RS</td><td>IN</td><td>IN</td><td>IN</td></tr>
<tr><td>CS</td><td>IN</td><td>IN</td><td>IN</td></tr>
<tr><td>UR</td><td>IN</td><td>IN</td><td>IN</td></tr>
<tr><td colspan="4">Zugriffstechnik: Verzögerter Datenzugriff nach index scan mit Prädikaten</td></tr>
<tr><td>RR</td><td>IN</td><td>IX / S</td><td>IX / S</td></tr>
<tr><td>RS</td><td>IS / S</td><td>IX / U</td><td>IX / U</td></tr>
<tr><td>CS</td><td>IS / S</td><td>IX / U</td><td>IX / U</td></tr>
<tr><td>UR</td><td>IN</td><td>IX / U</td><td>IX / U</td></tr>
</table>

Die Tabellen zeigen deutlich, welchen Einfluß die vom Optimizer gewählte Zugriffstechnik auf die verhängten Sperren und damit auf Durchsatz beziehungsweise Behinderung im Mehrbenutzer-Umfeld hat. Sie sollten daher insbesondere bei der Benutzung der Benutzertrennung RR (repeatable read) sorgfältig auf die ausgewählten Zugriffstechniken achten.

Sperr-Eskalation

Sperren auf Zeilen-Ebene werden in DB2 dynamisch zu Sperren auf Tabellen-Ebene eskaliert, wenn zu viele Sperren auf Zeilen-Ebene bereits angefordert wurden. Wenn die Schwelle erreicht wird, löst das Programm, das als nächstes eine Sperre anfordert, die *Sperr-Eskalation* aus. Dabei werden Zeilensperren einer Tabelle in eine Sperre auf Tabellen-Ebene gewandelt. Dieser Prozeß wiederholt sich, bis genügend Sperr-Einträge wieder frei gemacht wurden. DB2 sucht dazu die Tabellen mit den meisten Zeilensperren aus. Diese Prozesse laufen intern ab; sie werden dann allerdings erkennbar, wenn ein Programm seine Sperren nicht eskalieren kann und seinen SQL-Befehl mit einem Fehlercode beendet.

Die Anzahl möglicher Sperr-Einträge wird bestimmt durch den Konfigurations-Parameter *locklist* (siehe Seite 348).

deadlock

Ein Programm, das auf eine Sperre warten muß, kann natürlich selber auch Sperren halten, die es solange nicht freigibt, wie es warten muß. Daher ist es möglich, daß sich auch einmal Programme gegenseitig blockieren: Sie warten jeweils auf eine Sperre, die das andere Programm hält. Man nennt diese Situation *deadlock*. Ein *deadlock* kann nur von einer dritten Instanz, am besten dem DBMS, aufgelöst werden. DB2 besitzt einen *deadlock detector*, der periodisch die Sperren auf solche Situationen überprüft. Entdeckt er ein blockiertes Programm, löst er für dieses einen ROLLBACK aus, durch den die vorgenommenen Veränderungen zurückgesetzt und die Sperren aufgehoben werden.

Das Ruhe-Intervall für den *deadlock detector* wird vorgegeben mit dem Konfigurations-Parameter *dlchktime*.

6.2 Performance-Analyse

Erfahrungsgemäß wird die Frage der Performance-Analyse häufig erst dann aktuell, wenn Anwort- oder Laufzeiten nicht befriedigend erscheinen. Die vorausschauende Analyse dessen, was gerade in Entwicklung ist, ist leider eher die Ausnahme, obwohl sie viel Ärger und Frust durch unsachgemäßen Einsatz von SQL-Befehlen oder unglückliches Datenbank-Design verhindern könnte. Nutzen Sie daher die im folgenden vorgestellten Möglichkeiten bereits in den Realisierungs- und Testphasen bei Ihrer Anwendungsentwicklung.

Liegt der Eindruck vor, die Zeiten seien zu schlecht, müssen Sie als erstes herausfinden, wann dies auftritt:

* Immer, unabhängig von anderen Benutzern und Programmen?

* Immer, wenn eine bestimmte System-Umgebung (durch Benutzer, hohe Last) zutrifft?

* Manchmal, eher zufällig?

Außerdem müssen Sie herausfinden, ob diese Verzögerungen in DB2 entstehen oder andere Systeme dafür verantwortlich sind. Dazu sollten Sie den *Database System Monitor* des DB2 einsetzen, der Ihnen auch zeigen kann, wo in DB2 gegebenenfalls die Performance-Probleme auftreten. Im Abschnitt 6.2.2, *Performance-Messungen*, geben wir Ihnen einen Überblick über den Monitor.

Liegen die Ursachen in DB2 bei einigen SQL-Befehlen, so müssen Sie sich ansehen, welche Zugriffstechniken der Optimizer für die Ausführung der Befehle gewählt hat und ob diese verbessert werden können. In Abschnitt 6.2.3, *Erläuterung von Zugriffsplänen*, zeigen wir Ihnen, wie Sie die gewünschten Informationen erhalten.

Außerdem sollten Sie den Zustand der Datenbank daraufhin überprüfen, ob nicht durch Reorganisationsmaßnahmen Verbesserungen erzielt werden können. Aktuelle Katalog-Statistiken helfen Ihnen bei der Beurteilung.

6.2.1 Erstellen von Katalog-Statistiken

Bevor Sie bei Performance-Problemen in DB2 Messungen machen, sollte sichergestellt sein, daß der Optimizer seine Entscheidungen für Zugriffswege auch in Kenntnis der Datenbank-Gegebenheiten traf. Dazu sollte er auf aktuelle Katalog-Statistiken zugreifen können.

RUNSTATS

Die Utility RUNSTATS aktualisiert im System-Katalog die statistischen Daten einer Tabelle und ihrer Indizes. Diese Daten benötigt der Optimizer zur Auswahl der besten Zugriffswege.

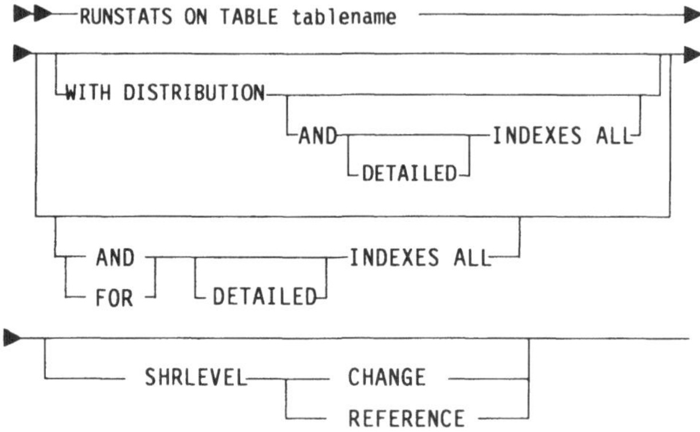

Parameter	
`WITH DISTRIBUTION`	Statistik mit Verteilungsangaben: Die Anzahl der gesammelten Werte größter Häufigkeit wird vorgegeben durch den Datenbank-Konfigurations-Parameter *num_freqvalues*, die Anzahl der gesammelten Quantile durch *num_quantiles*
`AND INDEXES ALL`	Statistik über Tabelle und Indizes
`FOR INDEXES ALL`	Statistik nur für die Indizes. Besaß die Tabelle aber bisher keine Statistik-Daten, so werden sie dann auch ermittelt.
`DETAILED`	Erweiterte Statistik über Indizes: Angaben CLUSTERFACTOR und PAGE_FETCH_PAIRS
`SHRLEVEL CHANGE`	Während des RUNSTATS-Laufs sind Änderungen an der Tabelle erlaubt.
`SHRLEVEL REFERENCE`	Während des RUNSTATS-Laufs sind nur Lesezugriffe auf die Tabelle erlaubt.

Voraussetzung für den Aufruf ist, daß Sie einen CONNECT zur Datenbank bereits abgesetzt haben.

Sie sollten RUNSTATS aufrufen, wenn

- die Tabelle viel durch Zeilenänderungen, Löschungen oder Neuzugänge geändert wurde,
- die Tabelle reorganisiert wurde (REORG TABLE),
- neue Indizes eingerichtet wurden (CREATE INDEX).

Sie können neue Zugriffswege nach dem RUNSTATS-Lauf nutzen, wenn Sie die Programm-Zugriffspläne (packages) mit BIND erneut binden.

Zur Ausführung des Kommandos müssen Sie mindestens eine der folgenden Berechtigungen besitzen:

- SYSADM, SYSCTRL, SYSMAINT oder DBADM
- CONTROL-Berechtigung für die Tabelle.

RUNSTATS ermittelt folgende Daten:

Tabelle SYSIBM.SYSCOLUMNS	
COLCARD	Anzahl unterschiedlicher Werte in der Spalte
HIGH2KEY	zweithöchster Wert der Spalte
LOW2KEY	zweitniedrigster Wert der Spalte
AVGCOLLEN	durchschnittliche Länge der Spaltenwerte

Tabelle SYSIBM.SYSINDEXES	
NLEAF	Anzahl der Leaf Pages
NLEVELS	Anzahl der Index-Stufen
FIRSTKEYCARD	Anzahl verschiedener Werte für erste Indexspalte
FULLKEYCARD	Anzahl verschiedener Werte für alle Indexspalten
CLUSTERRATIO	Verhältnis Indexordnung zu Reihenfolge der Tabellenzeilen als Prozentzahl

Tabelle SYSIBM.SYSINDEXES	
CLUSTERFACTOR	Genauer ermitteltes Verhältnis von Indexordnung zu Reihenfolge der Tabellenzeilen
PAGE_FETCH_PAIRS	Für verschiedene Puffergrößen vermutete Zugriffszahlen (Wiederholungsgruppe mit Unterstruktur von 2 Feldern!)

Tabelle SYSIBM.SYSTABLES	
CARD	Anzahl der Tabellenzeilen
NPAGES	Anzahl der Dateiblöcke (pages) mit Tabellenzeilen
FPAGES	Anzahl der Blöcke (pages) der Datei
OVERFLOW	Anzahl der Overflow-Zeilen der Tabelle (Zeilen, die nicht mehr in ihrem ursprünglichen Block (page) stehen)

Tabelle SYSIBM.SYSCOLDIST	
TYPE	Häufigkeitswert (F) oder Quantil (Q)
SEQNO	Häufigkeitsrang oder Folgenummer
COLVALUE	Datenwert aus Tabelle
VALCOUNT	Häufigkeit des Datenwerts in der Tabelle oder Anzahl Werte in Tabelle <= Datenwert (Quantil)

Wurden von RUNSTATS noch keine Werte gesammelt, so stehen die numerischen Felder auf -1. -1 ersetzt hier also den NULL-Wert!

Die Angaben CLUSTERRATIO einerseits, CLUSTERFACTOR und PAGE_FETCH_PAIRS andererseits sind alternativ. CLUSTERFAC-

TOR und PAGE_FETCH_PAIRS werden nur für Tabellen ab circa 25 Blöcken bei Aufruf von RUNSTATS mit dem Parameter DETAILED ermittelt.

Die Angaben in SYSIBM.SYSCOLDIST werden bei Aufruf von RUNSTATS mit dem Parameter WITH DISTRIBUTION ermittelt. Die Werte werden nicht exakt ausgezählt, sondern nach mathematischen Stichprobeverfahren hochgerechnet. Die eingesetzten statistischen Methoden sollen laut IBM eine ausreichende Genauigkeit gewährleisten. In dieser Tabelle werden je Spalte, für die statistische Daten gesammelt werden, die 10 häufigsten Datenwerte und 20 Quantile gespeichert.[4]

Zur Abfrage und zum Ändern dieser Angaben stehen Ihnen die Sichten SYSSTAT.TABLES, SYSSTAT.COLUMNS, SYSSTAT. INDEXES und SYSSTAT.COLDIST zur Verfügung.

Ändern der Statistik

Änderungen können Sie mit dem SQL-Befehl UPDATE vornehmen. Dabei sind die Plausibilitäten der Statistik-Daten zu beachten. Wir können im Rahmen dieses Buches nicht auf die Einzelheiten eingehen, die Sie bei der Modellierung einer anderen Umgebung für den Optimizer beachten müssen, möchten Sie aber davor warnen, leichtfertig die Statistik zu verändern: Die sinnvolle und plausible Einstellung der Daten ist die Arbeit für einen Tuning-Spezialisten. **Alle** nach der Änderung durchgeführten BIND-Läufe auf dieser Datenbank sind davon betroffen und können zu ungünstigen Zugriffen auf die Daten führen. Machen Sie daher solche Versuche möglichst nur in einer Ein-Benutzer-Umgebung!

DB2LOOK

IBM liefert unter dem Namen DB2LOOK ein Hilfsprogramm mit DB2 aus, das eine „Zugabe" ohne jegliche Gewährleistung des Herstellers ist. Mit diesem Werkzeug können Sie sich einerseits die Statistik-Daten einer Datenbank, eines Schemas oder einer Tabelle ausgeben oder SQL-Befehle zum Ändern der Zeilen in den Statistik-Tabellen generieren lassen. Die zweite Funktion ist besonders interessant, um die Statistik-Daten nach einer „Was wäre, wenn"-Analyse zurückzusetzen oder von einer Produktionsdatenbank in eine Testumgebung zu übertragen. DB2-LOOK liest bei Angabe des Parameters *-m* die Daten einer Tabelle, eines Schema oder der ganzen Datenbank und erzeugt daraus die notwendigen SQL-Befehle, um die gelesenen Werte zu einem späteren Zeitpunkt in derselben Datenbank oder auch

---

[4] Die Anzahl der Werte ist änderbar über die Konfigurations-Parameter *num_freqvalues* und *num_quantiles*.

in den Katalog-Tabellen einer anderen Datenbank zu setzen. Zum Beispiel erzeugt

```
db2look -d TEST -u AXEL -t YACHT -m -o test
```

die Datei *test.sql*, in der alle nötigen Befehle stehen, um die Statistikwerte der Tabelle AXEL.YACHT in der Datenbank TEST zu erzeugen. Sie können die Datei ohne Veränderungen oder nach Änderung des CONNECT TO-Befehls auf die gewünschte Datenbank mit dem CLP ausführen:

```
db2 -f test.sql -T
```

Mit dem Parameter -h gibt Ihnen das Programm DB2LOOK ausführliche Hinweise zu seinem Aufruf. Beachten Sie bitte, daß die Standardausgabe der gelesenen Daten im *LaTeX*-Format erfolgt; mit dem Parameter *-p* erhalten Sie eine einfache Textausgabe.

6.2.2 Performance-Messungen

Sind Sie mit der Leistung Ihrer Anwendungen nicht zufrieden, sollten Sie als erstes das interne Verhalten von DB2 messen, dann das Systemverhalten allgemein. Wenn Sie in DB2 messen, so sollten Sie dies unter den charakteristischen Randbedingungen des echten Einsatzes tun und das Umfeld während der Messung abgesichert haben, damit keine überraschende Systemlast die Ergebnisse verfälscht.

Database System
Monitor
(DB-Monitor)

DB2 bietet Ihnen dazu mit dem *Database System Monitor*, von uns im folgenden DB-Monitor genannt, eine ganze Reihe von Möglichkeiten. Dabei muß nach der Art der Messung unterschieden werden zwischen dem *Schnappschuß-Monitor* (Snapshot Monitor) und dem *Ereignis-Monitor* (Event Monitor).

Bevor Sie eine der beiden Varianten des DB-Monitors einsetzen, müssen Sie sich darüber klar werden, für welchen Zweck Sie Informationen benötigen: zur

- Kapazitätsplanung
- allgemeinen Überwachung
- Sammlung von Nutzungsdaten für ein Abrechnungssystem
- Performance-Optimierung oder
- Lösung von Problemen.

Abhängig davon müssen Sie sich für ein geeignetes Verfahren zur Sammlung der benötigten Informationen entscheiden. Der DB-Monitor bietet Ihnen eine ganze Reihe von möglichen Meßwerten an.

Die aufgezeichneten Meßwerte müssen sorgfältig analysiert und gegebenenfalls mit statistischen Verfahren ausgewertet werden, bevor Sie daraus die notwendigen Folgerungen und Entscheidungen ableiten können.

Wegen der Mächtigkeit des DB-Monitors geben wir Ihnen in diesem Abschnitt nur einen Überblick über seine Möglichkeiten und stellen die beiden Monitor-Varianten kurz vor.

Schnappschuß-Monitor (Snapshot Monitor)

Wie sein Name schon sagt zeichnet der Schnappschuß-Monitor den Zustand der DB2-Instanz und/oder ausgewählter Datenbanken zu einem bestimmten Zeitpunkt auf. Außerdem sammelt er in Zählern kumulierte Informationen vom Start-Zeitpunkt an.

Für den Aufruf des Schnappschuß-Monitors müssen Sie SYSMAINT-, SYSCTRL- oder SYSADM-Berechtigung haben.

Sie können den Schnappschuß-Monitor mit DB2-Kommandos über den CLP, über den Database Director oder über seine Programmierschnittstelle (API) aus ihren Programmen heraus nutzen.

Wenn sich alle Anwendungen einer Datenbank abmelden, stehen dem Schnappschuß-Monitor für diese Datenbank keine Meßdaten mehr zur Verfügung. Wollen Sie Informationen über einen längeren Zeitraum aufzeichnen, sollten Sie daher durch das DB2-Kommando ACTIVATE DATABASE oder eine permanent angemeldete Anwendung sicherstellen, daß sich der Schnappschuß-Monitor nicht vorzeitig beendet, oder den Ereignis-Monitor benutzen.

Die Informationen, die Sie mit dem Schnappschuß-Monitor sammeln können, werden eingeteilt in:

- Status-Informationen über die Instanz, Datenbanken, Tablespaces und Tabellen

- Anwendungsbezogene Informationen über Transaktionen, Sperren, SQL-Befehle mit vielen Zählern.

Der Schnappschuß-Monitor zeichnet immer einige Basis-Informationen auf. Dazu können Sie unter sechs Funktionsgruppen auswählen:

Funktionsgruppe	verfügbare Informationen
Sorts	Anzahl Sorts, benutzter Sortierbereiche, Überläufe
Sperren	Anzahl Sperren, Anzahl Deadlocks
Tabellen	Lese- / Schreib-Aktivitäten
Pufferbereich	Anzahl I/Os, Zeiten
Transaktionen	Start-, Ende-Zeiten, Stati
SQL-Befehle	Start-, Ende-Zeiten, Befehlsidentifikation

Bei den Basis-Informationen unterscheidet man folgende Untergruppen:

- Allgemeine Informationen
- Datenbank-Anmeldungen
- Sperren und Deadlocks
- Aktivitäten um SQL-Befehle
- Sortierläufe
- SQL-Cursor
- Tabellen
- Datenbank
- Agents und Anwendungen
- CPU-Verbrauch
- Logging
- Caching

Die Standard-Auswahl der Gruppen wird über die Konfigurations-Parameter des Datenbank-Managers vorgenommen. Sie können diese Einstellung auch dynamisch ändern, das heißt ohne Neustart der Instanz:

GET MONITOR SWITCHES

Mit dem DB2-Kommando GET MONITOR SWITCHES werden vom CLP die aktuelle Einstellung angezeigt, die Sie mit dem Kommando UPDATE MONITOR SWITCHES verändern können.

```
▶▶─ GET MONITOR SWITCHES ─────────────────────────┤
```

Die Ausgabe darauf hat beispielsweise folgendes Ausehen:

```
Monitor Recording Switches
Buffer Pool Activity Information (BUFFERPOOL) = ON  22/03/1996 15.42.46.128878
Lock Information                      (LOCK) = ON  22/03/1996 15.42.46.128878
Sorting Information                   (SORT) = ON  22/03/1996 15.42.46.128878
SQL Statement Information        (STATEMENT) = OFF
Table Activity Information           (TABLE) = ON  22/03/1996 15.42.46.128878
Unit of Work Information               (UOW) = ON  22/03/1996 15.42.46.128878
```

UPDATE MONITOR SWITCHES

Parameter		
switchname	BUFFERPOOL	Buffer pool activity information
	LOCK	Lock information
	SORT	Sorting information
	STATEMENT	SQL statement information
	TABLE	Table activity information
	UOW	Unit of work information

Unter dem Database Director kann die aktuelle Einstellung unter den Konfigurations-Parametern angesehen und verändert werden.

Die Einstellung können Sie ebenfalls im Programm ändern.

RESET MONITOR

Mit dem DB2-Kommando RESET MONITOR können die Zähler einer oder aller Datenbanken auf 0 gesetzt werden.

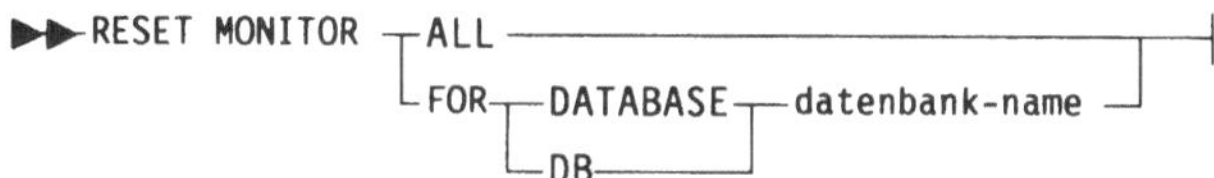

Für die Zähler des Schnappschuß-Monitors beginnt die Aufzeichnung mit dem letzten Eintritt der folgenden möglichen Ereignisse:

- Anmeldung einer Anwendung an die Datenbank
    - für die Anwendungs-Ebene, wenn sich die Anwendung anmeldet
    - für die Datenbank-Ebene, wenn sich die erste Anwendung anmeldet
    - für die Tabellen-Ebene, wenn auf die Tabelle zugegriffen wird
    - für die Tablespace-Ebene, wenn auf den Tablespace zugegriffen wird
- Letztes Zurücksetzen der Zähler
- Einschalten der zugehörigen Monitor-Gruppe.

Bei SQL-Befehlen beginnt die Aufzeichnung mit dem ersten SQL-Befehl nach Einschalten der Gruppe, bei Transaktionen mit der ersten neuen Transaktion.

Jede Monitor-Anwendung hat ihren eigenen Satz an Schaltern und Zählern. Daher können Sie mehrere Monitor-Anwendungen gleichzeitig laufen lassen, ohne daß diese sich gegenseitig zum Beispiel durch Rücksetzen von Zählern stören könnten.

Auch bei der Benutzung des CLP für Monitor-Aufrufe wird jedes CLP-Fenster als eigene Anwendung angesehen.

Sie können Schnappschuß-Monitor-Kommandos lokal oder entfernt absetzen. Die Entfernung zum Datenbank-Server spielt dabei keine Rolle. Als Datenbank-Administrator können Sie auch von einem Client aus mehrere Server gleichzeitig überwachen. Dazu könnten Sie sich Anwendungen erstellen, die über das API den Schnappschuß-Monitor regelmäßig aufrufen, aber Ihnen nur kritische Situationen melden. Leider können wir an dieser Stelle nicht ausführlicher auf die Erstellung von Monitor-Programmen eingehen.

GET SNAPSHOT — Wenn Sie nur einmal schnell einen Blick auf das Geschehen in einer DB2-Instanz und/oder ihrer Datenbanken werfen wollen, bietet sich der Aufruf des CLP an. Mit dem Kommando GET SNAPSHOT erhalten Sie die gewünschten Informationen aufgelistet:

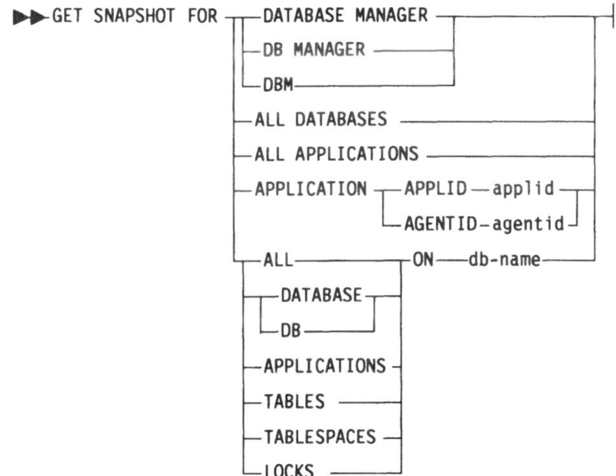

Komfortabler ist dagegen die Überwachung einer Instanz und/oder ihrer Datenbanken im Database Director: Dazu wählen Sie im Fenster des Database Director die gewünschte Instanz oder Datenbank und dann im Selected-Menü den Menüpunkt *Start monitoring* aus. Das folgende Fenster erscheint:

Bild 6.1:
Anzeige
Schnappschuß-
Monitor

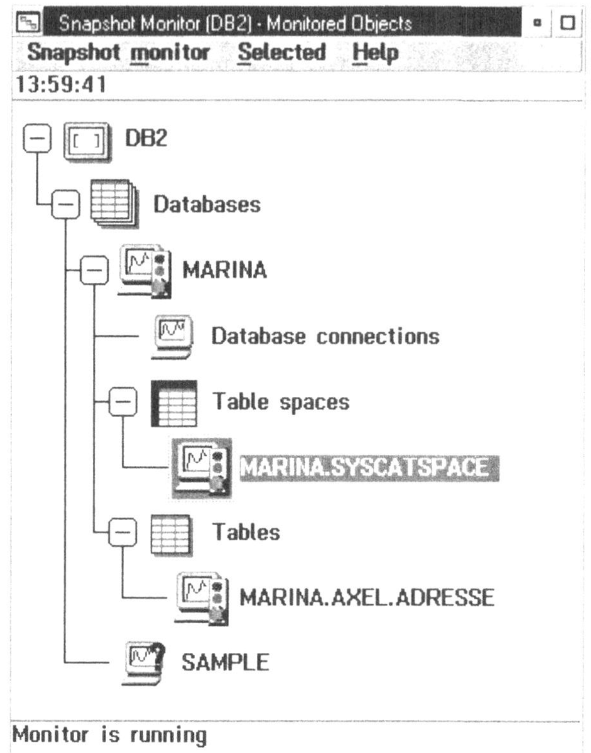

Sie sehen einen Ausschnitt aus dem Baum von Instanz-, Daten-
bank-, Tablespace- und Tabellensymbolen wie im Database
Director, allerdings sind die Objekte, für die der Monitor aktiv
ist, durch ein anderes Symbol gekennzeichnet. Dieses Symbol
zeigt ein Bildschirmgerät (Monitor) mit einem Fragezeichen
beziehungsweise eine Ampel für die Schwellwertanzeige. Solange mangels Aktivitäten kein Werte gesammelt werden konnten, wird das Fragezeichen angezeigt. Die Ampel erscheint,
sobald signifikante Meßwerte vorliegen. Sie ist grün, solange der
Schwellwert nicht überschritten wird, und wird rot, wenn er
überschritten wurde.

Es werden Ihnen nur die Objekte angezeigt, für die Sie den
Schnappschuß-Monitor gestartet haben oder die als Knoten im
Baum zusätzlich notwendig sind. Wollen Sie für weitere Objekte
den Schnappschuß-Monitor aktivieren, müssen Sie dies im Fenster des Database Director tun.

Sie können sich die Aufzeichnungen des Schnappschuß-Monitors im Überblick, im einzelnen oder als Grafik ansehen. Ein Überblick steht Ihnen im *Selected*-Menü auf der Ebene einer Instanz oder Datenbank zur Verfügung. Er hilft Ihnen die Problembereiche zu finden und dann im Detail zu analysieren.

Auf der Instanz-Ebene können Sie einen Überblick über die überwachten Datenbanken, auf der Datenbank-Ebene über die überwachten Tablespaces, Tabellen oder Verbindungen (angemeldeten Anwendungen) erhalten.

Überblicks-Informationen erhalten Sie gezielt per Doppelklick auf die Symbole für

- Datenbanken

- Tablespaces

- Tabellen

- Datenbank-Verbindungen.

Diese Symbole repräsentieren Gruppen von gemessenen Objekten.

Bild 6.2:
Überblicksanzeige
Datenbank-
Verbindungen

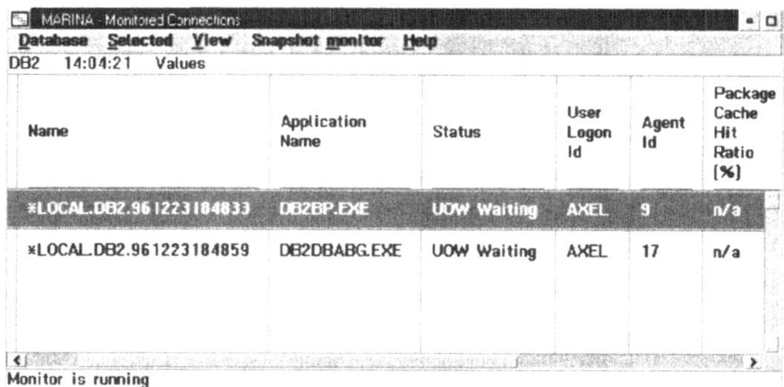

Zu Objekten in der Überblicksanzeige erhalten Sie über das *Selected*-Menü Detail-Informationen oder eine grafische Anzeige.

Um die gewünschten Monitor-Informationen zu erhalten, doppelklicken Sie auf das gewünschte Einzel-Objekt (Datenbank, Tablespace, Tabelle).

Bild 6.3:
Detailanzeige einer
Anwendung

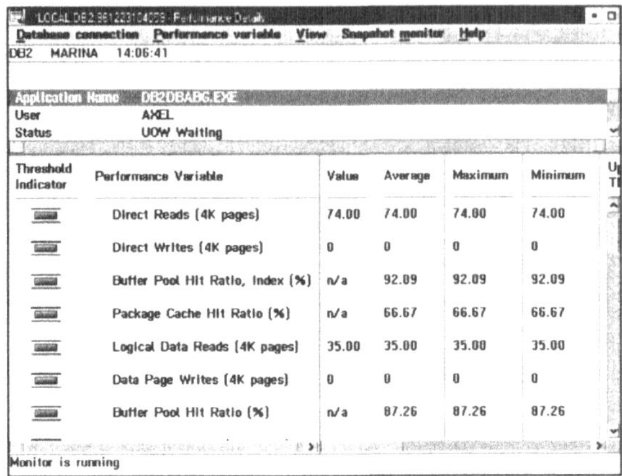

In der Grafikanzeige können Sie die zeitliche Entwicklung von Meßwerten verfolgen. Die aufgerufene Grafik bleibt bis zum nächsten Schnappschuß leer, wird dann mit verfügbaren Meßwerten gefüllt (die Darstellung erfolgt als Punkte) und mit jedem folgenden Schnappschuß fortgeschrieben. In bescheidenem Umfang können Sie die Anzeige Ihren Wünschen anpassen.

Um die Aufzeichnungen für ein Objekt zu beenden, klicken Sie auf das gewünschte Objekt und wählen Sie dann im *Selected-*Menü *Stop monitoring*. Das Objekt wird dann aus dem Fenster „Monitored Objects" entfernt. Sollen alle Aufzeichnungen beendet werden, wählen Sie im Schnappschuß-Monitor-Menü *Stop all monitoring*.

Zu den Meßwerten (Performance-Variable) können Sie Schwellwerte definieren, bei deren Überschreiten ein Alarm ausgelöst wird. Der Alarm kann durch eine Nachricht oder einen Signalton deutlich gemacht werden oder einen Befehl (zum Beispiel Programmstart) auslösen.

Manche Meßwerte schwanken möglicherweise eine Zeit lang um den Schwellwert herum und könnten so wiederholt einen Alarm auslösen. Um diese wiederholten Alarme zu vermeiden, können Sie Reaktivierungswerte (REARM) definieren. Diese Reaktivierungswerte müssen zuvor unterschritten werden, bevor erneut ein Alarm beim Übertreten des Schwellwertes ausgelöst wird.

Schwell- und Toleranz-Werte können Sie interaktiv unter der Schnappschuß-Monitor-Oberfläche oder in der Definitionsdatei *.db2smpv* beziehungsweise *DB2SM.PV* setzen oder verändern.

Alarme werden in der Tabelle **SSMON_ALERT** gespeichert. Diese Tabelle wird automatisch angelegt, wenn Sie im Schnappschuß-Monitor-Hauptmenü unter *Settings* erstmalig angeben, daß Alarme in einer Datenbank zu sichern sind. Sie können die Tabelle mit den bekannten Werkzeugen wie Visualizer Flight oder auch mit Hilfe der von IBM mitgelieferten Beispiel-Skripte auswerten. Ein Skript zum expliziten Anlegen der Tabelle mit Beschreibung der Spalten befindet sich ebenfalls unter den Beispielen (im Verzeichnis MON, Datei CALRTTBL.DDL).

Einige der angezeigten Performance-Variablen sind nicht einfache Meßwerte, sondern abgeleitete Größen aus mehreren Meßwerten. Diese abgeleiteten Größen geben Ihnen aussagekräftigere Informationen als die direkten Meßwerte. Ein Beispiel dafür ist die Trefferrate des Pufferbereichs: sie ist das Verhältnis von physischen Lesezugriffen (vermindert um Vorauslese-Operationen) zu logischen Lesebefehlen.

Diese abgeleiteten Größen sind ebenfalls in der Datei *.db2smpv* beziehungsweise *DB2SM.PV* definiert. Sie können diese Datei editieren, um bestehende Definitionen zu verändern oder neue aufzunehmen. Erstellen Sie aber zuvor zur Sicherheit eine Kopie vom Originalzustand! Die Syntax zur Definition von Performance-Variablen ist folgende:

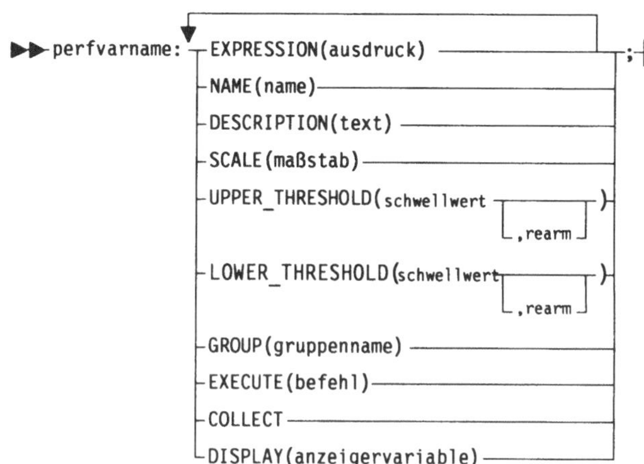

Ereignis-Monitor (Event Monitor)

Der Ereignis-Monitor zeichnet kontinuierlich das Eintreten ausgewählter Ereignisse auf. Im Gegensatz zum Schnappschuß-Monitor sammelt der Ereignis-Monitor nur Daten **einer** Datenbank. Sie können den Ereignis-Monitor beispielsweise einsetzen, um

- Deadlock-Informationen zu sammeln und zu analysieren

- Benutzer auf der Basis von An-/Abmelde-Informationen abzurechnen

- Anwendungen und Datenbanken zu optimieren.

Für die Definition eines Ereignis-Monitors müssen Sie SYSADM- oder DBADM-Berechtigung besitzen.

Die aufgezeichneten Daten werden in Pipes oder Dateien abgelegt, die mit Mitteln des Betriebssystems gegen unberechtigten Zugriff geschützt werden müssen.

Sie können einen Ereignis-Monitor über die entsprechenden SQL-Befehle definieren und aufrufen. Diese SQL-Befehle können Sie über den CLP oder aus einem Programm heraus absetzen.

Die folgende Tabelle gibt Ihnen einen Überblick über die Arten von Ereignissen, die aufgezeichnet werden können, und die Verfügbarkeit der aufgezeichneten Informationen.

Ereignisart	Verfügbare Informationen	verfügbar ab
Deadlock	Informationen über beteiligte Anwendungen und Ressourcen	Eintritt des Deadlock
Anwendungen	Sortierläufe und SQL-Befehlszähler	Abmeldung der Anwendung
Transaktionen	CPU-, Start- und Ende-Zeiten	Transaktionsende
Befehle	Informationen zur Identifikation der Befehle	Ausführungsende
Datenbank	Statistiken über Datenbankoperationen, Tabellen und Tablespaces	Abmeldung der letzten Anwendung

Ereignisart	Verfügbare Informationen	verfügbar ab
Tablespaces	Einzelheiten zur Nutzung des Pufferbereichs	Abmeldung der letzten Anwendung
Tabellen	Überlauf-Informationen	Abmeldung der letzten Anwendung

Die Definitionen eines Ereignis-Monitors werden in den Tabellen SYSIBM.SYSEVENTMONITORS und SYSIBM.SYSEVENTS des Katalogs abgelegt.

Sie können beliebig viele Ereignis-Monitore definieren und sie nach Wunsch ein- oder ausschalten. Es können allerdings je Datenbank maximal 32 Ereignis-Monitore gleichzeitig aktiv sein.

CREATE EVENT MONITOR

Der Befehl zur Definition eines Ereignis-Monitors hat folgenden Aufbau:

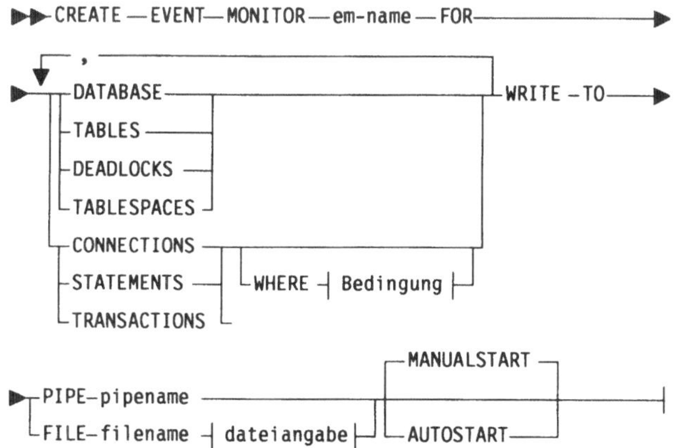

Ereignis-Monitore können automatisch mit der Datenbank oder explizit per SQL-Befehl gestartet werden. Automatisch gestartet werden sollten Monitore, die Ereignisse von Start einer Datenbank lückenlos aufzeichnen sollen, zum Beispiel zum Sammeln von Abrechnungsdaten.

Mit der WHERE-Klausel können Sie die Menge der gesammelten Daten für Anwendungen (CONNECTIONS), Transaktionen (TRANSACTIONS) oder SQL-Befehle (STATEMENTS) auf die gewünschten Anwendungen oder Anwender beschränken.

Die gesammelten Daten können einer Pipe übergeben und sofort von einer Anwendung weiterverarbeitet oder in Dateien abgelegt werden.

Eine Pipe muß über genügend Speicherplatz (Puffer) verfügen, damit sie nicht überläuft, wenn die Anwendung die Daten nicht schnell genug lesen kann. Können Sie die Größe des Pipe-Puffers definieren wie unter OS/2, sollten Sie ihn möglichst groß wählen, mindestens 32 kB. Läuft eine Pipe über, erstellt der Ereignis-Monitor entsprechende Fehlersätze, die soweit möglich in die Pipe geschrieben werden. Der Ereignis-Monitor wird dadurch nicht beendet; aber Daten gehen verloren. Wird der Ereignis-Monitor beendet, bevor die Fehlermeldungen ausgegeben werden konnten, werden diese im *Diagnostic Log* vermerkt.

Für Ereignis-Monitore mit hohem Ereignisaufkommmen sollte außerdem die Priorität der weiterverarbeitenden Anwendung größer oder gleich der Priorität der Datenbank-Agents sein (siehe *agentpri*, Seite 341).

Für die Ausgabe in Dateien können Sie neben der Pfadangabe noch folgende weitere Angaben machen:

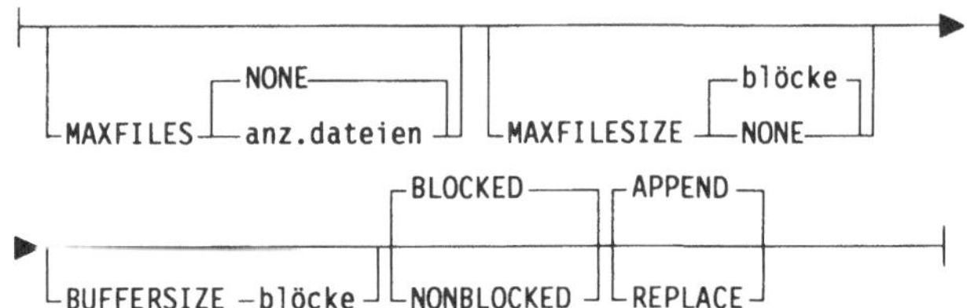

Der Ereignis-Monitor schreibt ähnlich den Log-Dateien einen Satz sequentieller Dateien in das angegebene Verzeichnis, das von Ihnen angelegt werden muß. Mehrere Ereignis-Monitore können nicht dasselbe Verzeichnis nutzen. Dieses wird leider nicht bei der Definition des Monitors (CREATE) geprüft, sondern beim ersten Start des als zweites definierten Monitors!

Die Größe des Schreib-Puffers (BUFFERSIZE) bestimmt die Frequenz der Schreiboperationen, die Auswirkungen auf die Performance hat. Da der Ereignis-Monitor zwei Puffer besitzt, erfolgen die I/Os asynchron.

Bei einer geblockten Ausgabe (BLOCKED) warten die Datenbank-Agents auf den I/O, wenn beide Monitor-Puffer voll sind und neue Ereignisse aufgezeichnet werden sollen. Bei nichtgeblockter Ausgabe (NONBLOCKED) werden in einem solchen Fall die Ereignisse übergangen (discarded); die Agents warten nicht. Sie müssen sich also unter Umständen zwischen Performance-Verlusten und unvollständig aufgezeichneten Daten entscheiden.

Sie können die Größe der Ausgabedateien begrenzen (MAXFILSIZE), um diese leichter handhaben zu können. Geben Sie keine Grenze an (MAXFILSIZE NONE), muß die Anzahl der Dateien (MAXFILES) 1 sein.

Sie können die Anzahl der vom Ereignis-Monitor geschriebenen Dateien begrenzen (MAXFILES `anz. dateien`), wenn Sie knapp mit Speicherplatz sind. Ist die Grenze erreicht, beendet sich der Ereignis-Monitor mit einer Meldung. Er überschreibt also nicht die älteste Datei im Sinne eines zyklischen Verfahrens. Wenn Sie die fertig erstellten Dateien allerdings rechtzeitig aus dem Verzeichnis entfernen, zum Beispiel auf Bandkasette kopieren und löschen, können Sie diesen Stopp verhindern, weil der Ereignis-Monitor nicht einen internen Zähler zur Einhaltung von MAXFILES benutzt, sondern beim Wechsel auf eine neue Datei die tatsächliche Anzahl vorhandener Dateien prüft.

Außerdem können Sie bestimmen, ob existierende Daten überschrieben (REPLACE) oder fortgeschrieben (APPEND) werden.

Eingeschaltet werden Ereignis-Monitore, die nicht automatisch gestartet werden, mit den Befehl

```
SET EVENT MONITOR em-name STATE = 1
```

Die Zähler des Monitors werden dabei mit Null initialisiert. Mit

```
SET EVENT MONITOR em-name STATE = 0
```

kann ein Ereignis-Monitor wieder ausgeschaltet werden, unabhängig davon wie er gestartet wurde. Mit der Kombination von Aus- und Einschalten können die Zähler laufender Monitore zwischenzeitlich auf Null gesetzt werden.

Sofort nach dem Start zählt der Monitor eintretende Ereignisse für Datenbank, Tablespaces, Tabellen, Deadlocks und bereits angemeldet Anwendungen. Für neu sich anmeldende Anwendung beginnt die Aufzeichnung natürlich mit deren Anmeldung. Für Transaktionen und SQL-Befehle beginnen die Aufzeichnungen erst mit der nächsten Transaktion beziehungsweise dem nächsten Befehl nach dem Monitorstart. Für Transaktionen und Befehle, die gerade beim Start aktiv sind, werden also keine Aufzeichnungen gemacht.

Ein Ereignis-Monitor wird automatisch beendet, wenn

- die Datenbank gestoppt wird; dies geschieht
  - entweder automatisch, wenn die letzte Anwendung sich abmeldet, oder
  - durch das Kommando DEACTIVATE DATABASE für Datenbanken, die explizit mit dem DB2-Kommando ACTIVATE DATABASE gestartet wurden
- sich ein schwerwiegender Fehler ereignet (zum Beispiel Dateisystem voll); in diesem Fall schreibt der Ereignis-Monitor eine Meldung in das *Diagnostic Log*.

EVENT_MON_
STATE()

Mit der SQL-Funktion EVENT_MON_STATE() kann der aktuelle Zustand eines Ereignis-Monitors abgefragt werden. Zum Beispiel zeigt Ihnen

```
SELECT EVMONNAME,
CASE
WHEN EVENT_MON_STATE(EVMONNAME) = O THEN 'Inaktiv'
WHEN EVENT_MON_STATE(EVMONNAME) = 1 THEN 'Aktiv'
END
FROM SYSCAT.EVENTMONITORS
```

die Namen aller definierten Ereignis-Monitore und ihren aktuellen Zustand an.

DROP EVENT
MONITOR

Einen Ereignis-Monitor können Sie wieder löschen mit

```
▶▶─DROP ─ EVENT ─ MONITOR ─ em-name ─────────────────┤
```

Dazu müssen Sie über SYSADM- oder DBADM-Berechtigung verfügen. Der zu löschende Ereignis-Monitor darf dabei nicht aktiv sein, sonst erhalten Sie einen Fehlerstatus zurück, und das Löschen wird nicht ausgeführt.

Die Definition eines Ereignis-Monitors kann nicht geändert werden. Wollen Sie die Definition ändern, muß der Ereignis-Monitor gelöscht und mit geänderten Parametern neu definiert werden.

Die Dateien mit den zugehörigen Aufzeichnungen bleiben beim Löschen erhalten, die Steuerdatei DB2EVENT.CTL wird allerdings gelöscht. Wird dann ein neuer Ereignis-Monitor mit demselben Zielverzeichnis angelegt, werden die darin verbliebenen Aufzeichnungen überschrieben.

Im Gegensatz zum Schnappschuß-Monitor kennt der Ereignis-Monitor keine Schalter, die die Datensammlung zusätzlich beeinflussen. Alle Daten, für die er definiert wurde, werden aufgezeichnet.

Auswerten können Sie die gesammelten Monitor-Informationen mit zwei Werkzeugen, dem *Event Analyzer* DB2EVA und DB2EVMON.

DB2EVMON   DB2EVMON ist ein Werkzeug, das die IBM mit DB2 als Beigabe ohne Gewährleitung ausliefert. Sie rufen Sie wie folgt auf:

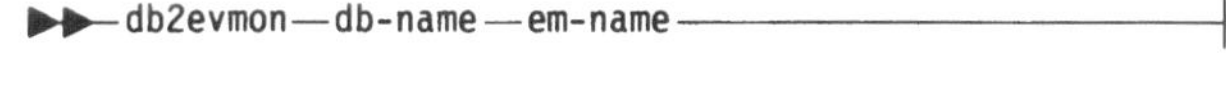

```
▶▶─db2evmon─db-name─em-name──────────────────┤
```

oder

```
▶▶─db2evmon──-path verzeichnis ──────────────┤
```

Parameter	
db-name	Name der Datenbank, in der der auszuwertende Ereignis-Monitor definiert ist
em-name	Name des Monitors
path verzeichnis	Pfadangabe eines Verzeichnisses, in das ein Ereignis-Monitor Dateien geschrieben hat

Schreibt der Ereignis-Monitor seine Informationen in eine Pipe, müssen Sie zuerst DB2EVMON starten, dann den Monitor. DB2EVMON gibt die formatierten Informationen über gerade eingetretene Ereignisse auf das Standard-Ausgabemedium (*stdout*) aus.

Werden die Informationen auf Dateien ausgegeben, formatiert DB2EVMON die auszugebenden Daten und schreibt sie nach *stdout*. Ist in diesem Fall der Monitor aktiv, müssen Sie das Werkzeug wiederholt aufrufen, um die nachfolgenden Informationen auch noch zu sehen.

Eine von DB2EVMON aufbereitet Ausgabe sieht beispielsweise folgendermaßen aus:

```
EVENT LOG HEADER
Event Monitor name: TEST_1
Server Product ID: SQL02011
Version of event monitor data: 2
Byte order: LITTLE ENDIAN
```

```
Size of record: 76
Codepage of database: 850
Country code of database: 49
Server instance name: DB2
-------------------------------------------------------------------
1) Database Header Event ...
Database Name: MARINA
Database Path: D:\SQL00002\
First connection timestamp: 18/03/1996 15.37.28.577913

2) Event Monitor Start Event ...
Start time: 18/03/1996 15.41.29.169449

3) Connection Header Event ...
Application Id: *LOCAL.DB2.960318203724
Sequence number: 0001
DRDA AS Correlation Token: *LOCAL.DB2.960318203724
Authorization Id: AXEL
Execution Id: AXEL
Application Program Name: FAAOTPTK.EXE
Client NNAME:
Client product Id: SQL02011
Client Database Alias: MARINA
Client Process Id: 37
Agent Id: 7
Application codepage id: 850
Application country code: 49
Application client platform: OS/2
Application client comms protocol: Local
Connection timestamp: 18/03/1996 15.37.28.577913

4) Connection Header Event ...
Application Id: *LOCAL.DB2.960318203805
Sequence number: 0001
DRDA AS Correlation Token: *LOCAL.DB2.960318203805
Authorization Id: AXEL
Execution Id: AXEL
Application Program Name: FAAOTPTK.EXE
Client NNAME:
Client product Id: SQL02011
Client Database Alias: MARINA
Client Process Id: 38
Agent Id: 14
Application codepage id: 850
Application country code: 49
Application client platform: OS/2
Application client comms protocol: Local
Connection timestamp: 18/03/1996 15.38.06.456596

5) Connection Header Event ...
Application Id: *LOCAL.DB2.960318203811
Sequence number: 0001
DRDA AS Correlation Token: *LOCAL.DB2.960318203811
Authorization Id: AXEL
Execution Id: AXEL
Application Program Name: FAAOTPTK.EXE
Client NNAME:
```

```
Client product Id: SQL02011
Client Database Alias: MARINA
Client Process Id: 36
Agent Id: 15
Application codepage id: 437
Application country code: 49
Application client platform: OS/2
Application client comms protocol: Local
Connection timestamp: 18/03/1996 15.38.11.346487

6) Connection Header Event ...
Application Id: *LOCAL.DB2.960318203819
Sequence number: 0001
DRDA AS Correlation Token: *LOCAL.DB2.960318202624
Authorization Id: AXEL
Execution Id: AXEL
Application Program Name: DB2BP.EXE
Client NNAME:
Client product Id: SQL02011
Client Database Alias: marina
Client Process Id: 23
Agent Id: 16
Application codepage id: 850
Application country code: 49
Application client platform: OS/2
Application client comms protocol: Local
Connection timestamp: 18/03/1996 15.38.19.231538

7) Statement Event ...
Application Id: *LOCAL.DB2.960318203819
Sequence number: 0001
Statement Identification:
Statement Type: Static
Operation: Static Commit
Section number: 0
Application creator: NULLID
Package name: SQLC25D0
Cursor Name:
Timestamps
Start Time: 18/03/1996 15.41.29.285856
Stop Time: 18/03/1996 15.41.29.288760
CPU times
User CPU time: 0.000000 seconds
System CPU time: 0.000000 seconds
Statement Activity
Fetch Count: 0
Sorts: 0
Total sort time: 0
Sort overflows: 0
Rows read: 0
Rows written: 0
Internal rows deleted: 0
Internal rows updated: 0
Internal rows inserted: 0
SQLCA ...
sqlcode: 0
sqlstate: 00000
```

<table>
<tr><td>

Event Analyzer
(db2eva)

</td><td>

Der *Event Analyzer* bietet Ihnen eine sehr viel komfortablere Darstellung der aufgezeichneten Informationen. Ihn rufen Sie am einfachsten per Doppelklick mit der Maus auf. In einem kleinen Fenster können Sie dann den Pfad des Monitor-Verzeichnisses angeben.

</td></tr>
</table>

Kennen Sie das Verzeichnis nicht, können Sie den *Event Analyzer* auch von der Kommandozeile des Betriebssystems aus mit Datenbank- und Monitor-Namen aufrufen:

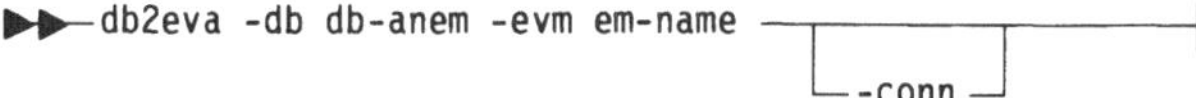

Dem Doppelklick mit der Maus entspricht der Aufruf:

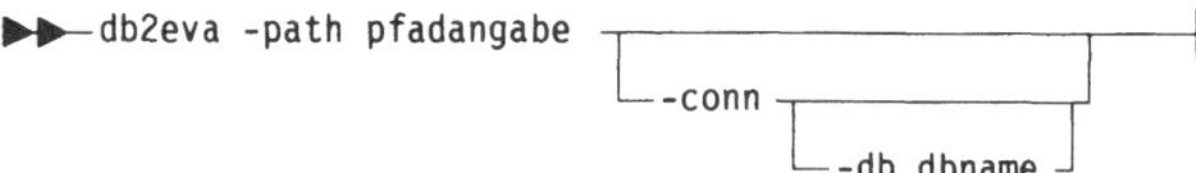

Der Parameter -conn sorgt für eine Anmeldung an die Datenbank, damit zusätzliche Informationen, die in den Dateien nicht enthalten sind, im Katalog abgefragt werden können, wie zum Beispiel der Befehlstext von SQL-Befehlen.

Der *Event Analyzer* kann nur lokale Dateien analysieren. Es ist aber möglich, Dateien von anderen Systemen, auch unter anderen Betriebssystemen, auf die lokale Workstation zu transferieren und dann analysieren zu lassen. So kann zu Beispiel durchaus die Datei von einem Unix-Server auf einer OS/2-Workstation vom *Event Analyzer* ausgewertet werden.

Der *Event Analyzer* zeigt Ihnen zuerst in einem Überblicksfenster, in welchen Zeiträumen der Ereignis-Monitor gemäß den vorliegenden Tabellen aktiv war. Sie wählen einen Zeitraum aus und steigen über das *Selected*-Menü in eine auf verschiedenen Stufen dargebotene Analyse ein.

Bild 6.4:
Überblicksfenster mit
Menü

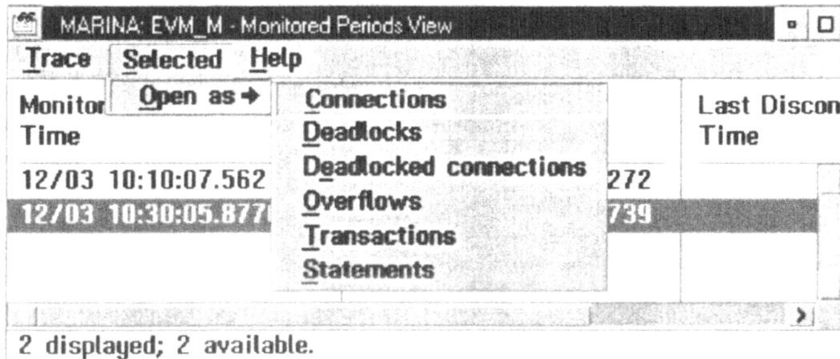

Diese Stufen reichen von den angemeldeten Anwendungen (Connections) in dieser Periode, über die Transaktionen bis zu den Befehlen. Außerdem können die Deadlocks in diesem Zeitraum sowie die betroffenen Anwendungen analysiert werden. Auf jeder Stufe können zu ausgewählten Objekten die detaillierten Daten-Elemente betrachtet werden, die Sie am einfachsten per Doppelklick mit der Maus aufrufen.

Auf der Ebene der gemessenen Perioden erhalten Sie per Maus-Doppelklick die angemeldeten Anwendungen im ausgewählten Zeitraum angezeigt. Von diesem Fenster aus können Sie sich über das *Selected*-Menü die Transaktionen oder Befehle ausgewählter Anwendungen anzeigen lassen, vom Fenster der Transaktionen aus die Befehle ausgewählter Transaktionen. So unterstützt der *Event Analyzer* sehr gut ein Top-down-Vorgehen bei Suche nach problematischen Anwendungsteilen.

Bild 6.5:
Angemeldete
Anwendungen

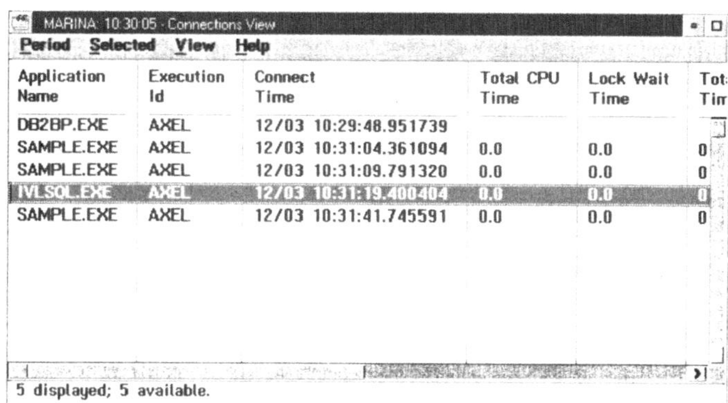

Bild 6.6:
Detailanzeige einer
Anwendung

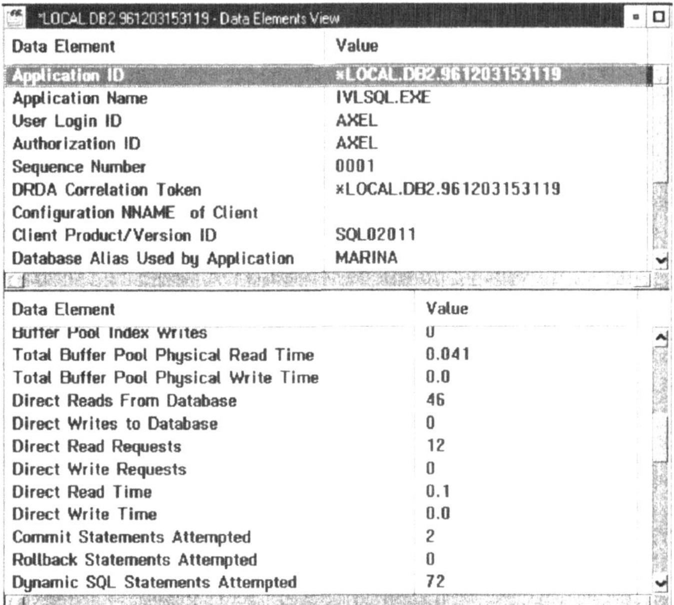

Hat der Ereignis-Monitor während seiner Aufzeichnung Informationen durch Überlauf verloren, zeigt Ihnen der *Event Analyzer* einen Hinweis in einer zusätzlich eingefügten Spalte des Perioden-Fensters und gibt Ihnen auf Wunsch nähere Informationen über Zeitraum und Anzahl verlorener Sätze. Diese Informationen sind auch aus jedem Fenster heraus aufrufbar.

Der *Event Analyzer* ist mit einer ausführlichen Hilfe-Funktion ausgestattet, die Ihnen die Arbeit mit dem Werkzeug erleichtert. Sie rufen sie über das *Help*-Menü oder auf der Ebene der Daten-Elemente per Maus-Doppelklick auf dem gewünschten Daten-Element auf.

Je nach Betriebssystem sind leider nicht alle aufgeführten Daten verfügbar. Zum Beispiel erhalten Sie unter OS/2 keine CPU-Zeiten. Weitere Hinweise dazu finden Sie unter den Hilfe-Informationen der Daten-Elemente.

6.2.3   Erläuterung von Zugriffsplänen

Zur Erläuterung der Zugriffe, die für einen SQL-Befehl zum Einsatz kommen, können Sie auf dem Mainframe EXPLAIN benutzen. Auch für DB2 liefert Ihnen die IBM EXPLAIN-Hilfen: *DB2EXPLN* ist ein Hilfsprogramm, das als „Zugabe" ohne

Gewährleistung des Herstellers geliefert wird, zur knappen, textlichen Ausgabe der Zugriffswege. *Visual Explain* ist ein offizielles Bestandteil von DB2; es bereitet die Zugriffswege grafisch auf und bietet eine Fülle ergänzender Informationen dazu an.

IBM bezeichnet die EXPLAIN-Informationen als Schnappschuß, weil sie aufgrund der Statistiken, Konfigurations-Parameter und Datenbankstruktur zum BIND-Zeitpunkt entstanden sind. Im laufenden Datenbank-Betrieb können sich diese Randbedingungen ändern, so daß der Optimizer zu einem anderen Zeitpunkt zu anderen Ergebnisse kommen könnte.

Erklärt werden können nur die SQL-Befehle SELECT, INSERT, UPDATE, DELETE.

DB2EXPLN

DB2EXPLN erstellt Ihnen zu einem Befehl (section) oder einem Zugriffsplan (package) eine Auflistung der ermittelten Zugriffswege. Das Programm liest dazu die Tabellen des Katalogs und erstellt einen Bericht zu jedem Abschnitt (section) eines Zugriffsplans. Ein Abschnitt enthält dabei einen SQL-Befehl, der einen Zugriff auf Daten der Datenbank ausführt.

Die dargestellten Aktionen hat der Optimizer aufgrund eines möglicherweise intern neu formulierten SQL-Befehls ausgewählt. Unteraktionen werden durch Einrücken der Zeilen verdeutlicht.

Wer mit den Informationen des Mainframe-EXPLAIN vertraut ist, wird sich in dieser Auflistung auch schnell zurecht finden. Die wesentlichen Informationen werden knapp und übersichtlich ausgegeben.

Rufen Sie DB2EXPLN mit Parameter *-h* auf, erhalten Sie die wichtigsten Informationen zu seinem Aufruf. Sie können es auch direkt ohne Parameter aufrufen: Es fragt Sie dann nach den benötigten Angaben.

Visual Explain

Wesentlich ausführlicher sind die Informationen, die Sie mit *Visual Explain* erhalten können. Neben den als Graph aufbereiteten Zugriffen stehen Ihnen Angaben zu den Statistiken oder den Konfigurations-Parametern zur BIND-Zeit sowie die geschätzten Kosten auf jeder Stufe des Zugriffswegs zur Verfügung.

Voraussetzung für die Nutzung von Visual Explain Hilfen sind das Anlegen von EXPLAIN-Tabellen und das Setzen eines entsprechenden Parameters beim Binden des SQL-Befehls.

Die benötigten Tabellen können Sie mit

```
DB2 -f EXPLAIN.DDL -T
```

anlegen, wobei als Schemanamen der Tabellen Ihre Benutzer-Kennung verwendet wird.

Es werden folgende Tabellen angelegt:

Tabelle
EXPLAIN_
INSTANCE

Die Tabelle `EXPLAIN_INSTANCE` ist die Steuertabelle für alle EXPLAIN-Informationen. Sie enthält je EXPLAIN-Aufruf eine Zeile mit Informationen über die Quelle der SQL-Befehle und über die wichtigsten Parameter, die die Optimierung beeinflußten.

Eintrag	Inhalt
EXPLAIN_REQUESTER	Benutzer-Kennung des Aufrufers
EXPLAIN_TIME	Datum und Uhrzeit des EXPLAIN-Aufrufs
SOURCE_NAME	Name des Zugriffsplans (dynamisches SQL) oder Name der Quelldatei (statisches SQL)
SOURCE_SCHEMA	Schema-Name
EXPLAIN_OPTION	Art der EXPLAIN-Informationen möglicher Wert: P PLAN SELECTION
SNAPSHOT_TAKEN	reserviert
DB2_VERSION	Versionsstand von DB2 im Format VV.RR.M mit VV Versionsnummer RR Release-Nummer M Wartungsnummer
SQL_TYPE	SQL-Typ: S Statisches SQL D Dynamisches SQL
QUERYOPT	benutzte Optimierungsklasse

Eintrag	Inhalt
BLOCK	Art der Cursor-Blockung mögliche Werte: N keine Blockung U nur eindeutige Cursor B alle Cursor
ISOLATION	Art der Benutzertrennung mögliche Werte: RR repeatable read RS read stability CS cursor stability UR uncommitted read
BUFFPAGE	Konfigurations-Parameter *buffpage* zum Zeitpunkt des Aufrufs (siehe auch Seite 346)
AVG_APPLS	Konfigurations-Parameter *avg_appls* zum Zeitpunkt des Auf- rufs (siehe auch Seite 345)
SORTHEAP	Konfigurations-Parameter *sortheap* zu Zeitpunkt des Aufrufs (siehe auch Seite 355)
LOCKLIST	Konfigurations-Parameter *locklist* zum Zeitpunkt des Aufrufs (siehe auch Seite 348)
MAXLOCKS	Konfigurations-Parameter *max- locks* zum Zeitpunkt des Aufrufs (siehe auch Seite 351)
LOCKS_AVAIL	Anzahl verfügbarer Sperren je Benutzer, berechnet durch den Optimizer
CPU_SPEED	Konfigurations-Parameter *cpuspeed* zum Zeitpunkt des Aufrufs
REMARKS	Anmerkungen des Anwenders

<table>
<tr><td></td><td>Die Tabelle EXPLAIN_STATEMENT enthält die SQL-Befehle im Originaltext und nach Bearbeitung durch den Optimizer.</td></tr>
</table>

Eintrag	Inhalt
EXPLAIN_REQUESTER	Benutzer-Kennung des Aufrufers
EXPLAIN_TIME	Datum und Uhrzeit des EXPLAIN-Aufrufs
SOURCE_NAME	Name des Zugriffsplans (dynamisches SQL) oder Name der Quelldatei (statisches SQL)
SOURCE_SCHEMA	Schema-Name
EXPLAIN_LEVEL	Ebene der EXPLAIN-Informationen: O `Originaltext des Anwenders` P `SELECTION PLAN`
STMTNO	Zeilennummer des SQL-Befehls in Quelldatei für statisches SQL, sonst 1
SECTNO	Nummer des Abschnitts im Zugriffsplans
QUERYNO	Identifikation des SQL-Befehls, standardmäßig STMTNO
QUERYTAG	Identifier tag des SQL-Befehls, standardmäßig Leerzeichen
STATEMENT_TYPE	Befehlstyp: S `SELECT` D `DELETE` DC `DELETE ... WHERE CURRENT OF CURSOR` I `INSERT` U `UPDATE` UC `UPDATE ... WHERE CURRENT OF CURSOR`

Eintrag	Inhalt

UPDATABLE	Anzeige, ob Befehl änderungsfähig ist
	
	besonders relevant für SELECT-Befehle; mögliche Werte:
	
	`leer nicht zutreffend`
	`N    nein`
	`Y    ja`

DELETABLE	Anzeige, ob Befehl löschfähig ist
	
	besonders relevant für SELECT-Befehle; mögliche Werte:
	
	`leer nicht zutreffend`
	`N    nein`
	`Y    ja`

TOTAL_COST	Geschätzte Gesamtkosten in *timerons* für die gewählte Ausführung des Befehls; 0 für EXPLAIN_LEVEL = O
STATEMENT_TEXT	Text oder Textteil des SQL-Befehls; für EXPLAIN_LEVEL = P aus interner Darstellung rekonstruierter Text (korrekte SQL-Syntax nicht garantiert)
SNAPSHOT	Interne Darstellung zum SQL-Befehl (für Visual Explain), NULL für EXPLAIN_LEVEL = O

Der Parameter, daß EXPLAIN-Informationen erzeugt werden sollen, wird für statisches ESQL beim Aufruf von Precompiler oder BIND angegeben:

```
EXPLSNAP YES
```

Die EXPLAIN-Informationen werden dann in die entsprechenden Tabellen eingestellt, deren Schema-Namen Ihre Benutzer-Kennung ist.

Für dynamisches SQL müssen Sie die Umgebungs-Variable CUR-
RENT EXPLAIN SNAPSHOT setzen. Wollen Sie nur Schnapp-
schüsse erstellen, ohne SQL-Befehle auszuführen, dann setzen
Sie

```
SET CURRENT EXPLAIN SNAPSHOT = EXPLAIN
```

Mit

```
SET CURRENT EXPLAIN SNAPSHOT = YES
```

werden die SQL-Befehle auch ausgeführt.

Zum Ausschalten der Schnappschüsse, benutzen Sie

```
SET CURRENT EXPLAIN SNAPSHOT = NO
```

Visual Explain wird über den *Database Director* aufgerufen:
Rufen Sie ihn auf und „hangeln" Sie sich über die gewünschte
Datenbank zu den *Packages* oder zur *Explained Statements
History* durch. Öffnen Sie das Detail-Fenster des Symbols. Eine
Auflistung der aktuellen beziehungsweise erklärbaren, auch älte-
ren SQL-Befehle mit den zugehörigen Katalog-Informationen
wird angezeigt. Sie können sich nur Befehle erklären lassen, für
die ein EXPLAIN-Schnappschuß existiert (in Spalte „Explain
Snapshot" ein "Yes").

Mit Doppelklick gelangen Sie in die Anzeige des zugehörigen
Abschnitts eines Zugriffsplans.

Sie können sich den Graph von unten nach oben oder von
rechts nach links ausgerichtet anzeigen lassen (wir bevorzugen
letzteres). Die Symbole können Sie nicht verändern, wohl aber
deren Farben.

Taste	Bedeutung
	navigiert in einem großen Graphen: Auf Druck öffnet sich ein Überblicksfenster, in dem Sie den gewünschten Ausschnitt wählen können (siehe auch Bild auf Seite 318).
	druckt den Graphen
	zeigt den SQL-Befehl im Original

Mit der groß geratenen Zoom-Leiste im oberen Drittel des
Hauptfensters stellen Sie die Bildgröße ein. Erst von einer
bestimmten Größe an sind die Knoten des Graphen beschriftet,

und erst mit weiter wachsender Größe wird die Beschriftung gut lesbar.

Neben der Bezeichnung des Knotens können Sie sich auch die kumulierten Kosten in *timerons,* den kumulierten CPU-Verbrauch oder die aufgelaufene Anzahl der I/Os sowie die Kardinalität als Beschriftung anzeigen lassen. Die Kosten oder I/Os, die in einem Knoten anfallen, müssen Sie als Differenz zum vorigen Knoten selbst errechnen.

Symbole

Im Graph finden Sie folgende Knoten:

- Tabellen als Rechtecke
- Indizes als Rauten
- Operatoren als Achtecke
- Tabellenfunktionen als Sechsecke.

Operatoren sind Aktionen, die auf den Daten (Tabellen oder Indizes) durchgeführt werden. Sie finden die folgenden im Graph wieder:

Oerator	Bedeutung
DELETE	Löschen von Tabellenzeilen
FETCH	Zugriff auf Tabellenspalten über RID (row identifier)
FILTER	Ausfiltern von Daten durch *residual* Prädikate
GRPBY	Gruppierung von Zeilen
INSERT	Einfügen von Tabellenzeilen
IXSCAN	*index scan,* gegebenenfalls mit Start-/Ende- oder *index sargable* Prädikaten
MSJOIN	Merge Join
NLJOIN	Nested Loop Join mit Zugriff auf die innere Tabelle je Zeile der äußeren
RETURN	Übergabe der Daten an den Benutzer
RIDSCN	Scan einer RID-Liste
SORT	Sortierung von Tabellenzeilen, gegebenenfalls unter Entfernung doppelter Zeilen
TBSCAN	Table oder *relation scan*
TEMP	Speichern der Daten in eine temporäre Tabelle

Oerator	Bedeutung
UNION	Vereinigung von Zeilen mehrerer Tabellen zu einer Tabelle
UNIQUE	Eliminieren von Zeilen mit doppelten Werten in bestimmten Spalten
UPDATE	Ändern von Daten der Tabellenzeilen

Um weniger vorteilhafte Aktionen im Graph sofort erkennen zu können, empfehlen wir, diese in anderen Farben anzeigen zu lassen. Kandidaten dafür sind zum Beispiel FILTER, NLJOIN, SORT, TBSCAN oder TEMP.

Zusatz-Informationen Zu den Knotentypen *Tabelle* und *Index* erhalten Sie per Doppelklick ausführlich Statistik-Daten aus dem System-Katalog. Statistikwerte zu Tablespaces oder Funktionen erhalten Sie über die Menü-Leiste.

Zu dem Knotentyp *Operator* erhalten Sie per Doppelklick die benötigten Details wie

- die Eingabe-Argumente

- angewandte Prädikate

- Tabellen und Spalten im Zugriff

- die geschätzten kumulierten Kosten insgesamt, die Anzahl I/Os und die Anzahl der CPU-Befehle

- die geschätzte Anzahl gesuchter Zeilen.

Über die Menü-Leiste, Menü *Statement*, können Sie sich den eingegebenen oder den optimierten SQL-Befehl anzeigen lassen. Der optimierte SQL-Befehl kann durch eine Neuformulierung vom Original erheblich abweichen. Der optimierte SQL-Befehl wurde in die angezeigten Zugriffswege umgesetzt.

Im selben Menü finden Sie auch die Möglichkeit, sich die Optimierungs-Parameter anzeigen zu lassen. In einem Fenster erscheinen dann die Konfigurations- und BIND-Parameter, die den Optimizer beeinflussen, mit ihren damaligen (zum BIND-Zeitpunkt) und ihren aktuellen Werten.

Dynamic Visual Explain Für den schnellen Aufruf von *Visual Explain* mit einem direkt einzugebenden SQL-Befehl steht Ihnen das Objekt *Dynamic Visual Explain* zur Verfügung: Auf den Doppelklick mit der Maus hin werden Sie zunächst nach der zu öffnenden Datenbank und dann nach dem zu erklärenden Befehl gefragt.

Danach öffnet sich das Fenster mit der grafischen Darstellung des Zugriffsplans, wie wir es oben erläutert haben. Sie können bei diesem Werkzeug leider kein Optimierungsklasse mitgeben, um den guten Mittelweg zwischen Optimerungsaufwand und Optimierungsergebnis für diesen Befehl zu finden.

Beispiele

Im folgenden erläutern wir an einigen Beispielen Entscheidungen des Optimizer in Abhängigkeit von der gewählten Optimierungsklasse. Wir nutzen dabei beide Werkzeuge, *Visual Explain* und *DB2EXPLN*.

Grundlage unseres Tests sind zwei Tabellen PERSON und GEHALT mit jeweils 8481 Zeilen.

Tabelle PERSON

PERSON enthält allgemeine personenbezogene Angaben wie Namen oder Adresse. Schlüssel ist die eindeutige Personen-Nummer PERSNO. Zur Tabelle gehören zwei Indizes, der von DB2 erzeugte Index über PERSNO als Primärschlüssel und I_PERS_1 über PLZ, eine fiktive Postleitzahl in der Adresse.

Tabelle GEHALT

GEHALT enthält die vertraulichen Angaben über das Jahresgehalt und eine mögliche Provision. Schlüssel ist auch hier PERSNO. Zur Tabelle gehören ebenfalls zwei Indizes, den von DB2 erzeugten über PERSNO als Primärschlüssel und I_GEHA_1 über GEHALT.

Beide Tabellen wurden nach PERSNO sortiert geladen und nicht verändert. Vor Durchführung der Tests wurde für beide Tabellen RUNSTATS für detaillierte Statistiken mit Verteilungsdaten ausgeführt. Auf der beiliegenden Diskette finden Sie die REXX-Prozedur TEST_I.CMD, mit die Daten geladen wurden. Sie können für Ihre eigenen Test leicht die Datenmenge vergrößern oder die Verteilung der erzeugten Datenwerte verändern.

Wir haben die Beispiele in den empfohlenen Klassen 1, 3 und 5 optimieren lassen. Schon in der Optimierungsklasse 1 sind in einigen Beispielen Unterschiede zur DB2-Version 1 erkennbar. Offensichtlich läßt das Vorauslesen der Datenblöcke bei unserer geringen Datenmenge die Nutzung eines Index nicht immer als die günstigste Lösung erscheinen.

Beispiel 1:
List Prefetch

Die Benutzung des *List Prefetch* ab Optimierungsklasse 3 läßt den Optimizer bis zu 30 % günstigere Kosten errechnen – soweit diese Technik anwendbar ist wie in unserem Beispiel

```
SELECT * FROM TEST.PERSON
    WHERE PLZ = 6000 AND PERSNO < 999999
```

Mit Optimierungsklasse 1 zeigt uns DB2EXPLN folgende Zugriffswege an:

```
Access Table Name = TEST.PERSON  ID = 6
|  #Columns = 7
|  Index Scan:  Name = TEST.I_PERS_1  ID = 2
|  |  #Key Columns = 1
|  |  Data Prefetch: Eligible
|  |  Index Prefetch: Eligible
|  Lock Intents
|  |  Table: Intent Share
|  |  Row  : Share
|  Sargable Predicate(s)
|  |  #Predicates = 1
End of Section
```

Visual Explain zeigt folgenden Graphen:

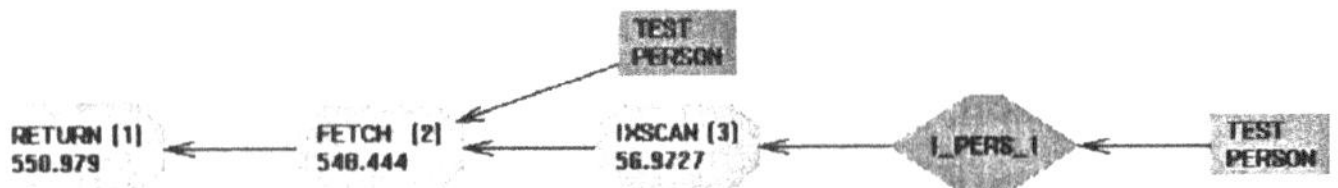

Der Zugriff erfolgt auf Tabelle TEST.PERSON, interne Identifikation 6, alle 7 Spalten werden benutzt. Die Lese-Richtung kann nur vorwärts sein, da ein *index scan* über Index TEST.I_PERS_1 (mit 1 Spalte) benutzt wird. Als Sperren sind auf Tabellen-Ebene IS und auf Zeilen-Ebene S geplant. Das Prädikat PERSNO < 999999 wird als *sargable* eingestuft, weil es nur durch Zugriff auf die Zeile ausgewertet werden kann. Als Kosten schätzt der Optimizer auf unserer schon altersschwachen Test-Maschine[5] 550,97437 timerons.

---

[5] Da Kennwerte der Hardware in die Kostenschätzung einfließen, wird der Optimizer auf Ihrer Workstation für denselben Befehl wahrscheinlich andere Kosten ermitteln.

Ab Optimierungsklasse 3 zeigt uns DB2EXPLN folgende Zugriffswege an:

```
Access Table Name = TEST.PERSON  ID = 6
| #Columns = 1
| Index Scan:  Name = TEST.I_PERS_1  ID = 2
| | #Key Columns = 1
| | Index-only Access
| | Index Prefetch: None
| | | Create/Insert Into Sorted Temp Table  ID = t1
| | | | #Columns = 1
| | | | #Sort Key Columns = 1
| | | | Piped
| Isolation Level: Uncommitted Read
| Lock Intents
| | Table: Intent None
| | Row  : None
Sorted Temp Table Completion  ID = t1
List Prefetch RID Preparation
Access Table Name = TEST.PERSON  ID = 6
| #Columns = 7
| Fetch Direct
| Lock Intents
| | Table: Intent Share
| | Row  : Share
| Residual Predicate(s)
| | #Predicates = 2
End of Section
```

Visual Explain zeigt folgenden Graphen:

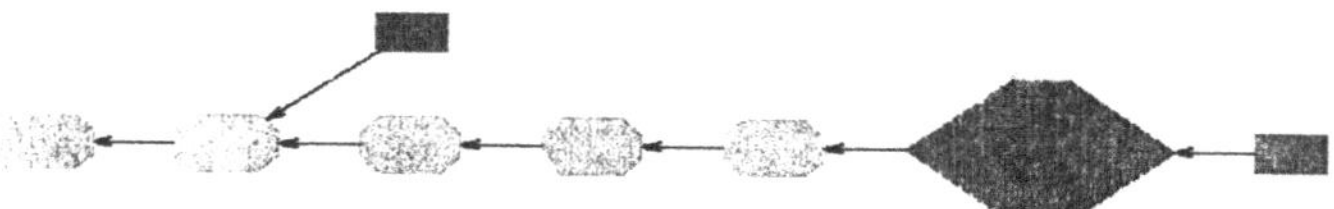

Der Zugriff erfolgt zunächst auf Tabelle TEST.PERSON, interne Identifikation 6, nur eine Spalte wird benutzt. Die Lese-Richtung kann nur vorwärts sein, da ein *index scan* über Index TEST.I_PERS_1 (mit 1 Spalte) benutzt wird. Der Zugriff erfolgt nur auf den Index zur Erstellung einer temporären sortierten Tabelle *t1*. Es sind keine Sperren geplant, die Benutzertrennung ist *Uncommitted Read*. Mit Hilfe der temporären Tabelle erfolgt dann der Direktzugriff nach der *List Prefetch*-Technik auf Tabelle TEST.PERSON mit allen 7 Spalten. Als Sperren sind auf Tabellen-Ebene IS und auf Zeilen-Ebene S geplant. Beide Prädikate werden nun als *residual* eingestuft. Die Kosten werden mit 345,85314 timerons geschätzt.

Beispiel 2:
Unterabfragen kontra
Join

DB2 läßt sich nicht von der zweiten Auswahlbedingung (PERSNO < 999999) verwirren, da diese nicht wirklich zur Zeilenauswahl beiträgt.

Ab Optimierungsklasse 3 kann der Optimizer durch Neuformulierung des SQL-Befehls ungünstige Angaben wie Unterabfragen in vorteilhafte Joins wandeln und so die Kosten bis auf ein Siebzigstel senken. Allerdings hat diese Fähigkeit auch Grenzen.

Von den vielen Varianten, die zum selben Ergebnis führen, ist die mit dem Join die kostengünstigste:

```
SELECT VNAME, NAME FROM TEST.PERSON P, TEST.GEHALT G
  WHERE P.PERSNO = G.PERSNO
  AND GEHALT = 18006
```

Der Optimizer bewertet diesen Befehl ab Klasse 3 in unserer Umgebung mit 166,15814 timerons. Als optimierte Formulierung wird in Visual Explain angezeigt:

```
SELECT Q2.VNAME AS „VNAME", Q2.NAME AS „NAME"
FROM TEST.GEHALT AS Q1, TEST.PERSON AS Q2
WHERE (Q1.GEHALT = 18006) AND (Q2.PERSNO =
          Q1.PERSNO)
```

Der Graph hat folgendes Aussehen:

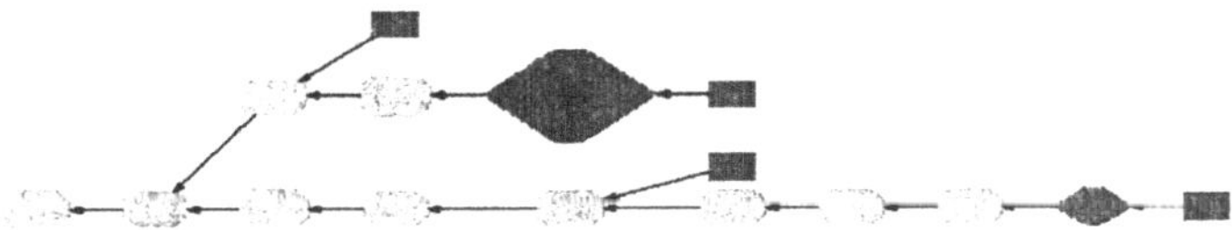

DB2EXPLN beschreibt die Zugriffe wie folgt:

```
Access Table Name = TEST.GEHALT  ID = 4
| #Columns = 1
| Index Scan:  Name = TEST.I_GEHA 1  ID = 2
| | #Key Columns = 1
| | Index-only Access
| | Index Prefetch: None
| | | Create/Insert Into Sorted Temp Table  ID = t1
| | | | #Columns = 1
| | | | #Sort Key Columns = 1
| | | | Piped
| Isolation Level: Uncommitted Read
| Lock Intents
| | Table: Intent None
| | Row  : None
Sorted Temp Table Completion  ID = t1
List Prefetch RID Preparation
Access Table Name = TEST.GEHALT  ID = 4
| #Columns = 2
```

```
|   Fetch Direct
|   Lock Intents
|   |   Table: Intent Share
|   |   Row  : Share
|   Residual Predicate(s)
|   |   #Predicates = 1
Create/Insert Into Sorted Temp Table  ID = t2
|   #Columns = 1
|   #Sort Key Columns = 1
|   Piped
Access Temp Table  ID = t2
|   #Columns = 1
|   Relation Scan
|   |   Prefetch: Eligible
Nested Loop Join
|   Access Table Name = TEST.PERSON  ID = 6
|   |   #Columns = 3
|   |   Single Record
|   |   Index Scan:  Name = SYSIBM.SQL960104150643600  ID = 1
|   |   |   #Key Columns = 1
|   |   |   Data Prefetch: None
|   |   |   Index Prefetch: None
|   |   Lock Intents
|   |   |   Table: Intent Share
|   |   |   Row  : Share
End of Section
```

Andere Varianten mit einfachen und korrelierten Unterabfragen
wie

```
SELECT VNAME, NAME FROM TEST.PERSON
 WHERE PERSNO IN (
 SELECT PERSNO FROM TEST.GEHALT
 WHERE GEHALT = 18006)


SELECT VNAME, NAME FROM TEST.PERSON P
 WHERE 18006 = (
 SELECT GEHALT FROM TEST.GEHALT
 WHERE PERSNO = P.PERSNO)


SELECT VNAME, NAME FROM TEST.PERSON P
 WHERE EXISTS (
 SELECT * FROM TEST.GEHALT
 WHERE GEHALT = 16808.30 AND PERSNO = P.PERSNO)
```

werden ab Klasse 3 als Join neuformuliert:

```
SELECT Q2.VNAME AS „VNAME", Q2.NAME AS „NAME"
FROM TEST.GEHALT AS Q1, TEST.PERSON AS Q2
WHERE (Q1.GEHALT = 18006) AND (Q2.PERSNO =
        Q1.PERSNO)
```

Der Verbesserung reicht von 360.55844 timerons für die einfache Unterabfrage oder 23267.68359 timerons für die korrelierte Unterabfrage mit EXISTS auf einheitlich 315.43579 timerons jeweils. Obwohl die neuformulierte Abfrage dem Original-Join völlig gleicht, erreicht sie nicht die gleichen Kosten. Visual Explain und DB2EXPLN zeigen auch den Grund:

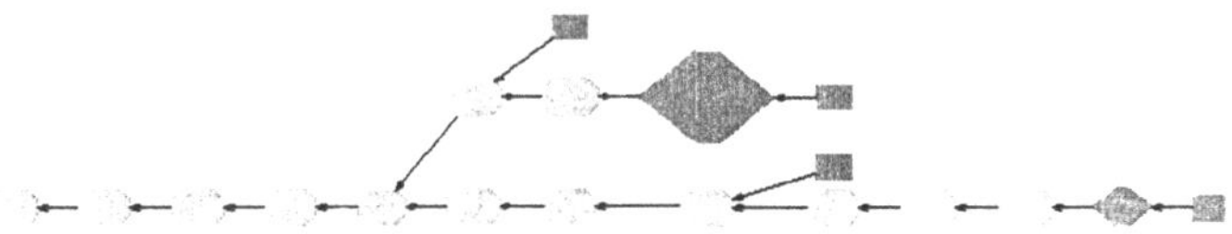

```
Data Stream 1: Evaluate at Open
|  Not Piped
|  Access Table Name = TEST.GEHALT  ID = 4
|  |  #Columns = 1
|  |  Index Scan:  Name = TEST.I_GEHA_1  ID = 2
|  |  |  #Key Columns = 1
|  |  |  Index-only Access
|  |  |  Index Prefetch: None
|  |  |  |  Create/Insert Into Sorted Temp Table  ID = t1
|  |  |  |  |  #Columns = 1
|  |  |  |  |  #Sort Key Columns = 1
|  |  |  |  |  Piped
|  |  Isolation Level: Uncommitted Read
|  |  Lock Intents
|  |  |  Table: Intent None
|  |  |  Row  : None
|  Sorted Temp Table Completion  ID = t1
|  List Prefetch RID Preparation
|  Access Table Name = TEST.GEHALT  ID = 4
|  |  #Columns = 2
|  |  Fetch Direct
|  |  Lock Intents
|  |  |  Table: Intent Share
|  |  |  Row  : Share
|  |  Residual Predicate(s)
|  |  |  #Predicates = 1
|  Create/Insert Into Sorted Temp Table  ID = t2
|  |  #Columns = 1
|  |  #Sort Key Columns = 1
|  |  Piped
|  Access Temp Table  ID = t2
|  |  #Columns = 1
|  |  Relation Scan
|  |  |  Prefetch: Eligible
|  Nested Loop Join
|  |  Access Table Name = TEST.PERSON  ID = 6
|  |  |  #Columns = 3
|  |  |  Single Record
|  |  |  Index Scan:  Name = SYSIBM.SQL960104150643600  ID = 1
```

```
|  |  |  |  | #Key Columns = 1
|  |  |  | Data Prefetch: None
|  |  |  | Index Prefetch: None
|  |  | Lock Intents
|  |  |  | Table: Intent Share
|  |  |  | Row  : Share
| Create/Insert Into Temp Table  ID = t3
|  | #Columns = 4
End of Data Stream 1
Access Temp Table  ID = t3
| #Columns = 4
| Relation Scan
|  | Prefetch: Eligible
End of Section
```

DB2 benötigt für alle drei umformulierten SQL-Befehle eine temporäre Tabelle mehr als für den gleich als Join formulierten Befehl. Es ist allerdings nicht ersichtlich warum!

Die Grenze der Fähigkeiten zur Umformulierung erreicht DB2 zur Zeit bei folgender trickreicher Formulierung:

```
SELECT VNAME, NAME FROM TEST.PERSON P
WHERE 0 < (
SELECT COUNT(*) FROM TEST.GEHALT
WHERE GEHALT = 18357.50 AND PERSNO = P.PERSNO)
```

Selbst in Klasse 9 kann DB2 diesen Befehl nicht in denselben Join wie oben umsetzen. Es erkennt nicht, daß die Unterabfrage mit der Funktion COUNT(*) als Ersatz für den Operator EXISTS benutzt wird. Entsprechend hoch bleiben die geschätzten Kosten mit 23280.97656 timerons. Der optimierte Befehl wird wie folgt angezeigt:

```
SELECT Q4.VNAME AS „VNAME", Q4.NAME AS „NAME"
FROM
  (SELECT COUNT( 1)
  FROM
    (SELECT $RID$
    FROM TEST.GEHALT AS Q1
    WHERE (Q1.PERSNO = Q4.PERSNO) AND
    (Q1.GEHALT = +18357.50)) AS Q2) AS
      Q3, TEST.PERSON AS Q4
WHERE (0 < Q3.CO)
```

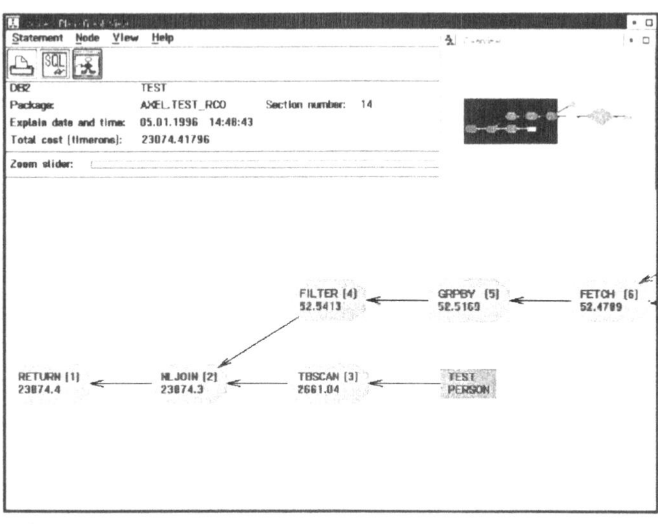


```
Access Table Name = TEST.PERSON   ID = 6
|   #Columns = 3
|   Relation Scan
|   |   Prefetch: Eligible
|   Lock Intents
|   |   Table: Intent Share
|   |   Row  : Share
Nested Loop Join
|   Piped Inner
|   Access Table Name = TEST.GEHALT   ID = 4
|   |   #Columns = 2
|   |   Single Record
|   |   Index Scan:  Name = SYSIBM.SQL960104150644470   ID = 1
|   |   |   #Key Columns = 1
|   |   |   Data Prefetch: None
|   |   |   Index Prefetch: None
|   |   Lock Intents
|   |   |   Table: Intent Share
|   |   |   Row  : Share
|   |   Sargable Predicate(s)
|   |   |   #Predicates = 1
|   Aggregation
|   |   Column Function(s)
|   Residual Predicate Application
|   |   #Predicates = 1
End of Section
```

Beispiel 3:
Überflüssige Joins

Ab Optimierungsklasse 5 eliminiert der Optimizer unsinnige oder redundante Joins und senkt so die Kosten bis um die Hälfte. Die Abfrage

```
SELECT A.PERSNO, B.ORT FROM TEST.PERSON A, TEST.PERSON B
WHERE A.PERSNO = B.PERSNO AND A.ORT LIKE 'Do%'
```

erledigt DB2 mit einem *table scan* zu 3413,29833 timerons:

```
Access Table Name = TEST.PERSON  ID = 6
|   #Columns = 2
|   Relation Scan
|   |  Prefetch: Eligible
|   Lock Intents
|   |  Table: Intent Share
|   |  Row  : Share
|   Sargable Predicate(s)
|   |  #Predicates = 1
End of Section
```

Kostengünstiger mit 341,36651 timerons ist das Abarbeiten dieses Befehls, der mit *index scan* und *Prefetch List* ausgeführt werden kann:

```
SELECT A.PERSNO, B.ORT FROM TEST.PERSON A, TEST.PERSON B
WHERE A.PERSNO = B.PERSNO AND A.PLZ = 3000
```

```
Access Table Name = TEST.PERSON  ID = 6
|   #Columns = 1
|   Index Scan:  Name = TEST.I_PERS_1  ID = 2
|   |  #Key Columns = 1
|   |  Index-only Access
|   |  Index Prefetch: None
|   |  |  Create/Insert Into Sorted Temp Table  ID = t1
|   |  |  |  #Columns = 1
|   |  |  |  #Sort Key Columns = 1
|   |  |  |  Piped
```

```
|   Isolation Level: Uncommitted Read
|   Lock Intents
|   |   Table: Intent None
|   |   Row  : None
Sorted Temp Table Completion  ID = t1
List Prefetch RID Preparation
Access Table Name = TEST.PERSON  ID = 6
|   #Columns = 3
|   Fetch Direct
|   Lock Intents
|   |   Table: Intent Share
|   |   Row  : Share
|   Residual Predicate(s)
|   |   #Predicates = 1
End of Section
```

Beispiel 4:
OR kontra UNION

Unabhängig von der Optimierungsklasse kann DB2 uns nicht zufriedenstellen bei der Bearbeitung dieses Befehls mit Oder-Verknüpfungen:

```
SELECT * FROM TEST.PERSON
  WHERE PLZ = 2000
  OR PLZ = 4000
  OR PLZ = 5000
```

Über alle Optimierungsklassen hinweg werden 7622,98876 timerons errechnet. Der Befehl wird umformuliert in:

```
SELECT Q3.PERSNO AS „PERSNO", Q3.NAME
  AS „NAME",Q3.VNAME AS „VNAME", Q3.PLZ
  AS „PLZ",Q3.ORT AS „ORT", Q3.STRASSE
  AS „STRASSE",Q3.BERUF AS „BERUF"
FROM
    (SELECT $INTERNAL_FUNC$(4, Q1.CO,
                      2000, 4000, 5000)
FROM ( VALUES 1 2 3) AS Q1) AS Q2,
TEST.PERSON AS Q3
WHERE (Q3.PLZ = Q2.CO)
```

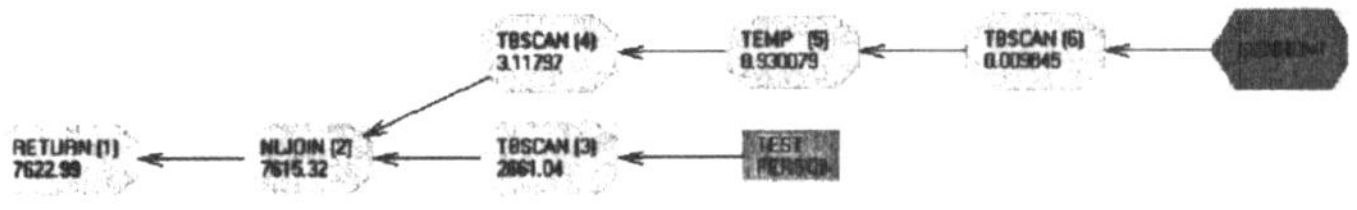


```
Access Table Name = TEST.PERSON  ID = 6
|   #Columns = 7
|   Relation Scan
|   |   Prefetch: Eligible
|   Lock Intents
|   |   Table: Intent Share
```

```
|  |    Row  : Share
Nested Loop Join
|   Data Stream 1: Evaluate at Open
|  |   Not Piped
|  |   Table Constructor
|  |  |   3-Row(s)
|  |   Create/Insert Into Temp Table  ID = t1
|  |  |   #Columns = 1
|   End of Data Stream 1
|   Table Constructor
|  |   3-Row(s)
|   Insert Into Temp Table  ID = t1
|  |   #Columns = 1
|   Access Temp Table  ID = t1
|  |   #Columns = 1
|  |   Relation Scan
|  |  |   Prefetch: Eligible
|  |   Sargable Predicate(s)
|  |  |   #Predicates = 1
End of Section
```

Kostengünstiger ist die Formulierung als UNION dreier Tabellen:

```
SELECT * FROM TEST.PERSON
 WHERE PLZ = 2000
UNION ALL
 SELECT * FROM TEST.PERSON
  WHERE PLZ = 4000
UNION ALL
 SELECT * FROM TEST.PERSON
  WHERE PLZ = 5000
```

Der Optimizer errechnet nur 1031.65905 timerons.

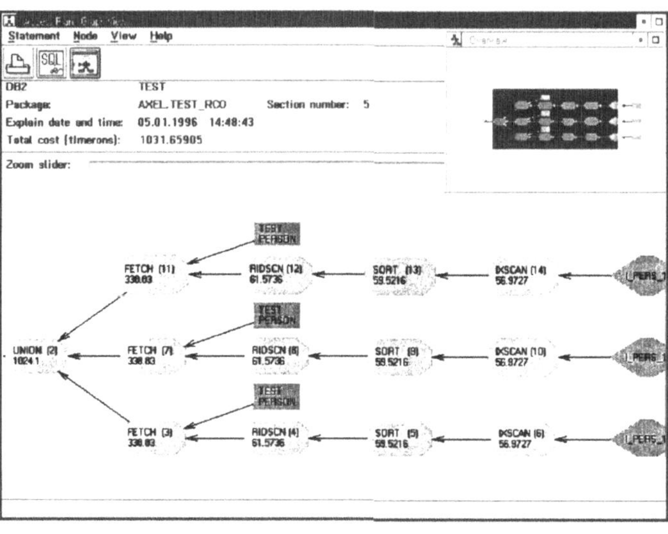


```
(
|   Access Table Name = TEST.PERSON   ID = 6
|   |   #Columns = 1
|   |   Index Scan:  Name = TEST.I_PERS_1   ID = 2
|   |   |   #Key Columns = 1
|   |   |   Index-only Access
|   |   |   Index Prefetch: None
|   |   |   |   Create/Insert Into Sorted Temp Table   ID = t1
|   |   |   |   |   #Columns = 1
|   |   |   |   |   #Sort Key Columns = 1
|   |   |   |   |   Piped
|   |   Isolation Level: Uncommitted Read
|   |   Lock Intents
|   |   |   Table: Intent None
|   |   |   Row  : None
|   Sorted Temp Table Completion   ID = t1
|   List Prefetch RID Preparation
|   Access Table Name = TEST.PERSON   ID = 6
|   |   #Columns = 7
|   |   Fetch Direct
|   |   Lock Intents
|   |   |   Table: Intent Share
|   |   |   Row  : Share
|   |   Residual Predicate(s)
|   |   |   #Predicates = 1
UNION
|   Access Table Name = TEST.PERSON   ID = 6
|   |   #Columns = 1
|   |   Index Scan:  Name = TEST.I_PERS_1   ID = 2
|   |   |   #Key Columns = 1
|   |   |   Index-only Access
```

```
|   |   |   Index Prefetch: None
|   |   |   |   Create/Insert Into Sorted Temp Table  ID = t2
|   |   |   |   |  #Columns = 1
|   |   |   |   |  #Sort Key Columns = 1
|   |   |   |   |  Piped
|   |   Isolation Level: Uncommitted Read
|   |   Lock Intents
|   |   |   Table: Intent None
|   |   |   Row  : None
|   Sorted Temp Table Completion  ID = t2
|   List Prefetch RID Preparation|  Access Table Name = TEST.PERSON
ID = 6
|   |   #Columns = 7
|   |   Fetch Direct
|   |   Lock Intents
|   |   |   Table: Intent Share
|   |   |   Row  : Share
|   |   Residual Predicate(s)
|   |   |   #Predicates = 1
UNION
|   Access Table Name = TEST.PERSON  ID = 6
|   |   #Columns = 1
|   |   Index Scan:  Name = TEST.I_PERS_1  ID = 2
|   |   |   #Key Columns = 1
|   |   |   Index-only Access
|   |   |   Index Prefetch: None
|   |   |   |   Create/Insert Into Sorted Temp Table  ID = t3
|   |   |   |   |  #Columns = 1
|   |   |   |   |  #Sort Key Columns = 1
|   |   |   |   |  Piped
|   |   Isolation Level: Uncommitted Read
|   |   Lock Intents
|   |   |   Table: Intent None
|   |   |   Row  : None
|   Sorted Temp Table Completion  ID = t3
|   List Prefetch RID Preparation
|   Access Table Name = TEST.PERSON  ID = 6
|   |   #Columns = 7
|   |   Fetch Direct
|   |   Lock Intents
|   |   |   Table: Intent Share
|   |   |   Row  : Share
|   |   Residual Predicate(s)
|   |   |   #Predicates = 1
)
End of Section
```

Eine Umwandlung des Befehls mit den Oder-Verknüpfungen in einen mit UNION ist dem Optimizer offensichtlich nicht möglich.

Beispiel 5:
<> kontra EXCEPT

Anders als im vorherigen Beispiel ist in diesem die einfachere Formulierung vorteilhafter:

```
SELECT PERSNO FROM TEST.PERSON
  WHERE PERSNO <> 6000
```

Der *table scan* wird mit 3073.88037 timerons geschätzt.

```
Access Table Name = TEST.PERSON  ID = 6
|  #Columns = 1
|  Relation Scan
|  |  Prefetch: Eligible
|  Lock Intents
|  |  Table: Intent Share
|  |  Row  : Share
|  Sargable Predicate(s)
|  |  #Predicates = 1
End of Section
```

Die Formulierung mit dem Mengenoperator EXCEPT führt im Prinzip zum gleichen Ergebnis, ist aber mit 17512.58398 timerons viel ungünstiger, weil der Optimizer den Befehl nicht wesentlich einfacher formulieren kann. Der Originalbefehl lautet:

```
SELECT * FROM TEST.PERSON
EXCEPT
(SELECT * FROM TEST.PERSON WHERE PLZ = 6000)
```

Der intern formulierte Befehl lautet:

```
SELECT Q6.CO AS „PERSNO", Q6.C1 AS
  „NAME", Q6.C2 AS „VNAME", Q6.C3 AS
  „PLZ", Q6.C4 AS „ORT", Q6.C5 AS
  „STRASSE", Q6.C6 AS „BERUF"
FROM
    (SELECT Q5.CO, Q5.C1, Q5.C2, Q5.C3,
       Q5.C4, Q5.C5, Q5.C6, SUM(Q5.C7),
       COUNT( 1)
    FROM
       (SELECT Q1.PERSNO, Q1.NAME,
          Q1.VNAME, Q1.PLZ, Q1.ORT,
          Q1.STRASSE, Q1.BERUF, -1
       FROM TEST.PERSON AS Q1
       WHERE (Q1.PLZ = 6000)
       UNION ALL
       SELECT Q3.PERSNO, Q3.NAME,
          Q3.VNAME, Q3.PLZ,Q3.ORT,
          Q3.STRASSE, Q3.BERUF, 1
       FROM TEST.PERSON AS Q3 ) AS Q5
     GROUP BY Q5.CO, Q5.C1, Q5.C2, Q5.C3,
             Q5.C4, Q5.C5, Q5.C6) AS Q6
  WHERE (Q6.C8 = Q6.C7)
```

```
(
|    Access Table Name = TEST.PERSON   ID = 6
|    |   #Columns = 7
|    |   Relation Scan
|    |   |  Prefetch: Eligible
|    |   Lock Intents
|    |   |   Table: Intent Share
|    |   |   Row  : Share
UNION
|    Access Table Name = TEST.PERSON   ID = 6
|    |   #Columns = 1
|    |   Index Scan:  Name = TEST.I_PERS_1   ID = 2
|    |   |   #Key Columns = 1
|    |   |   Index-only Access
|    |   |   Index Prefetch: None
|    |   |   |   Create/Insert Into Sorted Temp Table   ID = t1
|    |   |   |   |   #Columns = 1
|    |   |   |   |   #Sort Key Columns = 1
|    |   |   |   |   Piped
|    |   Isolation Level: Uncommitted Read
|    |   Lock Intents
|    |   |   Table: Intent None
|    |   |   Row  : None
|    Sorted Temp Table Completion   ID = t1
|    List Prefetch RID Preparation
|    Access Table Name = TEST.PERSON   ID = 6
|    |   #Columns = 7
|    |   Fetch Direct
|    |   Lock Intents
|    |   |   Table: Intent Share
|    |   |   Row  : Share
|    |   Residual Predicate(s)
|    |   |   #Predicates = 1
)
Create/Insert Into Sorted Temp Table   ID = t2
|   #Columns = 8
|   #Sort Key Columns = 7
|   Piped
Access Temp Table   ID = t2
|   #Columns = 8
|   Relation Scan
|   |  Prefetch: Eligible
Aggregation
|   Group By
|   Column Function(s)
Residual Predicate Application
|   #Predicates = 1
End of Section
```

Ein Vergleich der beiden Werkzeuge zeigt leider, daß ihre Ausgaben nicht ganz übereinstimmen. DB2EXPLN kennt einige andere Operatoren oder Aktionen als Visual Explain. Die Darstellung des Gebrauchs von temporären Tabellen oder des Einsatzes von Sortierungen ist unterschiedlich. Wir konnten nicht entscheiden, welches der Werkzeuge – von der grafischen Aufbereitung einmal abgesehen, die bessere Darstellung bietet oder welches manchmal zwecks besserer Darstellung zu sehr vereinfacht. Beide Werkzeuge haben ihre Stärken: DB2EXPLN bietet den präziseren Überblick mit den wesentlichen Details. Visual Explain zeigt mit dem Graphen klarer den Ablauf, läßt aber insgesamt nur einen gröberen Überblick zu. Dafür kann es mit wesentlich mehr Details aufwarten und auch das umformulierte SQL anzeigen.

Die Handhabung von DB2EXPLN ist wesentlich einfacher, da es keine BIND-Parameter und keine EXPLAIN-Tabellen voraussetzt. Seine Ausgabe ist in kürzester Zeit erstellt.

Die großen Schwächen von DB2EXPLN sind die fehlenden Angaben der Kosten und des umformulierten SQL-Befehls.

Visual Explain könnte die Verwendung temporärer Tabellen deutlicher anzeigen und in den Details zu den Aktionen verbessert werden.

In unserer Arbeit konnten sich beide Werkzeuge gut ergänzen, weil die Listen von DB2EXPLN die Graphen von Visual Explain um die notwendigen Erst-Informationen ergänzen. Die Anzeige des optimierten SQL-Befehls sorgte in einigen überraschenden Zugriffswegen für die benötigte Klarheit.

6.3 Optimierungsmöglichkeiten

In diesem Abschnitt geben wir Ihnen einen Überblick über die wichtigsten Konfigurations-Parameter, die die Leistung von DB2 beeinflussen. Für das bessere Verständnis dieser Parameter erläutern wir zuvor noch die Speicherverwaltung in DB2, auf die die Parameter überwiegend Einfluß haben.

Zum Abschluß dieses Abschnitts erhalten Sie noch einige allgemeine Tips und Hinweise auf Kochrezept-Niveau.

6.3.1 Speicherverwaltung in DB2

Eine wesentliche Möglichkeit zur Optimierung der Performance besteht darin, DB2 und seinen Anwendungen genügend Hauptspeicher zur Verfügung zu stellen. Viele Konfigurations-Parameter von DB2 beeinflussen die Speichernutzung im System, auf dem Server, auf dem Client oder auf beidem. Der benötigte Speicher wird zu unterschiedlichen Zeiten angefordert oder freigegeben.

Beim Start des Datenbank-Managementsystems, das heißt einer DB2-Instanz, werden seine globalen Kontrollblöcke angelegt und bis zum Stop gehalten. Diese enthalten Informationen, die das DBMS zur Steuerung der Aktivitäten über alle Datenbanken und Anwendungen hinweg benötigt.

Wenn sich die erste Anwendung an eine Datenbank anmeldet (Connect), werden globale und private Speicherbereiche für die Datenbank und die Anwendung angelegt.

Hat sich bereits eine Anwendung an der Datenbank angemeldet, werden für jede weitere Anwendung, die sich anmeldet, nur noch der private Speicherbereich des Agent und der gemeinsame Speicherbereich Agent/Anwendung angelegt (der globale Speicherbereich der Datenbank wird also nur bei der jeweils ersten Anmeldung angelegt).

Die globalen Speicherbereiche werden je Datenbank angelegt und enthalten den Pufferbereich, die Sperrliste, den Arbeitsspeicherbereich der Datenbank (dbheap) und der Dienstprogramme (utility heap). Die privaten Speicherbereiche werden für eine Datenbank je Agent angelegt. Der private Speicherbereich eines Agent enthält Bereiche, die nur von diesem benutzt werden wie den Sortierbereich (sort heap) und den Arbeitsbereich der Anwendung (application heap).

Bild 6.7:
Speicherstruktur DB2

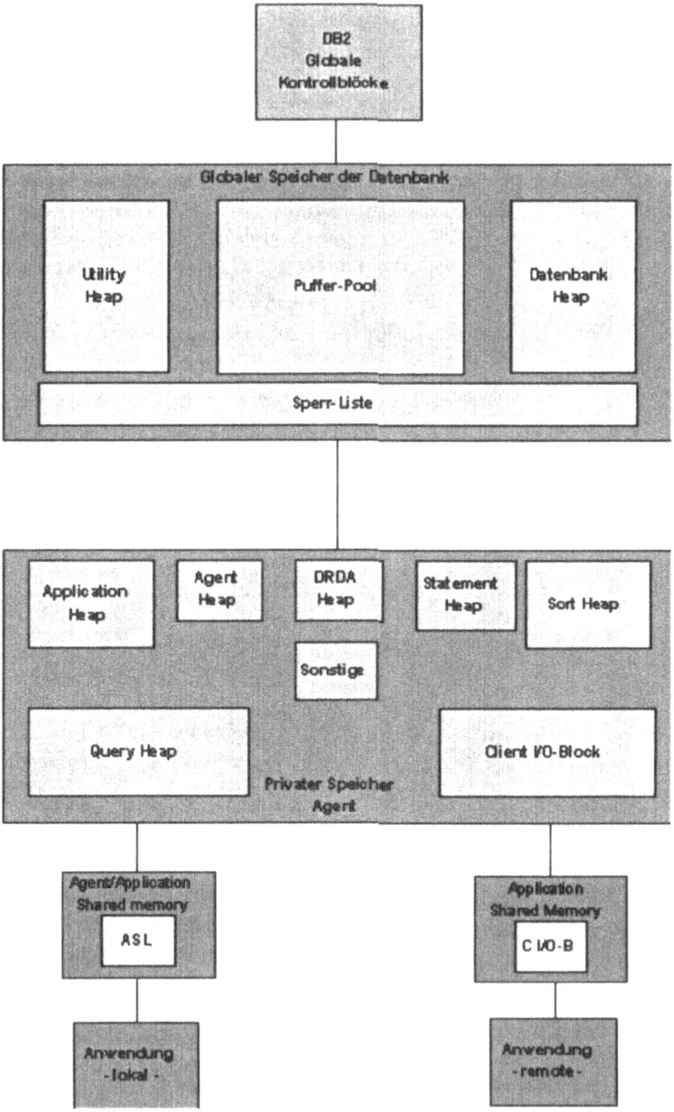

Die meisten Arbeitsspeicherbereiche werden nur angefordert,
wenn sie gebraucht werden – mit Ausnahme des Pufferbereichs
und der Sperrliste, die immer im globalen Speicher einer Datenbank angelegt werden. Die globalen Speicherbereiche werden

aber auch freigegeben, wenn sich die vorerst letzte Anwendung von der Datenbank abmeldet und dadurch die Datenbank implizit gestoppt wird.

Damit nicht die jeweils erste Anwendung, die sich zu einem beliebigen Zeitpunkt an einer Datenbank anmeldet, mit längeren Wartezeiten für das Anlegen der globalen Speicherbereiche bestraft wird, kann eine Datenbank nach dem Start der DB2-Instanz explizit mit dem Kommando ACTIVATE DATABASE gestartet werden. Die so gestartete Datenbank bleibt auch nach dem Abmelden einer zufällig letzten Anwendung aktiv und wird nur durch das Kommando DEACTIVATE DATABASE oder das Stoppen der DB2-Instanz inaktiviert. Damit werden die Anmelde- und weiteren Anwortzeiten der Anwendungen so kurz wie möglich gehalten. (Somit werden alte Empfehlungen von IBM hinfällig, wonach für Anwortzeit-sensitive Anwendungen ein „Dummy"-Anwender sich anmelden sollte, sobald der Datenbank-Manager gestartet wurde, und ein Anwender immer angemeldet bleiben sollte.)

Die folgenden Konfigurations-Parameter beeinflussen die Größe der verschiedenen Speicherbereiche:

1) Globaler Speicher der Datenbank

   Die Anzahl dieser Speicherbereiche ist begrenzt durch *numdb*. *numdb* definiert die maximale Anzahl gleichzeitig aktiver Datenbanken. Da jede Datenbank eigene globale Speicherbereiche besitzt, steigt mit wachsenden *numdb* auch die Größe des Speichers, der für die globalen Speicherbereiche der Datenbanken genutzt werden kann.

   Die maximale Größe eines solchen Speicherbereichs wird bestimmt durch die folgenden Parameter:

   * Größe des Pufferbereichs (*buffpage*, Seite 346)

   * Maximale Größe der Sperrliste (*locklist*, Seite 348)

   * Datenbank-Arbeitsbereich (*dbheap*)

   * Arbeitsbereich der Dienstprogramme (*util_heap_sz*)

2) Privater Speicher des Agent

   Die Anzahl der Speicherbereiche wird begrenzt durch den niedrigeren Wert von *maxappls* und *maxagents*. *maxappls* gibt die maximale Anzahl von Anwendungen vor, die gleichzeitig an **einer** Datenbank angemeldet sein können (siehe auch Seite 350). *maxagents* begrenzt die maximale Anzahl der Agents, die gleichzeitig – über alle aktiven Datenbanken gezählt – existieren dürfen (siehe auch Seite 343).

Die maximale Größe eines solchen Speicherbereichs wird bestimmt durch folgende Parameter:

- Arbeitsbereich der Anwendung (*applheapsz*)
- Sortierbereich (*sortheap*, Seite 355)
- SQL-Befehlsspeicher (*stmtheap*)
- Statistik-Arbeitsspeicher (*stat_heap_sz*)
- Abfrage-Arbeitsspeicher (*query_heap_sz*)
- Client I/O-Blockgröße (*rqrioblk*)
- DRDA-Arbeitsspeicher (*drda_heap_sz*)
- gemeinsamer UDF-Speicher (*udf_mem_sz*)
- Agent-Stack-Größe (*agent_stack_sz*)

3) Gemeinsamer Speicher der Anwendung

Die Anzahl der Speicherbereiche wird ebenfalls begrenzt durch den niedrigeren Wert von *maxappls* (Anzahl gleichzeitig angemeldeter Anwendungen je Datenbank) und *maxagents* (Anzahl gleichzeitig existierender Agents je Datenbank Manager).

Die Speicherbereiche werden auf der Maschine angelegt, auf der Client läuft. Ihre Größe ist davon abhängig, wo die Client-Anwendung läuft:

- lokal, das heißt auf derselben Maschine wie der Datenbank-Server, von der Größe des Arbeitsspeichers zur Anwendungsunterstützung (*aslheapsz*, siehe Seite 342)
- entfernt, das heißt auf einer anderen Maschine als der Datenbank-Server, von der Client I/O-Blockgröße (*rqrioblk*).

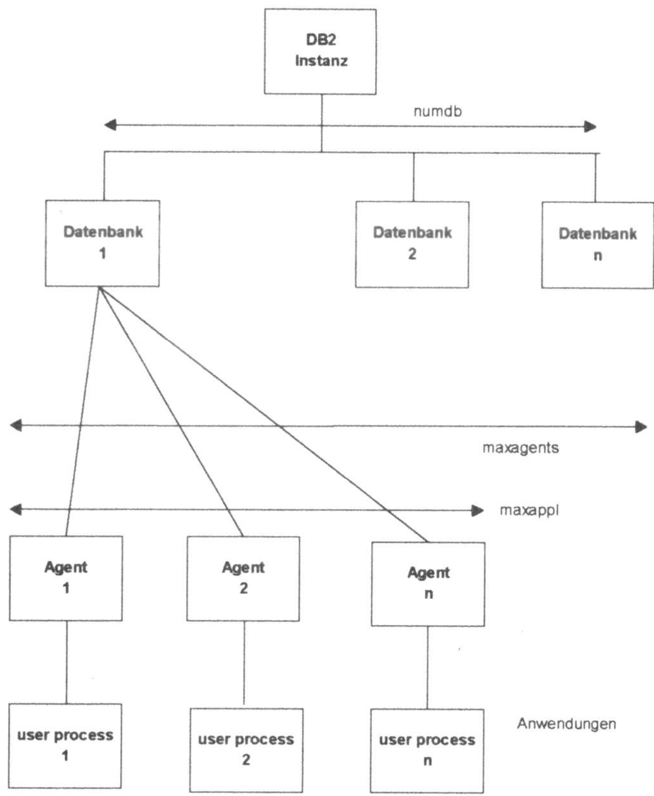

Bild 6.8:
Strukturbaum
Instanz, Datenbank
und Anwendung

Die Parameter, die Hauptspeicherbereiche bestimmen, sollten sorgfältig justiert werden. Niemals sollte einfach der größtmögliche Wert benutzt werden – selbst dann nicht, wenn auf den Rechnern die maximale Speichergröße installiert ist. Zu leicht könnte dadurch der gesamte verfügbare Speicher einer Maschine belegt. Wird das Betriebssystem durch zu große Wertewahl gezwungen, verstärkt Hauptspeicherbereiche auf Platte auszulagern (Swapping), kann dies schnell zu einer allgemeinen Beeinträchtigung des Durchsatzes führen. Außerdem kann die Verwaltung eines sehr großen Speicherbereichs zusätzliche Arbeit für den Datenbank Manager verursachen und so mehr Overhead statt bessere Performance bedeuten.

Während die meisten Konfigurations-Parameter nur Obergrenzen angeben und der Speicher auch nur angelegt wird, wenn er benötigt wird, beeinflussen die folgenden Parameter eine in dieser Größe vollständige und während des DB2-Betriebs dauerhafte Speicherbelegung:

- Pufferbereich-Größe (*buffpage*, Seite 346)
- Maximale Größe der Sperrliste (*locklist*, Seite 348)
- Größe des Arbeitsspeichers zur Anwendungsunterstützung (*aslheapsz*, Seite 342)

Die besten Werte für diese Parameter können durch Testläufe (Benchmarks) ermittelt werden, wobei die ungünstigsten Bedingungen der Anwendungen unterstellt werden. Die Parameter werden solange modifiziert, bis kein signifikanter Performance-Gewinn mehr erkennbar ist. Eine Änderung der Parameter über diese Werte hinaus würde nur noch zur Verschwendung von Speicher führen.

Dabei ist die Bestimmung der Größe des Pufferbereichs die wichtigste Optimierungsmaßnahme. Der Pufferbereich ist der Speicherbereich, in den die Datenbank-Blöcke (pages) gelesen und in dem sie zwischengespeichert und verändert werden. Je größer dieser Bereich, um so mehr Blöcke können zwischengespeichert werden, um so weniger I/O-Operationen sind notwendig.

Die Blöcke bleiben solange im Pufferbereich, bis der Platz für andere benötigt wird oder die Datenbank nicht mehr benutzt wird. Wird Platz für neue Blöcke benötigt, werden die Bereiche im Pufferbereich verwendet, die von den Blöcken belegt sind, die am längsten nicht mehr benutzt wurden. Enthalten diese Blöcke Änderungen, so werden sie auf die Platten zurückgeschrieben. Andernfalls werden sie im Puffer einfach durch neue Blöcke überschrieben.

Blöcke können auch dann aus dem Pufferbereich auch die Platten geschrieben werden, wenn die Blöcke mit Änderungen prozentual mehr Platz belegen als der Schwellwert *chngpgs_thresh* vorgibt (siehe Seite 348). Zugleich sollte die Anzahl der Agents zur Block-Auslagerung (Parameter *num_iocleaners*, Seite 352) sinnvoll konfiguriert sein. Diese Agents schreiben geänderte Blöcke asynchron zurück auf die Platten, damit genügend verfügbarer Platz im Pufferbereich vorhanden ist. Die Anwendungen brauchen also nicht darauf zu warten, bis ihre Datenbank-Agents die Blöcke zurückgeschrieben haben, und laufen so schneller ab.

6.3.2 Konfigurations-Parameter

DB2 besitzt mittlerweile eine große Anzahl von Konfigurations-Parametern für den Datenbank-Manager und die einzelne Datenbank.

Neben änderbaren Parametern gibt es informative, die Sie nicht ändern können. Die änderbaren haben unterschiedlichen Einfluß auf die Performance.

In diesem Abschnitt geben wir Ihnen einen Überblick über die Konfigurations-Parameter und stellen Ihnen diejenigen näher vor, die einen hohen Einfluß auf die Performance haben.

Datenbank-Manager-Parameter stehen in der Datei DB2SYSTM. Diese finden Sie unter UNIX im SQLLIB-Unterverzeichnis der DB2-Instanz[6] beziehungsweise unter OS/2 im Unterverzeichnis der Instanz unter dem SQLLIB-Verzeichnis.

Die Konfigurations-Parameter können über das Werkzeug *Database Director*, mit dem DB2-Kommando UPDATE DATABASE MANAGER CONFIGURATION oder per Programm mit der dafür vorgesehenen Schnittstelle (API) verändert werden. Die Änderungen werden erst nach dem nächsten Start des Datenbank-Managers oder eines betroffenen Client wirksam.

In der folgenden Tabelle sind alle Konfigurations-Parameter aufgeführt. Die Spalte *Performance Auswirkung* weist grob auf die Auswirkung auf die System-Performance hin.

Änderbare Konfigurations-Parameter des Datenbank-Manager		
Parameter-Name	**Performance Auswirkung**	**Erläuterung**
`agent_stack_sz`	gering	Agent Stack Größe
`agentpri`	hoch	Priorität der Agents (siehe auch Seite 341)
`aslheapsz`	hoch	Speichergröße für Anwendungsunterstützungs-Ebene (siehe auch Seite 342)

---

[6] Ab Version 2.1 können auf einem Server mehrere DB2-Systeme (Instanzen) parallel laufen.

<table>
<tr><th colspan="3" align="center">Änderbare Konfigurations-Parameter des
Datenbank-Manager</th></tr>
<tr><th>Parameter-Name</th><th>Performance
Auswirkung</th><th>Erläuterung</th></tr>
<tr><td><code>authentication</code></td><td align="center">keine</td><td>Art der Identifikationsprü-
fung</td></tr>
<tr><td><code>backbufsz</code></td><td align="center">mittel</td><td>Standardgröße des
Backup-Puffer</td></tr>
<tr><td><code>cpuspeed</code></td><td align="center">gering</td><td>CPU-Geschwindigkcit
(sollte nur zeitweilig zur
Simulation einer Produk-
tionsumgebung geändert
werden, siehe auch 6.1.1,
Optimizer)</td></tr>
<tr><td><code>dft_account_str</code></td><td align="center">keine</td><td>Standard-Zeichenkette
Accounting</td></tr>
<tr><td><code>dft_client_comm</code></td><td align="center">gering</td><td>Standard-Client-Übertra-
gungsprotokoll</td></tr>
<tr><td><code>dft_monswitches
  dft_mon_bufpool
  dft_mon_lock
  dft_mon_sort
  dft_mon_stmt
  dft_mon_table
  dft_mon_uow</code></td><td align="center">mittel</td><td>Standardschalter für DB-
Monitor</td></tr>
<tr><td><code>dftdbpath</code></td><td align="center">keine</td><td>Standard-Pfad</td></tr>
<tr><td><code>diaglevel</code></td><td align="center">gering</td><td>Ebene der Fehlerauf-
zeichnung</td></tr>
<tr><td><code>diagpath</code></td><td align="center">keine</td><td>Pfad der Fehleraufzeich-
nungsdaten</td></tr>
<tr><td><code>dir_cache</code></td><td align="center">mittel</td><td>Verzeichnis-Cache-Unter-
stützung</td></tr>
<tr><td><code>dir_obj_name</code></td><td align="center">keine</td><td>Objektname in DCE</td></tr>
<tr><td><code>dir_path_name</code></td><td align="center">gering</td><td>Pfadname in DCE</td></tr>
<tr><td><code>dir_type</code></td><td align="center">mittel</td><td>Directory Services Typ</td></tr>
<tr><td><code>dos_rqrioblk</code></td><td align="center">hoch</td><td>DOS-Requester I/O-
Blockgröße</td></tr>
</table>

Änderbare Konfigurations-Parameter des Datenbank-Manager		
Parameter-Name	**Performance Auswirkung**	**Erläuterung**
`drda_heap_sz`	gering	DRDA-Speichergröße
`fileserver`	keine	Name IPX/SPX-Datei-Server
`indexrec`	mittel	Zeitpunkt der Index-Wiederherstellung
`ipx_socket`	keine	Nummer der IPX/SPX Socket
`keepdari`	mittel	DARI-Prozeß beibehalten
`max_idleagents`	mittel	Maximale Anzahl inaktiver Agents
`maxagents`	hoch	Maximale Anzahl Agents (siehe auch Seite 343)
`maxcagents`	hoch	Maximale Anzahl gleichzeitig aktiver Agents (siehe auch Seite 343)
`maxdari`	mittel	Maximale Anzahl von DARI-Prozessen
`maxtotfilop`	mittel	Maximale Gesamtanzahl geöffneter Dateien pro Anwendung
`min_priv_mem`	mittel	Minimum privater Speicher
`mon_heap_sz`	gering	Speichergröße DBMS-Monitor
`nname`	keine	NetBIOS Knotenname
`numdb`	gering	Maximale Anzahl gleichzeitig aktiver Datenbanken
`objectname`	keine	Objektname IPX/SPX Datenbankmanager
`priv_mem_thresh`	mittel	Schwellwert privater Speicher

Änderbare Konfigurations-Parameter des Datenbank-Manager		
Parameter-Name	**Performance Auswirkung**	**Erläuterung**
`query_heap_sz`	mittel	Abfragespeichergröße
`restbufsz`	mittel	Standardgröße des Restore-Puffer
`resync_interval`	keine	Intervall Transaktions-Resynchronisation
`route_obj_name`	keine	Name Leitweginformationsobjekt
`rqrioblk`	hoch	Client I/O-Blockgröße
`sheapthres`	hoch	Schwellwert Sortierspeicher (siehe auch Seite 344)
`sqlstmtsz`	gering	SQL-Befehlsgröße
`svcename`	keine	TCP/IP-Service-Name
`sysadm_group`	keine	Name der Gruppe mit SYSADM-Berechtigung
`sysctrl_group`	keine	Name der Gruppe mit SYSCTRL-Berechtigung
`sysmaint_group`	keine	Name der Gruppe mit SYSMAINT-Berechtigung
`tm_database`	keine	Transaction Manager Database Name
`tp_mon_name`	keine	Name des TP-Monitors
`tpname`	keine	Name des APPC-Transaktionsprogramms
`udf_mem_sz`	gering	Größe des gemeinsamen UDF-Speichers

<table>
<tr><td colspan="2">Informative Konfigurations-Parameter des Datenbank-Manager</td></tr>
<tr><td>Parameter-Name</td><td>Erläuterung</td></tr>
<tr><td>nodetype</td><td>Knotenart der Maschine</td></tr>
<tr><td>release</td><td>Release der Konfigurationsdatei</td></tr>
</table>

Datenbank-Parameter

Datenbank-Parameter stehen in der Datei SQLDBCON. Diese finden Sie im Verzeichnis SQLnnnnn der Datenbank (*nnnnn* - Nummer der Datenbank).

Die Konfigurations-Parameter können über das Werkzeug *Database Director*, mit dem DB2-Kommando UPDATE DATABASE CONFIGURATION oder per Programm mit der dafür vorgesehenen Schnittstelle (API) verändert werden. Die Änderungen werden solange nicht wirksam, wie Anwendungen aktiv sind. Erst nachdem sich alle Anwendungen beendet haben, werden die Änderungen mit dem nächsten CONNECT an die Datenbank aktiviert.

Die Änderung einiger Parameter hat Auswirkungen darauf, welche Zugriffswege der Optimizer auswählt. Daher sollten Sie die Programm-Zugriffspläne (packages) mit BIND erneut binden, wenn Sie folgende Parameter ändern:

- *buffpage* (siehe Seite 346)
- *sortheap* (siehe Seite 355)
- *locklist* (siehe Seite 348)
- *maxlocks* (siehe Seite 351)
- *seqdetect* (siehe Seite 354)
- *avg_appls* (siehe Seite 345).

In der folgenden Tabelle sind alle Konfigurations-Parameter aufgeführt. Die Spalte „Performance Auswirkung" weist grob auf die Auswirkung auf die System-Performance hin.

<table>
<tr><td colspan="3">Änderbare Datenbank-Konfigurations-Parameter</td></tr>
<tr><td>Parameter-Name</td><td>Performance Auswirkung</td><td>Erläuterung</td></tr>
<tr><td>applheapsz</td><td>mittel</td><td>Privater Arbeitsbereich für Anwendungen</td></tr>
</table>

Änderbare Datenbank-Konfigurations-Parameter		
Parameter-Name	**Performance Auswirkung**	**Erläuterung**
`autorestart`	gering	Automatischer Wieder-anlauf
`avg_appls`	hoch	Anzahl durchschnittlich aktiver Anwendungen (siehe auch Seite 345)
`buffpage`	hoch	Pufferbereich-Größe (siehe auch Seite 346)
`catalogcache_sz`	mittel	Katalog-Cache-Größe
`chngpgs_thresh`	hoch	Schwellwert geänderte Seiten (siehe auch Seite 348)
`copyprotect`	keine	Kopierschutz
`dbheap`	mittel	Datenbank-Arbeitsbereich
`dft_extent_sz`	mittel	Standardgröße für Table-space-Extents
`dft_loadrec_ses`	mittel	Standardanzahl an Load Recovery Sessions
`dft_prefetch_sz`	mittel	Standardgröße für Vorauslesen
`dir_obj_name`	keine	Objekt-Name in DCE
`dlchcktime`	mittel	Zeitintervall für Deadlock-Prüfung
`indexrec`	mittel	Zeitpunkt der Index-Wiederherstellung
`indexsort`	gering	Schalter Indexsortierung (sollte nur ausnahms-weise verändert werden)
`locklist`	hoch	Maximale Größe der Sperrliste (siehe auch Seite 348)
`locktimeout`	mittel	Zeitlimit für Sperren
`logbufsz`	hoch	Log-Puffer-Größe (siehe auch Seite 350)

Änderbare Datenbank-Konfigurations-Parameter		
Parameter-Name	**Performance Auswirkung**	**Erläuterung**
`logfilsiz`	mittel	Größe der Log-Dateien
`logprimary`	mittel	Anzahl primärer Log-Dateien
`logretain`	gering	Aufbewahrung der Log-Dateien
`logsecond`	mittel	Anzahl zusätzlicher, dynamisch angelegter Log-Dateien
`maxappls`	hoch	Maximale Anzahl aktiver Anwendungen (siehe auch Seite 350)
`maxfilop`	mittel	Maximale Anzahl geöffneter Datenbank-Dateien je Anwendung
`maxlocks`	hoch	Maximaler Anteil in Prozent einer Anwendung an der Sperrliste vor Sperr-Eskalation (siehe auch Seite 351)
`mincommit`	hoch	Anzahl Commits to Group (siehe auch Seite 351)
`newlogpath`	gering	Pfadangabe für Log-Dateien (Angabe dient nur der Änderung)
`num_freqvalues`	gering	Anzahl geführter Häufigkeitswerte
`num_iocleaners`	hoch	Anzahl asynchroner Block-Auslagerer (siehe auch Seite 352)
`num_ioservers`	hoch	Anzahl I/O Server (siehe auch Seite 353)
`num_quantiles`	gering	Anzahl der Quantile je Spalte

Änderbare Datenbank-Konfigurations-Parameter		
Parameter-Name	**Performance Auswirkung**	**Erläuterung**
`pckcachesz`	hoch	Zugriffsplan-Cache-Größe (siehe auch Seite 354)
`rec_his_retentn`	keine	Aufbewahrungsfrist für Wiederherstellungs-protokolle
`seqdetect`	hoch	Erkennen sequentiellen Zugriffs
`softmax`	mittel	Anzahl der zu schreiben-den Log-Sätze vor Soft Checkpoint
`sortheap`	hoch	Größe des Sortierbereichs (siehe auch Seite 355)
`stat_heap_sz`	gering	Größe Statistik-Arbeits-speicher
`stmtheap`	mittel	Größe SQL-Befehlsspei-cher
`userexit`	gering	Schalter für User-Exit
`util_heap_sz`	gering	Größe Arbeitsspeicher Dienstprogramme

Informative Datenbank-Konfigurations-Parameter	
Parameter-Name	**Erläuterung**
`backup_pending`	Backup ausstehend
`codepage`	Code-Seite für Datenbank
`codeset`	Codeset für Datenbank
`collate_info`	Information über die Sortierordnung des Zeichensatzes
`country`	Ländercode
`database_consistent`	Datenbank in konsistentem Zustand
`database_level`	Datenbank Release

Informative Datenbank-Konfigurations-Parameter	
Parameter-Name	**Erläuterung**
`log_retain_status`	Anzeige, ob Log-Dateien aufbewahrt werden
`loghead`	ID der ersten aktiven Log-Datei
`logpath`	aktueller Pfad der Log-Dateien
`nextactive`	nächste aktive Log-Datei
`numsegs`	Standardanzahl an SMS-Containern
`release`	Release der Konfigurationsdatei
`rollfwd_pending`	Roll Forward ausstehend
`territory`	Gebietscode der Datenbank
`user_exit_status`	Statusanzeiger User Exit

Im folgenden stellen wir Ihnen die Parameter ausführlicher vor, die einen wesentlichen Einfluß auf die Performance haben. Die Standard-Werte, auf die die IBM diese Parameter einstellt, unterstellen einen dedizierten Datenbank-Server mit begrenztem Hauptspeicher. Für Server mit großem Hauptspeicher oder Systemen, auf denen neben DB2 noch viele andere Anwendungen laufen, sind diese Werte entsprechend anzupassen.

Datenbank-Manager-Parameter

agentpri

agentpri steuert die Priorität, die ein Agent oder anderer DB2-Prozeß oder -Thread vom Betriebssystem erhält. Diese Priorität bestimmt, in welchem Maße CPU-Zeit im Vergleich zu anderen Prozessen auf dem System den DB2-Prozessen und -Threads zugeteilt wird. Steht der Parameter auf dem Standard-Wert -1, werden DB2-Prozesse in der gleichen Weise wie alle anderen normalen Prozesse im Betriebssystem behandelt. Setzen Sie diesen Wert ungleich -1, erzeugt DB2 seine Prozesse und Threads mit dem gesetzten Wert als statische Priorität. Mit diesem Parameter können Sie also den DB2-Durchsatz erhöhen. Der richtige Wert ist vom Betriebssystem abhängig: Unter UNIX führt eine niedrige Wertangabe zu einer höheren Priorität, unter OS/2 dagegen bedeutet ein höherer Wert auch eine höhere Priorität.

Benutzen Sie zunächst den Standard-Wert, da er ein guter Kompromiß für gleichzeitigen DB2-Durchsatz und guter Antwortzeit anderer Anwendungen ist. Wenn Sie *agentpri* setzen, tun Sie

aslheapsz

dies vorsichtig und schrittweise, weil sonst die Performance anderer Anwendungen zu stark herabgesetzt werden könnte.

aslheapsz gibt die Größe des Speicherbereichs zur Anwendungsunterstützung in 4kB-Blöcken vor (Standard-Wert 15, zulässiger Wertebereich 1 - 524288). Dieser Speicherbereich repräsentiert einen Kommunikationspuffer zwischen der lokalen Anwendung und dem zugehörigen Agent. Er wird als gemeinsamer Speicher (shared memory) von jedem gestarteten Datenbank-Agent angelegt.

Passen Anforderungen an DB2 oder die Antworten nicht in den Puffer, werden sie in mehrere Sende- und Empfangspaare aufgeteilt. Die Größe des Puffer sollte daher so gewählt werden, daß die meisten Anforderungen und Antworten mit einem Sende- und Empfangspaar bearbeitet werden können. Die Größe einer Anforderung basiert auf den Speicheranforderungen von:

- Input-SQLDA

- Alle zugehörigen Daten in den SQLVARs

- Output-SQLDA

- Andere Felder, die im allgemeinen 250 Bytes nicht überschreiten

Zusätzlich zu diesem Kommunikationspuffer bestimmt der Parameter die I/O-Blockgröße, wenn ein geblockter Cursor eröffnet wird. Dieser Speicherbereich für geblockte Cursor wird aus dem privaten Adreßraum der Anwendung allokiert, so daß Sie die optimale Größe des privaten Speichers für jede Applikation bestimmen sollten. Kann der Client keinen Speicher für den geblockten Cursor aus dem privaten Speicher der Anwendung anlegen, wird ein nicht geblockter Cursor geöffnet.

Daten, die von einer lokalen Anwendung geschickt werden, werden auf der DB2-Seite in einem zusammenhängenden Speicherbereich aus dem Abfrage-Speicher empfangen. Der Parameter *aslheapsz* bestimmt die anfängliche Größe des Abfrage-Speichers (für lokale und entfernte Clients), die maximale Größe wird durch *query_heap_sz* begrenzt.

Sind die Anfragen Ihrer Anwendungen klein und der Speicher der Maschine begrenzt, können Sie den Parameterwert verkleinern. Sind Ihre Abfragen überwiegen groß und benötigen mehr als ein Sende- und Empfangspaar, können Sie den Parameterwert erhöhen, wenn Ihre Hardware über genügend Hauptspeicher verfügt.

Mit folgender Formel können Sie die Anzahl Blöcke für *aslheapsz* berechnen:

```
aslheapsz >= ( Größe Input-SQLDA
             + Größe jeder Input-SQLVAR
             + Größe Output-SQLDA
             + 250 ) / 4096
```

Sie sollten die Auswirkung dieses Parameters auf die Anzahl und Größe geblockter Cursor bedenken. Große Blöcke erzielen bessere Performance, wenn die Anzahl oder Größe der übertragenen Zeilen groß ist. Aber größere Blöcke vergrößern auch die Arbeitsspeicherbereich für jede Verbindung (connection).

maxagents

maxagents bestimmt die maximale Anzahl Agents einer DB2-Instanz, die Anforderungen (requests) von Anwendungen annehmen (Standard-Wert 200, zulässiger Wertebereich 1 - 64.000). Er begrenzt die Gesamtanzahl an Anwendungen, die sich zu einer Zeit an Datenbanken einer DB2-Instanz anmelden können.

Auf Systemen mit begrenztem Speicher können Sie mit diesem Parameter die Speicherbelegung von DB2 begrenzen, weil jeden Verbindung mit einer Datenbank zusätzlichen Speicher belegt.

Der Wert von *maxagents* sollte die Summe der Werte von *maxappls* jeder gleichzeitig zugänglichen Datenbank sein. Ist die Anzahl der Datenbanken größer als *numdb*, ist der maximal sinnvolle Wert das Produkt aus *numdb* und dem größten *maxappls*.

Siehe auch *maxappls* (Seite 350), *maxcagents*

maxcagents

maxcagents begrenzt die Anzahl der Agents, die gleichzeitig in DB2 aktiv sind. Er steuert die Systemlast in Zeiten mit hochgradig parallelen Aktivitäten. Seine Benutzung kann auf Systemen mit begrenztem Hauptspeicher sinnvoll sein, wo solche parallelen Aktivitäten zu sehr starken Speicher-Auslagerungen (Paging beziehungsweise Swapping) durch das Betriebssystem führen kann.

Der Parameter beschränkt nicht die Anzahl der Anwendungen, die sich an eine Datenbank anmelden können. Er begrenzt nur die Anzahl Agents, die zu einer Zeit von einer DB2-Instanz bearbeitet werden, und somit die Nutzung der Systemressourcen bei Spitzenbelastung.

Der Standard-Wert -1 bedeutet, daß der Wert von *maxagents* benutzt wird. Der zulässige Wertebereich ist -1, 1 - *maxagents*.

In den meisten Fällen reicht der Standard-Wert (= *maxagents*) aus. Nur wenn Spitzenbelastungen Probleme verursachen, sollte *maxcagents* gesetzt werden. Zur Bestimmung seiner optimalen Größe sollten Sie Benchmark-Tests ausführen.

Siehe auch *maxappls* (Seite 350), *maxagents* (Seite 343)

rqrioblk

rqrioblk gibt die Größe des Kommunikationspuffers zwischen entfernten Anwendungen und ihren Datenbank-Agents vor. Wenn ein Datenbank-Client eine Verbindung mit einer entfernten Datenbank anfordert, wird dieser Kommunikationspuffer auf dem Client angelegt. Auf dem Datenbank-Server wird zunächst ein Kommunikationspuffer mit 32.767 Bytes (Standard-Wert) angelegt, bis die Verbindung aufgebaut ist und der Server die Puffergröße (*rdrioblk*) des Client bestimmen kann. Mit dieser Größe wird dann der Kommunikationspuffer neu angelegt, falls der Wert ungleich 32.767 Bytes ist.

Der zulässige Wertebereich beträgt 4.096 - 65.535 Bytes.

Außerdem bestimmt der Parameter auch die I/O-Blockgröße auf dem Client für geblockte Cursor. Der Speicher für geblockte Cursor wird aus dem privaten Adreßraum der Anwendung allokiert, so daß Sie die optimale Größe privaten Speichers für jede Anwendungen bestimmen sollten. Wenn der Datenbank-Client keine Bereich aus dem privaten Speicher der Anwendung anlegen kann, wird ein nicht geblockter Cursor geöffnet.

Sie sollten die Auswirkung dieses Parameters auf die Anzahl und Größe geblockter Cursor bedenken. Große Blöcke erzielen bessere Performance, wenn die Anzahl oder Größe der übertragenen Zeilen groß ist. Aber größere Blöcke vergrößern auch die Arbeitsspeicherbereich für jede Verbindung (connection).

sheapthres

sheapthres steuert die Gesamtmenge des Speichers, der innerhalb einer DB2-Instanz für Sortierbereiche angelegt werden kann. Wenn die Gesamtmenge des Speichers, der für alle Sortierbereiche einer Instanz angelegt wurde, diesen Schwellwert überschreitet, wird der maximale Sortierbereich verkleinert, der für folgende Anforderungen angelegt werden kann.

Der Standard-Wert beträgt unter Unix 4096 Blöcke, unter OS/2 2048. Der zulässige Wertebereich ist 250 - 524.288.

Dieser Schwellwert ist keine feste Obergrenze für die Speichermenge, die für Sortierbereiche angelegt werden kann. Weitere Anforderungen nach Sortierbereichen werden nicht davon abgehalten, diesen Schwellwert zu überschreiten. Vielmehr ist er ein Schaltpunkt, oberhalb dessen die Größe der Sortierbereiche beschränkt wird. Wird durch eine Anforderung nach Sortierbereichen dieser Schwellwert überschritten, führt der Datenbank-Manager keine Piped Sorts mehr durch.

Der Schwellwert verhindert den übermäßigen Verbrauch an Hauptspeicher durch eine große Anzahl von Sortierläufen.

Idealerweise sollten Sie den Parameter auf ein sinnvolles Vielfaches des größten *sortheap*-Wertes einer Datenbank innerhalb er DB2-Instanz setzen. Er sollte mindestens zweimal so groß sein.

Hat Ihr System keine Speicherbeschränkung, so errechnet sich der ideale Wert für den Parameter wie folgt:

1. Berechnen Sie die typische Nutzung der Sortierbereiche für jede Datenbank:

```
(typische Anzahl gleichzeitig aktiver Agents einer Datenbank) *
(sortheap-Wert der Datenbank)
```

2. Errechnen Sie die Summe der Ergebnisse zu 1.; sie zeigt Ihnen die Größe der Sortierbereiche, die unter typischen Umständen für alle Datenbanken gebraucht werden können.

Um ein ausgewogenes Verhältnis zwischen Sortier-Performance und Speichernutzung zu finden, sollten Sie Benchmark-Tests einsetzen. Mit Hilfe des DB-Monitors können Sie die Sortieraktivitäten aufzeichnen.

Siehe auch *sortheap* (Seite 355)

Datenbank-Parameter

avg_appls *avg_appls* wird vom Optimizer dazu benutzt, abzuschätzen, wieviel vom Pufferbereich zur Ausführungszeit eines Zugriffsplan verfügbar sein wird. Der Standard-Wert ist 1; der zulässige Wertebereich 1 - *maxappls*.

Die Vergrößerung dieses Parameters kann den Optimizer dahingehend beeinflussen, einen Zugriffsplan auszuwählen, der in der Pufferbereich-Nutzung weniger intensiv ist.

In einer Mehrbenutzer-Umgebung mit komplexen Abfragen und einem großen Pufferbereich ist es sinnvoll, dem Optimizer berücksichtigen zu lassen, daß mehrere Anwender das System nutzen und somit der Pufferbereich nicht in seiner vollständigen Größe verfügbar sein wird.

Für die Bemessung des Parameters sollten Sie die typische Anzahl großer Datenbank-Abfragen schätzen. Dabei sollten Sie aber alle kurzlaufenden OLTP-Anwendungen außenvorlassen. Sollte Ihnen die Schätzung schwer fallen, können Sie folgendes miteinander multiplizieren:

- die durchschnittliche Anzahl aller Datenbank-Anwendungen

  Der DB-Monitor zeigt Ihnen die Anzahl der Anwendungen (OLTP-Anwendungen und andere) zu irgendeiner Zeit. Aus mehreren Stichproben über einen Zeitraum hinweg können Sie leicht eine Durchschnittsanzahl errechnen

- den geschätzten Prozentsatz großer Abfragen.

Nach Änderung dieses Parameters müssen Sie Ihre Anwendungen erneut binden (BIND), damit der Parameter in den Zugriffsplänen wirksam wird.

buffpage
buffpage bestimmt die Größe des Pufferbereichs einer Datenbank in 4 kB-Blöcken und ist somit der wichtigste der Performance-beeinflussenden Konfigurations-Parameter. Sein Standard-Wert beträgt für Unix 1000, für OS/2 250 Blöcke. Der sinnvolle Wertebereich ist (2 * *maxappls*) - 524288

Der Pufferbereich liegt im globalen Speicher, der allen Anwendungen der Datenbank zugänglich ist. Er wird auf der Maschine angelegt, auf der die Datenbank liegt. Ist er groß genug, die geforderten Daten im Speicher zu halten, sind weniger I/O-Aktivitäten nötig. Ist umgekehrt der Pufferbereich zu klein, kann sich die Gesamt-Performance der Datenbank verschlechtern: Der Datenbank-Manager wird infolge der I/O-Aktivitäten aufgrund der Datenanforderungen der Anwendungen I/O-lastig.

Der gesamte Pufferbereich wird angelegt, wenn sich die erste Anwendung bei der Datenbank anmeldet. Liest eine Anwendung Daten aus der Datenbank, werden die Blöcke mit diesen Daten von der Platte in den Pufferbereich übertragen. Die Blöcke werden nur auf die Platte zurückgeschrieben, wenn

- alle Anwendungen sich von der Datenbank abmelden
- die Datenbank geht in einen Ruhestatus (das heißt alle angemeldeten Anwendungen haben ein Commit durchgeführt)

- ein weiterer Block in den Pufferbereich eingelesen werden muß

- ein Block-Auslagerer (page cleaner) verfügbar ist und vom Datenbank-Manager aktiviert wird.

Für jeden Block im Pufferbereich wird für interne Kontrollstrukturen auch Platz im Datenbank-Arbeitsbereich benötigt. Daher könnte es nötig sein, gleichzeitig auch *dbheap* zu vergrößern.

Der Pufferbereich wird im selben gemeinsamen Speichersegment angelegt wie der Datenbank-Arbeitsbereich (*dbheap*), die Sperrliste (*locklist*) und der Arbeitsbereich der Dienstprogramme (*util_heap_sz*).

Beachten Sie bitte den Einfluß der Pufferbereich-Größe auf die Speicherbelegung durch andere System-Benutzer. Datenbank-Server und Datei-, Anwendungs- oder Kommunikationsserver werden oft getrennt und auf verschiedene Maschinen gelegt, damit Datenbank-Server mit hohen Transaktionsraten im Mehrbenutzer-Betrieb die Speicheranforderungen von DB2 ohne Beeinträchtigung anderer erfüllt werden können.

Wenn Sie den Parameter ändern wollen, sollten Sie folgende Faktoren berücksichtigen:

- Größe des installierten Hauptspeichers

- Speicherbelegung, die andere Anwendungen benötigen, die gleichzeitig zur DB2-Instanz auf dem System laufen.

Belegen Sie zuviel Speicher für den Pufferbereich, muß das Betriebssystem Speicherbereiche auf Platte aus- und später wieder einlagern (Swapping beziehungsweise Paging). Dies führt zu einer Verschlechterung der gesamten Performance des Systems.

Sie können laut IBM-Empfehlung bis zu 75 % des Hauptspeichers einer Maschine für den Pufferbereich belegen, wenn folgende Voraussetzungen zutreffen:

- Der Rechner wird ausschließlich als Datenbank-Server genutzt

- Nur eine Datenbank auf dem Server

- Mehrbenutzer-Betrieb mit hohem Anteil an wiederholtem Zugriff auf dieselben Daten- und Indexblöcke.

Zur Optimierung der Größe des Pufferbereich sollten Sie mit dem DB-Monitor seine Trefferrate ermitteln und versuchen, sie zu vergrößern.

Die Größe des Pufferbereichs wird vom Optimizer bei der Ermittlung des Zugriffsplans berücksichtigt. Daher sollten Anwendungen erneut gebunden werden (REBIND PACKAGE), wenn dieser Parameter geändert wird.

Siehe auch *dbheap, maxaplls, avg_appls* (Seite 345)

chngpgs_thresh

chngpgs_thresh bestimmt den Prozentsatz an geänderten Blökken, ab dem asynchrone Block-Auslagerer (*page cleaner*) gestartet werden, wenn sie noch nicht aktiv sind. Der Standard-Wert ist 60 %, der zulässige 5 - 80%.

Asynchrone Block-Auslagerer schreiben veränderte Blöcke aus dem Pufferbereich auf die Platte, bevor der Platz im Pufferbereich von einem Datenbank-Agent angefordert wird. Dies führt dazu, daß die Agents nicht warten müssen, bis ein geänderter Block zurückgeschrieben wurde, damit sie seinen Platz belegen können. Daher sollten die Transaktionen der Anwendungen schneller laufen.

Sobald sie gestartet werden, erstellen sie eine Liste der Blöcke, die zurückzuschreiben sind. Wurden alle Blöcke zurückgeschrieben, beenden sie sich bis zum nächsten Start.

Bei Anwendungen mit vielen Änderungstransaktionen können Sie durch eine Parameterangabe kleiner oder gleich dem Standard-Wert sicherstellen, daß genügend freie Blöcke verfügbar sind. Ein Prozentsatz größer als der Standard-Wert ist nur sinnvoll für Datenbanken mit wenigen, aber sehr großen Tabellen.

Siehe auch *num_iocleaners* (Seite 352)

locklist

locklist legt die Größe der Sperrliste fest. Der Standard-Wert unter Unix ist 100 Blöcke, unter OS/2 mit lokalen und entfernten Clients 50, nur mit lokalen Clients 25. Der zulässige Wertebereich ist 5 - 60000.

Es gibt nur eine Sperrliste je Datenbank. Sie enthält alle Sperren aller gleichzeitig angemeldeter Anwendungen. Jede Sperre belegt 32 oder 64 Bytes:

- 32 Bytes für ein Objekt, an dem keine anderen Sperren gehalten werden
- 64 Bytes für ein Objekt, für das bereits andere Sperren verzeichnet sind.

Erreicht eine Anwendung den Prozentsatz *maxlocks* an der Sperrliste, kommt es zu einer Eskalation der Sperren. Dabei werden Sperren auf Zeilen-Ebene in Tabellensperren umgewandelt.

Auch wenn die reine Umwandlung der Sperren nicht zuviel Zeit kostet, behindern Sperren auf Tabellen doch den Gesamtdurchsatz auf der Datenbank erheblich.

Um Sperr-Eskalationen zu vermeiden, sollten Sie

- häufig COMMITs absetzen

- für viele Änderungen innerhalb eines Programms die betroffene Tabelle als erstes mit LOCK TABLE sperren

- als Benutzertrennung möglichst *Cursor Stability* oder sogar *Uncommitted Read* benutzen, um die Anzahl der Sperren zu reduzieren.

Ist die Sperrliste voll, führen Tabellensperren infolge der notwendigen Sperr-Eskalation zu deutlichen Durchsatzbeeinträchtigungen. Außerdem wird die Zahl der Deadlocks, das heißt des gegenseitigen Sperrens von zwei oder mehreren Anwendungen, steigen. Die davon betroffenen Anwendungen werden zurückgesetzt (ROLLBACK) und erhalten den SQLCODE -912.

Mit Hilfe des DB-Monitors können Sie feststellen, ob Sperr-Eskalationen erfolgen. Gegebenenfalls müssen Sie *locklist* vergrößern. Dabei helfen Ihnen folgende Rechenschritte:

1. Berechnen Sie die untere Grenze Ihrer Sperrliste zu

   ```
   (512 * 32 * maxappls) / 4096
   ```

   mit 512 als vermutete Durchschnittsanzahl der Sperren je Anwendung

   32 als Anzahl Bytes für jede Sperre auf ein Objekt mit anderen Sperreinträgen

2. Berechnen Sie die obere Grenze Ihrer Sperrliste zu

   ```
   (512 * 64 * maxappls) / 4096
   ```

   mit 64 als Anzahl Bytes für Sperren auf Objekte ohne andere Sperreinträge

3. Wählen Sie einen Wert zwischen den beiden Grenzen in Abhängigkeit von den konkurrierenden Zugriffen Ihrer Anwendung.

4. Überprüfen Sie mit dem DB-Monitor die Güte Ihrer Wahl und korrigieren Sie gegebenenfalls den Wert.

Es könnte übrigens notwendig sein, auch die Größe der Sperrliste zu vergrößern, wenn der Parameter *maxappls* vergrößert wird.

Die Sperrliste wird im selben Hauptspeicherbereich angelegt wie der Pufferbereich, der Datenbank-Arbeitsbereich und der Dienstprogramm-Arbeitsbereich.

Siehe auch *maxlocks* (Seite 351), *maxappls* (Seite 350)

logbufsz   *logbufsz* gibt die Größe des Puffers für Log-Sätze in Blöcken an. Der Standard-Wert ist 8, der erlaubte Wertebereich 4 - 128.

Der Puffer ist Teil des Datenbank-Arbeitsbereichs, bestimmt durch *dbheap*. Log-Sätze werden im Puffer zwischengespeichert und auf die Log-Datei geschrieben, wenn

- eine Transaktion oder eine Gruppe von Transaktionen ein Commit absetzen

- der Log-Puffer voll ist

- ein anderes internes Ereignis im Datenbank-Manager eintritt.

Das Puffern der Log-Sätze führt zu effizienteren Schreibaktivitäten, da mehr Sätze auf einmal und weniger oft geschrieben werden.

Vergrößern Sie diesen Parameter, wenn Sie auf den Log-Dateien hohe I/O-Aktivitäten messen. Denken Sie aber dabei auch daran, den Wert von *dbheap* gegebenenfalls zu vergrößern.

Siehe auch *dbheap*, *mincommit* (Seite 351)

maxappls   *maxappls* bestimmt, wieviele Anwendungen gleichzeitig an einer Datenbank -lokal oder entfernt - angemeldet sein können. Der Standard-Wert ist unter Unix 40, unter OS/2 mit lokalen und entfernten Clients 20, nur mit lokalen Clients 10. Der maximale Wert beträgt unter UNIX 5000, unter OS/2 1500.

Da Anwendungen, die sich an eine Datenbank anmelden, privaten Speicher anlegen, kann eine Vergrößerung dieses Parameters zu höherem Speicherverbrauch führen.

Versucht sich eine Anwendung anzumelden, wenn *maxappls* bereits erreicht ist, erhält sie einen Fehlerstatus zurück.

In einem gewissen Umfang wird die maximale Anzahl Anwendungen auch von der maximalen Anzahl von Agents beeinflußt. Eine Anwendung kann sich nur an eine Datenbank anmelden, solange nicht *maxappls* oder *maxagents* erreicht sind.

Wenn Sie *maxappls* erhöhen, sollten Sie entweder *locklist* auch vergrößern oder *maxlocks* verringern.

Siehe auch *maxagents* (Seite 343), *locklist* (Seite 348), *maxlocks* (Seite 351), *avg_appls* (Seite 345)

maxlocks

maxlocks definiert den Prozentsatz, den eine Anwendung in der Sperrliste belegen darf, bevor DB2 durch Sperr-Eskalation, das heißt durch die Umwandlung von Zeilensperren in Tabellensperren, die Anzahl der Sperren in der Liste verringert. Der Standard-Wert ist unter Unix 10, unter OS/2 22%, der mögliche Wertebereich 1 - 100.

Erreicht die Anzahl der Sperren einer Anwendung diesen Wert, werden ihre Zeilensperren in Sperren auf Tabellen-Ebene umgewandelt (die Sperr-Eskalation wird auch ausgelöst, wenn die Sperrliste voll ist).

Im Falle einer Sperr-Eskalation, sucht DB2 für die auslösende Anwendung die Tabelle mit den meisten Sperren und ersetzt diese Sperren durch eine für die Tabelle. Wird dadurch *maxlocks* wieder unterschritten, so ist die Eskalation beendet. Wenn nicht, macht DB2 solange weiter, bis *maxlocks* unterschritten wird.

IBM schlägt folgende Formel zur Berechnung vor:

```
maxlocks = 100 * (512 * 32 * 2) / (locklist * 4096)
```

mit 512 als vermutete Durchschnittsanzahl der Sperren je Anwendung

32 als Anzahl Bytes für jede Sperre auf ein Objekt mit anderen Sperreinträgen

4096 als Blockgröße

Setzen Sie hier die Formeln zur Berechnung von Ober- und Untergrenze zu *locklist* ein, so erhalten Sie die Daumenregel

```
100 / (2 * maxappls) < maxlocks < 100 / maxappls
```

Laufen auf Ihrer Datenbank nur wenige Anwendungen parallel, können Sie *maxlocks* auch vergrößern.

Siehe auch *maxlocks* (Seite 351), *maxappls* (Seite 350)

mincommit

mincommit verzögert das Schreiben der Log-Sätze auf Platte, bis eine vorgegebene minimale Anzahl an Commits erfolgt sind. Der Standard-Wert ist 1, der erlaubte Wertebereich 1 - 25.

Diese Verzögerung reduziert den Overhead beim Schreiben von Log-Sätzen und kann so den Durchsatz insbesondere dann verbessern, wenn viele parallele Anwendungen innerhalb kurzer

Zeitintervalle häufig Commits absetzen (typisches OLTP-Umfeld).

Die Zusammenfassung von Log-Schreibaktivitäten, ausgelöst durch Commits, erfolgt nur, wenn der Parameterwert größer 1 und die Anzahl angemeldeter Applikationen größer gleich dem Parameterwert sind. Wenn die Zusammenfassung durchgeführt wird, werden Commit-Aufrufe maximal eine Sekunde beziehungsweise solange festgehalten, bis die Anzahl der Commit-Aufrufe gleich dem Parameterwert ist.

Durch *mincommit* kann die Antwortzeit von Transaktionen verschlechtert werden. Treten in Ihrer Anwendungen solche Verzögerungen auf, haben Sie den Parameterwert wohl zu groß für den vorhandenen Durchsatz gewählt.

Vergrößern Sie den Parameterwert nur für I/O-intensive Anwendungen mit typischerweise vielen gleichzeitigen Commits. Beachten Sie dabei bitte, daß der Log-Puffer (*logbufsz*) groß genug ist, damit nicht sein Platzmangel vorzeitiges Schreiben auslöst.

Mit dem DB-Monitor können Sie durch über den Tag verteilte Stichproben die Last auf Ihrer Datenbank messen und aus der Anzahl der Commits und aus ihren Zeitstempeln die Anzahl der Transaktionen pro Sekunde errechnen.

Siehe auch *logbufsz* (Seite 350)

num_iocleaners

num_iocleaners bestimmt die Anzahl asynchroner Block-Auslagerer (page cleaner) einer Datenbank. Diese Block-Auslagerer schreiben veränderte Blöcke aus dem Pufferbereich auf die Platte, bevor der Platz im Pufferbereich von einem Datenbank-Agent angefordert wird. Dies führt dazu, daß die Agents nicht warten müssen, bis ein geänderter Block zurückgeschrieben wurde, damit sie seinen Platz belegen können. Daher sollten die Transaktionen der Anwendungen schneller laufen.

Der Standard-Wert ist 1, der zulässige Wertebereich 0 - 255.

Steht der Parameter auf 0, werden keine Block-Auslagerer gestartet. Die Datenbank-Agents führen alle Schreiboperationen auf die Platten durch.

Finden in Ihren Anwendungen viele Datenbank-Änderungen statt, kann die Vergrößerung des Parameterwerts den Durchsatz verbessern.

Beachten Sie bitte folgende Randbedingungen bei der Wahl des Parameterwerts:

- Für reine Abfrage-Systeme sollte der Wert 0 sein. Bei ändernden Transaktionen wählen Sie einen Wert zwischen 1 und der Anzahl der physischen Einheiten, auf denen die Datenbank liegt.

- Hohe Transaktionsraten oder ein großer Pufferbereich erfordern einen größeren Parameterwert.

Mit Hilfe des DB-Monitors können Sie die Parameter-Einstellung überprüfen und optimieren, indem Sie die Schreibaktivitäten des Pufferbereichs auswerten:

num_iocleaners kann verkleinert werden, wenn

- *pool_data_writes* ungefähr gleich *pool_asynch_data_writes* ist und

- *pool_index_writes* ungefähr gleich *pool_asynch_index_writes* ist.

num_iocleaners sollte vergrößert werden, wenn

- *pool_data_writes* viel größer als *pool_asynch_data_writes* ist oder

- *pool_index_writes* viel größer als *pool_asynch_index_writes* ist.

Siehe auch *chngpgs_thresh* (Seite 348)

num_ioservers

num_ioservers bestimmt die Anzahl der I/O-Server einer Datenbank. Der Standard-Wert ist 3, der zulässige Wertebereich 1 - 255.

I/O-Server werden von Datenbank-Agents genutzt, um Vorauslese-Operationen und asynchrone I/Os von Dienstprogrammen wie Backup oder Restore durchzuführen. Auf einer Datenbank können gleichzeitig maximal *num_ioservers* I/Os für Vorauslesen und Dienstprogramme aktiv sein. Nicht-vorauslesende I/Os werden direkt von den Datenbank-Agents abgesetzt und fallen daher nicht unter diese Grenze.

Zur Ausnutzung aller physischen Laufwerke des Systems sollte der Parameterwert um 1 oder 2 größer sein als die Anzahl der physischen Laufwerke, auf denen die Datenbank liegt. IBM empfiehlt eher mehr I/O-Server zu konfigurieren, da der damit verbundene Overhead minimal ist.

Siehe auch *seqdetect*

pckcachesz

pckcachesz steuert die Größe des Arbeitsspeichers der Anwendung für Caching der statischen und dynamischen SQL-Befehle eines Zugriffsplans (package). Der Standard-Wert ist 36 Blöcke, der erlaubte Wertebereich 1 - *applheapsz*.

Für jeden Datenbank-Agent wird ein getrennter Cache angelegt.

Package-Caching reduziert den internen Overhead von DB2 durch das Vermeiden, Abschnitte (sections) des Zugriffsplans wiederladen zu müssen. Die Abschnitte werden solange im Cache gehalten, bis

- die Anwendung endet
- der Cache keinen freien Platz mehr hat
- der Zugriffsplan invalidiert wird.

Caching verbessert die Performance besonders dann, wenn derselbe Abschnitt mehrmals innerhalb eines Programms benutzt wird. Dies ist besonders wichtig in einer transaktionsverarbeitenden Anwendung.

Sie sollten allerdings abwägen, ob nicht eine Vergrößerung anderer Speicherbereiche (zum Beispiel *sortheap*) effektiver ist.

seqdetect

seqdetect steuert, ob DB2 sequentielles Vorauslesen nutzen soll oder nicht. DB2 überwacht dabei die I/O-Aktivitäten. Wenn es erkennt, daß ein sequentielles Lesen stattfindet, kann es die Technik des sequentiellen Vorauslesens aktivieren. Dabei werden aufeinander folgende Blöcke in den Pufferbereich eingelesen, noch bevor die Anwendung diese anfordert. Die Menge der auf einmal eingelesenen Blöcke wird bestimmt durch den Parameter *prefetchsize*, der für Tablespaces angegeben wird.

prefetchsize sollte ein ganzzahliger Bruchteil oder Vielfaches der Extent-Größe (Tablespace-Parameter *extentsize*) sein. Ein Vielfaches der Extent-Größe ist dann sinnvoll, wenn die Extents auf Containern des Tablespaces so verteilt sind, daß sie auf unterschiedlichen physischen Laufwerken liegen. Dies ermöglicht den parallelen Zugriff auf die Daten auch beim Vorauslesen.

Steht der Parameter auf "no", wird Vorauslesen nur genutzt für Tabellen-Sortierungen, *table scans* oder *List Prefetch*. Bei "yes" kontrolliert DB2 das Lesen der Daten auf sequentielle Folge, wenn der Zugriff über einen Index erfolgt. Ist nämlich das *Clusterratio* (siehe auch 6.2.1, *Erstellen von Katalog-Statistiken*) nahe 1, so werden bei einer sequentiellen Abarbeitung eines Teils der Indexwerte die Daten auch fast sequentiell gelesen.

DB2 überwacht dazu die jeweils letzten 8 gelesenen Blöcke. Ein Block wird dabei als sequentiell angesehen, wenn er ausgehend vom aktuellen Block innerhalb eines Intervalls liegt, dessen Größe das Minimum vom 8 oder 0,5 * *prefetchsize* oder 0,5 * *extentsize* ist. Das Lesen wird als sequentiell angesehen, wenn mehr als 4 der letzten 8 Blöcke als sequentiell eingestuft wurden. Ist die Bedingung im Laufe der weiteren Zugriffe nicht mehr erfüllt, wird das Vorauslesen ausgesetzt.

Auf Indizes wird die Technik des Vorauslesens nicht angewandt. Bei Systemen mit einem systemseitigen Lese-Cache kann es daher günstig sein, Indizes in Datei-Containern von DMS-Tablespaces anzulegen, während die Daten hingegen in Device-Containern gehalten werden (für *raw devices* wird ein systemseitiger Cache nicht wirksam).

Empfehlung:
   Nutzen Sie den Standard-Wert ("yes").

Überwachen Sie mit dem DB-Monitor, daß durch Vorauslesen nicht Blöcke aus dem Pufferbereich ausgelagert werden müssen, die von anderen Anwendungen noch benötigt werden.

sortheap

sortheap legt die Anzahl Blöcke privaten Speichers für Sortierläufe fest. Der Standard-Wert ist 256, der zulässige Wertebereich 16 - 524288.

Jeder Sortierlauf erhält einen eigenen Arbeitsspeicherbereich zur Sortierung der Daten, der bei Bedarf von DB2 angelegt wird.

Der Sortierbereich wird im selben privaten Speicher des Agent angelegt wie der Anwendungsspeicher (*applsheapsz*), der Befehlsspeicher (*stmtheap*) und der Statistik-Arbeitsbereich (*stat_heap_sz*).

Erhöhen Sie den Parameterwert für häufige, große Sortierungen. Da alle Sortierläufe dieselbe Speichergröße zugewiesen bekommen, kann es aber bei kleinen Sortierungen zu Speicherverschwendung kommen.

Beachten Sie bei einer Vergrößerung auch, ob der Wert von *sheapthres* zugleich angepaßt werden muß.

Empfehlung:
   Vermeiden Sie Sortierläufe durch geeignete Indizes!

Siehe auch *sheapthres* (Seite 344)

6.3.3   **Tips und Tricks**

Hier eine Liste mit Empfehlungen, worauf Sie achten sollten. Wir können allerdings keinerlei Garantie dafür übernehmen, daß Sie bei Ihrem individuellen Problem **die** Lösung sind oder daß sie auch noch für die zukünftigen Versionen von DB2 gelten werden. Genauere Erläuterungen finden Sie in den vorherigen Abschnitten dieses Kapitels.

- Trennen Sie den DB2-Server von anderen Server-Funktionen (Kommunikations- oder Datei-Servern) und geben Sie ihm eine ausreichend dimensionierte eigene Hardware

- Dimensionieren Sie den Datenbank-Puffer (Parameter *buffpage*, Seite 346) großzügig: Je mehr Index- und Datenblöcke im Hauptspeicher gehalten werden können, desto weniger I/O-Operationen sind notwendig.

- Wichtig für einen guten Durchsatz ist die reichliche Definition der Parameter *locklist* (Seite 348) und *sortheap* (mit entsprechendem *sheapthres*, Seite 344).

- Definieren Sie Indizes
  - für Fremdschlüssel, für Join-Bedingungen
  - für häufig benutzte, eingrenzende Auswahlbedingungen
  - für häufig benutzte Sortier-Kriterien in ORDER BY-, GROUP BY- oder DISTINCT-Klauseln.

- Wählen Sie bei Mehrspalten-Indizes die Spalte als erste aus, die die höchste Wertestreuung hat – sofern Sie die freie Wahl haben.

- Unterstützen Sie die Indexverarbeitung durch ein günstiges Streuungsverhältnis zwischen Index und Tabellenzeilen. Wählen Sie einen Index als *Clustered Index* – auch wenn DB2 dies nicht voll unterstützt: Laden Sie die Tabelle entsprechend sortiert und reorganisieren Sie sie regelmäßig mit Angabe des Index.

- Bedenken Sie, daß Indizes gepflegt werden. Zu viele Indizes auf änderungsintensiven Tabellen beeinträchtigen die Performance.

- Indizes auf kleinen Tabellen sind nutzlos. Tabellen mit weniger als sechs Blöcken (pages) brauchen keine, außer für Primärschlüssel und andere Spalten mit UNIQUE-Attribut. Indizes lohnen sich erst bei Tabellen, die nicht schon mit wenigen Zugriffen im sequentiellen Vorauslesen verarbeitet werden können.

- Vermeiden Sie es, Indizes zu definieren, die Teile anderer Indizes sind. Sie erzeugen nur physische Datenredundanz. Überzeugen Sie sich mit EXPLAIN, ob ein solcher Index erforderlich ist.

- Überprüfen Sie mit EXPLAIN, ob alle definierten Indizes auch wie erwartet benutzt werden. Wenn nötig formulieren Sie Abfrage um oder definieren neue Indizes. Vergessen Sie nicht, ungenutzte Indizes zu löschen.

- Bedenken Sie, daß Spalten mit erlaubten NULL-Werten ein zusätzliches Indikator-Byte erhalten und beachten Sie bitte, daß Sie in Programmen die NULL-Indikatoren behandeln müssen. Wählen Sie NOT NULL WITH DEFAULT überall dort, wo Sie auf die dreiwertige Logik wirklich verzichten können (Vorsicht bei Spaltenfunktionen!).

- Stehen Ihnen mehrere Plattenlaufwerke (nicht nur Partitionen einer Platte) zur Verfügung, verteilen Sie Tablespaces für Daten und Indizes sowie die Log-Dateien auf verschiedene.

- Beschränken Sie Ihre Projektion auf die Spalten, die Sie wirklich brauchen, vermeiden Sie die *Stern*-Angabe (*).

- Vermeiden Sie möglichst Datentyp-Konvertierungen. Sie kosten Zeit und können zu Ungenauigkeiten führen. Sie wirken sich unter Umständen auch negativ auf die Nutzung eines Index aus.

- Soweit möglich wählen Sie als Datentypen CHAR statt VARCHAR, INT statt FLOAT oder DECIMAL, DATE / TIME / TIMESTAMP statt CHAR, numerische statt CHAR.

- Vermeiden Sie möglichst den Operator *ungleich* (<>). Er führt in der Regel zu einem *relation scan*.

- Überprüfen Sie mit EXPLAIN Abfragen mit OR-Auswahl. Wählen Sie gegebenenfalls eine andere Formulierung, zum Beispiel mit IN oder UNION.

- Wählen Sie die unterste mögliche Ebene der Benutzertrennung (isolation level): CS dürfte in den meisten Fällen ausreichen. Nutzen Sie auch UR, wenn zumutbar. Sie erreichen so den besten Durchsatz.

- Geben Sie in der Deklaration von Cursor die Klauseln FOR UPDATE oder FOR FETCH ONLY an.

- Wählen Sie die Größe der logischen Arbeitseinheiten (Transaktionen) sorgfältig: zu große behindern den Durchsatz, zu kleine verringern die Performance Ihres Programms.

- Laden Sie Ihre Tabellen mit dem Dienstprogramm LOAD unter Ausnutzung des *Check Pending* Status.

7 Dienstprogramme (Utilities)

Die wichtigsten Aufgaben eines Datenbank-Administrators können mit dem Werkzeug *Database Director* durchgeführt werden. Ihm widmen wir den Schwerpunkt dieses Kapitels.

Andere Dienstprogramme des DB2 wie zum Beispiel LOAD, IMPORT oder EXPORT können über die DB2-Kommandozeile aufgerufen werden. Diese Dienstprogramme erläutern wir Ihnen in den weiteren Abschnitten dieses Kapitels.

Zwar besitzt der *Database Director* eine graphische Systemoberfläche, unter der ohne Kenntnis der zugehörigen DB2-Kommandos und deren Syntax gearbeitet werden kann, dennoch wollen wir auf die Erwähnung der entsprechenden DB2-Kommandos nicht verzichten. Es ist nämlich durchaus möglich, daß ein Datenbank-Administrator gerade im UNIX-Umfeld nicht immer und überall eine Grafik-Workstation zur seiner Verfügung findet und er stattdessen mit dem *Command Line Processor* (CLP) arbeiten muß.

Es liegt in Ihrer freien Entscheidung, ob Sie den schönen oder den schnellen Weg wählen.

7.1 Database Director

Der Database Director ist ein objekt-orientiertes Werkzeug zur Datenbank-Administration. Unter ihm sind eine Reihe von spezialisierten Werkzeugen zusammengefaßt, die aus seiner Oberfläche heraus aufgerufen werden. Dazu gehören je nach installierter DB2-Konfiguration

- die eigentlichen Dienstprogramme der Datenbank-Administration für Backup, Recovery, Restart, zur Konfiguration von Datenbank-Manager und Datenbanken, für die Verwaltung von Verzeichnissen, zum Anlegen, Löschen oder Verändern von Datenbanken und Tablespaces

- Visual Explain für Datenbank- und Anwendungsoptimierung (siehe auch Abschnitt 6.2.3 unter *Visual Explain*)

- der DB2 Performance Monitor zur Überwachung, Analyse und Optimierung von Datenbanken und Datenbank-Manager (siehe auch Abschnitt 6.2.2, *Performance-Messungen*).

Der Database Director gibt Ihnen einen Überblick über die DB2-Objekte wie Datenbanken, Tablespaces oder Tabellen. Er erlaubt Ihnen außerdem den Zugriff auf laufende oder beendete Sicherungs- oder Wiederherstellungsjobs.

Anzeige der Objekte Sie haben die Wahl zwischen der Strukturanzeige (tree view) und der Symbolanzeige (list view). Beide Anzeige-Modi unterscheiden sich in erster Linie dadurch, daß in der Strukturanzeige die hierarchische Anordnung der Objekte durch Linien verdeutlicht wird und vor den Objekten gegebenenfalls Expansionssymbole stehen.

Bild 7.1:
Strukturanzeige des
Database Director

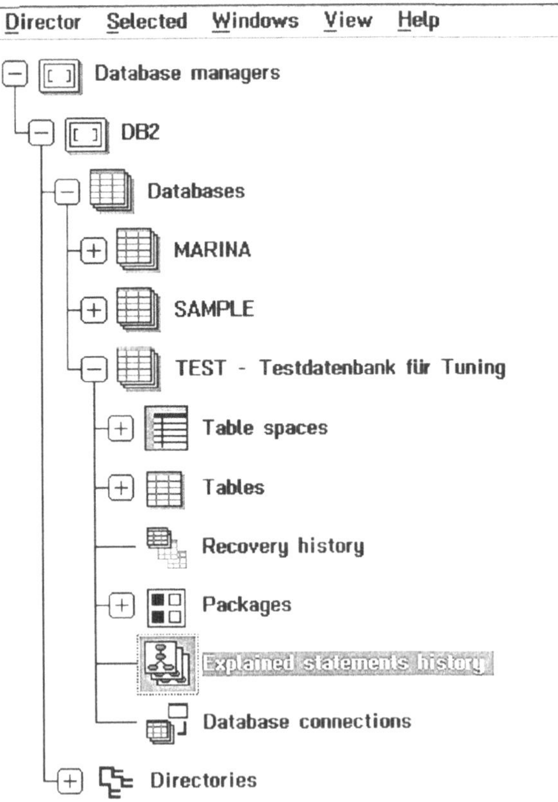

Durch Anklicken des Expansionssymbols wird der Objekt-Baum weiter detailliert.

In der Symbolanzeige sehen Sie nach einem Doppelklick auf das zu expandierende Objekt in einem neuen Fenster die enthaltenen Objekte.

So können Sie sich per Maus-Klick zum Beispiel Tablespaces, Tabellen, Zugriffspläne, Recovery-Jobs (recovery history) oder mit EXPLAIN analysierte SQL-Befehle zu einer Datenbank oder in der Detailanzeige die Container eines Tablespace anzeigen lassen.

Die Anzeige wird allerdings schon bei kleineren DB2-Installationen mit nur einer Instanz und drei bis vier Datenbanken schnell unübersichtlich, wenn Sie mehrere Objekte expandieren und Fenster mit Detailanzeigen zu Objekten öffnen.

Erfreulicherweise ist der Database Director selbst auch multi-tasking-fähig: So können Sie mehrere Funktionen zugleich aufrufen. Während die eine noch startet und vorbereitet wird, kann die nächste bereits angestartet werden.

Funktionen auf DB2-Objekten können Sie einerseits per Maus-Doppelklick auf das Objekt oder über die Menüleiste aufrufen. Je nach Objektart werden unterschiedliche Standard-Funktionen per Doppelklick aufgerufen. Allerdings sind nicht für alle Objekte Standard-Funktionen definiert, die per Doppelklick gestartet werden können. Funktionstasten für den schnelleren Aufruf der einen oder anderen Funktion (Expertenmodus) zusätzlich zu den üblichen Kurzkommandos ([Alt]+Buchstabe oder nur Buchstabe) sind jedoch nicht vorgesehen. Um die Menüleiste zu benutzen, so müssen Sie das gewünschte Objekt per Maus-Klick zuvor ausgewählt haben. Ihnen stehen folgende Menüs zur Verfügung:

Menü	Funktion
Director	erlaubt neben dem Beenden des Database Director das Öffnen eines neuen Fensters und das Ändern der Parameter. Unter dem Menüpunkt *Open as* haben Sie folgende Auswahl: Settings — erlaubt Ihnen die Einstellung einiger Database Director-Parameter. So können Sie die Symbole (icons) für die Struktur- und Symbolanzeige und die Bestätigungen für das Aktualisieren (refresh) der Fenster und das Beenden des Database Director ausschalten. List view — öffnet ein neues Database Director-Fenster in Symbolanzeige Tree view — öffnet ein neues Database Director-Fenster in Strukturanzeige
Selected	Die Menüpunkte werden je nach ausgewählten Objekt zusammengestellt. Sie finden hier die angebotenen Funktionen zum Objekt.
View	aktualisiert das Fenster
Windows	öffnet ein Fenster in Detailanzeige zur Bearbeitung von Recovery-Jobs
Help	versorgt Sie mit ausführlichen Informationen zur Bedienung

Wenn Sie mit der rechten Maustaste ein Objekt anklicken, werden die Menüpunkte der zugehörigen *Selected*-Menüs angezeigt.

Leider wird Ihnen unabhängig von Ihren Berechtigungen die gesamte Bandbreite der Objekte angezeigt. Ebenso werden Ihnen unter dem *Selected*-Menü alle Funktionen zum Objekt angeboten. Ihre Berechtigung wird erst dann geprüft, wenn Sie Funktionen auf ausgewählten Objekten durchführen wollen. Gerade hier sehen wir noch Bedarf an Verbesserungen: In kleinen Installationen liegen die vom Database Director angebotenen Funktionen sicher in einer Hand. In größeren Installationen findet jedoch eine Aufgabenteilung zwischen mehreren Spezialisten statt.

Menüs, die nach den Aufgaben (Berechtigungen) des Benutzers zusammengestellt werden, sind in den klassischen, zeichen-orientierten Benutzerschnittstellen seit geraumer Zeit eine Selbstverständlichkeit. Gerade in einem umfangreichen Werkzeug wie dem Database Director mit sehr unterschiedlichen Unterwerkzeugen und Funktionen für die gesamte Breite der DB2-Instanzen und Datenbanken erscheint es uns wichtig, jedem Anwender nur die Objekte und Aktionen anzubieten, für die er berechtigt ist. Jedes darüber hinaus gehende Angebot fordert den Spieltrieb und den Mißbrauch heraus.

Außerdem beobachten wir mit Interesse, wie sich die Objekt-Orientierung des Database Director in der Praxis der Datenbank-Administration bewähren wird. Ein Datenbank-Administrator wird eher aufgaben-orientiert als objekt-orientiert arbeiten: Er hat zum Beispiel eine Datenbank zu sichern, Teile einer Datenbank wiederherzustellen, Engpässe mit dem DB2-Monitor zu ermitteln oder Anwendungsprogramme mit ihren SQL-Zugriffen zu optimieren. All dieses kann er unter der Oberfläche des Database Director. Erst die regelmäßige Praxis wird uns zeigen, ob die Benutzerführung auch in der Routine hilfreich und komfortabel ist oder eher umständlich und zu komplex. Es hängt sicher ein wenig vom Einfallsreichtum und von der Selbstdisziplin eines DBA bei der Organisation seiner Database Director-Fenster ab, wie gut er sich zurecht findet.

Andererseits bietet DB2 mit dem Database Director einen umfassenden, modernen und komfortablen Werkzeugkasten, der zur Zeit durchaus führend unter den Administrations-Werkzeugen ist.

In den folgenden Abschnitten wollen wir Ihnen Funktionen vorstellen

- zur Verwaltung von Tablespaces
- zur Verwaltung von Verzeichnissen
- zur Konfiguration von Datenbank-Manager und Datenbanken
- zur Datensicherung und -wiederherstellung.

7.1.1 Verwaltung von Datenbanken und Tablespaces

Mit dem *Database Director* können Sie auch die (überwiegend) physischen Strukturen wie Datenbanken und Tablespaces verwalten. Sie können Sie anlegen oder löschen und DMS-Tablespaces auch vergrößern

Bild 7.2:
Strukturanzeige mit
Datenbanken und
Tablespaces

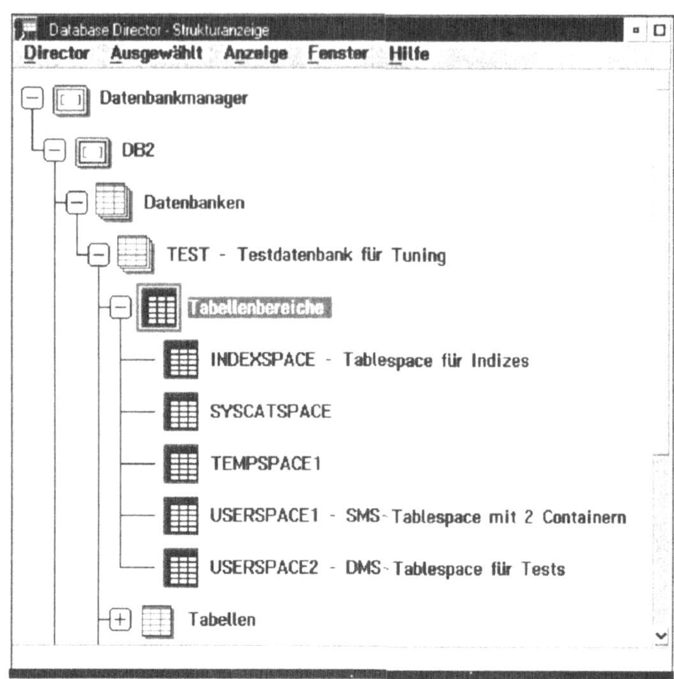

Datenbank anlegen

Um eine Datenbank anzulegen, klicken Sie auf das Objekt *Databases*, die Wurzel Ihrer Datenbank-Objekte, und wählen Sie im *Selected*-Menü *Create*. Ein Notizbuch öffnet sich, in das Sie

- Name und Alias der Datenbank
- Pfad beziehungsweise Laufwerk
- einen Kommentar

eintragen und

- für die Tablespaces SYSCATSPACE, USERSPACE1 und TEMP-SPACE sowie
- für 5 Konfigurations-Parameter

die Standard-Definitionen überschreiben oder übernehmen können.

Wenn Sie die Tasten *OK* oder *Apply* anklicken, wird die Datenbank mit den drei Tablespaces angelegt in das *Local Database*- und das *System Database*-Verzeichnis eingetragen.

Alternativ können Sie Datenbanken mit Hilfe des folgenden DB2-Kommandos anlegen

```
CREATE DATABASE db-name
```

Datenbank löschen

Eine Datenbank löschen Sie, indem Sie ihr Symbol anklicken und im *Selected*-Menü *Drop* auswählen. Eine Bestätigungsfrage verhindert, daß Sie durch ein „Ausrutschen mit der Maus" die falsche Aktion ausführen. Bestätigen Sie die Aktion (*Continue*), wird die Datenbank mit ihren Tablespaces physisch gelöscht. In der Strukturanzeige des *Database Director* bleibt sie jedoch bis zum manuellen *View Refresh* erhalten!

Alternativ können Sie Datenbanken mit Hilfe des folgenden DB2-Kommandos löschen

```
DROP DATABASE db-name
```

Berechtigungen

Für das Anlegen oder Löschen von Datenbanken benötigen Sie SYSADM- oder SYSCTRL-Berechtigung.

Tablespace anlegen

Einen Tablespace einer Datenbank legen Sie an, indem Sie das Objekt *Table spaces* der entsprechenden Datenbank anklicken und im *Selected*-Menü *Create* auswählen. Ein Notizbuch öffnet sich; hier können Sie

- Name und einen Kommentar eintragen
- die Art der enthaltenen Daten (*regular, long, temporary*) auswählen
- den Typ (*System* = SMS, *Database* = DMS) auswählen
- die Container mit Hilfe der Tasten *Add, Change, Delete* erfassen, korrigieren oder wieder löschen und
- für 4 Konfigurations-Parameter die Standard-Definitionen überschreiben oder übernehmen.

Wenn Sie die Tasten *OK* oder *Apply* anklicken, wird der Tablespace mit seinen Containern angelegt.

Alternativ können Sie mit dem folgenden SQL-Befehl Tablespaces anlegen

```
CREATE TABLESPACE ts-name
```

Tablespace löschen

Einen Tablespace löschen Sie, indem Sie sein Symbol anklicken und im *Selected*-Menü *Drop* auswählen. Eine Bestätigungsfrage verhindert, daß Sie durch ein „Ausrutschen mit der Maus" die falsche Aktion ausführen. Bestätigen Sie die Aktion (*Continue*), wird der Tablespace mit seinen Containern physisch gelöscht, wenn er keine Tabellen enthält, die über mehrere Tablespaces verteilt sind. In der Strukturanzeige des *Database Director* bleibt er jedoch bis zum manuellen *View Refresh* erhalten!

Obwohl Ihnen im *Selected*-Menü die Aktion angeboten wird, können Sie nicht den SYSCATSPACE löschen, weil er ein Systemobjekt ist. Wenn Ihre Datenbank nur einen temporären Tablespace besitzt, darf dieser auch nicht gelöscht werden. Allerdings dürfen Sie jeden regulären Tablespace löschen, auch wenn er der einzige in der Datenbank ist.

Tablespace vergrößern

DMS-Tablespaces müssen explizit vergrößert werden. Sie bestehen aus Containern fester Länge, die als Dateien oder unter AIX auch als Laufwerke realisiert sind. Zum Vergrößern eines DMS-Tablespace müssen Sie einen Container hinzufügen. Dazu klikken Sie das Symbol des gewünschten Tablespace an und wählen im *Selected*-Menü *Open as Containers*. Damit öffnen Sie die Detailanzeige der enthaltenen Container.

Bild 7.3:
Detailanzeige
Container

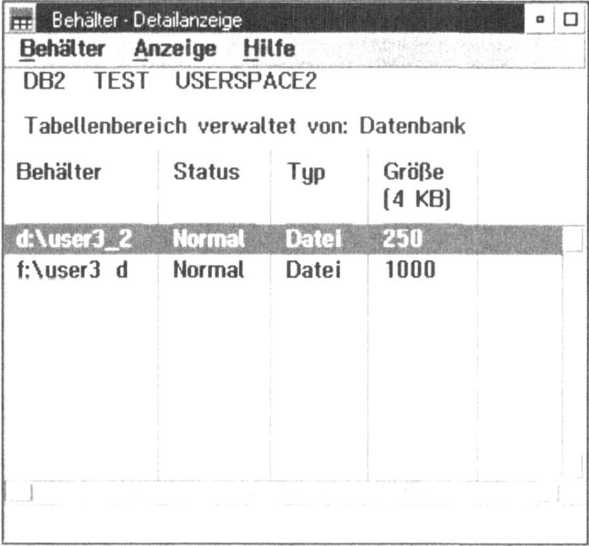

Wir vermissen in dieser Anzeige die wichtige Information über den Füllungsgrad der Container. Diese gibt es nur in der Detailanzeige der Tablespaces!

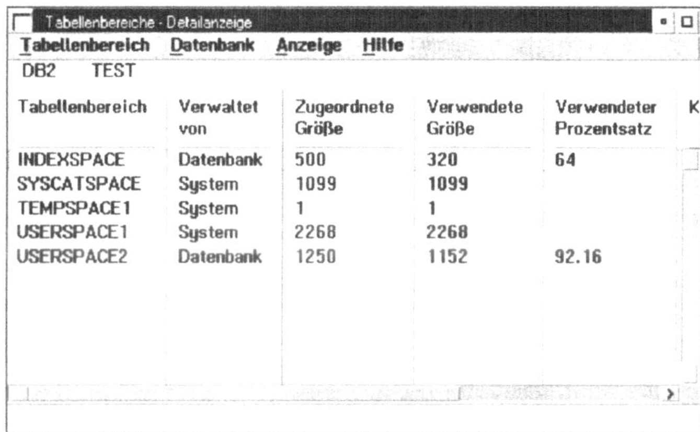

Tabellenbereich	Verwaltet von	Zugeordnete Größe	Verwendete Größe	Verwendeter Prozentsatz	K
INDEXSPACE	Datenbank	500	320	64	
SYSCATSPACE	System	1099	1099		
TEMPSPACE1	System	1	1		
USERSPACE1	System	2268	2268		
USERSPACE2	Datenbank	1250	1152	92.16	

Nur für DMS-Tablespaces finden Sie das *Container*-Menü mit seiner einzigen Zeile *Add containers* vor. Wählen Sie diesen Menüpunkt öffnen sich zwei Fenster:

- eines, in dem Sie die Parameter der neuen Container eingeben können

- eines, in dem Ihre Eingaben gesammelt werden, bis Sie sie mit der *OK*-Taste freigeben.

Mit den *Add-*, *Change-* und *Delete*-Tasten in diesem Fenster können Sie Ihre Eingaben noch ergänzen, korrigieren oder wieder löschen.

Mit der Freigabe werden die Container angelegt und erscheinen dann im allgemeinen auch gleich in der Container-Detailanzeige. Gleichzeitig startet DB2 einen Hintergrundprozeß, der die Belegung der Container wieder ausbalanciert, das heißt Datenblöcke aus den alten in die neuen Container verlagert, bis eine gleichmäßige Verteilung über alle Container erreicht ist. Der Zugriff auf Daten in dem betroffenen Tablespace wird durch den Hintergrundprozeß nicht unterbunden. Damit der Aufwand für das Ausbalancieren möglichst gering bleibt, sollten Sie alle benötigten Container einem Tablespace in einem Arbeitsschritt beziehungsweise SQL-Befehl zuordnen.

Alternativ können Sie mit den folgenden SQL-Befehlen

- Tablespaces vergrößern (nur DMS) oder die Konfigurations-Parameter des Tablespaces ändern

```
ALTER TABLESPACE ts-name
```

- Tablespaces löschen

```
DROP TABLESPACE ts-name
```

- sich die Tablespaces mit dem Füllungsgrad anzeigen lassen

```
LIST TABLESPACES [SHOW DETAIL]
```

```
Tabellenbereich-ID                    = 3
Name                                  = USERSPACE2
Typ                                   = Von der Datenbank verwalteter Bereich
Inhalt                                = Beliebige Daten
Status                                = 0x0000
  Ausführliche Erläuterung:
    Normal
Seiten insgesamt                      = 1250
Verwendbare Seiten                    = 1216
Verwendete Seiten                     = 1152
Freie Seiten                          = 64
Obere Grenze (Seiten)                 = 1152
Seitengröße (Byte)                    = 4096
EXTENTSIZE (Seiten)                   = 32
PREFETCHSIZE (Seiten)                 = 16
Anzahl der Behälter (container)       = 2
```

- sich die Container eines Tablespace anzeigen lassen

```
LIST TABLESPACE CONTAINERS FOR ts-id [SHOW DETAIL]
```

Berechtigungen

Für das Anlegen, Ändern oder Löschen von Tablespaces benötigen Sie SYSADM- oder SYSCTRL-Berechtigung, für die LIST-Kommandos keine.

7.1.2   Verzeichnisse verwalten

Unter dem Database Director werden Ihnen die Verzeichnisse (*directories*) angezeigt, die für den DB2-Betrieb notwendig sind. Sie ermöglichen Ihnen transparenten Zugriff auf Datenbanken, unabhängig davon, wo diese liegen. Die Verzeichnisse werden je Datenbank-Manager beziehungsweise DB2-Instanz geführt. Es gibt vier Arten von Verzeichnissen:

- System Database directory
- Node directory
- Database Connection Services directory
- Local Database directory.

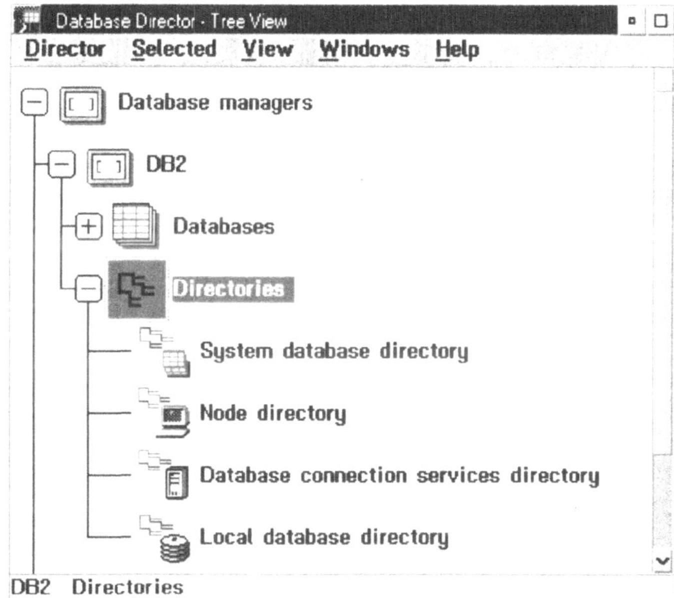

Per Maus-Doppelklick sehen Sie die Detailanzeige des jeweiligen Verzeichnisses. Die Fenster sind im grundsätzlichen Aufbau gleich, unterscheiden sich aber je nach Verzeichnisart in den Spalten. Die Menüleiste ist für alle gleich.

Menü	Funktion
Directory entry	zum Aufruf der Aktionen Catalog, Uncatalog, Change
View	zum Aktualisieren (Refresh), Sortieren (Sort) oder Verändern (Options) der Anzeige
Help	für ausführliche Bedieninformationen

System Database Directory

Das *System Database*-Verzeichnis liegt in dem Pfad, auf dem der Datenbank-Manager installiert ist. Damit dieser auf eine Datenbank zugreifen kann, muß ein Eintrag für diese Datenbank im *System Database*-Verzeichnis stehen. Das *System Database*-Verzeichnis wird automatisch angelegt, wenn die erste Datenbank angelegt oder katalogisiert wird.

Jeder Eintrag im *System Database*-Verzeichnis enthält folgende
Felder:

Feld	Inhalt
Alias	Alternativ-Name zur Referenzierung der Datenbank
Type	*local* oder *remote*
Database	Name der Datenbank
Location	Pfad beziehungsweise Laufwerk einer lokalen Datenbank oder Knoten einer entfernten Datenbank
Authentication	Ort der Berechtigungsprüfung: *Client*, *Server* oder *DCS* für Host-Zugriffe mit DDCS
Comment	Erläuternder Kommentar

Einträge werden mit Hilfe eines Notizbuchs angelegt oder
gepflegt. Wollen Sie eine Datenbank als entfernt (remote) eintragen, können Sie über Tasten zugleich auch die Eintragungen in
das Knoten-Verzeichnis und/oder das DCS-Verzeichnis aufrufen.

Bild 7.6:
Anzeige
System Database-
Verzeichnis

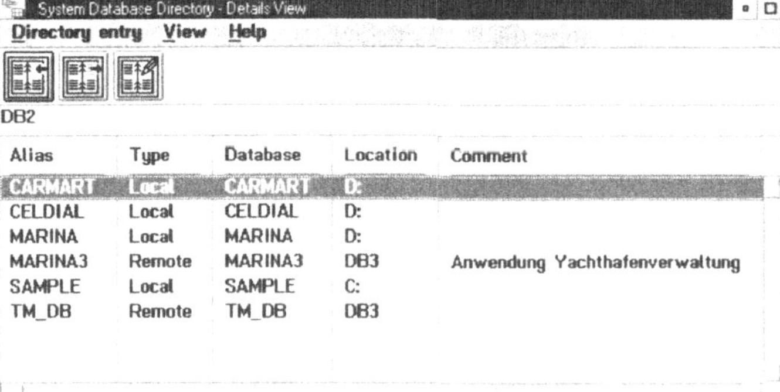

Node directory

Ein *Node directory* oder Knoten-Verzeichnis enthält Einträge für alle Knoten, die in Datenbank-Verzeichnissen angesprochen werden. Es liegt in dem Pfad, in dem die DB2-Instanz installiert ist.

Eintrag	Bedeutung
Node	Eindeutiger Name, den Sie dem entfernten Knoten gegeben haben
Instance	Name der DB2-Instanz (Datenbank-Manager)
Protocol	Kommunikationsprotokoll: *APPC, NetBIOS, IPX/SPX, TCP/IP, Local*
Partner Logical Unit	identifiziert das entfernte System, das die gewünschte Datenbank enthält (SNA)
Local Logical Unit Alias	identifiziert den Anschluß, über den DB2 auf das SNA-Netz zugreifen will
Partner Logical Unit Alias	Alias-Name für das entfernte System, das die gewünschte Datenbank enthält (SNA)
Transmission Service Mode	bestimmt den Übertragungsmodus der Verbindung (SNA APPC)
Symbolic Destination Name	Name des entfernten Partners für eine APPC-Verbindung
Security Type	Art der Sicherheitsprüfung bei APPC-Verbindungen
File Server	Name des IPX/SPX-Fileserver
Object Name	Name des Datenbank-Manager (IPX/SPX)
Server nname	Name des Datenbank-Manager am entfernten Knoten (NetBIOS)
Adapter	Nummer der Adapter-Karte (NetBIOS)
Host Name	Name des Zielknotens (TCP/IP)
Service Name	Name des Datenbank-Manager auf dem Server-Knoten (TCP/IP)
Comment	Erläuternder Kommentar

Die Einträge werden mit Hilfe eines Fensters angelegt oder gepflegt.

Database Connection Services Directory

Das *Database Connection Services*-Verzeichnis enthält Einträge für Datenbanken, auf die durch Distributed Database Connection Services (DDCS) zugegriffen werden kann.

DDCS verbindet DB2-Clients mit Datenbanken auf entfernten Systemen. Diese entfernten Datenbanken sind SQL-Datenbanken wie DB2/MVS, DB2 unter VM oder VSE, DB2/400 oder andere, die DRDA-1[1] unterstützen.

DDCS ist nicht integrierter Bestandteil von DB2, sondern ein eigenes Produkt. Das *Database Connection Services*-Verzeichnis gibt es im allgemeinen nur, wenn Sie zu DB2 auch DDCS installiert haben.

Jeder Eintrag in das *Database Connection Services*-Verzeichnis enthält folgende Felder:

Eintrag	**Bedeutung**
Database	Alias-Name der Datenbank, der mit dem Namen einer entfernten Datenbank im *System Database*-Verzeichnis übereinstimmen muß
Target Database	Name der Ziel-Datenbank, benutzt vom Application Requester. Wenn Sie keine Ziel-Datenbank angeben, wird vom Application Requester standardmäßig der Name der Spalte *Database* benutzt.
Application Requester	Name der *Shared Library*, die DDCS/2 lädt und ausführt
Parameters	Parameter für den *Application Requester*
Comment	Erläuternder Kommentar

Die Einträge werden mit Hilfe eines Fensters, in dem per Taste auch die Eintragung in das *System Database*-Verzeichnis aufgerufen werden kann, angelegt oder gepflegt.

---

[1] DRDA = Distributed Relational Database Architecture

<table>
<tr><td>Local Database
Directory</td><td>

In dem Verzeichnis lokaler Datenbanken werden Ihnen die Einträge der *Local Database*-Verzeichnisse angezeigt. Über einen Filter können Sie unter AIX den gewünschten Pfad, unter OS/2 das gewünschte Laufwerk vorgeben. Ist in diesem Filter kein Pfad beziehungsweise Laufwerk eingestellt, werden Ihnen alle lokalen Datenbanken aus dem *System Database*-Verzeichnis angezeigt.

Der angezeigte Eintrag des *Local Database*-Verzeichnis enthält folgende Felder:

</td></tr>
</table>

Eintrag	Bedeutung
Database	Name der Datenbank
Directory	Pfad (AIX) oder Laufwerk (OS/2), auf dem die Datenbank liegt
Comment	Erläuternder Kommentar

Sie können die Anzeige der lokalen Datenbanken dazu benutzen, sie im *System Database*-Verzeichnisses zu katalogisieren.

<table>
<tr><td>Berechtigungen</td><td>

Für das Ansehen von *System Database-*, *Database Connection Services-*, *Node*-Verzeichnissen benötigen Sie keine Berechtigungen, aber für das Ändern eine SYSADM- oder SYSCTRL-Berechtigung.

Für das Ansehen von *Local Database*-Verzeichnissen benötigen Sie keine Berechtigungen, aber für das Katalogisieren im *System Database*-Verzeichnis benötigen Sie eine SYSADM- oder SYSCTRL-Berechtigung.

</td></tr>
</table>

Wenn Sie sich die DB2-Verzeichnisse **ohne** den *Database Director* ansehen wollen, so können Sie die folgenden DB2-Kommandos dafür eingeben:

```
LIST DATABASE DIRECTORY (ON pfad/laufwerk)
```

Wenn Sie Pfad beziehungsweise Laufwerk angeben, wird Ihnen das *Local Database*-Verzeichnis angezeigt, sonst das *System Database*-Verzeichnis.

```
LIST DCS DIRECTORY
```

Mit diesem Befehl zeigt Ihnen DB2 das *Database Connection Services*-Verzeichnis an.

LIST NODE DIRECTORY

Mit diesem Befehl zeigt Ihnen DB2 das *Knoten*-Verzeichnis an.

Die Verzeichnisse enthalten unter dem *Directory entry*-Menü folgende Funktionen:

Eintrag	Bedeutung
Catalog	Eintragen einer Datenbank in das aktive *System Database-*, *Node-* oder *Database Connection Services*-Verzeichnis
Uncatalog	Austragen der angewählten Datenbank aus dem aktiven *System Database-*, *Node-* oder *Database Connection Services*-Verzeichnis Aus dem *Local Database*-Verzeichnis können Sie Datenbanken nur indirekt durch Löschen (Drop Database) entfernen. Entkatalogisieren ist nicht möglich.
Change	Ändern der Einträge im aktiven *System Database-*, *Node-* oder *Database Connection* Services-Verzeichnis.
Change Comment	Erfassen, Löschen oder Ändern des Kommentars zur ausgewählten Datenbank im *Local Database*-Verzeichnis In den anderen Verzeichnissen können Kommentare unter der Change-Funktion bearbeitet werden.

Alternativ zum *Database Director* können Sie folgende DB2-Kommandos verwenden zum Eintragen einer Datenbank in ein

- *System Database*-Verzeichnis

  CATALOG DATABASE

  CATALOG GLOBAL DATABASE

- *Database Connection Services*-Verzeichnis

  CATALOG DCS DATABASE

- *Node*-Verzeichnis

  CATALOG APPC NODE

  CATALOG IPX/SPX NODE

  CATALOG LOCAL NODE

```
CATALOG NETBIOS NODE

CATALOG TCP/IP NODE
```

Sie können auch folgende Kommandos benutzen zum Austragen einer Datenbank aus einem

- *System Database*-Verzeichnis

```
UNCATALOG DATABASE
```

- Database Connection Services-Verzeichnis

```
UNCATALOG DCS DATABASE
```

- *Node*-Verzeichnis

```
UNCATALOG NODE
```

Alternativ zum *Database Director* können Sie auch mit folgendem DB2-Kommando den Kommentar in einem *System Database-* oder *Local Database*-Verzeichnis ändern:

```
CHANGE DATABASE COMMENT
```

7.1.3   Datenbank-Manager und Datenbanken konfigurieren

Mit dem *Database Director* können Sie die Konfigurations-Parameter von DB2-Instanzen, das heißt Datenbank-Managern, oder Datenbanken ändern.

Datenbank-Manager konfigurieren

Um die Konfigurations-Parameter eines Datenbank-Managers zu ändern, müssen Sie sein Symbol in der Struktur- oder Symbolanzeige anklicken und im *Selected*-Menü *Configure* auswählen. Daraufhin öffnet sich ein Notizbuch, in dem Sie die Konfigurations-Parameter lesen und ändern können. Die Parameter sind mit einem Register eingeteilt in:

Eintrag	Bedeutung
Environment	diverse Parameter einer DB2-Instanz wie CPU-Geschwindigkeit, Anzahl gleichzeitig aktiver Datenbanken oder maximale Anzahl von allen Agents geöffneter Dateien
Diagnostic	Parameter zur Beeinflussung der Fehlerdiagnose
Monitor	Parameter für den Performance-Monitor

Eintrag	Bedeutung
Administration	Berechtigungsgruppen für die Profile SYSADM, SYSCTRL und SYSMAINT, den Ort der Berechtigungsprüfung sowie Standardpfad beziehungsweise -laufwerk für das Anlegen von Datenbanken
Instance memory	Parameter für die Speicherverwaltung der DB2-Instanz
Communications memory	Parameter für die Speichernutzung bei der Kommunikation zwischen Agents und lokalen oder entfernten Anwendungen
Applications	Parameter für die Agents
DARI	Parameter für DARI (Distributed Application Remote Interface)-Prozesse (Stored Procedures)
Recovery	Parameter zur Bestimmung des Zeitpunkts der Index-Wiederherstellung
Transactions	Parameter für die Synchronisation mit einem Transaktions-Manager
Protocols	Parameter für Kommunikationsprotokolle
Distributed Services	Parameter für DCE (Distributed Computing Environment)

Die wichtigsten Parameter haben wir Ihnen in Kapitel 6 erläutert. Über die *Help*-Taste im Notizbuch oder [F1] erhalten Sie ausführliche Erklärungen zu jedem Konfigurations-Parameter.

Mit der *Defaults*-Taste werden Ihnen die Standardwerte der Konfigurations-Parameter im Notizbuch eingestellt.

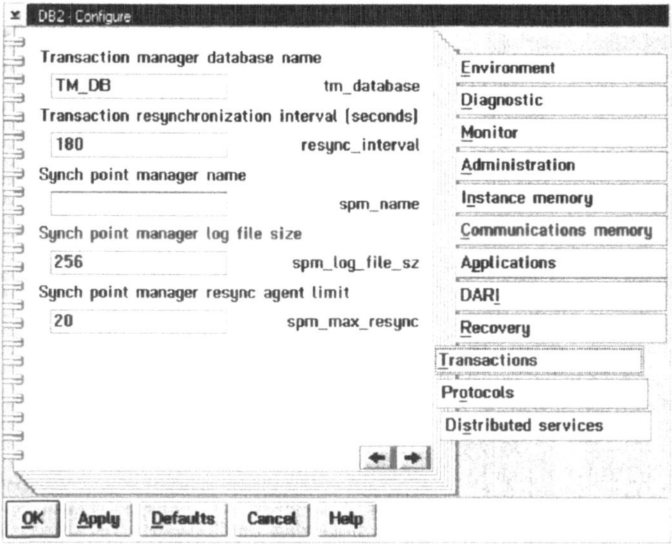

Bild 7.7:
Notizbuch mit
Datenbank-Manager-
Konfiguration

Mit der *OK*- oder der *Apply*-Taste können Sie Ihre Änderungen übernehmen, mit der *Cancel*-Taste oder (Esc) abbrechen.

Damit die Änderungen in Kraft treten können, muß DB2 gestoppt (Befehl DB2STOP) und erneut gestartet (Befehl DB2START) werden.

Die System-Parameter stehen in der Datei DB2SYSTM. Ändern Sie die Datei nicht mit einem Editor! Ist sie beschädigt, kann sie nur durch eine Re-Installation von DB2 wiederhergestellt werden.

Berechtigungen

Sie können die änderbaren Parameter im Notizbuch zwar überschreiben, aber nur mit der SYSADM-Berechtigung wirklich ändern. Die Berechtigung wird dann überprüft, wenn Sie mit der *Apply*- oder *OK*-Taste das Zurückschreiben der Parameter auslösen.

Sie können die System-Parameter auch **außerhalb** des *Database Director* durch DB2-Kommandos bearbeiten:

```
GET DATABASE MANAGER CONFIGURATION
```

listet Ihnen die Parameter mit ihren aktuellen Werten auf.

```
RESET DATABASE MANAGER CONFIGURATION
```

setzt die System-Parameter auf die Standard-Werte.

```
UPDATE DATABASE MANAGER CONFIGURATION USING list
```

verändert die unter *list* angegebenen Parameter auf die dort zugewiesenen Werte. *list* hat die Form

```
Parameter Wert
```

Datenbank konfigurieren

Um die Konfigurations-Parameter einer Datenbank zu ändern, müssen Sie ihr Symbol in der Struktur- oder Symbolanzeige anklicken und im *Selected*-Menü *Configure* auswählen. Daraufhin öffnet sich ein Notizbuch, in dem Sie die Konfigurations-Parameter lesen und ändern können. Die Parameter sind mit einem Register eingeteilt in:

Parameter	Bedeutung
Shared memory	Parameter zur Konfiguration der gemeinsamen Speicherbereiche der Datenbank
Agent memory	Parameter zur Konfiguration der privaten Speicherbereiche der Agents
Locks	Parameter für die Verwaltung der Sperren
Input/Output	Parameter für I/O-Operationen auf der Datenbank
Storage	Parameter als Standard-Angaben für das Anlegen von Tablespaces
Applications	Parameter zur Steuerung der Anwendungen
Log files	Parameter für Anzahl, Größe und Pfad der Log-Dateien
Log activity	Parameter für Schreiben und Aufbewahren der Log-Dateien
Recovery	ein Parameter für Wiederanlauf und Wiederherstellung
Attributes	Parameter über allgemeine Eigenschaften wie für die Synchronisation mit einem Transaktions-Manager
Status	Parameter für Kommunikationsprotokolle
Statistics	Parameter für die Sammlung verteilungsorienter Statistik-Werte im Katalog

Bild 7.8:
Notizbuch zur
Datenbank-
Konfiguration

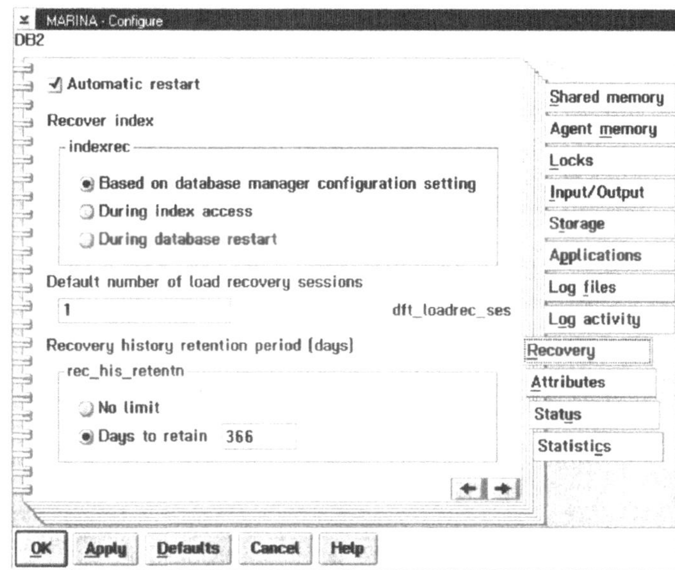

Die wichtigsten Parameter haben wir Ihnen in Kapitel 6 erläutert. Über die *Help*-Taste im Notizbuch (oder [F1]) erhalten Sie ausführliche Erklärungen zu jedem Konfigurations-Parameter.

Mit der *Defaults*-Taste werden Ihnen die Standardwerte der Konfigurations-Parameter im Notizbuch eingestellt.

Mit der *OK*- oder der *Apply*-Taste können Sie Ihre Änderungen gültig machen, mit der *Cancel*-Taste (oder *Esc* auf der Tastatur) abbrechen.

Damit die Änderungen in Kraft treten können, müssen sie in den Hauptspeicher geladen werden. Dies ist nur möglich, wenn alle Benutzer und Anwendungen die Datenbank verlassen haben, beziehungsweise ein DEACTIVATE DATABASE ausgeführt wurde.

Berechtigungen

Sie können die änderbaren Parameter im Fenster zwar überschreiben, aber nur mit der SYSADM-, SYSCTRL- oder SYSMAINT-Berechtigung wirklich ändern. Die Berechtigung wird dann überprüft, wenn Sie mit der *Change*-Taste das Zurückschreiben der Parameter auslösen.

Die Konfigurations-Parameter stehen in der Datei SQLDBCON. Ändern Sie die Datei nicht mit einem Editor! Ist sie beschädigt, kann sie nur durch Einspielen einer Sicherungskopie der Datenbank wiederhergestellt werden.

Sie können die Konfigurations-Parameter auch durch DB2-Kommandos bearbeiten:

```
GET DATABASE CONFIGURATION FOR dbname
```

listet Ihnen die Parameter mit ihren aktuellen Werten für Datenbank *dbname* auf.

```
RESET DATABASE CONFIGURATION FOR dbname
```

setzt die Konfigurations-Parameter für Datenbank *dbname* auf die Standard-Werte.

```
UPDATE DATABASE MANAGER CONFIGURATION FOR dbname USING list
```

verändert für Datenbank *dbname* die unter *list* angegebenen Parameter auf die dort zugewiesenen Werte. *list* hat die Form

```
Parameter Wert
```

7.1.4 Datensicherung und Wiederherstellung

Bevor wir uns den Funktionen zur Datensicherung und Wiederherstellung unter dem *Database Director* widmen, wollen wir uns mit den Prinzipien von Datensicherung, Wiederherstellung und Wiederanlauf unter DB2 beschäftigen.

Prinzipien von Datensicherung, Wiederherstellung und Wiederanlauf

Zunächst ist die Wiederherstellung einer beschädigten Datenbank (Recovery) von dem Wiederanlauf-Prozeß nach Systemabstürzen (Restart oder Crash Recovery) abzugrenzen.

Wiederanlauf

Der Wiederanlauf (Crash Recovery beziehungsweise Restart) einer Datenbank ist notwendig, wenn diese durch einen Systemabsturz in ihrer Konsistenz beeinträchtigt wurde. Ursachen für den Systemabsturz können Software-Fehler, Hardware-Probleme oder Stromausfälle sein. Der Wiederanlauf wird vom Dienstprogramm RESTART DATABASE ausgeführt. Es ergänzt alle durch COMMIT festgeschriebenen Änderungen, die noch nicht in die Datenbank geschrieben wurden, und setzt alle Änderungen in der Datenbank zurück, die noch nicht durch COMMIT abgeschlossen wurden.

Für den Wiederanlauf-Prozeß benutzt DB2 die aktiven Log-Dateien. Sind diese Dateien beschädigt, so ist ein Wiederanlauf der Datenbank nicht möglich, sie muß wiederhergestellt werden. Sie sollten daher die Log-Dateien auf einem anderen (physischen) Laufwerk anlegen.

Ist für eine Datenbank der Konfigurations-Parameter *autorestart* eingeschaltet, so erfolgt der Wiederanlauf automatisch, wenn sich die erste Anwendung bei der Datenbank anmeldet. Dieses ist für alle neuen DB2-Datenbanken Standard und sollte nicht verändert werden.

Für Datenbanken, die von der Vorläuferversion übernommen und umgestellt wurden, wird *autorestart* aus Kompatibliltäts-gründen ausgeschaltet. Wir empfehlen, wenn nur irgendmöglich, auch hier den Parameter einzuschalten.

Ein manueller Start des Wiederanlaufs kann, wie im nächsten Abschnitt beschrieben, im *Database Director* erfolgen oder durch Eingabe des DB2-Kommandos

```
RESTART DATABASE datenbank-name
```

Der Wiederanlauf führt in aller Regel eine Datenbank in einen konsistenten, benutzbaren Zustand. Wird dabei ein Fehler eines Speichermediums erkannt, werden die betroffenen Tablespaces offline gesetzt und entsprechend gekennzeichnet (*roll-forward pending*). Die nicht davon betroffenen Tablespaces stehen nach dem Anlauf den Anwendungen zur Verfügung. Liegen allerdings alle Tablespaces auf derselben beschädigten Speichereinheit oder ist der Tablespace des Systemkatalogs davon betroffen, kann die Datenbank nicht mehr gestartet werde.

Offline Tablespaces sind nach dem Wiederanlauf der Datenbank wiederherzustellen.

Wiederherstellen Die Wiederherstellung (Recovery) einer Datenbank oder eines Tablespace ist notwendig, wenn diese beziehungsweise dieser durch Hardware- oder Software-Fehler zerstört oder gar durch Programmfehler oder Benutzermanipulation logisch inhaltlich beschädigt wurde. Dazu wird eine Sicherungskopie auf dasselbe oder ein anderes Laufwerk zurückgeschrieben (Restore) und optional mit Hilfe von festgehaltenen Log-Dateien weiter rekonstruiert (Roll forward).

Unbedingte Voraussetzung für eine Wiederherstellung ist also das regelmäßige Sichern von Datenbank oder Tablespaces. Dazu dient das Dienstprogramm BACKUP DATABASE, das Sie über den *Database Director* oder direkt als DB2-Kommando aufrufen können. Sie haben die Wahl zwischen einer vollständigen Sicherung der Datenbank und einer gezielten Sicherung ausgewählter Tablespaces. Sie können so Ihre Sicherung den Änderungshäufigkeiten Ihrer Daten anpassen. Denkbar ist auch, daß zu feldorientierten Daten große Texte oder Grafiken als LOBs in einem gesonderten Tablespace abgelegt werden. Wenn diese LOBs im Gegensatz zu den anderen Daten nur wenig oder gar nicht verändert werden, müssen Sie den zugehörigen Tablespace nicht so häufig sichern wie die anderen Tablespaces der Datenbank.

Eine Sicherung auf Tablespace-Ebene bietet den Vorteil, daß bei einer Wiederherstellung nach einem Fehler auf einem Speichermedium nur die betroffenen Tablespaces davon berührt sind, die anderen Tablespaces aber den Benutzern zur Verfügung stehen. Sie erreichen so also für den Fall einer Wiederherstellungsmaßnahme eine schnellere Durchführung und eine geringere Störung des DV-Betriebs.

Sie können Ihre Datenbank oder deren Tablespaces im laufenden Betrieb (online) oder unter Ausschluß der Anwender (offline) durchführen. Wenn Ihre Datenbanken rund um die Uhr verfügbar sein müssen oder aus organisatorischen Gründen eine Sicherung nach dem Online-Betrieb nicht regelmäßig möglich ist (kein Schichtbetrieb im Operating usw.), müssen Sie Ihre Datenbanken online sichern. Haben Sie jedoch die Möglichkeit, eine Datenbank außerhalb des Online-Betriebs zu sichern, sollten Sie diese auch nutzen.

Mit einer Sicherungskopie können Sie zwar eine zerstörte Datenbank neu erstellen, Sie verlieren aber alle Veränderungen der Daten, die Sie und andere Benutzer seit dem Sicherungslauf vorgenommen haben. Wenn Sie diese Verluste nicht riskieren können, weil es sich um wichtige Bewegungsdaten Ihres Unternehmens (Aufträge, Lagerbestände, usw.) handelt, so müssen Sie zusätzlich zur Datenbank-Sicherung noch die Log-Dateien der Datenbank aufheben und sichern. Eine Data Warehouse-Datenbank, in der die Anwender nur auswerten, aber nicht ändern können, kann auf die Aufbewahrung der Log-Dateien verzichten.

Für Online-Sicherungen auf Datenbank-Ebene und jegliche Sicherungen auf Tablespace-Ebene müssen Sie die Log-Dateien aufbewahren. Außerdem ist eine Online-Sicherung nur möglich, wenn die Datenbank **nicht** im Status *backup pending* ist, das heißt auf die Durchführung einer Offline-Sicherung wartet. In diesen Status wird eine Datenbank versetzt, wenn Sie zum Beispiel in ihrer Konfiguration die Aufbewahrung der Log-Dateien aktivieren.

Log-Datei

Die Log-Dateien enthalten die Änderungsinformationen für die Datenbank. Enthalten Log-Dateien Änderungsinformationen für den zur Zeit laufenden Datenbank-Betrieb, so werden sie als *aktiv* bezeichnet. Enthalten sie dagegen nur Informationen über abgeschlossene Änderungen, so werden sie als *archiviert* bezeichnet.

Die aktiven Log-Dateien benutzt DB2 auch für den Wiederanlauf-Prozeß.

Haben Sie sich nicht für die Möglichkeit zur Vorwärts-Recovery (Roll forward) entschieden und keinen der Datenbank-Konfigurations-Parameter *logretain* oder *userexit* eingeschaltet, so benutzt DB2 nur aktive Log-Dateien, die es immer wieder überschreibt. Die Datenbank wird dann als „nicht wiederherstellbar" (non-recoverable) angesehen (nur offline backup/restore möglich)

Wollen Sie mehr Sicherheit, so können Sie mit dem Einschalten von *logretain* erreichen, daß DB2 die Log-Dateien dieser Datenbank festhält als archivierte Log-Dateien. Die Dateien bleiben dann im Verzeichnis stehen, das für die Log-Dateien vorgesehen ist (Parameter *logpath*). Diese archivierten Log-Dateien werden als *online* bezeichnet. Die Datenbank wird als „wiederherstellbar" (recoverable) angesehen.

Es ist natürlich eine Frage, wieviele dieser archivierten Log-Dateien online aufbewahrt werden sollen und wie lange, zumal sie hoffentlich nie benötigt werden und wertvollen Platz belegen. Mit dem Konfigurations-Parameter *userexit* erreichen Sie es daher, daß DB2 über eine Schnittstelle (User Exit) ein Programm aufruft, das diese inaktive Log-Dateien auf anderen Datenträger archiviert und auch wieder von dort bereitstellt. Diese Log-Dateien, die nicht mehr in dem dafür vorgesehenen Verzeichnis stehen, werden als *offline* bezeichnet.

IBM liefert in Abhängigkeit vom Betriebssystem verschiedene Beispiele, wie die Log-Dateien mittels User Exit archiviert werden können. Die Beispiele sind gut kommentiert und können leicht abgewandelt werden.

Wiederherstellen von Datenbanken oder Tablespaces

Mit Hilfe der archivierten Log-Dateien können Sie nun die Datenbank von einer eingespielten Sicherungskopie bis zum letzten konsistenten Zustand vor den Fehler oder bis zu einem von Ihnen gewählten Zeitpunkt rekonstruieren. Die verwendete Sicherungskopie muß nicht die zuletzt erstellte sein. Sie sollten jedoch in der Regel stets die letzte (aktuellste) benutzen, um Zeit bei der Vorwärts-Recovery (Roll forward) zu sparen.

Jede Wiederherstellung einer Datenbank oder eines Tablespaces beginnt mit dem Laden einer Sicherungskopie. Dazu dient das Dienstprogramm RESTORE DATABASE, das Sie über den *Database Director* oder direkt als DB2-Kommando aufrufen können. Nur das Laden einzelner Tablespaces kann während des laufenden Datenbank-Betriebs geschehen. Die betroffenen Tablespaces stehen den Anwendungen natürlich nicht zur Verfügung. Datenbanken können nur mit exklusivem Zugriff des Dienstprogramms geladen werden.

Die Konfigurationsdatei der Datenbank (SQLDBCON) wird bei einem RESTORE der Datenbank nur dann mit einer Sicherungskopie überschrieben, wenn sie defekt ist.

Sie sollten dies beachten, wenn Sie Konfigurations-Parameter ändern! Am besten machen Sie unmittelbar nach solchen Änderungen eine Datenbank-Sicherung.

Laden Sie die Offline-Sicherung einer Datenbank zurück, können Sie ohne weitere Vorwärts-Recovery die Datenbank wieder in Betrieb nehmen. Bei anderen Sicherungen ist eine anschließende Vorwärts-Recovery nötig.

Vorwärts-Recovery

Die daran anschließende Vorwärts-Recovery können Sie am einfachsten gleich mit der Wiederherstellung (Restore) zusammen durchführen. Sollten Sie zwischenzeitlich eingreifen wollen, so können Sie die Vorwärts-Recovery eigenständig entweder über den *Database Director* oder direkt mit dem folgenden DB2-Kommando aufrufen

    ROLLFORWARD DATABASE

Sie können die Wiederherstellung Ihrer Datenbank bis zum Ende der Log-Dateien, also bis unmittelbar vor dem Abbruch, oder bis zu einem bestimmten Zeitpunkt durchführen lassen.

Die Recovery bis zum Ende der Log-Dateien sollten Sie dann wählen, wenn die Datenbank durch Hardware- oder Software-

Fehler zerstört wurde, die Log-Dateien bis zum Zeitpunkt des Ausfalls aber verfügbar sind[2].

Die Recovery bis zu einem bestimmten Zeitpunkt sollten Sie dann wählen, wenn die Datenbank logisch inhaltlich beschädigt wurde und Sie einen Zeitpunkt bestimmen können, wann sie noch in Ordnung war.

Die Wiederherstellung auf Tablespace-Ebene kann nur bis zum Ende der Log-Dateien durchgeführt werden, damit die Konsistenz der Datenbank erhalten bleibt. Es darf ja keinen unterschiedlichen Stand zwischen den wiederhergestellten und den unbeschädigt gebliebenen Datenbankbereichen geben!

DB2 bietet also durchaus die Möglichkeiten, Ihre Sicherungsmaßnahmen individuell auf die Gegebenheiten in Ihrer Datenbank und auf die Abläufe in Ihrer Organisation abzustimmen. Es liegt in Ihrer Entscheidung, in welchem Umfang Sie diese nutzen. Sie müssen den regelmäßigen Aufwand des Sicherns gegen den möglichen Aufwand einer Wiederherstellung abwägen und sich dann für Ihren individuellen Ansatz entscheiden. Denken Sie aber bitte daran, daß die edv-technischen und organisatorischen Maßnahmen zur Wiederherstellung möglichst einfach und schnell sein sollten. Tritt nämlich der Ernstfall einmal ein, herrscht sicher genügend Aufregung bei vielen Betroffenen. Aufwendige Abläufe und umfangreiches Suchen nach den Sicherungskopien helfen dann wirklich nicht, die unangenehme Situation schnell zu bereinigen. Auch wenn Sie moderne, so gut wie ausfallsichere Platten-Technologie einsetzen, können Sie eine logisch-inhaltliche Zerstörung der Datenbank nie zu 100% ausschließen. Tun Sie also lieber zuviel als zu wenig, testen Sie Ihre Sicherungs- und Wiederherstellungsverfahren gründlich und freuen Sie sich, wenn der Ernstfall nicht eintritt. Vergessen Sie auch nicht, von den Sicherungen und archivierten Log-Dateien noch Kopien für ein feuerfestes Archiv anzufertigen und dort einzulagern.

---

[2] Nicht nur aus Durchsatzgründen sondern auch wegen der Sicherheit lohnt es sich, die Log-Dateien auf eine andere physische Platte (nicht Laufwerk auf derselben Platte) zu legen!

Datensicherung, Wiederherstellung und Wiederanlauf unter dem *Database Director*

Mit dem *Database Director* können Sie Ihre Datenbanken sichern, die Sicherungskopien einspielen, Vorwärts-Recoveries durchführen oder einen manuellen Wiederanlauf anstoßen. Diese Aktionen werden über das *Selected*-Menü aufgerufen. Dazu können Sie sich für jede Datenbank die Sicherungs- und Wiederherstellungsmaßnahmen der Vergangenheit ansehen (Symbol *Recovery History*), diese werden mit allen wichtigen Informationen in der Datei *db2rhist.asc* aufbewahrt.

Wiederanlauf (Restart)

Um den Wiederanlauf einer Datenbank zu starten, müssen Sie ihr Symbol in der Struktur- oder Symbolanzeige anklicken und im *Selected*-Menü *Restart* auswählen.

Ein Fenster informiert Sie, daß ein Prozeß (Job) für den Wiederanlauf gestartet wurde und daß Sie sich seinen Status und seine Ausgaben im Fenster *Recovery Jobs* unter einer angegebenen Nummer ansehen können.

Wählen Sie dann *Recovery jobs* im *Windows*-Menü, damit Sie erfahren, ob der Restart erfolgreich gelaufen ist. In der Detailanzeige der Jobs sehen Sie die laufende Nummer, eine Kurzbeschreibung, den Status, die abgelaufene Zeit sowie Datum und Uhrzeit des Starts zu den Jobs. Leider wird die Anzeige nicht automatisch aktualisiert, so daß Sie dazu *Refresh* im *View*-Menü anwählen müssen.

Bild 7.9:
Recovery jobs

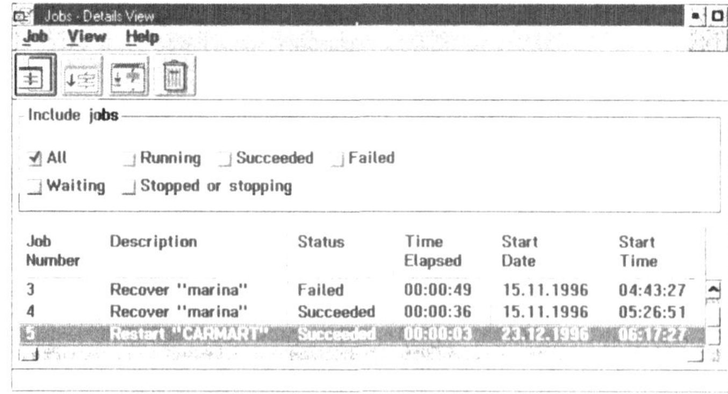

Per Doppelklick auf eine der Job-Zeilen erhalten Sie ein Fenster, in dem Ausgaben aufgelistet sind. Mit Hilfe der *Save*-Taste des Fensters können Sie sich diese in einer Datei speichern. Leider erhalten Sie in diesem Fenster keine Hilfe-Informationen zu ausgegebenen SQL-Fehlern.

Der Wiederanlauf ergänzt alle durch COMMIT festgeschriebenen Änderungen, die noch nicht in die Datenbank geschrieben wurden, und setzt alle Änderungen in der Datenbank zurück, die noch nicht durch COMMIT abgeschlossen wurden.

Ist für eine Datenbank der Konfigurations-Parameter *autorestart* eingeschaltet, so erfolgt der Wiederanlauf automatisch, wenn sich die erste Anwendung bei der Datenbank anmeldet. Ein manueller Start des Wiederanlaufs ist für eine solche Datenbank in der Regel nicht notwendig.

Berechtigungen

Für den Start des Wiederanlaufs wird keine Berechtigung benötigt.

Datensicherung (Backup)

Sie können unter dem Database Director Datenbanken und Tablespaces sichern.

Datenbank-
Sicherung

Um die Sicherung einer Datenbank zu starten, müssen Sie ihr Symbol in der Struktur- oder Symbolanzeige anklicken und im *Selected*-Menü *Backup* auswählen. Daraufhin öffnet sich ein Fenster, in dem Sie die nötigen Vorgaben für die Sicherung machen können.

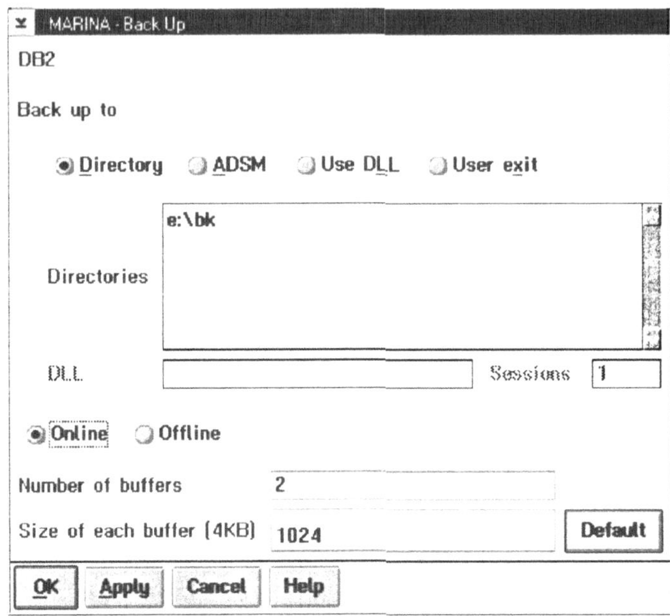

Sie können vorgeben, ob die Sicherung auf Verzeichnisse kopiert wird, über das IBM-Produkt ADSM (ADSTAR Distributed Storage Manager), über Drittsoftware durch Angabe der Shared Library oder DLL oder über einen User Exit erfolgen soll. Sie können zwischen einer Online- oder Offline-Sicherung wählen und Anzahl und Größe der Puffer definieren.

Wollen Sie nur auf einem OS/2-Rechner Ihre kleine Test-Datenbank „einfach" auf Disketten sichern, werden Sie eine unangenehme Überraschung erleben. Die Handhabung dieser Sicherung ist so umständlich, daß Sie es wahrscheinlich nur einmal versuchen werden!

Aus dem Database Director heraus wird nämlich ein Job gestartet, der nicht mit Ihnen direkt kommunizieren kann. Sie können sich den Job im Fenster *Recovery jobs* ansehen. Leider aktualisiert sich dieses Fenster nicht in regelmäßigen Abständen selbständig, so daß Sie nicht über den aktuellen Status eines laufenden Jobs informiert sind. Sie müssen vielmehr die Anzeige manuell aktualisieren. Geht Ihr Sicherungsjob in den Wartestatus, so ist wahrscheinlich ein Diskettenwechsel nötig. Per Doppelklick auf die entsprechende Zeile können Sie sich die Ausgaben des Jobs in einem Fenster ansehen. Für den Diskettenwechsel wird dort die Warnung ausgeben, daß das Laufwerk voll sei (SQL2059W). Nach dem Diskettenwechsel können Sie über den *Weiter*-Knopf den Job weiterlaufen lassen – bis zum nächsten Diskettenwechsel.

Leider treten so häufig in diesem Verfahren Fehler auf, daß man ihm die Einsatzfähigkeit für Test und Praxis nicht zubilligen kann.

Offensichtlich ist die Sicherungstechnik von DB2 auf Verfahren ausgelegt, die ohne weitere Benutzereingriffe ablaufen. Damit lassen sich auch große Datenbestände auf Servern adäquat sichern. Über kleinere Test-Datenbanken unter OS/2 hat man sich jedoch nur noch wenig Gedanken gemacht. Mit der Version 2.1.2 soll es für OS/2 die notwendigen Verbesserungen geben.

User Exit

Auf OS/2-Servern ist der User Exit die einfachste Möglichkeit, Sicherungen auf Magnetband-Kassetten (Streamer) oder sonstige Medien auszugeben. Unter dem Namen DB2USRXT mit der Ergänzung .CMD oder .EXE können Sie eigene Befehlsdateien in REXX oder Programme dem DB2 zur Sicherung und zum Zurückladen von Datenbank-Objekten zur Verfügung stellen. Sie können natürlich auch eine von 4 Beispiel-Prozeduren benutzen. IBM liefert vier REXX-Prozeduren als Beispiele dazu:

- DB2UEXIT.EX1
- DB2UEXIT.EX2
- DB2UEXIT.EX3
- DB2UEXIT.EX4.

Drei Beispiele unterstützen spezielle Produkte, das vierte Beispiel DB2UEXIT.EX4 benutzt das OS/2-Programm XCOPY. Die Beispiele sind gut kommentiert und können leicht abgewandelt werden.

Wenn Sie unter OS/2 mit dem User Exit eine Datenbank-Sicherung online durchführen, so wie die Datenbank während dieser Zeit still gelegt (QUIESCE): Die Sicherung wartet bis alle aktiven Transaktionen ein Ende (COMMIT oder ROLLBACK) erreicht haben; neue Transaktionen müssen warten, bis die Sicherung durchgelaufen ist.

**Tablespace-
Sicherung**

Um die Sicherung eines Tablespace zu starten, müssen Sie sein Symbol in der Struktur- oder Symbolanzeige anklicken und im *Selected*-Menü *Backup* auswählen. Daraufhin öffnet sich ein Fenster, in dem Sie die nötigen Vorgaben für die Sicherung machen können.

Wie bei der Datenbank können Sie auch hier vorgeben, ob die Sicherung auf Verzeichnisse kopiert wird, über das IBM-Produkt ADSM (ADSTAR Distributed Storage Manager), über Drittsoftware durch Angabe der Shared Library oder DLL oder über einen User Exit erfolgen soll. Sie können zwischen einer Online- oder Offline-Sicherung wählen und Anzahl und Größe der Puffer definieren.

Im Gegensatz zum DB2-Kommando BACKUP DATABASE, dem Sie eine Liste von Tablespace-Namen mitgeben können, können Sie unter dem Database Director Tablespaces nur einzeln sichern. Temporäre Tablespaces können nicht gesichert werden.

Nach Eingabe Ihrer Parameter wird der Backup-Job gestartet, dessen Ablauf Sie im Fenster *Recovery jobs* verfolgen können. Sollten Sie unter OS/2 mit Disketten arbeiten, müssen Sie die umständliche Vorgehensweise, die wir schon bei der Sicherung der Datenbank beschrieben haben, über sich ergehen lassen!

Berechtigungen   Sie können Backup nur mit SYSADM-, SYSCTRL- oder SYSMAINT-Berechtigung ausführen. Eine DBADM-Berechtigung ist nicht ausreichend! Die Prüfung erfolgt im Database Director nicht beim Aufruf des Menüpunkts, sondern erst nach Eingabe der Parameter beim Drücken von *OK* oder *Apply*.

Wiederherstellung (Recovery)

Zunächst müssen Sie unterscheiden, ob

- eine neue Datenbank aufgrund einer Sicherung, die zum Beispiel auf einem anderen Rechner erstellt wurde, eingerichtet werden soll oder

- eine katalogisierte Datenbank wiederhergestellt werden muß.

Datenbank neu einrichten   Soll eine Datenbank neu eingerichtet werden (zum Beispiel weil von einem System auf ein anderes transferiert werden soll), müssen Sie das *Databases*-Symbol in der Struktur- oder Symbolanzeige anklicken und im *Selected*-Menü *Recover to new* auswählen. Daraufhin öffnet sich ein Notizbuch, in dem Sie die nötigen Angaben für das Zurückladen der Datenbank, die Vorwärts-Recovery und den Wiederanlauf eintragen können.

Bild 7.11:

Recovery Notizbuch

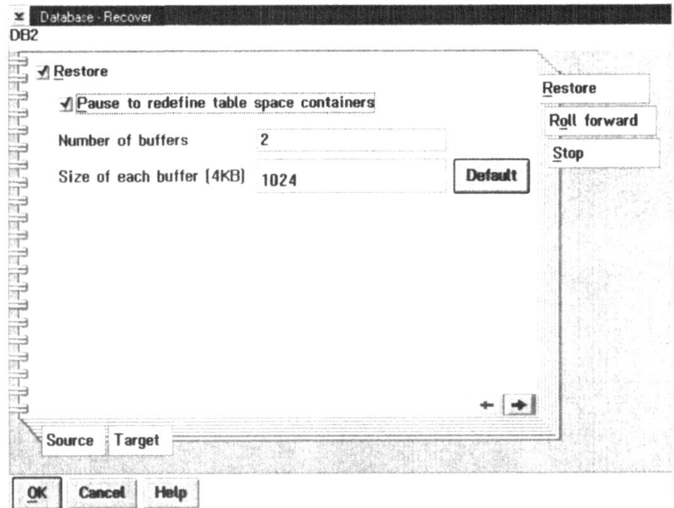

Die Datenbank kann dabei einen neuen Namen erhalten, das heißt Sie können auch die Sicherungskopie einer bestehenden Datenbank unter einem neuen Namen einspielen, um zum Beispiel eine Test-Version von einer produktiven Datenbank anzulegen.

Stehen mehrere Sicherungskopien zur Verfügung, ist eine durch Vorgabe von Erstellungsdatum und -zeit explizit vorzugeben.

Wählen Sie nur das Wiederherstellen, wird im Job nur das RESTORE-Dienstprogramm aufgerufen. Wählen Sie auch die Vorwärts-Recovery, so wird anschließend auch das Dienstprogramm ROLLFORWARD, mit oder ohne Parameter STOP entsprechend Ihrer Angabe, aufgerufen.

In der Regel ist es beim Neuerstellen einer Datenbank aus einer Sicherungskopie notwendig, die Container der Tablespaces neuen Laufwerken zuzuordnen, weil die ursprüngliche Verteilung der Datenbank über die diversen Laufwerke wohl nicht mehr durchgeführt werden kann. Klicken Sie dazu in der ersten Seite des Notizbuchs den entsprechenden Knopf an. Noch vor dem Start des Recovery-Jobs wird Ihnen in einem Abfrage-Fenster die Möglichkeit angeboten, die Container zu redefinieren. Sie können die Redefinition auch überspringen (Taste *Continue*) oder die Wiederherstellung abbrechen (*Cancel*). Wenn Sie sich für die Redefinition entscheiden, werden Ihnen in einem Fenster oben die definierten Tablespaces angezeigt, und unten die Container-Definitionen zum jeweils per Maus-Klick ausgewählten Tablespace. Sie können die Container-Definitionen ändern oder löschen und neue Container hinzufügen.

Bild 7.12:
Redefinition von
Comtainern im
Recovery Notizbuch

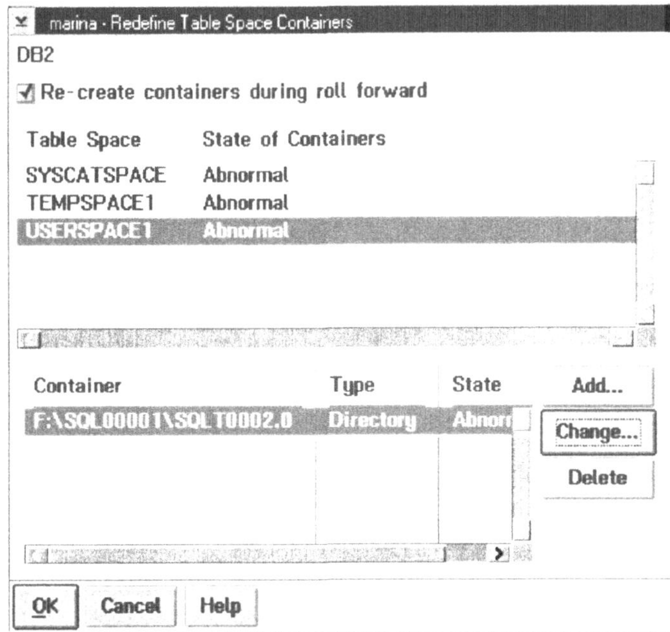

Nach der Redefinition der Container wird der Recovery-Job gestartet, dessen Ablauf Sie im Fenster *Recovery jobs* verfolgen können. Sollten Sie unter OS/2 mit Disketten arbeiten, müssen Sie die umständliche Vorgehensweise, die wir schon bei der Sicherung beschrieben haben, über sich ergehen lassen!

Berechtigungen

Sie können die Wiederherstellung in eine neue Datenbank nur mit SYSADM- oder SYSCTRL-Berechtigung ausführen. Die Prüfung erfolgt im Database Director nicht beim Aufruf des Menüpunkts, sondern erst nach Eingabe der Parameter beim Drücken von *OK* oder *Apply*.

<table>
<tr><td>Datenbank
wiederherstellen</td><td>Müssen Sie eine bestehende Datenbank beispielsweise nach einem Ausfall eines Plattenlaufwerks wiederherstellen, haben Sie im Database Director zwei Möglichkeiten, die Recovery zu starten: Sie können</td></tr>
</table>

- mit dem Datenbank-Symbol arbeiten oder

- die Wiederherstellungs-Protokolle der Datenbank (*Recovery History*) nutzen.

Wollen Sie mit dem Datenbank-Symbol arbeiten, müssen Sie das *Database*-Symbol der entsprechenden Datenbank in der Struktur- oder Symbolanzeige anklicken und im *Selected*-Menü *Recover* auswählen. Daraufhin öffnet sich ein Notizbuch, in dem Sie die nötigen Angaben für das Zurückladen der Datenbank, die Vorwärts-Recovery und den Wiederanlauf machen können. Sie haben auch hier wieder die Möglichkeit, die Container der Tablespaces neu zu konfigurieren.

Der Alias-Name der Datenbank in der Sicherung und der aktuelle Alias-Name müssen als Voraussetzung für den Start des RESTORE-Vorgangs übereinstimmen.

Stehen mehrere Sicherungskopien zur Verfügung, ist eine durch Vorgabe von Erstellungsdatum und -zeit explizit vorzugeben.

Nach Eingabe Ihrer Parameter in das Notizbuch und gegebenenfalls der Redefinition der Container wird der Recovery-Job gestartet, dessen Ablauf Sie im Fenster *Recovery jobs* verfolgen können. Sollten Sie unter OS/2 mit Disketten arbeiten, müssen Sie die umständliche Vorgehensweise, die wir schon bei der Sicherung beschrieben haben, über sich ergehen lassen!

Wählen Sie nur das Wiederherstellen, wird im Job nur das RESTORE-Dienstprogramm aufgerufen. Wählen Sie auch die Vorwärts-Recovery, so wird anschließend das Dienstprogramm ROLLFORWARD, mit oder ohne Parameter *STOP* entsprechend Ihrer Angabe, aufgerufen. Eine Vorwärts-Recovery können Sie natürlich nur durchführen, wenn Sie die Log-Dateien aufbewahrt haben.

<table>
<tr><td>Vorwärts-Recovery</td><td>Haben Sie sich dafür entschieden, RESTORE und ROLLFORWARD getrennt durchzuführen, müssen Sie nach dem RESTORE über das Selected-Menü den Menüpunkt Roll forward auswählen. In einem Fenster können Sie dann zwischen einer Vorwärts-Recovery bis zum Absturz-Zeitpunkt (Ende der Log-Dateien) oder bis zu einem anderen, von Ihnen anzugebenden Zeitpunkt wählen. Die Recovery bis zum Ende der Log-Dateien sollten Sie,</td></tr>
</table>

sofern Sie die Vorwärts-Recovery auf der Datenbank aktiviert hatten, dann wählen, wenn die Datenbank durch Hardware- oder Software-Fehler zerstört wurde, die Log-Dateien bis zum Zeitpunkt des Ausfalls aber verfügbar sind[3].

Bild 7.13:
Roll Forward

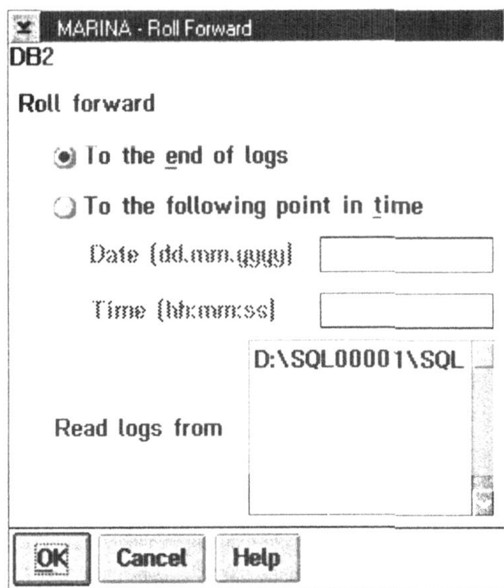

Die Recovery bis zu einem bestimmten Zeitpunkt sollten Sie unter der gleichen Voraussetzung dann wählen, wenn die Datenbank logisch inhaltlich beschädigt wurde und Sie einen Zeitpunkt bestimmen können, wann sie noch in Ordnung war.

Bei einer solchen Recovery verlieren Sie alle Log-Daten, die nach dem vorgegebenen Zeitpunkt liegen. Sollten Sie Zweifel haben, ob Sie diese doch noch mal benötigen, zum Beispiel zur Rekonstruktion des Fehlers, sollten Sie sie sichern.

Weiterhin können Sie in dem Fenster die Verzeichnisse der Log-Dateien vorgeben. Standard ist das Verzeichnis, das unter dem Konfigurations-Parameter *logpath* angegeben ist.

Sie können in diesem Fenster **nicht** den Parameter STOP des ROLLFORWARD DATABASE-Kommandos vorgeben. Mit Ihren

---

[3] Nicht nur aus Durchsatzgründen sondern auch wegen der Sicherheit lohnt es sich, die Log-Dateien auf eine andere physische Platte (nicht Laufwerk auf derselben Platte) zu legen!

Angaben wird ein Job gestartet, dessen Ablauf Sie im Fenster *Recovery jobs* verfolgen können.

Sie müssen abschließend die Vorwärts-Recovery explizit durch Aufruf des Menüpunkts *Stop recovery* im *Selected*-Menü beenden. Dafür wird allerdings kein Job gestartet.

Sie dürfen übrigens die beiden Menüpunkte nur aufrufen, wenn die Datenbank tatsächlich im Status *roll-forward pending* ist. Ansonsten erhalten Sie eine Fehlermeldung (Leider sind die Menüpunkte aktiviert, auch wenn sie nicht erlaubt sind!).

Unschön ist es auch, daß der Status einer Datenbank über das Konfigurations-Notizbuch abgefragt werden muß. Eine direkte Anzeige von Stati wie *backup pending* oder *roll-forward pending* über eine Detailanzeige oder die Datenbank-Symbole wäre für den Datenbank-Administrator sehr hilfreich.

Tablespaces wiederherstellen

Müssen Sie nur Tablespaces wiederherstellen, haben Sie im *Database Director* wie bei der Datenbank zwei Möglichkeiten, die Recovery zu starten: Sie können mit dem Tablespace-Symbol arbeiten oder die *Recovery History* der Datenbank nutzen.

Wollen Sie mit dem Tablespace-Symbol arbeiten, müssen Sie das *Tablespaces*-Symbol der entsprechenden Datenbank in der Struktur- oder Symbolanzeige anklicken und im *Selected*-Menü *Recover* auswählen. Daraufhin öffnet sich ein Notizbuch, in dem Sie die nötigen Angaben für das Zurückladen aller Tablespaces, die in der Sicherungskopie enthalten sind, und deren Vorwärts-Recovery machen können. Sie haben auch hier wieder die Möglichkeit, die Container der Tablespaces neu zu konfigurieren.

Stehen mehrere Sicherungskopien zur Verfügung, ist eine durch Vorgabe von Erstellungsdatum und -zeit explizit vorzugeben.

Nach Eingabe Ihrer Parameter in das Notizbuch und gegebenenfalls der Redefinition der Container wird der Recovery-Job gestartet, dessen Ablauf Sie im Fenster *Recovery jobs* verfolgen können. Sollten Sie unter OS/2 mit Disketten arbeiten, müssen Sie die umständliche Vorgehensweise, die wir schon bei der Sicherung beschrieben haben, über sich ergehen lassen!

Wählen Sie nur das Wiederherstellen, wird im Job nur das RESTORE-Dienstprogramm aufgerufen. Wählen Sie auch die Vorwärts-Recovery, so wird anschließend das Dienstprogramm ROLLFORWARD aufgerufen.

Wollen Sie sich übrigens den Status eines Tablespace während der Recovery ansehen und rufen Sie deshalb die Anzeige der Tablespaces auf, wird Ihnen dieses verweigert, weil der Zugriff auf einen Tablespace nicht zulässig sei (SQL0209N). Sie erhalten vom *Database Director* weder die Information, welcher Tablespace betroffen ist, noch die korrekten angezeigt.

Berechtigungen

Sie können die Wiederherstellung einer existierenden Datenbank oder ihrer Tablespaces nur mit SYSADM-, SYSCTRL- oder SYSMAINT-Berechtigung ausführen. Die Prüfung erfolgt im Database Director nicht beim Aufruf des Menüpunkts, sondern erst nach Eingabe der Parameter beim Drücken von „OK".

Wiederherstellungs-Protokoll (Recovery History) nutzen

Alternativ zum Aufruf der Wiederherstellungsfunktionen über das Datenbank-Symbol können Sie dazu auch die Wiederherstellungs-Protokolle (*Recovery History*) der betroffenen Datenbank nutzen. Sie finden hier eine recht komfortable Möglichkeit, eine Recovery zu starten: Per Maus-Doppelklick auf dem Symbol öffnen Sie das Fenster mit der Detailanzeige der aufbewahrten Sicherungs- und Recovery-Jobs sowie der Ladevorgänge mit dem LOAD-Dienstprogramm.

Bild 7.14:
Roll Forward

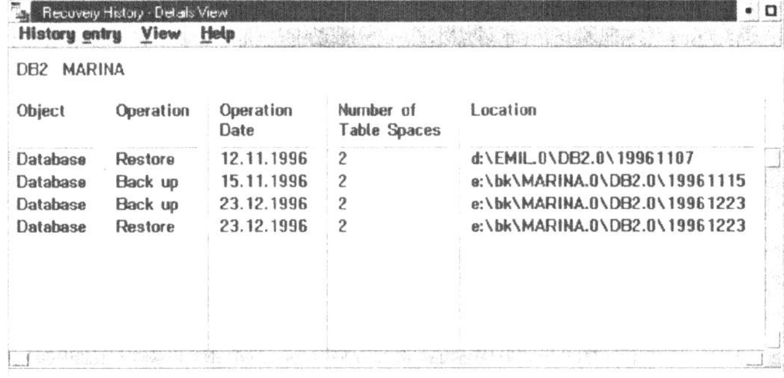

Object	Operation	Operation Date	Number of Table Spaces	Location
Database	Restore	12.11.1996	2	d:\EMIL.0\DB2.0\19961107
Database	Back up	15.11.1996	2	e:\bk\MARINA.0\DB2.0\19961115
Database	Back up	23.12.1996	2	e:\bk\MARINA.0\DB2.0\19961223
Database	Restore	23.12.1996	2	e:\bk\MARINA.0\DB2.0\19961223

Die Anzeige der Jobs kann von Ihnen Ihren jeweiligen Anforderungen entsprechend eingestellt werden: zum Beispiel Anzeige nur der Sicherungen eines Zeitraums, der Tablespace-Sicherungen und -Recoveries usw. Getrennt durchgeführte Jobs für RESTORE und ROLLFORWARD werden in dieser Anzeige zusammengefaßt.

Sie können sich in diesem Fenster die Sicherungen ansehen und eine geeignete per Maus-Klick auswählen. Über das Hauptmenü *History entry* rufen Sie dann unter dem Menüpunkt *Recover Database* beziehungsweise *Recover Table spaces* das Notizbuch zur Vorgabe der Widerherstellungs-Parameter auf. Die Angaben zur ausgewählten Sicherung sind bereits voreingestellt.

Nach Eingabe Ihrer Parameter in das Notizbuch und gegebenenfalls der Redefinition der Container wird der Recovery-Job gestartet, dessen Ablauf Sie im Fenster *Recovery jobs* verfolgen können. Ein erfolgreicher Job wird auch in der *Recovery History* vermerkt. Auch dieses Fenster müssen Sie dazu manuell aktualisieren.

Führen Sie RESTORE und ROLLFORWARD getrennt durch, so sind beide Maßnahmen über denselben Menüpunkt und das Wiederherstellungs-Notizbuch aufzurufen. Sie müssen dort lediglich die jeweils gewünschte Maßnahme anklicken. Nutzen Sie eine Online-Sicherung, so werden Ihnen die Zusammenfassung von RESTORE und ROLLFORWARD zu einem Job im Notizbuch voreingestellt.

Da Sie bei einem Datenbank- oder Tablespace-Ausfall ohnehin nach einer geeigneten Sicherung suchen müssen, bietet sich die Arbeit mit der *Recovery History* zum Suchen der Sicherung und zum Starten der Wiederherstellungsmaßnahmen an. Die Datei wird bei einem RESTORE nicht überschrieben, wenn sie in Ordnung ist.

Jedoch sollten Sie sich nicht allein auf sie verlassen und eigene Aufzeichnungen über Ihre Sicherungen führen. Bedenken Sie, daß zum Beispiel auch das Laufwerk, auf dem die Datei *db2rhist.asc* liegt, einmal Schaden nehmen oder ein größeres Unglück Sie zum Ausweichen auf einen anderen Rechner zwingen könnte. Zwar können Sie zunächst auch die Datei alleine wiederherstellen, aber Sie müssen wissen, woher!

Der *Database Director* bietet die Möglichkeiten zur Sicherung und Wiederherstellung mit komfortabler Benutzerführung an. Nicht in allen Punkten sind seine Funktionen deckungsgleich mit den Möglichkeiten, die sich über die entsprechenden DB2-Kommandos und ihre Parameter bieten. Andererseits sind die Bearbeitung der Wiederherstellungs-Protokolle und das Redefinieren der Container nur im *Database Director* möglich. Einige Mängel und Verbesserungsmöglichkeiten haben wir schon genannt. Es bleibt also für IBM noch einiges zu tun. Warten wir einfach voller Optimismus ab, was in der nächsten Version auf uns zu kommt!

7.2   Dienstprogramme für den Datenaustausch

Für den Austausch von Daten mit anderen Software-Paketen bietet DB2 drei Dienstprogramme:

- IMPORT lädt Daten unterschiedlichen Formats in DB2-Tabellen

- EXPORT erstellt aus Tabelleninhalten Dateien in verschiedenen Formaten

- LOAD ermöglicht das schnelle Laden von Tabellen.

In den folgenden Abschnitten erläutern wir Ihnen zuerst die unterschiedlichen Datenformate und dann stellen wir Ihnen die Dienstprogramme kurz vor.

7.2.1   Formate für den Datenaustausch

Sie können Daten in vier verschiedenen Formaten in die Datenbank laden und in drei Formaten entladen. Die Formate sind:

Format	Bedeutung
DEL	Begrenztes ASCII-Format (DELimited ASCII), in dem die Spaltenwerte durch Begrenzerzeichen voneinander getrennt werden
ASC	ASCII-Format ohne Begrenzerzeichen, in dem die Spaltenwerte auf feste Positionen ausgerichtet sind
WSF	Arbeitsblatt-Format (Work-Sheet Format) für Tabellenkalkulations-Programme wie Lotus 1-2-3 und Symphony. DB2 unterstützt die Produkte • Lotus 1-2-3 Release 1, 1A, 2 und 2J • Lotus Symphony Release 1.0 und 1.1
IXF	PC-Version des Integrierten Austauschformats (Integrated eXchange Format) für den Datenaustausch innerhalb von DB2

Bei den Formaten DEL, ASC und WSF muß die Tabelle vor dem Laden mit allen Spalten- und Datentyp-Angaben definiert werden. Die Datentypen in der Eingabedatei werden in die zugehörigen Datentypen der Tabelle konvertiert.

Beim IXF-Format muß die Tabelle nicht existieren. Sie kann beim Laden (IMPORT) angelegt werden. Allerdings werden benutzerdefinierte Datentypen (UDTs) nicht übernommen, sondem nur ihr Basistyp. Ebenso werden beim Entladen UDTs nicht unterstützt, sondern auf den Basistyp zurückgeführt.

DEL-Format

Eine Datei im DEL-Format ist eine sequentielle ASCII-Datei mit Zeilen- und Spalten-Begrenzern. Als Zeilen-Begrenzer wird der im jeweiligen Betriebssystem übliche verwendet: unter UNIX das ASCII-Zeichen *line feed* (LF) und unter OS/2 die ASCII-Zeichenfolge *carriage return* und *line feed* (CRLF). Die weiteren Standard-Begrenzer sind Komma (,) für Spalten, Anführungszeichen (") für Zeichenketten und Punkt als Dezimalstellentrenner. Sie können umdefiniert werden. Führende oder folgende Leerzeichen außerhalb begrenzter Zeichenketten werden ignoriert. Zum Beispiel:

```
"Blaubär, Käptn", 1289,25.01
"Blöd, Hein", 4712,36.25
```

Die Zeichenketten-Begrenzer sind in unserem Beispiel notwendig, damit das Komma zwischen Namen und Vornamen nicht als Spalten-Begrenzer interpretiert wird. Sonst reichen auch Leerzeichen als Begrenzer für Zeichenketten aus.

Wenn Sie die Begrenzer redefinieren wollen, sollten Sie daran denken, daß

- Leerzeichen als Spalten- oder Zeichenketten-Begrenzer untauglich sind

- ein Punkt als Zeichenketten-Begrenzer wegen seiner Verwendung in Datums- und Zeitangaben nicht eindeutig ist

- der von Ihnen gewählte Zeichenketten-Begrenzer nicht als Zeichen in den Daten selbst vorkommt.

Überschreitet beim Exportieren eine Zeichenkette die Länge von 254 Bytes, erhalten Sie eine Warnung. Die maximale Länge einer Zeichenketten für das Laden ist die maximale Spaltengröße von 32700 Bytes (LONG VARCHAR).

Numerische Werte können in den Formaten Ganzzahl (*integer*), Dezimalzahl oder Exponentialzahl geladen werden.

Datums- und Zeitangaben werden beim Laden entsprechend den nationalen Konventionen der Zieldatenbank akzeptiert. Beim Exportieren werden standardmäßig Datumsangaben im Format YYYYMMDD erzeugt.

Beim Laden wird unterstellt, daß der Eingabedatei denselben Zeichensatz zugrunde liegt wie der Datenbank.

Vorausgesetzt in den exportierten Zeichenketten sind keine Zeilenvorschübe enthalten, eignen sich Dateien im DEL-Format als Textdateien gut, um auf andere Plattformen transferiert und dort geladen zu werden. Die üblichen Programme für den File-Transfer sorgen in der Regel dafür, daß die notwendigen Zeichensatz- und Format-Konvertierungen durchgeführt werden.

ASC-Format

Eine Datei im ASC-Format ist eine sequentielle ASCII-Datei mit Zeilen-Begrenzern. Die Daten sind spaltenweise ausgerichtet.

Als Zeilen-Begrenzer wird der im jeweiligen Betriebssystem übliche verwendet: unter UNIX das ASCII-Zeichen *line feed* (LF) und unter OS/2 die ASCII-Zeichenfolge *carriage return* und *line feed* (CRLF). An Stelle der Zeilen-Begrenzer kann die Zeilenlänge mit dem RECLEN-Parameter fest vorgegeben werden.

Jede Spalte einer Zeile wird durch die paarweise Angabe von Anfangs- und Endposition als relative Byte-Adresse zum Zeilenanfang (beginnend mit 1) definiert. Die Spaltenangaben dürfen sich überlappen.

Innerhalb einer Datei besitzt jede Zeile dieselben Spalten-Definitionen. Alle Zeilen enthalten nur Daten.

Beim Laden wird unterstellt, daß der Eingabedatei denselben Zeichensatz zugrunde liegt wie der Datenbank.

WSF-Format

Die Versionen von Lotus 1-2-3 und Symphony benutzen dasselbe Basis-Format, ergänzt um versionspezifische Funktionen. DB2 unterstützt eine Untermenge dieser Format-Varianten. Jede Datei im WSF-Format repräsentiert ein Arbeitsblatt mit folgenden Konventionen:

- Die Zellen der ersten Zeile dienen der Beschreibung des gesamten Arbeitsblatts. Sie werden beim Laden ignoriert.
- Die Zellen der zweiten Zeile werden als Spalten-Bezeichner benutzt.
- Die restlichen Zeilen werden als Datenzeilen angesehen.

Numerische Daten werden in WSF-Dateien grundsätzlich in der Byte-Reihenfolge des PCs (Intel-Format) gespeichert, auch wenn unter UNIX die zugrunde liegende Hardware die in der 32-Bit-Architektur übliche Reihenfolge verwendet. Daher kann DB2 auch eine WSF-Datei laden, die auf einer anderen Plattform erstellt wurde. Der File-Transfer muß für WSF-Dateien im Binär-Modus erfolgen.

IBM weist darauf hin, daß es aus Kompatibilitätsgründen beim Exportieren von Daten und Erstellen einer WSF-Datei zu Datenverlusten kommen könne. Daher sollte es auch nur für den Datenaustausch mit Lotus-Tabellenkalkulationen benutzt werden.

Der Zeichensatz, der in Lotus-WSF-Dateien verwendet wird, ist nicht immer identisch mit den Zeichensätzen, die unter DB2 Anwendung finden. Daher werden beim Laden oder Entladen gegebenenfalls Daten konvertiert.

PC/IXF-Format   Die PC-Variante des IXF-Formats wird speziell von DB2 Common Server benutzt. Auch beim Laden wird **nicht** die *Host*-Variante des IXF-Formats akzeptiert.

Eine Datei im PC/IXF-Format enthält die Definitionen einer Tabelle, ihrer Indizes und ihre Daten. Daten, die im PC/IXF-Format entladen wurden, können in eine andere DB2 Common Server-Datenbank geladen werden. Die Datei darf nicht mehr als 1024 Spalten besitzen.

Numerische Daten werden in PC/IXF-Dateien grundsätzlich in der Byte-Reihenfolge des PCs (Intel-Format) gespeichert, auch wenn unter UNIX die zugrunde liegende Hardware die in der 32-Bit-Architektur übliche Reihenfolge verwendet.

Vier Bytes lange Gleitkommazahlen gelten als nicht kompatibel und werden nicht akzeptiert.

Die Nummer des Zeichensatzes wird in der Datei gespeichert und mit der Zeichensatz-Identifikation von Anwendung und Datenbank verglichen. Mit der Parameterangabe FORCEIN können Abweichungen beim Laden ignoriert werden. Es ist auch möglich, Konvertierungstabellen zu benutzen.

Das PC/IXF-Format unterstützt auch den Datenaustausch mit *Host*-Systemen mittels DRDA. Die Daten müssen die Beschränkungen beider Systeme einhalten. Tabellen- und Index-Definitionen werden nicht benutzt, das heißt beim Laden über DDCS muß die Tabelle schon existieren.

7.2.2   LOAD

Das Dienstprogramm LOAD dient dazu, existierende Tabellen mit großen Mengen von Daten erstmalig oder ergänzend zu laden. Es schreibt formatierte Blöcke (*pages*) direkt in die Datenbank, ohne SQL-Befehle wie INSERT zu benutzen. Es umgeht außerdem das übliche Aufzeichnen der Änderungen auf den

Log-Dateien. Stattdessen können Sie wahlweise eine Kopie des geladenen Teils der Tabellen erstellen lassen (Parameter *COPY YES*).

Für wiederherstellbare Datenbanken müssen Sie entweder von LOAD eine Kopie des geladenen Teils der jeweiligen Tabelle erstellen lassen oder eine Sicherung der zugehörigen Tablespaces nach dem Ladevorgang durchführen.

Das Dienstprogramm wird mit dem DB2-Kommando LOAD aufgerufen.

Tablespaces, die zu ladende Tabellen enthalten, werden zur exklusiven Nutzung durch LOAD stillgelegt.

Die zu ladenden Daten können Dateien, Pipes oder Laufwerken entnommen werden. Sie müssen aber im Netzwerk auf demselben Knoten stehen wie die Datenbank.

LOAD unterstützt die Eingabeformate ASC, DEL und IXF (siehe Kapitel 7.2.1, *Formate für den Datenaustausch*). In Abhängigkeit vom Eingabeformat können mit dem Parameter *METHOD* weitere Angaben zu den zu ladenden Spalten gemacht werden.

Spalten, die mit NOT NULL definiert wurden, müssen mit Datenwerten versorgt werden, sonst werden die Zeilen abgewiesen.

LOAD kennt keine Beschränkungen hinsichtlich der unterstützten Datentypen, auch nicht für LOBs oder UDTs. LOB-Daten können aus gesonderten Dateien in eigenen Verzeichnissen geladen werden (Angabe *LOBSINFILE*).

LOAD-Phasen

Das LOAD-Dienstprogramm arbeitet in dreiphasig:

- In der ersten Phase wird der eigentliche Ladevorgang durchgeführt. Dabei werden Schlüsselwerte zu Indizes für die zweite Phase in temporären Dateien gesammelt. Die Verzeichnisse für diese temporären Dateien können mit dem Parameter USING explizit gewählt werden. Soweit vorgegeben (Parameter *STATISTICS YES*) werden auch die tabellenbezogenen Daten für die Katalog-Statistiken gesammelt. Entsprechend den Vorgaben (Parameter *SAVECOUNT*) werden in regelmäßigen Abständen Sicherungspunkte für einen eventuellen Start nach Abbrüchen geschrieben. Der Parameter sollte nicht zu klein gewählt werden, um deutliche Minderungen der Performance zu vermeiden. Bei einem Wiederaufsetzen nach einem Abbruch ist der letzte erfolgreiche Sicherungspunkt als Parameterwert zu *RESTARTCOUNT* mitzugeben.

- In der zweiten Phase werden die Indizes auf Basis der zuvor gesammelten Schlüsselwerte erstellt. Soweit vorgegeben (im Parameter *STATISTICS*) werden auch die indexbezogenen Daten für die Katalog-Statistiken gesammelt. Diese Phase kann nach einem Absturz nur komplett wiederholt werden.

- In der dritten Phase werden alle Zeilen gelöscht, die eine Verletzung einer Eindeutigkeitsbedingung (Primärschlüssel- oder *UNIQUE*-Angabe) verursacht haben. Wurden Statistikdaten gesammelt, so werden diese nicht im Katalog abgelegt, wenn in dieser Phase Zeilen gelöscht werden. Diese Phase kann nach einem Absturz nur komplett wiederholt werden.

Ausnahmen-Tabelle

Soweit vorgegeben (Parameter FOR EXCEPTION) werden die nicht eindeutigen Zeilen in eine Tabelle geschrieben, in der sie nachträglich gegebenenfalls korrigiert und per INSERT-Befehl geladen werden können. Diese Tabelle muß von Ihnen angelegt werden und sollte vor dem Aufruf des Lade-Vorgangs geleert werden (DELETE), damit nicht aktuelle Fehler mit alten aus vorherigen Läufen gemischt werden.

Geben Sie keine Tabelle an, werden von LOAD nur Fehlermeldungen ausgegeben und die entsprechenden Tabellenzeilen gelöscht.

Die Ausnahmen-Tabelle kann von LOAD und von nachfolgenden SET CONSTRAINTS-Befehlen genutzt werden, da ihr Aufbau für beide Fälle identisch ist:

- Die ersten n Spalten müssen mit der Originaltabelle übereinstimmen, weil hier die Zeile abgelegt wird, die die Integritätsbedingungen verletzt.

- Die Spalte $n+1$ ist optional und kann einen Zeitstempel aufnehmen, was sehr nützlich ist, wenn mehrere Prüfvorgänge eine Tabelle benutzen.

- Die Spalte *n+2* ist ebenfalls optional, muß vom Datentyp CLOB und mindestens 32 kB groß sein und nimmt die Beschreibung der Integritätsverletzungen dieser Zeile auf. Diese Spalte hat eine sich wiederholende Struktur (womit die Tabelle die Grundlage des relationalen Modells verlassen hat[4]):

Nummer	Inhalt	Datentyp	Anmerkung
1	Anzahl Fehler	char(5)	rechtsbündig, führende Nullen
2	Fehlerart	char(1)	I = Indexwert nicht eindeutig F = Fremdschlüssel-Fehler K = Check-Prüfung fehlerhaft
3	Länge des Namensfelds	char(5)	rechtsbündig, führende Nullen
4	Index-ID oder Name der Integritätsbedingung	char (Feld-3)	
5	Trenner	char(3)	" : " = Leerzeichen, Doppelpunkt, Leerzeichen
. . .	Wiederholung der Felder 2 bis 4 mit Gruppentrenner (Feld 5) jeweils dazwischen entsprechend Feld 1		

---

[4] Solange SQL diese Wiederholungsgruppen nicht elegant unterstützt, sehen wir darin einen peinlichen Rückfall in prä-relationale Zeiten!

- LOAD ermittelt nur die Fehlerart *I*, SET CONSTRAINTS die beiden anderen.

- Wenn Sie diese Tabelle nach Fehlern abfragen wollen, müssen Sie diese Spalte mit der Funktion SUBSTR() auswerten. Wünschen Sie eine relationale Darstellung von Zeilen und ihren Fehlern, so müssen Sie die Ausnahmen-Tabelle mit einem rekursiven SELECT umsetzen. Im SQL Reference Manual finden Sie eine Musterlösung dafür.

Auf die beiden letzten Spalten der Ausnahmen-Tabelle sollten Sie nur dann verzichten, wenn die Originaltabelle bereits die maximale Anzahl von Spalten (255) erreicht hat.

Möglicherweise bleiben nach dem Laden Tabellen im Status *check pending*, weil CHECK-Bedingungen oder die referentielle Integrität noch zu prüfen sind. Diese Prüfungen müssen Sie mit dem SQL-Befehl SET CONSTRAINTS ausführen.

Trigger, die die Einhaltung von Integritätsregeln sicherstellen sollen, werden beim Laden mit diesem Dienstprogramm **nicht** ausgeführt.

Bei wiederherstellbaren Datenbanken bleiben die betroffenen Tablespaces nach dem Lade-Lauf im Status *backup pending*, wenn Sie diesen nicht mit dem Kopieren (*COPY YES*) der geladenen Zeilen aufgerufen haben. Das Kopieren während des Ladens führt zwar zu Performance-Verlusten, ist aber nach IBM-Angabe schneller als ein Laden ohne Kopieren mit anschließender Sicherung der betroffenen Tablespaces.

Nach Abstürzen des LOAD-Dienstprogramms bleiben die betroffenen Tablespaces im Status *load pending*, bis LOAD wiederaufgesetzt, mit *REPLACE*-Option erneut gestartet oder eine Wiederherstellung der Tablespaces durchgeführt wurde. Ein automatisches Zurücksetzen nach Abstürzen (ROLLBACK) kann nicht erfolgen, da von LOAD keine Log-Dateien beschrieben werden. Tabellenzeilen, die mit der REPLACE-Option ohnehin überschrieben werden sollten, sind bei einem Abbruch konsequenterweise auch zerstört.

Mit Hilfe des DB2-Kommandos LOAD QUERY können Sie sich zur Laufzeit von LOAD über den Lade-Lauf informieren. Dazu sollten Sie beim Aufruf von LOAD den Parameter *REMOTE FILE* explizit und mit Pfadangabe vorgeben. Das LOAD-Dienstprogramms benutzt den angegebenen Dateinamen für temporäre Dateien, die nicht zur Zwischenspeicherung von Indexwerten gebraucht werden. Beim Aufruf von LOAD QUERY müssen Sie nämlich diesen REMOTE FILE-Parameter zwingend angeben, um die gewünschten Informationen zu erhalten.

Performance

LOAD ist beim Überschreiben einer Tabelle schneller als beim Hinzufügen von Zeilen. Laut IBM ist bei einer leeren Tabelle der INSERT-Modus noch ein wenig schneller als der REPLACE-Modus. Je mehr zusätzliche Aufgaben zum eigentlichen Laden der Daten hinzukommen, desto mehr Performance-Verluste sind zu erwarten. Das Sammeln von Statistiken, das Erzeugen von Kopien, das Erstellen von Indizes oder auch Fehler wie die Verletzung von Eindeutigkeitsbedingungen lassen LOAD langsamer werden. Im Normalfall ist LOAD aber mit Index-Erstellung schneller als ein Laden ohne Indizes und eine darauf folgende Reihe von CREATE INDEX-Befehlen.

Wenn Sie nur eine vergleichsweise geringe Anzahl Zeilen zu einer großen Tabelle mit mehreren Indizes hinzufügen wollen, sollten Sie über Alternativen wie das Dienstprogramm IMPORT oder ein eigenes Ladeprogramm nachdenken.

Zur Optimierung können Sie die Parameter *DATA BUFFER* und *SORT BUFFER* nutzen und für temporäre Dateien mehrere Verzeichnisse auf verschiedenen Laufwerken angeben (*USING*).

Beim Vergleich mit Alternativen bedenken Sie immer die gesamte Zeit, die benötigt wird, um die Tabelle betriebsfähig zu erstellen. Vergessen Sie nicht Nacharbeiten wie Sicherungen, SET CONSTRAINTS-Befehle, RUNSTATS-Aufrufe oder getrennte CREATE INDEX-Befehle in Ihre Kalkulation einzubeziehen.

Berechtigungen

Für den Aufruf des LOAD-Dienstprogramms müssen Sie über SYSADM- oder DBADM-Berechtigung verfügen.

Beispiel

Im folgenden Beispiel laden wir Yacht-Daten für unsere Anwendung *Marina*. Doppelte Zeilen werden in die Ausnahmen-Tabelle **yacht_ex** geschrieben:

```
load from "d:\yacht.dlm" of del insert into yacht for exception
yacht_ex
```

7.2.3 IMPORT

Das Dienstprogramm IMPORT lädt Daten in eine Tabelle oder Sicht, wobei bereits vorhandene Zeilen auch überschrieben werden können (Parameter *REPLACE* oder *REPLACE_CREATE*). Verweisen allerdings Fremdschlüssel auf die Zeilen, können sie nicht überschrieben werden; IMPORT erlaubt dann nur ein Hinzufügen neuer Daten (*INSERT*) oder ein Ändern vorhandener (*INSERT_UPDATE*).

Zusätzlich zur Tabelle können die Spalten angegeben werden, für die Datenwerte bereitgestellt werden.

IMPORT unterstützt Dateien in den Formaten PC/IXF, WSF, DEL oder ASC.

Mit Dateien im Format PC/IXF können Sie auch neue Tabellen anlegen und laden (Parameter *CREATE* oder *CREATE_REPLACE*).

Für LOB-Spalten können die Daten entweder in derselben Datei oder in getrennten Dateien (Angabe *lobsinfile*) stehen. Werden die LOBs aus getrennten Spalten geladen, enthält der entsprechende Datenwert in der primären Datei den Dateinamen der LOB-Datei.

Stehen die LOB-Daten direkt in der Eingabedatei, ist ihre maximale Größe auf 32.700 Bytes beschränkt.

Benutzerdefinierte Datentypen (UDTs) werden automatisch in ihre Basis-Datentypen konvertiert.

Für das Wiederaufsetzen nach Abstürzen können Sie Intervalle in Anzahl Eingabezeilen angeben, nach denen ein COMMIT durchgeführt werden soll (Parameter *COMMITCOUNT*). Nach einem Absturz können Sie zum Wiederaufsetzen die Anzahl zu überlesender Eingabezeilen vorgeben (Parameter *RESTART-COUNT*).

Tabellen übertragen Wollen Sie eine Tabelle mit ihren Definitionen und Daten in eine andere DB2-Datenbank übernehmen, so bieten sich die Dienstprogramme EXPORT und IMPORT unter Verwendung des PC/IXF-Formats an. Allerdings gehen Ihnen doch Fremdschlüssel-Definitionen, Bedingungen zur referentiellen Integrität und UDTs verloren. Exportieren Sie LOBs in getrennte Dateien, geht Ihnen auch die Länge der LOB-Definition verloren. Folgende Eigenschaften der ursprüngliche Tabelle bleiben erhalten:

- Spalten-Informationen wie
  - Name
  - Datentyp
  - Länge (außer LOBs)
  - Zeichensatz
- Index-Informationen wie
  - Name
  - Schema

- Spaltennamen (Zeichen "+" oder "-" nicht als Namensteil erlaubt)
- Sortierfolge
- Eindeutigkeit.

Berechtigungen

Um Daten in eine neue Tabelle zu laden, müssen Sie entweder SYSADM-, DBADM- oder CREATETAB-Berechtigung besitzen. Um Daten in einer Tabelle oder Sicht überschreiben zu können, müssen Sie entweder SYSADM- oder DBADM-Berechtigung oder das CONTROL-Recht an der Tabelle oder Sicht besitzen. Um Daten zu einer Tabelle oder Sicht hinzuzufügen, benötigen Sie nur die SELECT- und INSERT-Rechte an der Tabelle oder Sicht.

Gegenüberstellung IMPORT - LOAD

Bei großen Datenmengen ist LOAD eine mögliche Alternative zu IMPORT. Die folgende Tabelle kann Ihnen bei der Entscheidung behilflich sein.

IMPORT	LOAD
Deutlich langsamer bei großen Datenmengen	Deutlich schneller bei großen Datenmengen, da formatierte Blöcke direkt in die Datenbank geschrieben werden
Bei IXF-Format können Tabellen und Indizes erstellt werden	Tabellen und Indizes müssen existieren
WSF-Format wird unterstützt	WSF-Format nicht möglich
Laden von Tabellen und Sichten	Laden von Tabellen
Zugehörige Tablespaces bleiben online	Zugehörige Tablespaces sind während des Ladevorgangs offline
Vollständiges Logging	Nur minimales Logging
Trigger werden ausgeführt	Trigger werden nicht unterstützt
Bricht ein IMPORT mit Parameter *commitcount* vorzeitig ab, ist die Tabelle benutzbar und enthält alle Zeilen bis zum letzten COMMIT. Der IMPORT kann wiederaufgesetzt werden.	Bricht ein LOAD mit Parameter *savecount* vorzeitig ab, bleibt die Tabelle im Status *load pending* und kann nicht benutzt, bis der LOAD wiederaufgesetzt wird oder der Tablespace mit RESTORE wiederhergestellt wird.

IMPORT	LOAD
Als Arbeitsbereich werden die Größe des größten Index + 10 % in einem temporären Tablespace belegt.	Als Arbeitsbereich wird etwa die Größe aller Indizes in einem temporären Bereich außerhalb der Datenbank belegt.
Alle Beschränkungen werden beim Laden geprüft	Nur Eindeutigkeit wird beim Laden geprüft. Alle anderen Beschränkungen müssen mit SET CONSTRAINTS geprüft werden
Indizes werden beim Laden gepflegt.	Indizes werden in einer eigenen Phase nach dem Laden aufgebaut.
Katalog-Statistiken müssen mit RUNSTATS aktualisiert werden.	Katalog-Statistiken können während des Ladens gesammelt werden.
Via DDCS können auch Host-Datenbanken geladen werden.	Keine Host-Datenbanken unterstützt.
Eingabedateien müssen auf dem Knoten stehen, wo IMPORT aufgerufen wird.	Eingabedateien/-pipes müssen auf dem Knoten der Datenbank stehen.
Keine BACKUP-Kopie notwendig	Eine BACKUP-Kopie kann beim LOAD erstellt werden.

Beispiele

Im folgenden Beispiel laden wir für unsere Muster-Anwendung *Marina* Eigner-Daten zur bestehenden Tabelle hinzu. Da die Integritätsbedingungen bei IMPORT geprüft werden, würden doppelte Personennummern zurückgewiesen werden.

```
import from eigner.dlm of del
                insert into axel.person
```

Im zweiten Beispiel laden wir die Tabelle EMP_PHOTO der Beispiel-Datenbank SAMPLE. Die Tabelle soll erstellt oder – wenn vorhanden – überschrieben werden. Die Mitarbeiterfotos werden in einer BLOB-Spalte abgelegt und kommen aus eigenen Dateien, die im Verzeichnis D:\ zu finden sind:

```
import from "d:\photo2.ixf" of ixf
    lobs from "d:\" modified by lobsinfile
        replace_create into emp_photo
```

7.2.4	**EXPORT**

Das Dienstprogramm EXPORT schreibt Daten aus der Datenbank in eine Datei in den Formaten DEL, WSF oder PC/IXF. Die zu exportierenden Daten der Datenbank werden durch einen SELECT-Befehl bestimmt, der beim Aufruf anzugeben ist.

Existiert die angegebene Ausgabedatei bereits, wird sie überschrieben.

Werden LOB-Spalten direkt in die Ausgabedatei exportiert, werden sie gegebenenfalls auf 32.700 Bytes abgeschnittcn. Größere LOB-Daten müssen daher in getrennte Dateien exportiert werden (Parameterangaben *LOBS TO, LOBFILE* und *MODIFIED BY LOBSINFILE*).

Mit den Formaten PC/IXF und WSF können Sie beim Exportieren den Daten neue Spaltennamen mitgeben (Parameter *METHOD N*).

Für das Format DEL können Sie mit dem Parameter MODIFIED BY die verschiedenen Begrenzerzeichen explizit definieren. Für das WSF-Format geben Sie unter diesem Parameter die Kompatibilität der Ausgabe mit bestimmten Versionen von Lotus 1-2-3 oder Symphony vor.

Via DDCS können Sie auch Daten von DRDA-Servern unter MVS, VM/VSE oder OS/400 exportieren. Es wird allerdings nur das PC/IXF-Format unterstützt.

Berechtigungen

Sie benötigen mindestens die SELECT-Rechte an allen Tabellen und Sichten, die im SELECT-Befehl des EXPORT-Aufruf genannt sind.

Beispiele

Im folgenden Beispiel werden alle Eigner unserer Yachthafen-Anwendung, deren Nummer größer 100 ist, in die Datei *eigner.dlm* im aktuellen Verzeichnis exportiert. Die Daten werden im DEL-Format mit den Standard-Begrenzern in die Datei geschrieben.

```
export to eigner.dlm of del
select * from axel.person where pnr > 100
```

Im zweiten Beispiel exportieren wir aus IBMs SAMPLE-Datenbank die Zeilen mit den Fotos im Bitmap-Format. Die Fotos müssen in getrennte Dateien im Verzeichnis D:\ abgelegt werden, da sie jeweils größer als 32.700 Bytes sind.

```
export to foto.ixf lobs to "d:\" modified by lobsinfile
select * from emp_photo where format_photo = 'bitmap'
```

7.3   Tabellen reorganisieren

Leider bietet der Database Director zur Zeit noch keine Unterstützung für die Reorganisation von Tabellen. Dafür stehen Ihnen „nur" zwei DB2-Kommandos zur Verfügung:

- REORGCHK prüft, ob Tabellen reorganisiert werden müssen.
- REORG TABLE führt die Reorganisation einer Tabelle durch.

In den folgenden Abschnitten erläutern wir Ihnen kurz den Funktionsumfang der beiden Kommandos.

7.3.1   REORGCHK

Mit REORGCHK können Sie überprüfen, ob Ihre Tabellen reorganisiert werden müssen. REORGCHK benutzt dazu entweder vorhandene Katalog-Statistiken (Parameter CURRENT STATISTICS) oder erstellt neue, in dem es das Dienstprogramm RUNSTATS aufruft (Parameter UPDATE STATISTICS, siehe auch Kapitel 6.2.1, *Erstellen von Katalog-Statistiken*).

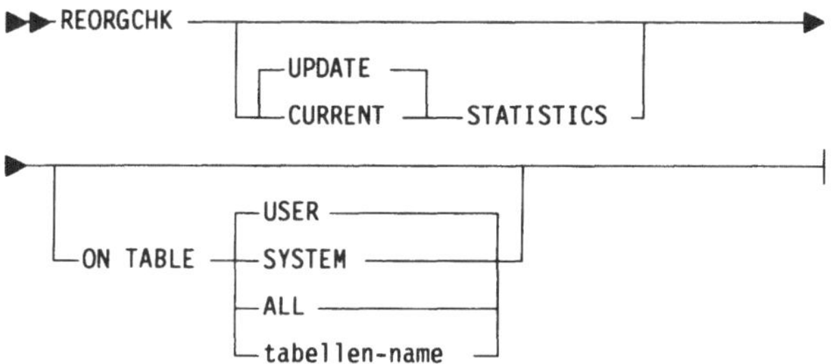

Sie können eine einzelne Tabelle angeben, alle Tabellen der Datenbank (Parameter ALL), alle Tabellen, die Ihre Benutzer-ID als Schema-Namen besitzen (Parameter USER), oder alle System-Tabellen (Parameter SYSTEM) auswählen.

Die Daten, die als Katalog-Statistiken gesammelt werden, haben wir in Abschnitt 6.2.1 beschrieben. Um aus den Katalog-Statistiken zu ermitteln, ob die Performance durch eine Reorganisation verbessert werden kann, stellt REORGCHK folgende Berechnungen an:

- Formel F1:

```
100 * OVERFLOW / CARD < 5
```

Die Anzahl der in andere Blöcke übergelaufenen Zeilen sollte kleiner als 5 % der gesamten Zeilenanzahl sein.

- Formel F2:

  `100 * TSIZE / ((FPAGES - 1) * 4020) > 70`

  Die Tabellengröße in Bytes (**TSIZE**) sollte mehr 70 % des Speicherplatzes betragen, der für die Tabelle angelegt wurde. TSIZE wird berechnet als Produkt der Anzahl der Zeilen (**CARD**) und der durchschnittlichen Zeilenlänge. Die durchschnittliche Zeilenlänge ist die Summe der durchschnittlichen Länge der Spalten (**AVGCOLLEN**) plus 10 Bytes. LONG oder LOB-Spalten werden nur mit der Deskriptorlänge berücksichtigt, nicht mit ihrer Feldlänge.

- Formel F3:

  `100 * NPAGES / FPAGES > 80`

  Die Anzahl der mit Daten belegten Blöcke sollte mehr als 80 % der Blöcke betragen.

- Formel F4:

  `CLUSTERRATIO > 80%`

  Das Verhältnis der Indexordnung zur Reihenfolge der Zeilen sollte größer als 80 % sein. Dieses kann natürlich nicht für alle Indizes einer Tabelle gleichermaßen erfüllt sein. Sie müssen sich also aufgrund Ihrer Anwendungen entscheiden, welcher Index für die Reihenfolge der Tabellenzeilen bestimmend sein soll.

- Formel F5:

  `100 * (KEYS * (ISIZE + 10) + (CARD - KEYS) * 4) / (NLEAF * 4096) > 50`

  Mehr als 50 % des Platzes, der für Index-Einträge reserviert wurde, sollte belegt sein. Die Prüfung wird nur durchgeführt, wenn die Anzahl der Leaf Pages größer 1 ist.

- Formel F6:

  `90 * (4000 / ISIZE + 10) ** (NLEVELS - 2) * 4096 / (KEYS * (ISIZE + 10) + (CARD - KEYS) * 4) < 100`

  Die aktuelle Anzahl der Index-Einträge sollte mehr als 90 % der Einträge sein, die mit NLEVELS - 1 (NLEVELS - Anzahl der Indexstufen) gehandhabt werden kann. Die Prüfung wird nur durchgeführt, wenn die Anzahl der Indexstufen größer 1 ist.

Das Überschreiten einer der Grenzwerte führt zur Empfehlung der Reorganisation der Tabelle. Die Empfehlung wird in der

Ausgabe in der Spalte REORG durch * angezeigt, die Position des * in der dreistelligen Spalte weist darauf hin, welche Formel die Empfehlung auslöst.

Sie erhalten zuerst die Anzeige der Statistik für die Tabellen mit den Formeln 1 bis 3, dann die Anzeige der Statistik für die Indizes mit den Formeln 4 bis 6:

```
Tabellenstatistik:

F1: 100*OVERFLOW/CARD < 5
F2: 100*TSIZE / ((FPAGES-1) * 4020) > 70
F3: 100*NPAGES/FPAGES > 80

CREATOR  NAME               CARD    OV    NP    FP    TSIZE  F1  F2  F3 REORG
-----------------------------------------------------------------------------
AXEL     BELEGUNG              1     0     1     1       22   0   - 100 ---
AXEL     EMP PHOTO             4     0     1     1      700   0   - 100 ---
AXEL     EXPLAIN ARGUMENT      -     -     -     -        -   -   -   - ---
AXEL     EXPLAIN INSTANCE     10     0     1     1      960   0   - 100 ---
AXEL     EXPLAIN OBJECT        -     -     -     -        -   -   -   - ---
AXEL     EXPLAIN OPERATOR      -     -     -     -        -   -   -   - ---
AXEL     EXPLAIN PREDICATE     -     -     -     -        -   -   -   - ---
AXEL     EXPLAIN STATEMENT   190     0    10    10    77140   0 100 100 ---
AXEL     EXPLAIN STREAM        -     -     -     -        -   -   -   - ---
AXEL     LIEGEPLATZ         5000     0    37    37   145000   0 100 100 ---
AXEL     PERSON             8481     0   236   236   932910   0  98 100 ---
AXEL     SSMON ALERT           1     0     1     1      157   0   - 100 ---
AXEL     YACHT              8481     0   181   362   720885   0  49  50 -**
AXEL     YACHT EX              -     -     -     -        -   -   -   - ---
-----------------------------------------------------------------------------


Indexstatistik:

F4: CLUSTERRATIO oder normalisierter CLUSTERFACTOR > 80
F5: 100*(KEYS*(ISIZE+10)+(CARD-KEYS)*4) / (NLEAF*4096) > 50
F6: 90*(4000/(ISIZE+10)**(NLEVELS-2))*4096/ (KEYS*(ISIZE+10)+(CARD-KEYS)*4)<100

CREATOR  NAME               CARD  LEAF  LVLS ISIZE  KEYS    F4   F5  F6 REORG
-----------------------------------------------------------------------------
Tabelle: AXEL.BELEGUNG
SYSIBM   SQL960103172141320    1     1     1     8     1   100    -   - ---
Tabelle: AXEL.EMP PHOTO
SYSIBM   SQL961104112702810    4     1     1    20     4   100    -   - ---
Tabelle: AXEL.EXPLAIN INSTANCE
SYSIBM   SQL960104174304570   10     1     1    34    10   100    -   - ---
Tabelle: AXEL.EXPLAIN STATEMENT
SYSIBM   SQL960104174308820  190     3     2    39   190    98   75  39 ---
Tabelle: AXEL.LIEGEPLATZ
SYSIBM   SQL960103172058880 5000    14     2     2  5000   100  104   6 ---
Tabelle: AXEL.PERSON
SYSIBM   SQL960103170456970 8481    24     2     2  8481   100  103   3 ---
Tabelle: AXEL.YACHT
SYSIBM   SQL960103172121160 8481    24     2     2  8481   100  103   3 ---
-----------------------------------------------------------------------------
```

In unserem Beispiel sollte die Tabelle AXEL.YACHT reorganisiert werden, weil ihre tatsächliche Größe im Vergleich zur angelegten Größe deutlich unter den Grenzwerten der Formeln 2 und 3 bleibt.

Berechtigungen

Sie benötigen mindestens die CONTROL-Rechte an den Tabellen oder SYSADM- oder DBADM-Berechtigung.

7.3.2 REORG TABLE

Mit REORG TABLE können Sie eine Tabelle reorganisieren und damit fragmentierte Zeilen wieder zusammenführen, leere Bereiche innerhalb der Datenblöcke eliminieren und die physische Reihenfolge der Tabellenzeilen entsprechend einem Index sortieren (Parameter INDEX).

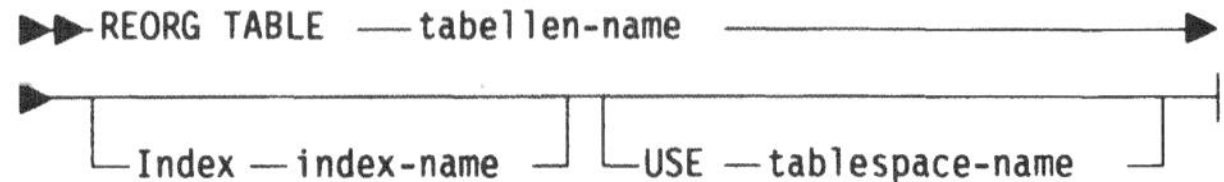

Sie können einen temporären Tablespace vorgeben, der für die Reorganisation der Tabelle als Zwischenablage benutzt werden soll (Parameter USE TABLESPACE).

Nach der Reorganisation sollten Sie das RUNSTATS-Dienstprogramm (siehe Kapitel 6.2.1, *Erstellen von Katalog-Statistiken*) aufrufen, um neue Katalog-Statistiken für die Tabelle zu erstellen, und anschließend alle Zugriffspläne (packages) erneut binden (REBIND), die auf die Tabelle zugreifen. So stellen Sie sicher, daß der Optimizer auch die Verbesserungen durch die Reorganisation berücksichtigen kann.

Enthält die Tabelle LOB-Spalten, die nicht mit der COMPACT-Option gespeichert werden, kann je nach Art des Tablespace (SMS oder DMS) und der Reihenfolge der Spalten der Speicherbereich für die LOB-Daten durch die Reorganisation deutlich größer geworden sein.

Löschen Sie keine temporären Tabellen, wenn die Reorganisation nicht erfolgreich war. Diese werden zur Wiederherstellung benötigt.

Beachten Sie bitte, daß DB2 in der Version 2 keine Reorganisationsaufrufe von Clients mit früheren DB2 Versionen erlaubt.

Berechtigungen Sie benötigen mindestens die CONTROL-Rechte an der Tabelle oder SYSADM-, SYSCTRL-, SYSMAINT- oder DBADM-Berechtigung.

8 Datenschutz in DB2

In diesem Kapitel geben wir Ihnen einen Überblick über die
Funktionen für den Datenschutz in DB2. Wir stellen Ihnen das
Konzept von Standard-Berechtigungs-Profilen und Rechten an
Datenbank-Objekten vor. Wir gehen nicht auf die Sicherheits-
funktionen der Betriebssysteme ein, sondern setzen voraus, daß
diese Ihnen bekannt sind.

8.1 Berechtigungskonzept

DB2 stützt sich bei der Verwaltung von Benutzern und ihren
Berechtigungen auf die entsprechenden Funktionen des
Betriebssystems. Die Anmeldung und die Prüfung von Benutzer-
Identifikation (Benutzer-Kennung) und Paßwort erfolgen außerhalb von DB2. Bei einer Anmeldung an DB2 (*connect*) oder
einem Zugriff auf DB2-Objekte prüft DB2, ob der Benutzer entsprechend seiner bereits extern geprüften Benutzer-Identifikation dazu berechtigt ist.

Die Nutzer-Berechtigungen in DB2 sind mit den individuellen
Benutzer-Identifikationen oder den Benutzergruppen des
Betriebssystems verknüpft.

Benutzer-
Identifikation
überprüfen

Es gibt drei Varianten zur Überprüfung der Benutzer-Identifikation:

- Die Überprüfung findet auf dem Datenbank-Server statt
  (*authentication type* = SEVER). Dies ist der Standard. Beim
  Einsatz von DDCS findet die Prüfung auf dem Gateway statt.

- Die Überprüfung findet dem Client statt, auf dem die Anwendung aufgerufen wurde (*authentication type* = CLIENT).

- Die Überprüfung findet bei einem Einsatz von DDCS auf
  dem DRDA-Server, im Regelfall ein Großrechner, statt
  (*authentication type* = DCS).

DB2 kennt vielfältig abgestufte Berechtigungen für die verschiedenen Datenbank-Objekte. Es erlaubt damit auch für sensitive
Daten eine ausgefeilte Organisation der Benutzer-Rechte, die Sie
natürlich im voraus sorgfältig planen werden.

Werden einer Benutzergruppe Berechtigungen entzogen, so behalten die Benutzer der Benutzergruppe *die* Rechte, die sie zusätzlich *einzeln*, das heißt nicht über die Benutzergruppe, erhalten haben.

Datenbank-Objekte, für die Sie Rechte definieren können, sind:

- Datenbanken
- Tabellen
- Sichten
- Indizes
- Zugriffspläne (packages).

Rechte sind in DB2 auch zu Berechtigungs-Profilen gebündelt.

Nutzerbezogene Berechtigungs-Profile	
SYSADM	System-Verwalter
DBADM	Datenbank-Verwalter
SYSCTRL	Nachrangiger System-Verwalter
SYSMAINT	System-Operator

Darüber hinaus gibt es mit CONTROL noch ein objektbezogenes Bündel, das die Rechte des Eigentümers eines Objekts zusammenfaßt.

Bild 8.1:
Hierarchie der
Berechtigungs-
Profile und
Rechte

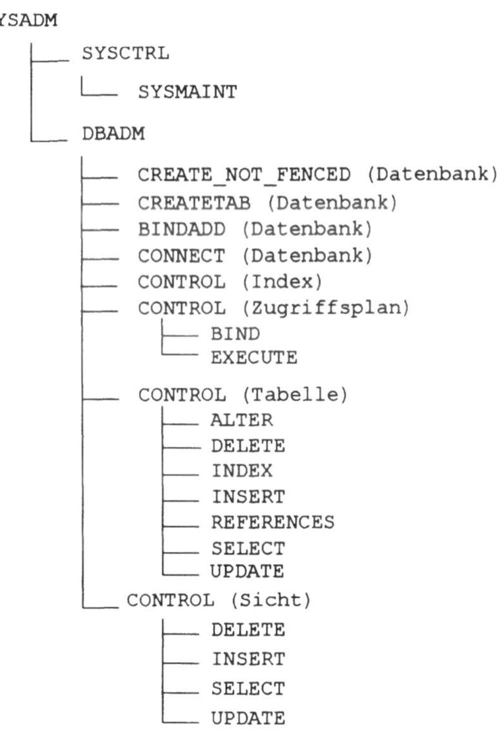

PUBLIC

Standardmäßig gehören alle Datenbank-Benutzer zu einer speziellen DB2-Gruppe: PUBLIC. Alle Rechte, die PUBLIC zugeteilt
wurden, stehen somit allen Benutzern zur Verfügung.

Direkte und indirekte
Rechte

DB2 kennt direkte und indirekte Objekt-Rechte. Direkte Berechtigungen werden im Katalog verzeichnet und können explizit
oder implizit vergeben werden. Indirekte Objekt-Rechte werden
über Zugriffspläne (packages) gewährt.

Explizit werden Rechte mit dem SQL-Befehl GRANT vergeben
und mit dem SQL-Befehl REVOKE entzogen. Implizit werden
Rechte durch Erstellen eines Datenbank-Objekts automatisch
gewährt und durch Löschen desselben entzogen.

So vergibt DB2 beim Einrichten einer neuen Datenbank automatisch folgende Berechtigungen:

* Der Ersteller wird Datenbank-Administrator (DBADM).

* Die Rechte CREATETAB, BINDADD und CONNECT werden der Benutzergruppe PUBLIC zugeteilt, ebenso die SELECT-Berechtigungen für die Katalog-Sichten.

In den folgenden Abschnitten erläutern wir Ihnen die Berechtigungs-Profile und Objekt-Rechte näher.

8.2 Berechtigungs-Profile

SYSADM

DB2 setzt voraus, daß mindestens ein Benutzer über die System-Verwalter-Berechtigung verfügt. Die Rechte zur Verwaltung eines DB2-Systems sind unter dem Standard-Profil SYSADM gebündelt. Der System-Verwalter

* steuert als oberste Instanz die Vergabe von Berechtigungen

* führt Dienstprogramme aus

* setzt Datenbank-Manager- oder Datenbank-Kommandos ab

* hat vollen Zugriff auf alle Daten aller Datenbanken einer DB2-Instanz

* besitzt die CONTROL-Rechte aller DB2-Objekte der DB2-Instanz.

Seine Berechtigungen umfassen die Berechtigungen der Profile SYSCTRL, SYSMAINT und DBADM. Er hat also unter anderem die Berechtigungen

* Datenbanken einzurichten und zu löschen

* Datenbanken und Workstations zu katalogisieren.

Darüber hinaus kann er

* Datenbanken migrieren

* Datenbank-Manager-Konfigurationen verändern, inclusive der Angabe von Gruppen mit SYSCTRL- oder SYSMAINT-Berechtigung

* DBADM-Berechtigung vergeben.

Die SYSADM-Berechtigung kann in Abhängigkeit vom Betriebssystem Einzelbenutzern oder einer Benutzergruppe vergeben werden. Um einer Benutzergruppe die SYSADM-Berechtigung zu erteilen, geben Sie diese unter dem Konfigurations-Parameter *sysctrl_adm* an. Die Zugehörigkeit von Benutzern zu dieser

Gruppe wird außerhalb von DB2 durch die jeweiligen Betriebssystem-Funktionen kontrolliert.

SYSCTRL

Die Berechtigung des System-Verwalters für direkten Zugriff auf alle Daten ist nicht praxisgerecht für Unternehmen, in denen sensitive Daten wie Personal- und Abrechnungsinformationen oder Forschungs- oder Entwicklungsergebnisse in DB2 abgelegt werden. Das Berechtigungs-Profil SYSCTRL bietet daher die Möglichkeit, einer Benutzergruppe die Berechtigungen für eine Systemverwaltung zu übertragen, ohne ihr Rechte an den Daten einzuräumen. Ihre Berechtigungen umfassen die Berechtigungen des Profils SYSMAINT und das Recht, sich an Datenbanken anzumelden. Darüber hinaus kann sie

- Datenbank-, Knoten- oder DDCS-Verzeichnisse pflegen

- Benutzer aus DB2 entfernen

- Datenbanken anlegen oder löschen

- Tablespaces anlegen, löschen oder ändern

- Datenbank-Sicherungen als neu zurückladen.

Legen Sie mit SYSCTRL-Berechtigung eine Datenbank an, so werden Sie automatisch Datenbank-Administrator (DBADM) dieser Datenbank und haben den vollen Zugriff auf deren Daten. Um dies zu unterbinden, muß Ihnen vom System-Verwalter (SYSADM) explizit die DBADM-Berechtigung entzogen werden. Uns erscheint dieses Konzept unlogisch, da SYSCTRL ja System-Verwalter-Funktionen ermöglichen soll, ohne den Zugriff auf Daten zu erlauben. Konsequenterweise dürfte SYSCTRL beim Erstellen einer Datenbank auch keine DBADM-Berechtigung mit Zugriffsrecht auf die Daten erhalten. In DB2 fehlt noch die DBCTRL-Berechtigung (Datenbank-Administration ohne Datenzugriff), wie wir sie aus DB2/MVS kennen. Ein DBCTRL-Profil halten wir zur sinnvollen Ergänzung von SYSCTRL für notwendig.

Die SYSCTRL-Berechtigung wird nur als Gruppenberechtigung vergeben. Um einer Benutzergruppe die SYSCTRL-Berechtigung zu erteilen, geben Sie diese unter dem Konfigurations-Parameter *sysctrl_group* an. Die Zugehörigkeit von Benutzern zu dieser Gruppe wird außerhalb von DB2 durch die jeweiligen Betriebssystem-Funktionen kontrolliert.

SYSMAINT

Für die Überwachung und Sicherstellung des normalen Betriebs einer DB2-Instanz mit ihren Datenbanken reicht das Berechtigungs-Profil SYSMAINT aus. Es erlaubt keine Zugriffe auf die

Daten, sondern nur die Ausführung von bestimmten Dienstprogrammen und DB2-Kommandos wie:

- Pflege der Datenbank-Konfigurationen
- Sichern von Datenbanken oder Tablespaces
- Zurückladen von existierenden Datenbanken oder Tablespaces
- Durchführen der Vorwärts-Recovery
- Start und Stopp von DB2
- Ablaufverfolgung (Trace) ausführen
- Ausführen von Schnappschüssen des DB2-Monitors.

SYSMAINT umfaßt auch das Recht, sich implizit an Datenbanken anmelden zu dürfen.

Ebenso wie mit DBADM-Berechtigung ist es außerdem möglich

- den Status eines Tablespace abzufragen,
- Log-Datei-History zu ändern,
- Tablespaces zu sperren,
- Tabellen zu reorganisieren,
- mit RUNSTATS Katalog-Statistiken zu erstellen.

Die SYSMAINT-Berechtigung wird nur als Gruppenberechtigung vergeben. Um einer Benutzergruppe die SYSMAINT-Berechtigung zu erteilen, geben Sie diese unter dem KonfigurationsParameter *sysmaint_group* an. Die Zugehörigkeit von Benutzern zu dieser Gruppe wird außerhalb von DB2 durch die jeweiligen Betriebssystem-Funktionen kontrolliert.

Die Berechtigungs-Profile SYSADM, SYSCTRL und SYSADM sind nicht im DB2-Katalog verzeichnet. Sie können auch nicht mit SQL-Befehlen vergeben oder entzogen werden. Wenn Sie wissen wollen, ob Ihre Benutzer-Identifikation auch wirklich zu einem dieser Profile gehört, benutzen Sie das folgende DB2-Kommando:

```
GET AUTHORIZATIONS
```

DBADM

DBADM ist die zweithöchste Berechtigungsebene. Sie ist ein Bündel von Rechten zur Verwaltung einer Datenbank in einem DB2-System, hat aber keine Rechte an System-Ressourcen. DBADM gilt jeweils nur für eine Datenbank, wobei ein Benutzer natürlich auch DBADM-Berechtigungen für mehrere Datenbanken besitzen kann. DBADM enthält die Berechtigungen

- Dienstprogramme auf der Datenbank auszuführen

- DB2-Kommandos abzusetzen
- Zugriff auf alle Daten der Datenbank
- Berechtigungen für die Datenbank und ihre Objekte zu vergeben und zu widerrufen.

DBADM umfaßt auch die Rechte

- BINDADD
- CONNECT
- CREATETAB und
- CREATE_NOT_FENCED.

DBADM erlaubt

- Log-Dateien zu lesen
- Ereignis-Monitore zu erstellen, zu aktivieren und zu löschen
- das Dienstprogramm LOAD auszuführen.

Ebenso wie mit SYSMAINT-Berechtigung ist es außerdem möglich

- den Status eines Tablespace abzufragen
- Log-Datei-History zu ändern
- Tablespaces zu sperren
- Tabellen zu reorganisieren
- mit RUNSTATS Katalog-Statistiken zu erstellen.

8.3 Objektbezogene Rechte

Die objektbezogenen Rechte beziehen sich auf die DB2-Objekte

- Datenbanken
- Tabellen
- Sichten
- Indizes
- Zugriffspläne (packages).

Datenbank-Rechte

Die folgenden Rechte an Datenbanken können Sie besitzen:

- CONNECT
- BINDADD
- CREATETAB
- CREATE_NOT_FENCED.

CONNECT	CONNECT erlaubt Ihnen den Zugriff auf eine Datenbank. Es ist Voraussetzung für weitere Rechte an Objekten in dieser Datenbank wie Tabellen oder Sichten.
BINDADD	BINDADD erlaubt es einem Benutzer, neue Zugriffspläne (packages) für eine Datenbank zu erstellen. Er erhält für die von ihm erstellten Zugriffspläne automatisch CONTROL-Rechte.
CREATETAB	CREATETAB erlaubt es einem Benutzer, Tabellen in der Datenbank anzulegen. Er erhält für die von ihm erstellten Tabellen automatisch CONTROL-Rechte.
CREATE_NOT_ FENCED	CREATE_NOT_FENCED gestattet Ihnen, benutzerdefinierte Funktionen (UDFs) als *not fenced* anzulegen. Solche UDFs werden aus Performance-Gründen ohne Speicherschutz ausgeführt. Sie müssen also besonders sorgfältig getestet worden sein, damit sie keine schwerwiegenden Fehler verursachen.

Diese Rechte können nur von System- oder Datenbank-Administratoren vergeben oder widerrufen werden.

Wird eine Datenbank angelegt, werden automatisch folgende Rechte an die allgemeine Benutzergruppe PUBLIC vergeben:

- CREATETAB
- BINDADD
- CONNECT
- SELECT auf den Sichten des Katalogs.

Tabellenbezogene Rechte	An Tabellen können Sie folgende Rechte besitzen

- CONTROL
- ALTER
- DELETE
- INDEX
- INSERT
- REFERENCES
- SELECT.

CONTROL	CONTROL *auf eine Tabelle* enthält alle Berechtigungen für eine Tabelle, insbesondere die Rechte

- die Tabelle wieder zu löschen
- das Dienstprogramm RUNSTATS auszuführen

- Berechtigungen für die Tabelle zu vergeben und zu widerrufen.

CONTROL wird an den Ersteller einer Tabelle automatisch vergeben. Um CONTROL explizit an einen Benutzer zu vergeben oder zu entziehen, müssen Sie SYSADM- oder DBADM-Berechtigung besitzen.

Entziehen Sie einem Benutzer das CONTROL-Recht, verliert er nur die oben genannten besonderen Berechtigungen. Er behält aber alle anderen, geringeren Berechtigungen, die mit dem CONTROL-Recht automatisch gewährt wurden. Um einem Benutzer auch diese Rechte zu entziehen, müssen Sie die folgende Anweisung verwenden:

```
REVOKE ALL ON tabelle FROM USER benutzer
```

ALTER	ALTER ermöglicht Ihnen, Tabellendefinitionen zu ändern. Sie dürfen Spalten hinzufügen, Kommentare ändern, Primärschlüssel und CHECK-Prüfungen vorgeben oder löschen. In Verbindung mit dem REFERENCES-Recht an den bezogenen Tabellen können Sie auch Fremdschlüssel anlegen oder löschen.
DELETE	DELETE erlaubt das Löschen von Tabellenzeilen.
INDEX	INDEX ermöglicht Ihnen, Index-Strukturen zur Tabelle anzulegen. Als Ersteller eines Index erhalten Sie automatisch die CONTROL-Berechtigung für den Index.
INSERT	INSERT erlaubt die Eingabe von Tabellenzeilen per SQL-Befehl oder Dienstprogramm IMPORT.
REFERENCES	REFERENCES ermöglicht das Anlegen oder Löschen von Fremdschlüsseln, die diese Tabelle referenzieren. Sie benötigen ALTER-Berechtigung für die referenzierende Tabelle.
SELECT	SELECT erlaubt Ihnen das Abfragen von Tabellenzeilen, das Definieren von Sichten der Tabelle und das Auslesen der Tabelle mit dem Dienstprogramm EXPORT.
UPDATE	UPDATE ermöglicht das Ändern von Tabellenzeilen.

Die einzelnen Berechtigungen für eine Tabelle können auch mit dem Schlüsselwort ALL gemeinsam an Benutzer oder Gruppen vergeben werden.

Sichtbezogene Rechte

Sichten sind ein wichtiges Mittel, den Zugriff auf Daten zu steuern:

Mit der Berechtigung, eine Sicht zu nutzen, erwirbt ein Benutzer *nicht* das Recht, auch die darin enthaltenen Tabellen direkt nutzen zu können. Da Sie die Berechtigung für bestimmte Operationen nur auf Tabellen- oder Sicht-Ebene, nicht aber auf Spalten-Ebene vergeben können, sind Sichten in DB2 die einzige Möglichkeit, Benutzern Zugriffe nur auf bestimmte Tabellenspalten zu gestatten. Zusätzlich erlauben Ihnen die WHERE-Klausel und die CHECK-Option in der Sicht-Definition, Beschränkungen bei der Datenselektion festzulegen.

Beispiel

Damit können Sie steuern, daß Personalsachbearbeiter nur die Gehälter von Tarifangestellten lesen und bearbeiten können oder daß ein DB2-Nutzer nur seine eigenen Objekt-Definitionen im Katalog lesen kann.

Zur Erstellung einer Sicht müssen Sie die SELECT-Berechtigung für jede der bezogenen Tabellen besitzen.

CONTROL

CONTROL *auf eine Sicht* enthält alle Berechtigungen, insbesondere die Rechte

- die Sicht wieder zu löschen
- Berechtigungen für die Sicht zu vergeben und zu widerrufen.

CONTROL wird an den Ersteller einer Sicht nur dann automatisch vergeben, wenn er CONTROL-Rechte an allen in der Sicht referenzierten Tabellen und Sichten besitzt. Um CONTROL explizit an einen Benutzer zu vergeben oder zu entziehen, müssen Sie SYSADM- oder DBADM-Berechtigung besitzen.

Entziehen Sie einem Benutzer das CONTROL-Recht, verliert er nur die oben genannten besonderen Berechtigungen. Er behält aber alle anderen, geringeren Berechtigungen, die mit dem CONTROL-Recht automatisch gewährt wurden. Um einem Benutzer auch diese Rechte zu entziehen, müssen Sie die folgende Anweisung verwenden:

```
REVOKE ALL ON sicht FROM USER benutzer
```

Die einzelnen Berechtigungen für eine Sicht können mit dem Schlüsselwort ALL gemeinsam an Benutzer oder Gruppen vergeben werden. Zu den Einzel-Berechtigungen gehören die Rechte für die tabellen-orientierten Befehle DELETE, INSERT einschließlich IMPORT-Dienstprogramm, SELECT einschließlich EXPORT-

Dienstprogramm und UPDATE (siehe auch *tabellenbezogene Rechte*, Seite 422).

Indexbezogene Rechte

Zu einem Index existiert als eigenständiges Recht nur CONTROL.

CONTROL *auf einen Index* erlaubt Ihnen, den erstellten Index wieder zu löschen. Sie erhalten CONTROL automatisch, wenn Sie einen Index zu einer Tabelle erstellen. Das Erstellen des Index setzt das Recht INDEX für die Tabelle voraus.

Zugriffsplan-bezogene Rechte

DB2 besitzt mit seinem Konzept, Berechtigungen auf Zugriffspläne zu verwalten, einen großen Vorteil gegenüber anderen Datenbank-Verwaltungssystemen: Ein Benutzer kann in Anwendungen Datenbank-Objekte nutzen und verändern, ohne selbst Rechte an den Objekten zu besitzen und auf diese über Dialogschnittstellen wie CLP oder Visualizer Flight zugreifen zu können.

Ein Zugriffsplan (package) enthält die Befehle, mit denen Datenbank-Objekte bearbeitet werden. Nur der Benutzer, der den Zugriffsplan übersetzt (BIND), muß über die Rechte verfügen, die zur Ausführung dieser Befehle im einzelnen notwendig wären. Vorausgesetzt der Zugriffsplan enthält nur statische SQL-Befehle, so benötigt der Nutzer, der die Anwendung samt Zugriffsplan ausführt, nur das Recht, den Zugriffsplan ausführen zu dürfen (EXECUTE).

Für dynamische SQL-Befehle in einer Anwendung benötigt der Benutzer neben dem EXCUTE-Recht für den Zugriffsplan auch die Rechte, die die dynamischen SQL-Befehle explizit erfordern.

Zu Zugriffsplänen gibt es folgende Berechtigungen, die das CONNECT-Recht für die Datenbank voraussetzen:

CONTROL

CONTROL *auf einen Zugriffsplan* erlaubt Ihnen, Zugriffspläne zu übersetzen (BIND), auszuführen und zu löschen. Sie können die Rechte zum Ausführen (EXECUTE) und Übersetzen (BIND) an andere Benutzer vergeben beziehungsweise widerrufen.

CONTROL wird dem Ersteller eines Zugriffsplans automatisch zugewiesen. Um einen Zugriffsplan erstellen zu können, muß er über das BINDADD-Recht in der Datenbank verfügen. Um CONTROL explizit an einen Benutzer zu vergeben oder zu ent-

BIND

ziehen, müssen Sie SYSADM- oder DBADM-Berechtigung besitzen.

BIND erlaubt Ihnen, einen bereits existierenden Zugriffsplan erneut zu binden. Wenn Sie einen Zugriffsplan binden, müssen Sie außer der BIND-Berechtigung auch alle Berechtigungen für die Ausführung der statischen SQL-Befehle im Zugriffsplan besitzen.

EXECUTE

EXECUTE ermöglicht Ihnen, eine Anwendung (Programme samt Zugriffsplan) mit ihren SQL-Befehle auszuführen. Wenn Sie einen Zugriffsplan ausführen, so benötigen Sie für die zugehörigen statischen SQL-Befehle keine weiteren Berechtigungen über die EXEC-Berechtigung hinaus. Für dynamische SQL-Befehle, die ja erst zur Ausführungszeit erstellt werden, benötigen Sie die entsprechenden Berechtigungen.

9   Verteilte Datenverarbeitung

Für die Verteilung der Datenverarbeitung in einem Netz miteinander verbundener Rechner gibt es verschiedene Ansätze: die Daten werden verteilt oder die Funktionen laufen verteilt ab.

Bei der Verteilung der Daten muß unterschieden werden, ob zur Speicherung auf verschiedenen Netzknoten das gleiche Datenbank-Managementsystem (homogenes Netz) oder verschiedene Systeme (heterogenes Netz) eingesetzt werden. Moderne Datenbank-Managementsysteme (DBMS) bieten heute in der Regel die Möglichkeit, auf entfernte, nicht am selben Netzknoten gespeicherte Daten unter demselben DBMS zuzugreifen und diese auch zu verändern. Man kann heute erwarten, daß unter der Voraussetzung eines homogenen Netzes innerhalb einer Verarbeitungseinheit (Transaktion) Daten auf verschiedenen Netzknoten verändern werden können, was ein Zweiphasen-Protokoll für das Transaktionsende voraussetzt (Two Phase Commit). In heterogenen Netzen sollte zumindest ein Zugriff auf entfernt gespeicherte Daten eines anderen DBMS möglich sein.

Moderne Betriebssysteme verfügen mindestens über die Möglichkeit, Funktionen auf einem anderen Netzknoten aufzurufen und dort auszuführen (RPC, Remote Procedure Call). Die aufgerufene Funktion führt natürlich Datenzugriffe aus, die lokal oder – bei zusätzlich verteilter Datenhaltung – auch entfernt sein können.

Eine Grundform einer arbeitsteiligen verteilten Datenverarbeitung ist das Client-Server-Prinzip, das natürlich auch von DB2 unterstützt wird. Die Clients verfügen über keine Datenhaltung, sondern nur über die Anwendungslogik und die komfortable Dialogschnittstelle zum Benutzer. Als Varianten dieser einfachen Aufgabenteilung zwischen Clients und Server sind möglich:

- die Abtrennung der Anwendungslogik auf einen eigenen Server

- die Verteilung der Daten auf mehrere Server

- die Verteilung von Daten und Anwendungslogik auf mehrere Server.

Auch die Möglichkeit, auf einem Datenbank-Server gespeicherte Programmlogik (Stored Procedure) aufrufen zu können, kann schon als verteilte Verarbeitung angesehen werden – besonders dann, wenn wie bei DB2 die Stored Procedures in prozeduralen Programmiersprachen wie C oder COBOL geschrieben werden.

Wir stellen Ihnen in den folgenden Abschnitten die Möglichkeiten von DB2 zur Verteilung von Daten und zur Unterstützung der Verteilung von Anwendungslogik vorstellen.

Nicht nur bei den Betriebssystemen von IBM liegen die Funktionen zur Verteilung von Anwendungslogik traditionell in den TP-Monitoren. Für die UNIX-Varianten gibt es mit dem X/Open-Konzept für *Distributed Transaction Processing* (DTP) einen De-facto-Standard, der auch von DB2 unterstützt wird.

Für die DB2-Umgebungen steht mit CICS ein traditioneller TP-Monitor zur Verfügung. Er stammt von den Mainframes und ist heute auch unter OS/2, AIX und OS/400 verfügbar. In der UNIX-Version unterstützt er auch DTP nach X/Open.

CICS ist ein komplexes Software-Produkt, das verschiedene Möglichkeiten zur Unterstützung verteilter Datenverarbeitung bietet. CICS ist besonders interessant für das Downsizing von bestehenden Mainframe-Anwendungen und für die Entwicklung verteilter Anwendungen, die auf dem Mainframe, unter Unix, auf PC-Netzwerken unter OS/2 laufen sollen. In Kapitel 4 haben wir Ihnen einige Möglichkeiten der Anwendungsprogrammierung mit CICS und DB2 an Beispielen vorgestellt. Auf die CICS-Funktionen zur Realisierung einer verteilten Verarbeitung können wir in diesem Buch nicht näher eingehen.

9.1 Client-Server-Architektur

9.1.1 Prinzipien der Client-Server-Architektur

Die traditionelle Software-Architektur kennt ursprünglich nur eine verarbeitende Instanz. Eine Verteilung der Verarbeitung auf mehrere Hardware-Komponenten resultiert unter anderem aus dem Wunsch, die Funktionalität moderner Workstations zu nutzen. Eine einfache, besonders klar gegliederte Form der verteilten Verarbeitung ist die Client-Server-Architektur.

Für eine Client-Server-Architektur wird die Anwendung in zwei Teile zerlegt: Ein Teil fordert Dienste an, ein anderer leistet diese. Der anfordernde Teil wird als Client, der leistende Teil als Server bezeichnet.

Software, die nach dem Client-Server-Prinzip organisiert werden soll, muß in geschlossene Module zerlegt werden, die jeweils eine definierte Teilaufgabe im Gesamtsystem übernehmen.

Eine typische Client-Server-Anwendung besteht aus

- der Präsentationskomponente mit Bildschirmaufbereitung der Ausgabedaten, Eingabesteuerung und Plausibilitätsprüfung der Eingabe
- der Anwendungskomponente mit der Verarbeitungslogik
- der Datenkomponente mit lesenden und ändernden Zugriffen auf die Datenbasis.

Die Anwendungskomponente kann auf dem Client liegen, dann liegt auf dem Server nur die Datenhaltung. Die Anwendungskomponente kann auf dem Server liegen, dann bereitet der Client nur die Daten für den Dialog mit dem Anwender auf (Präsentationskomponente). Die Anwendungskomponente kann zwischen Client und Server aufgeteilt sein, um einerseits den Server zu entlasten, und andererseits die Netzbelastung zu minimieren:

Bild 9.1:
Varianten der Client-Server-Architektur

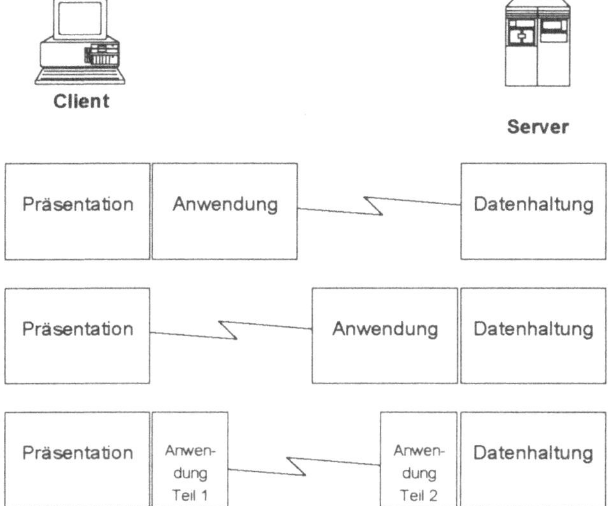

In weiteren Varianten der Client-Server-Architektur können die Anwendungskomponenten auf einem eigenen oder mehreren Servern liegen. Wir ordnen diese komplexen Varianten allerdings lieber dem Bereich der verteilten Verarbeitung zu.

DB2 unterstützt die Abtrennung der Datenkomponente als Server, deren Verteilung auf mehrere Netzwerk-Knoten (RDS, Remote Data Services) und durch *Stored Procedures* (siehe 9.1.3, *Stored Procedures*, ab Seite 432) auch die Auslagerung von Verarbeitungslogik auf einen Server. Der Zugriff auf Mainframe-Server wird mit DDCS (Distributed Database Connection Services) ermöglicht. DDCS ist ein eigenständiges Produkt und gehört nicht zum Lieferumfang von DB2.

Die Lokalisation des Servers – auf demselben Rechner oder einem anderen – ist für den Client transparent, das heißt er wird nicht davon berührt. DB2 unterstützt Clients unter OS/2, DOS, Windows, Windows NT oder Unix. Das Laufzeitsystem für die Clients wird als *Client Application Enabler* (CAE) bezeichnet und erlaubt den Zugriff auf DB2- und DDCS-Server mittels SQL, XOpenCLI oder ODBC. Es unterstützt die Netzkomponenten NetBIOS, SNA APPC, TCP/IP und IPX/SPX.

DB2 als Datenbank-Server verarbeitet die Anforderungen der Clients synchron. Bei dieser synchronen Verarbeitung wartet der Client solange, bis er vom Server das Ergebnis der Anforderung erhält (bei asynchroner Verarbeitung wartet der Client nicht, er empfängt erst später eine Vollzugsmeldung).

9.1.2   Compound SQL

Häufig dienen Programme dazu, ein sehr kompaktes Ergebnis aufzubereiten, auszugeben oder weiterzuleiten. Dazu sind möglicherweise mehrere Datenbank-Zugriffe notwendig. In einer einfachen Client-Server-Anwendung werden die Datenbank-Aufrufe vom Client zum Server gesendet, die Datenbank-Zugriffe auf dem Server ausgeführt, die Daten über das Netz zum Client gesendet und dort verarbeitet. Dabei werden auch aufeinander folgende SQL-Befehle jeder für sich verarbeitet, was zu einer entsprechenden Leitungsbelastung führt. Mit dem Konstrukt *Compound SQL* können diese so zu einem Block zusammengefaßt werden, daß sie gemeinsam auf dem Server abgehandelt werden. Damit wird der Leitungsverkehr minimiert.

Die Compound SQL-Blöcke dürfen nur einfache, ausführbare SQL-Befehle enthalten. Dynamisches Übersetzen von SQL, Cursor-Befehle, Aufrufe von *Stored Procedures*, Datenbank-Verbindungen unterbrechende Befehle oder ROLLBACK sind nicht erlaubt. Der COMMIT-Befehl muß der letzte Befehl des Blocks sein. Eine Verschachtelung von Blöcken ist nicht möglich.

Mit dem Parameter *ATOMIC* können Sie bestimmen, daß der Block als geschlossen ausführbar angesehen wird. Ein Fehler in einem der darin enthaltenen SQL-Befehle führt zu einem automatischen Zurücksetzen aller bisher ausgeführten Befehle des Blocks. Der Parameter *NOT ATOMIC* dagegen setzt nur den fehlerbehafteten Befehl zurück. *NOT ATOMIC* muß beim Zugriff auf DRDA-Server über DDCS benutzt werden.

Sie müssen nicht alle Befehle eines Blocks ausführen lassen: Mit

```
STOP AFTER FIRST :var STATEMENTS
```

geben Sie mit Hilfe der Programm-Variablen *var* vor, wieviele Befehle vom Beginn des Blocks an abgehandelt werden sollen. Ist als letzter Befehl des gesamten Blocks ein COMMIT vorhanden, so wird er zusätzlich als letzter ausgeführt.

Der obligatorische Parameter *STATIC* weist darauf hin, daß alle Programm-Variablen, denen vor dem Aufruf des Blocks Werte zugewiesen wurden, diese Werte bei der Ausführung der einzelnen SQL-Befehle selbst dann behalten, wenn Ihnen in einem Befehl zuvor ein anderer Wert als Ergebnis des Befehls zugewiesen wird. Es ist also nicht möglich, mit Hilfe von Programm-Variablen Zwischenergebnisse von einem SQL-Befehl an einen anderen weiterzugeben.

Compound SQL wird in REXX nicht unterstützt.

Beispiel

Im folgenden Beispiel unserer Datenbank **MARINA** führen wir die Spalte **LGEBUEHR** für die Abrechnung der Liegeplatzgebühr ein. Für die Liegeplatzbelegungen in 1996 berechnen wir sodann die Gebühren für den belegten Zeitraum und legen sie in **LGEBUEHR** ab. Die beiden SQL-Befehle sollen nur gemeinsam erfolgreich durchgeführt oder im Fehlerfalle zurückgesetzt werden:

```
exec sql begin compound atomic static
alter table belegung add lgebuehr dec(10,2);
update belegung a
 set lgebuehr = (
   select (days(bis) - days(von)) * laenge * (
    select meter_kost from wirtjahr
     where w_jahr = '1996')
   from yacht y, belegung b
    where y.ynr = b.ynr
    and von >= '1996-01-01'
    and a.ynr = b.ynr
    and a.von = b.von);
commit;
end compound;
```

9.1.3   Stored Procedures

Eine weitere Möglichkeit, die Datenübertragung zu minimieren und den Durchsatz im System zu verbessern, sind *Stored Procedures*, auf dem Server gespeicherte Prozeduren oder Programme.

Der Client ruft mit dem SQL-Befehl CALL eine Prozedur auf dem Server auf und sendet dabei nur die Eingabedaten an den Server. Die Datenbank-Aufrufe, -Zugriffe und die Verarbeitung oder Verdichtung der Daten werden auf dem Server durchgeführt und nur das Ergebnis an den Client gesendet. Server-Prozeduren laufen dabei innerhalb derselben Transaktion ab, in der sie auf dem Client aufgerufen werden.

Stored Procedures können in einer auf dem Server unterstützten Programmiersprache wie C, C++, COBOL, FORTRAN oder REXX geschrieben werden. Sie müssen in einer Bibliothek (Library) auf dem Server abgelegt werden. Hinsichtlich der speziellen Anforderungen beim Übersetzen und Linken der Prozeduren verweisen wir Sie auf die entsprechenden Handbücher, die Ihre Betriebssystemumgebung berücksichtigen.

Stored Procedures dürfen keine verbindungsunterbrechende SQL-Befehle enthalten wie CONNECT TO oder SET CONNECTION, keine DB2-Kommandos wie CREATE DATABASE, DROP DATABASE, BACKUP, RESTORE oder ROLLFORWARD und keine Befehle der Programmiersprache, die den Prozeß beenden. In verteilten Transaktionen, die ein Zwei-Phasen-Commit nutzen, sind auch COMMIT und ROLLBACK nicht erlaubt. Werden Stored Procedures aus Programmen aufgerufen, die Zugriffe auf verteilte Datenbanken machen, dürfen sie keine COMMIT- oder ROLLBACK-Befehle enthalten.

Ein-/Augabe-Operationen auf Dateien sind möglich, nicht aber auf einen Bildschirm, da Stored Procedures im Hintergrund ablaufen.

Der SQL-Befehl CALL ruft eine Stored Procedure auf. Er ist nicht mehr kompatibel zur alten DARI-Schnittstelle (*Database Application Remote Interface*)[1].

---

[1] Für ältere DARI-Prozeduren muß weiterhin *sqleproc( )* bzw. *sqlgproc* für den Aufruf benutzt werden.

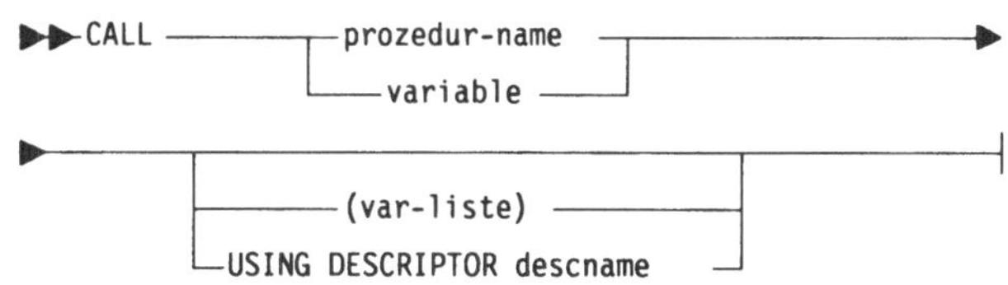

Parameter	
prozedur-name oder variable	Namen der Stored Procedure Als Prozedur-Name ist eine einfache Zeichenkette mit einer Länge von maximal 254 Bytes erlaubt. Direkt angegebene Namen werden in Großbuchstaben umgesetzt, Angaben in Variablen nicht. Die Art der Namensangabe muß den Konventionen des Servers gehorchen. Für DB2 Common Server sind die Angaben des Pfades, einer Prozedur-Bibliothek (Library) sowie eines Funktions- beziehungsweise Prozedurnamens möglich.
var-liste	Liste von Programm-Variablen als Parameter der aufgerufenen Prozedur Die Variablen können sowohl zur Eingabe als auch zur Ausgabe benutzt werden. Alle Variablen der Liste sollten mit Indikator-Variablen versehen sein. Indikator-Variablen zu nicht zur Eingabe benutzten Variablen sollten vor dem Aufruf auf -1 gesetzt werden, Indikator-Variablen zu nicht zur Ausgabe benutzten Variablen in der Prozedur auf -128.
USING DESCRIPTOR descname	Angabe einer SQLDA zur Beschreibung der Programm-Variablen. Die SQLDA wird für die Ein- und Ausgabe verwendet.

Mit CALL aufgerufene Prozeduren dürfen auch auf DRDA-Servern liegen.

Mit dem CALL-Befehl können Sie eine Stored Procedure auch in REXX-Programmen (nicht unter AIX) aufrufen.

Von der DB2-Kommandozeile (CLP) aus müssen Sie für den Aufruf einer Stored Procedure das DB2-Kommando INVOKE benutzen, das noch die DARI-Schnittstelle unterstützt.

Berechtigungen

Sie benötigen für den Aufruf mindestens das EXECUTE-Recht für den Zugriffsplan (package) der Prozedur oder das auf dem Server dazu äquivalente Recht.

Beispiel

Als Beispiel haben wir in Anlehnung an das Beispiel zu Compound SQL auf Seite 431 die Stored Procedure STOPRO geschrieben, die in unserer Datenbank MARINA die Tabelle BELEGUNG um die Spalte LGEBUEHR erweitert, für ein vorgegebenes Jahr die Gebühren berechnet und alle errechneten Gebühren in eine Datei auf dem Server ausgibt. Wir haben uns dabei an die Musterprogramme von IBM angelehnt.

Code STOPRO.SQC

```
/*
+--------------------------------------------------------------+
|   Name       : STOPRO.SQC                                    |
|   Purpose    : Stored Procedure                              |
|   Platform   : DB2 Common Server                             |
|   Author     : A. Pürner                                     |
|                Pürner Unternehmensberatung, Dortmund         |
|   Disclaimer : This "sample" code is for demonstrations only, no |
|                warrenties are made or implied as to correct  |
|                function. You should carefully test this code in |
|                your own environment before using it.         |
|                                                              |
+--------------------------------------------------------------+
*/
    /*----------------------------------------------------*/
    /* Die        Stored Procedure STOPRO     erweitert  */
    /* die Tabelle BELEGUNG um die Spalte LGEBUEHR, füllt */
    /* die neue Spalte mit Gebühren und gibt alle errech- */
    /* neten Gebühren in eine Datei auf dem Server aus.   */
    /*----------------------------------------------------*/
#include <stdio.h>
#include <stdlib.h>
#include <ctype.h>
#include <string.h>
#include <sqlenv.h>
#include <sqlutil.h>
#include "util.h"

SQL_API_RC SQL_API_FN stopro(void *reserved1,
            void *reserved2,
            struct sqlda    *inout_sqlda,
            struct sqlca    *ca)
```

```c
{
  /* Declare a local SQLCA */
  EXEC SQL INCLUDE SQLCA;
  /* Declare Host Variables */
  EXEC SQL BEGIN DECLARE SECTION;
    char jahr[4];
    char datum[10];
    char upd_stmt[512];
    char stmt[240];
    double LG;
    long YNr;
    double kost_sa;
  EXEC SQL END DECLARE SECTION;
  char FileName[22] = "d:\\programm\\StoProGB";
  char *Was;
  char dat2[6] = "-01-01";
  int  cntr;
  FILE *   fid;
  fid = fopen( FileName, "w" );
   if( fid == NULL ) {
       printf( "Fehler Ausgabedatei\n" );
       return(1);
   }
  Was  = inout_sqlda->sqlvar[0].sqldata;
  strncpy(jahr, inout_sqlda->sqlvar[1].sqldata, 4);
  fprintf(fid, "Was: %s Jahr: %s\n", Was, jahr);
  EXEC SQL WHENEVER SQLERROR   GOTO error_exit;
  EXEC SQL WHENEVER SQLWARNING CONTINUE;
  /*----------------------------------------------------*/
  /* Variable Was steuert Ablauf:                       */
  /* ALL         =   alter table, update und select     */
  /* UPD         = update und select                    */
  /* alles andere = nur select                          */
  /*----------------------------------------------------*/

  if (*Was == 'A') {
   fprintf(fid, "alter table Belegung\n");
   EXEC SQL alter table belegung add lgebuehr dec(10,2);
  }

  if ((*Was == 'A') || (*Was == 'U')) {
   fprintf(fid, "select kost_satz\n");
   EXEC SQL select meter_kost into :kost_sa from wirtjahr
                   where w_jahr = :jahr;
   fprintf(fid," Gebührensatz %10.2f \n", kost_sa);

   strncpy(datum, jahr, 4);
   strncat(datum, dat2, 6);
   fprintf(fid, "Datum: %s \n", datum);

   /*----------------------------------------------------*/
   /* Die dynamischen SQL-Befehle überlisten den DB2-    */
   /* Precompiler, da er die Spalte LGEBUEHR nicht       */
   /* kennen will, wenn sie hier erst mit ALTER TABLE    */
   /* hinzugefügt wird.                                  */
   /*----------------------------------------------------*/
```

```
      strcpy(upd_stmt,"update belegung a set lgebuehr = ? * (select (days(bis) -
days(von)) * laenge from yacht y, belegung b where y.ynr = b.ynr and von >= ?
and a.ynr = b.ynr and a.von = b.von)");

    fprintf(fid, "Update Belegung\n");
    EXEC SQL PREPARE s0 FROM :upd_stmt;
    EXEC SQL EXECUTE s0 USING :kost_sa, :datum;
    }

  EXEC SQL DECLARE c1 CURSOR FOR s1;

  /* Prepare Statement */
  strcpy( stmt, "SELECT ynr, lgebuehr FROM belegung where lgebuehr is not
null" );
  EXEC SQL PREPARE s1 FROM :stmt;

  EXEC SQL OPEN c1;
  while ( sqlca.sqlcode == 0 )
     {EXEC SQL FETCH c1 INTO :YNr, :LG;
       fprintf(fid, "Yacht %6i Gebühr %10.2f \n", YNr, LG);}
  EXEC SQL CLOSE c1;

  fprintf(fid, "Vor Commit\n");
  EXEC SQL commit;

  /*----------------------------------------------------------------*/
  /* Return to caller                                               */
  /*    - Copy the SQLCA                                            */
  /*    - Update the output SQLDA.  Since there's no output to      */
  /*      return, we are setting the indicator values to -128 to    */
  /*      return only a null value.                                 */
  /*----------------------------------------------------------------*/

  memcpy(ca, &sqlca, sizeof(struct sqlca));
  if (inout_sqlda != NULL)
  {
    for (cntr = 0; cntr < inout_sqlda->sqld; cntr++)
    {
      *(inout_sqlda->sqlvar[cntr].sqlind) = -128;
    }
  }

  fclose(fid);
  return(SQLZ_DISCONNECT_PROC);

error_exit:
  /* An Error has occurred -- ROLLBACK and return to Calling Program */
  memcpy( ca, &sqlca, sizeof( struct sqlca ) );
  EXEC SQL ROLLBACK;

  fclose(fid);
  return(SQLZ_DISCONNECT_PROC);
}
/* end of stored procedure */
```

Natürlich ist unser Beispiel nicht für den praktischen Einsatz geeignet, da zum Beispiel ein fest vorgegebener Name der Ausgabedatei in einer Mehrbenutzerumgebung nicht realisierbar ist. Dennoch zeigt es einige wesentliche Möglichkeiten von Stored Procedures unter DB2:

- Ablaufsteuerung in normaler Programmiersprache

- Ansprechen von Dateien des Server

- Benutzung von statischem und dynamischem SQL.

Das aufrufende Programm unseres Beispiels enthält praktisch nur den CALL-Befehl:

```
/*
+------------------------------------------------------------------+
|   Name       : CA_STPRO.SQC                                      |
|   Purpose    : CALL Stored Procedure                             |
|   Platform   : DB2 Common Server                                 |
|   Author     : A. Pürner                                         |
|                Pürner Unternehmensberatung, Dortmund             |
|   Disclaimer : This "sample" code is for demonstrations only, no |
|                warrenties are made or implied as to correct      |
|                function. You should carefully test this code in  |
|                your own environment before using it.             |
|                                                                  |
+------------------------------------------------------------------+
*/
    /*-------------------------------------------------------*/
    /* Aufruf der Stored Procedure stopro, die die           */
    /* Tabelle BELEGUNG um die Spalte LGEBUEHR erweitert,    */
    /* die neue Spalte mit Gebühren füllt und alle           */
    /* errechneten Gebühren in eine Datei auf dem Server     */
    /* ausgibt.                                              */
    /*-------------------------------------------------------*/
#include <stdio.h>
#include <stdlib.h>
#include <string.h>
#include <sqlenv.h>
#include <sqlca.h>
#include <sqlda.h>
#include <sqlutil.h>
#include "util.h"
#define  CHECKERR(CE_STR)    if (check_error (CE_STR, &sqlca) != 0) return 1;

int main(int argc, char *argv[]) {

  EXEC SQL BEGIN DECLARE SECTION;
    char procname[255]  = "stopro";
    char Was[3];
    short Was_ind;
    char jahr[4];
    short jahrind;
  EXEC SQL END DECLARE SECTION;
  /* Declare Variables for CALL USING */
```

```
  struct sqlca    sqlca;
  struct sqlda    *inout_sqlda = NULL;
  /*-----------------------------------------------*/
  /* Variable Was steuert Ablauf:                  */
  /* ALL            = alter table, update und select */
  /* UPD            = update und select            */
  /* alles andere = nur select                     */
  /* Variable Jahr gibt das Berechnungsjahr vor    */
  /*-----------------------------------------------*/
  strcpy(Was, "ALL");
  strcpy(Jahr, "1996");
  /* Connect to Database */
  printf("Connect to Database MARINA.\n");
  EXEC SQL CONNECT TO MARINA;
  CHECKERR ("CONNECT TO Marina");
  printf("Funktion %s Jahr %s\n", Was, Jahr);
  Was_ind = Jahrind = 0;
  printf(" CALL the Stored Procedure named stopro \n");
  EXEC SQL CALL :procname (:Was:Was_ind, :Jahr:Jahrind); /* :rk.2a:erk. */
  CHECKERR ("CALL WITH HOST VARIABLE");
  printf("Stored Procedure Complete.\n\n");
  /* Disconnect from Remote Database */
  EXEC SQL CONNECT RESET;
  CHECKERR ("CONNECT RESET");
  return 0;
}
/* end of program */
```

Mit dem CALL werden zwei Parameter an die Prozedur weitergegeben. Die Parameter sind Programm-Variablen mit NULL-Indikatoren. Die Aufbereitung der SQLDA, die letztlich an die Prozedur übergeben wird, geschieht in unserem Beispiel durch den Precompiler.

Katalogisieren von Stored Procedures

Im Gegensatz zu Funktionen und Triggern werden Stored Procedures nicht im DB2-Katalog eingetragen. Sie können jedoch mit CLP-Prozeduren, die Sie im Verzeichnis MISC finden, eine Tabelle `DB2CLI.PROCEDURES` anlegen und Ihre Stored Procedures dort katalogisieren, damit sie Anwendungen für Auskünfte zur Verfügung stehen. In der ODBC- beziehungsweise CLI-Umgebung existieren zwei Aufrufe zur Abfrage dieser Tabelle:

- `SQLProcedures()` gibt Auskunft über Prozedurnamen

- `SQLProcedurColumns()` gibt Auskunft über die Ein-/Ausgabeparameter einer Prozedur

Die Datei `STORPROC.DDL` enthält den CREATE TABLE-Befehl für `DB2CLI.PROCEDURES`. Sie kann aufgerufen werden mit

```
db2 -ft STORPROC.DDL
```

Die Tabelle hat folgende Definitionen:

```
create table db2cli.procedures
        (procschema    varchar(18)    not null,
         procname      varchar(18)    not null,
         definer       varchar(8)     not null,
         pkgschema     varchar(18)    not null,
         pkgname       varchar(18)    not null,
         proc_location varchar(254)   not null,
         parm_style    char(1)        not null,
         language      char(8)        not null,
         stayresident  char(1)        not null,
         runopts       varchar(254)   not null,
         parm_list     varchar(3000)  not null,
         fenced        char(1)        not null,
         remarks       varchar(254),
         result_sets   smallint       not null,
             PRIMARY KEY(procschema, procname));
```

Spalten der Tabelle DB2CLI.PROCEDURES		
Spaltenname	**Datentyp**	**Inhalt**
PROCSCHEMA	VARCHAR(18)	Schemaname der Prozedur
PROCNAME	VARCHAR(18)	Name der Stored Procedure
DEFINER	VARCHAR(8)	Benutzer, der die Prozedur in diese Tabelle eingetragen hat
PKGSCHEMA	VARCHAR(18)	Schemaname des Zugriffsplans (package) der Prozedur
PKGNAME	VARCHAR(18)	Name des Zugriffsplans (package), mit dem die Prozedur ausgeführt wird
PROC_LOCATION	VARCHAR(254)	Pfadangabe für Prozedur
PARM_STYLE	CHAR(1)	Art der Parameterübergabe D für DARI (Database Application Remote Interface) Konventionen
LANGUAGE	CHAR(8)	Benutzte Programmiersprache, zum Beispiel COBOL, C, REXX oder FORTRAN

Spalten der Tabelle DB2CLI.PROCEDURES		
Spaltenname	**Datentyp**	**Inhalt**
STAYRESIDENT	CHAR(1)	Angabe, ob die Stored Procedure speicherresi dent ist Y speicherresident leer wird nach Beendigung aus dem Speicher entfernt
RUNOPTS	VARCHAR(254)	Reserviert
PARM_LIST	VARCHAR(3000)	Parameter-Liste
FENCED	CHAR(1)	Angabe, ob Prozedur mit oder ohne Speicherschutz ausgeführt wird: Y ja N nein
REMARKS	VARCHAR(254)	Allgemeine Beschreibung
RESULT_SETS	SMALLINT	Anzahl der zurückgegebenen Ergebnismengen (nicht SQL-Schnittstelle)

Die Datei STORPROC.XMP enthält beispielhafte INSERT-Befehle, um die Tabelle zu füllen. Sie können sie zur Katalogisierung Ihrer Prozeduren adaptieren. Da die Tabelle manuell gefüllt werden muß, liegt es auch in Ihrer Verantwortung, daß die Eintragungen darin richtig, vollständig und aktuell sind.

9.2 Verteilte Datenbank-Zugriffe

DRDA (Distributed Relational Database Architecture) ist das Konzept der IBM für den Zugriff auf entfernte relationale Datenbanken. In der Stufe 1 (level 1) kennt DRDA nur den Zugriff auf eine (entfernte) Datenbank je Transaktion (RUW, Remote Unit of Work). In der Stufe 2 (level 2) unterstützt es den Zugriff auf mehrere Datenbanken innerhalb einer Transaktion (DUW[2], Distributed Unit of Work). Allerdings steuert nach dem

---

[2] In IBM-Handbüchern haben wir sowohl die Abkürzung DUW als auch DUOW gefunden. Wir benutzen in Anlehnung an das sehr geläufige Kürzel LUW (*Logical Unit of Work*) durchgängig DUW.

bisher realisierten Konzept die Anwendung, welche Tabellen sie in welchen Datenbanken benutzt. Eine datenbankgesteuerte verteilte Transaktion, in der der Datenbank-Manager automatisch die benötigten Datenbanken anspricht, ist bisher noch nicht realisiert. Auch nicht möglich ist es, in **einem** SQL-Befehl Tabellen in unterschiedlichen Datenbanken anzusprechen (DR, *Distributed Request*).

DB2 Common Server benutzt DRDA zum Zugriff auf Datenbanken anderer Systeme der DB2-Familie. Innerhalb von DB2 Common Server-Datenbanken setzt es ein eigenes Protokoll ein: RDS (Remote Data Services). Sie könnten auch zwischen DB2 Common Server-Systemen DRDA benutzen, müßten dafür aber eine schlechtere Performance und weniger Netzwerk-Unterstützung in Kauf nehmen. Außerdem benötigen Sie dazu mit DDCS ein zusätzliches Produkt.

Bild 9.2:
Verteilte
Datenbanken mit
DB2

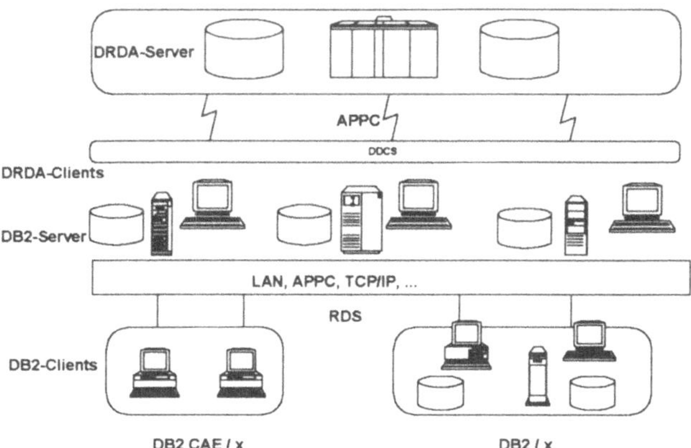

Sie können mit DB2 und RDS Daten in verschiedenen DB2-Datenbanken innerhalb einer Transaktion bearbeiten. Die Anwendung gibt auch hier mit den SQL-Befehlen CONNECT und SET CONNECTION explizit vor, in welcher Datenbank jeweils gearbeitet wird. Ein völlig transparentes Arbeiten ist also noch nicht realisiert.

Wir erläutern Ihnen in diesem Abschnitt, wie Sie verteilte Datenbank-Zugriffe programmieren, an welche Voraussetzungen diese geknüpft sind und welche Beschränkungen Sie beachten müssen.

9.2.1 Zwei-Phasen-Commit

IBM bezeichnet Datenbank-Transaktionen, die auf mehrere Datenbanken zugreifen als Distributed Unit of Work (DUW) und unterscheidet in seiner Terminologie nicht mehr, ob sie nur Daten einer Datenbank ändern und die anderen Datenbanken lesen oder ob sie Daten in mehreren Datenbanken ändern. Ändert die verteilte Transaktion in mehreren Datenbanken, benötigt sie einen zweiphasigen COMMIT, um die Änderungen in allen Datenbanken synchron abzuschließen. Die Datenkonsistenz erfordert es, daß entweder die Transaktion, die ja eine Einheit von logisch zusammengehörenden Datenbankoperationen ist, vollständig in allen beteiligten Datenbanken durchgeführt oder im Fehlerfalle zurückgesetzt wird. Eine teilweise Durchführung der Transaktion in nur einigen Datenbanken führt zu inkonsisten Daten und ist nicht akzeptabel.

Das Zwei-Phasen-Protokoll für COMMIT oder ROLLBACK soll nun sicher stellen, daß alle beteiligten Datenbanken synchronisiert bleiben oder nach zeitweiligen Ausfällen einzelner Datenbanken wieder synchronisiert werden können.

DB2 benutzt zur Überwachung des Zwei-Phasen-Commit eine zentrale Instanz, die Transaktions-Manager-Datenbank (TM-Datenbank). In dieser werden alle verteilten Transaktionen registiert, die mit dem Zwei-Phasen-Protokoll arbeiten. Mit der Registrierung erhält die Transaktion eine Identifikation, unter der sie auch in allen beteiligten Datenbanken geführt wird.

Am einfachsten läßt sich die Arbeitsweise des Zwei-Phasen-Protokolls am Ablauf des COMMIT erläutern.

Die Anwendung auf dem Client setzt einen COMMIT ab:

* Phase 1:
  Allen beteiligten Datenbanken wird eine Vorbereitungsmeldung (PREPARE) geschickt. Der PREPARE wird von jeder Datenbank in ihrer Log-Datei vermerkt. Die Datenbank antwortet dann, daß sie für die Durchführung des COMMIT bereit ist.

  Der Client informiert die TM-Datenbank, daß sich alle Datenbanken bereit gemeldet haben. Die TM-Datenbank vermerkt dies in ihrer Log-Datei und antwortet dem Client, daß er die zweite Phase starten kann.

- Phase 2:

  Der Client fordert nun jede beteiligte Datenbank auf, den COMMIT durchzuführen. Jede Datenbank vermerkt den Commit in ihrer Log-Datei und führt ihn durch. Danach meldet sie dies dem Client.

  Hat der Client von allen Datenbanken eine positive Antwort erhalten, informiert er die TM-Datenbank, daß die Transaktion erfolgreich beendet wurde. Diese vermerkt den erfolgreichen Commit in ihrer Log-Datei und meldet es dem Client zurück.

Damit ist der Zwei-Phasen-Commit erfolgreich beendet.

Betrachten wir nun Fehler, die bei der Durchführung auftreten können.

- Fehler der Phase 1:

  Meldet eine Datenbank einen Fehler während der Vorbereitung zum Commit, fordert der Client in der Phase 2 zum Zurücksetzen der Änderungen (ROLLBACK) auf. Die TM-Datenbank erhält **keine** Vorbereitungsmeldung.

  In der Phase 2 fordert der Client alle beteiligten Datenbanken, die sich bereit gemeldet haben, zum Rollback auf. Diese vermerken einen Abbruch (ABORT) in ihren Log-Dateien und führen den Rollback durch.

- Fehler der Phase 2:

  Wenn eine der beteiligten Datenbanken bei der eigentlichen Durchführung keinen erfolgreichen Abschluß meldet, fordert die TM-Datenbank diese in wiederholten Versuchen zur Durchführung des Commits auf. Mit dem Konfigurations-Parameter *resync_interval* bestimmen Sie die Wartezeiten zwischen zwei Versuchen.

  Fällt die TM-Datenbank aus, führt sie beim Wiederanlauf eine Synchronisation zweifelhafter Transaktionen durch. Transaktionen werden als zweifelhaft angesehen, wenn sie die Phase 1, nicht aber die Phase 2 abgeschlossen haben. Die Synchronisation wird folgendermaßen durchgeführt:

  1. Anmeldung an alle Datenbanken, die sich in der Phase 1 als bereit gemeldet hatten.

  2. Versuch, einen COMMIT für die zweifelhafte Transaktion durchzuführen. Wird die zweifelhafte Transaktion nicht gefunden, so unterstellt der Transaktions-Manager, daß sie bereits erfolgreich abgeschlossen wurde.

3. Nachdem die zweifelhafte Transaktion in allen beteiligten Datenbanken erfolgreich abgeschlossen wurde, wird sie in der TM-Datenbank als abgeschlossen vermerkt.

Stürzt eine der beteiligten Datenbanken ab, überprüft der Datenbank-Manager beim Wiederanlauf in der Log-Datei der TM-Datenbank, ob die Transaktion zurückgesetzt werden soll. Findet er sie nicht in der Log-Datei, wird die zweifelhafte Transaktion zurückgesetzt. Andernfalls wartet er auf die Aufforderung zum Commit durch den Transaktions-Manager.

Ob Sie einen Zwei-Phasen-Commit verwenden, steuern Sie beim Vorübersetzen des Programms durch Precompiler-Optionen (siehe Abschnitt 9.2.3, *CONNECT vom Typ 2*, auf Seite 446).

Manuelle Resynchronisation

Zu einem Problem können im Zwei-Phasen-Commit die Fehler der Phase 2 werden, wenn der DB2-interne oder externe Transaktions-Manager zur Resynchronisation nicht verfügbar ist, Sie aber die gesperrten Datenbank-Ressourcen für weitere Arbeiten dringend benötigen. Ein solcher Fall ist denkbar, wenn Ihnen am späten Nachmittag die Leitungsverbindung zur entfernten TM-Datenbank ausfällt, der Netzwerk-Provider eingesteht, daß die Leitung erst am nächsten Vormittag wiederhergestellt sein wird, und Sie den abendlichen Tagesabschluß durchführen müssen. Für solche besonderen Fälle können Sie die Resynchronisation auch manuell durchführen. Sie erhalten die Liste der zweifelhaften Transaktionen mit

    LIST INDOUBT TRANSACTIONS

Nach bestem Wissen unter Einbeziehen Ihrer Kenntnisse der Anwendungen und Einholen von zusätzlichen Informationen (zum Beispiel beim Datenbank-Administrator eines anderen beteiligten Servers) können Sie diese Transaktionen manuell beenden:

    LIST INDOUBT TRANSACTIONS WITH PROMPTING

Wegen der Fehlermöglichkeiten und der daraus entstehenden Inkonsistenzen sollten Sie davon nur im **äußersten** Notfall Gebrauch machen.

Transaktionen, die über DRDA mit Mainframe-Datenbanken gearbeitet haben, können Sie nicht manuell resynchronisieren.

9.2.2   **DB2-interner Transaktions-Manager**

DB2 benutzt einen internen Transaktions-Manager und eine Datenbank zur Koordination der Datenbanken, die an einer verteilten Transaktion (DUW) beteiligt sind (siehe Abschnitt 9.2.1, *Zwei-Phasen-Commit*, ab Seite 442).

Der Datenbank-Manager besitzt Funktionen als Transaktions-Manager und ermöglicht es daher, Änderungen in mehreren Datenbanken innerhalb einer Transaktion zu koordinieren. Die Koordination übernimmt das Anwendungsprogramm auf dem Client. Es registiert in der Transaktions-Manager-Datenbank (TM-Datenbank) alle verteilten Transaktionen und überwacht ihre Beendigung.

Die wesentliche Aufgabe der TM-Datenbank liegt in der Synchronisation der beteiligten Datenbanken nach Fehlern wie Ausfällen von Leitungsverbindungen oder Abstürzen von Servern. Die Vorgehensweise dabei haben wir in Abschnitt 9.2.1 beschrieben. Der Konfigurations-Parameter *resync_interval* des Datenbank-Manager bestimmt dabei die Zeit zwischen zwei Versuchen, zweifelhafte Transaktionen zu synchronisieren.

Transaktions-Manager-Datenbank

Die Datenbank, die als TM-Datenbank benutzt werden soll, wird vom Client durch den Konfigurations-Parameter *tm_database* des Datenbank-Manager ermittelt, mit dem er verbunden ist.

Als TM-Datenbank kann jede Datenbank unter DB2 Common Server (keine DRDA-Datenbanken!) benutzt werden. IBM empfiehlt aber, dafür eine Datenbank ohne Benutzer-Daten einzurichten und zu nutzen. Sie kann lokal oder entfernt sein. Sie muß Verbindungen zu allen beteiligten Datenbanken der verteilten Transaktion aufbauen können. Ebenso müssen alle beteiligten Datenbanken Verbindungen zu ihr erstellen können. Das heißt die TM-Datenbank und die beteiligten Datenbanken müssen in allen dafür notwendigen DB2-Verzeichnissen eingetragen sein, sowohl unter der DB2-Instanz der TM-Datenbank, als auch unter den Instanzen jeder beteilgten Datenbank.

Wenn Sie keine dedizierte TM-Datenbank benutzen wollen, können Sie als Wert für den Konfigurations-Parameter *tm_database* 1ST_CONN eintragen. Dann nutzt das Anwendungsprogramm als TM-Datenbank die erste Datenbank, an die es sich anmeldet. Allerdings müssen dazu alle beteiligten Datenbanken netzwerk-weit eindeutige Alias-Namen besitzen.

DRDA
(Distributed
Relational Database
Architecture)

Der DB2-interne Transaktions-Manager erfüllt nicht die Anforderugen an einen *Sync Point Manager* (SPM) nach DRDA (Distributed Relational Database Architecture) Level 2. Wird DB2 als DRDA Anwendungs-Server (AS) benutzt, sind keine verteilten Änderungen möglich (DRDA Level 1). Greift ein DB2-Client auf DRDA-Server und DB2-Server zu, so kann er entweder

- in mehreren DB2-Servern ändern und in DRAD-Servern nur lesen

oder

- in einem DRDA-Server ändern und in anderen DRDA- oder DB2-Servern nur lesen.

9.2.3   CONNECT vom Typ 2

Für das gleichzeitige Bearbeiten von Daten mehrerer Datenbanken müssen Sie sich mit dem CONNECT-Befehl vom Typ 2 anmelden. Dieser CONNECT ist syntaktisch mit der alten Befehlsform (Typ 1) identisch, ermöglicht aber die Anmeldung an mehrere Datenbanken, ohne daß ein erneuter CONNECT an eine andere Datenbank die vorherige Anmeldung aufhebt. Auch mit einem CONNECT-Befehl vom Typ 2 können Sie sich je Befehlsaufruf nur an eine Datenbank anmelden. Die jeweils letzte Anmeldung wird als die aktuelle Verbindung angesehen: DB2 erwartet, daß sich die in SQL-Befehlen angesprochenen Objekte in der aktuellen Datenbank befinden. Sie können mit dem SQL-Befehl SET CONNECT eine andere Datenbank, an der Sie bereits angemeldet sind, zur aktuellen machen. Nicht aktuelle Verbindungen werden als schlafend bezeichnet. Die aktuelle Verbindung können Sie über die DB2-interne Variable CURRENT SERVER abfragen.

IBM bezeichnet Datenbank-Transaktionen, die auf mehrere Datenbanken zugreifen als Distibuted Unit of Work (DUW) und unterscheidet in seiner DRDA-Terminologie nicht mehr, ob Sie nur Daten einer Datenbank ändern und die anderen lesen oder ob Sie Daten in mehreren Datenbanken ändern. Ändern Sie nur in einer Datenbank, benötigen Sie nur einen einphasigen COMMIT, ändern Sie dagegen in mehreren, benötigen Sie einen zweiphasigen COMMIT.

Ob Sie CONNECT-Befehle vom Typ 1 oder 2 oder einen einphasigen oder zweiphasigen COMMIT in Ihrem Programm benutzen, beeinflussen Sie über Parameter des DB2-Precompiler. Außerdem legen Sie über weitere, ergänzende Parameter fest, nach welchen Regeln die verteilten Transaktionen Ihres Programmes ablaufen:

- `CONNECT (1 | 2)` steuert, ob die CONNECT-Befehle vom Typ 1 oder 2 sind.

- `SQLRULES (DB2 | STD)` gibt vor, ob CONNECT-Befehle vom Typ 2 entsprechend den DB2-Regeln oder denen des SQL-Standards von 1992 behandelt werden. Nach DB2-Regeln kann ein CONNECT-Befehl auch auf eine schlafende Verbindung umschalten. Nach den Regeln des SQL-Standards muß dafür der Befehl SET CONNECTION benutzt werden.

- `DISCONNECT (EXPLICIT | CONDITIONAL | AUTOMATIC)` steuert die Abmeldung von den Datenbanken durch einen COMMIT-Befehl:

  - `EXPLICIT` meldet nur die Verbindungen ab, die zuvor explizit mit dem RELEASE-Befehl dafür vorgemerkt wurden.

  - `CONDITIONAL` meldet die mit RELEASE vogemerkten Verbindungen und solche, für die keine Cursor mit WITH HOLD-Angabe geöffnet wurden, ab.

  - `AUTOMATIC` beendet alle Verbindungen.

- `SYNCPOINT (ONEPHASE | TWOPHASE | NONE)` gibt vor, wie COMMIT- oder ROLLBACK-Befehle zwischen den beteiligten Datenbanken koordiniert werden.

  - `ONEPHASE` erlaubt nur Änderungen in einer Datenbank. Die anderen können nur gelesen werden.

  - `TWOPHASE` ermöglicht durch ein Zwei-Phasen-Protokoll Änderungen in mehreren Datenbanken, die das unterstützen. Ein Transaktions-Manager ist für die Koordination notwendig.

  - `NONE` bewirkt keinerlei Koordination der beteiligten Datenbanken. Es wird weder geprüft, daß Änderungen nur in einer Datenbank erfolgen können, noch, daß ein Zwei-Phasen-COMMIT benutzt wird. Stattdessen werden im Falle eines COMMIT oder ROLLBACK individuelle COMMIT- oder ROLLBACK-Befehle in allen Datenbanken angestoßen. Enden von den individuellen Befehlen einer oder mehrere fehlerhaft, werden Fehlercodes zurückgegeben.

Ein Zwei-Phasen-Commit verursacht mehr Systembelastung als ein Ein-Phasen-Commit, was Sie aufgrund unserer Erläuterungen sicher leicht nachvollziehen können. Sie sollten es nur dann nutzen, wenn Sie in einer Transaktion mehrere Datenbanken verändern. Ändern Sie nur in einer Datenbank, lesen Sie nur in den anderen, reicht ein Ein-Phasen-Commit aus.

Diese über den Precompiler gesetzten Parameter können im Programm zur Laufzeit über die SET CLIENT-Programmierschnittstelle (nicht mit SQL-Befehlen!) überschrieben werden, solange keine Datenbankverbindung besteht. Sie gelten nicht für verteilte Transaktionen, die unter der Kontrolle eines **externen** Transaktions-Managers, eines TP-Monitors, ausgeführt werden.

Wurde eine Anwendung, die aus mehreren getrennt übersetzten Routinen besteht, mit unterschiedlichen Parametern vorübersetzt, so gelten die Parameter, die bei der Vorübersetzung des ersten ausgeführten SQL-Befehls gesetzt waren – vorausgesetzt, daß sie nicht mit SET CLIENT aktuell überschrieben wurden. Wird anschließend ein CONNECT ausgeführt, für den andere Parameter bei der Vorübersetzung aktiv waren, wird ein Fehlerstatus gesetzt.

Vergleich von
CONNECT Typ 1
und Typ 2

Die Unterschiede im Verhalten von CONNECT Typ 1 und Typ 2 macht Ihnen die folgende Gegenüberstellung deutlich:

Typ 1	**Typ 2**
Jede Transaktion kann nur mit einer Datenbank arbeiten	Jede Transaktion kann mit mehreren Datenbanken arbeiten
Die aktuelle Transaktion muß abgeschlossen werden, bevor eine Verbindung zu einer anderen Datenbank aufgebaut werden kann	Die aktuelle Transaktion muß nicht abgeschlossen sein, wenn eine Verbindung zu einer anderen Datenbank aufgebaut wird

Typ 1	Typ 2
CONNECT stellt eine Verbindung her, folgende CONNECTs bauen die alte Verbindung ab und stellen eine neue her	CONNECT stellt eine Verbindung her, ohne die alte Verbindung abzubauen. Die alte Verbindung geht in den schlafenden Zustand. Um schlafende Verbindungen zur aktuellen zu machen, benutzen Sie CONNECT (mit SQLRULES DB2) oder SET CONNECT (mit SQLRULES STD)
SET CONNECTION darf nur die aktuelle Verbindung angeben	SET CONNECTION schaltet zwischen bestehenden Verbindungen um
CONNECT mit USER ... USING .. beendet die bestehende Verbindung und erstellt eine neue Verbindung mit dem angegebenen Benutzernamen	CONNECT mit USER ... USING .. ist nur zum Aufbau einer neuen Verbindung erlaubt. Bei bestehenden Verbindungen ist es verboten
CONNECT RESET kann zum Abbau der bestehenden Verbindung benutzt werden. Ist der nächste folgende SQL-Befehl kein CONNECT, wird implizit eine Verbindung zur Standard-Datenbank aufgebaut (wenn im System definiert).	CONNECT RESET verbindet mit der Standard-Datenbank (wenn im System definiert). Mit RELEASE können Verbindungen zum Abbau vorgemerkt und beim COMMIT beendet werden. Der Verbindungsabbau beim COMMIT wird gesteuert von der Precompiler-Option DISCONNECT. Wenn keine Transaktion aktiv ist, können mit dem SQL-Befehl DISCONNECT Verbindungen abgebaut werden.
Aufeinander folgende CONNECT RESET führen zu einem Fehler	Aufeinander folgende CONNECT RESET führen nur dann zu einem Fehler, wenn SQLRULES als STD definiert ist

Typ 1	Typ 2
CONNECT RESET beendet implizit die aktuelle Transaktion mit COMMIT	CONNECT RESET beendet die aktuelle Transaktion nicht
Wird die aktuelle Verbindung vom System aus irgendeinem Grund beendet, erzeugt der nächste SQL-Befehl einen Fehler, wenn er kein CONNECT-Befehl ist	Wird die aktuelle Verbindung durch das System beendet, sind COMMIT, ROLLBACK oder SET CONNECTION erlaubt
Endet die Anwendung, wird die bestehende Verbindung mit implizitem COMMIT beendet	Endet die Anwendung, werden die Verbindungen mit implizitem COMMIT beendet
Erhält ein CONNECT-Befehl einen Fehlerstatus zurück, ist die Anwendung ohne Datenbankverbindung – unabhängig davon, ob vor dem CONNECT schon eine Verbindung bestand oder nicht	Erhält ein CONNECT-Befehl einen Fehlerstatus zurück, bleiben bestehende Verbindungen davon unbeeinträchtigt. Nur wenn keine Verbindung besteht, bleibt die Anwendung ohne Datenbankverbindung.

9.2.4 Programmierung für verteilte Datenbanken

Nachdem wir in den vorherigen Abschnitten die Grundlagen vorgestellt haben, wollen wir nun zeigen, wie Sie Programme erstellen können, die verteilte Daten ändern.

Unsere Beispiel-Umgebung besteht aus den Knoten DB2 und DB3, die jeweils eine eigene DB2-Instanz besitzen. Als Transaktions-Manager-Datenbank (TM-Datenbank) wurde `TM_DB` ohne Benutzerdaten bei DB3 eingerichtet und in beiden Datenbank-Mangern als *tm_database* eingetragen. Die TM-Datenbank wird in unseren Beispielen ohne weitere Erwähnung benutzt. Selbstverständlich können Sie auch in Ihrer Umgebung mit einer anderen arbeiten oder `1ST_CONN` verwenden.

Bild 9.3:
Database Director-
Ansicht der
Testumgebung

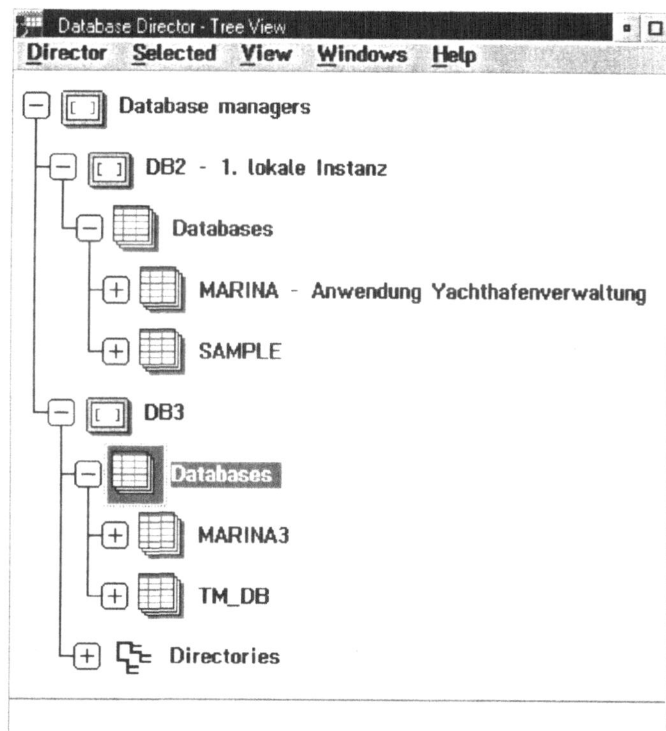

Beispiel mit gleichen
Datenbank-
Strukturen

In unserem ersten Beispiel ändern wir in den Datenbanken MARINA unter DB2 und MARINA3[3] unter DB3. Beide Datenbanken enthalten die gleichen Tabellen. Dies ähnelt dem Fall einer horizontalen Partitionierung von Tabellen, bei dem die Daten einer Tabelle auf verschiedene Knoten verteilt werden. Ein typischer Anwendungsfall dazu wäre eine Filialorganisation, in der die Daten einer Filiale jeweils vor Ort gespeichert werden, aber auch der Zentrale und den anderen Filialen zugänglich sein müssen. Wir könnten uns also für unser Beispiel vorstellen, daß eine Gesellschaft mehrere Yachthäfen betreibt und die Computer der Hafenkapitäne untereinander vernetzt hat.

---

[3] Wenn Sie das Beispiel nachvollziehen wollen, können Sie die Datenbank MARINA3 mit BACKUP DATABASE MARINA... und RESTORE DATABASE ... INTO MARINA3 erzeugen. Zusätzlich müssen Sie in die Tabelle PERSON den Eigner Nr. 96 (Klaus-Boris Störtebecker) per Visualizer Flight o.ä. einfügen.

Beispiel-Programm
`marinavt.sqc`

Wir verzichten in unserem einfach gehaltenen Beispiel-Programm `marinavt.sqc` auf einen Benutzerdialog und konzentrieren uns auf die SQL-Befehle. Als Programmiersprache verwenden wir C mit Embedded SQL. Für die Behandlung von DB2-Fehlern haben wir die Routine `check_error()` von IBM übernommen. Sie finden sie unter den C-Beispielen im Modul `util.c`.

```c
/*
+----------------------------------------------------------------+
|  Name       : MARINAVT.SQC                                     |
|  Purpose    : Test Verteilte Datenbanken mit gleichen Tabellen |
|  Platform   : DB2 Common Server                                |
|  Author     : A. Pürner                                        |
|               Pürner Unternehmensberatung, Dortmund            |
|  Disclaimer : This "sample" code is for demonstrations only, no|
|               warrenties are made or implied as to correct     |
|               function. You should carefully test this code in |
|               your own environment before using it.           |
|                                                                |
+----------------------------------------------------------------+
*/
#include <stdio.h>
#include <string.h>
#include <stdlib.h>
#include <sqlenv.h>
#include "util.h"
EXEC SQL INCLUDE SQLCA;
#define  CHECKERR(CE STR)    if (check error (CE STR, &sqlca) != 0) return 1;

int main(int argc, char *argv[]) {
   EXEC SQL BEGIN DECLARE SECTION;
       char yname[24];
       short ynamind = 0;
       char reg ort[24];
       short rgoind = 0;
       char pname[24];
       short pnamind = 0;
       char vname[24];
       short vnamind = 0;
   EXEC SQL END DECLARE SECTION;
   char b;
   if (argc != 1) {
       printf ("\nAufruf: marinavt\n\n");
       return 1;
   } /* endif */
   printf( "\nDUW-Beispiel-Programm \n Einfügungen in MARINA und MARINA3\n");
   EXEC SQL CONNECT TO marina3;
   CHECKERR ("CONNECT TO MARINA3");
   printf("Connect mit Marina 3\n");
   EXEC SQL CONNECT TO marina;
   CHECKERR ("CONNECT TO MARINA");
   printf("Connect mit Marina \n");
   EXEC SQL DECLARE c0 CURSOR FOR
           SELECT name, reg ort FROM yacht WHERE bauart = 'Boot';
   CHECKERR ("DECLARE CURSOR 0");
   EXEC SQL OPEN c0;
   CHECKERR ("OPEN CURSOR 0");
   do {
      EXEC SQL FETCH c0 INTO :yname:ynamind, :reg ort:rgoind;
      if (SQLCODE != 0) break;
      printf( "%s aus %s in DB Marina\n",
         yname, reg ort );
   } while ( 1 );
   EXEC SQL CLOSE c0;
   CHECKERR ("CLOSE CURSOR 0");
   EXEC SQL SET CONNECTION marina3;
   CHECKERR ("SET CONNECT MARINA3");
   printf("Set Connect mit Marina 3\n");
   EXEC SQL DECLARE c1 CURSOR FOR
```

```
            SELECT name, vorname FROM person
            FOR UPDATE OF pass_nr;
CHECKERR ("DECLARE CURSOR 1");
EXEC SQL OPEN c1;
CHECKERR ("OPEN CURSOR 1");
do {
   EXEC SQL FETCH c1 INTO :pname:pnamind, :vname:vnamind;
   if (SQLCODE != 0) break;
   printf( "%s sein %s aus DB Marina3\n",
       pname, vname );
} while ( 1 );
EXEC SQL CLOSE c1;
CHECKERR ("CLOSE CURSOR 1");
EXEC SQL SET CONNECTION marina;
CHECKERR ("SET CONNECT MARINA");
printf("Set Connect mit Marina\n");
EXEC SQL INSERT INTO person
 VALUES (96, 'Störtebecker', 'Klaus-Boris', '1950-01-01', 'Helgoland', 'H4712',
       'HGL');
CHECKERR ("INSERT INTO PERSON");
printf ("Person 96 in Marina inserted\n");
EXEC SQL INSERT INTO yacht
   VALUES (999, 'Testboot', 'Nirgend', 'Boot', 9.9, 2.50, 0.99, 1, 96);
CHECKERR ("INSERT INTO YACHT");
printf ("Yacht in Marina inserted\n");
EXEC SQL SET CONNECTION marina3;
CHECKERR ("SET CONNECT MARINA3");
printf("Set Connect mit Marina3\n");
EXEC SQL INSERT INTO yacht
   VALUES (999, 'Testboot', 'Boot', 'Nirgend', 9.9, 2.50, 0.99, 1, 96);
CHECKERR ("INSERT INTO YACHT3");
printf ("Yacht in Marina3 inserted\n");
b=getchar(); /* läßt Programm anhalten vor Commit für Aborts und Recovery-Tests */
EXEC SQL COMMIT;
CHECKERR ("COMMIT");
printf( "\nChanges committed.\n" );
EXEC SQL DISCONNECT ALL;
CHECKERR ("DISCONNECT ALL");
return 0;
}
/* end of program */
```

Wir bauen zunächst die Verbindungen zu beiden Datenbanken auf. In der Datenbank MARINA lesen wir alle Yachten der Bauart „Boot" und in der Datenbank MARINA3 alle Eigner (Tabelle PERSON). Unter diesen Eignern finden wir Nr. 96: Klaus-Boris Störtebecker. Die Daten des Eigners und die seiner Yacht fügen wir in die Datenbank MARINA ein (Den davor liegenden Dialogschritt zur Auswahl des Eigners aus der angezeigten Liste haben wir uns erspart!). Außerdem fügen wir seine Yachtdaten in die Datenbank MARINA3 ein. Welche Datenbank wir jeweils in einem SQL-Befehl ansprechen, steuern wir explizit durch die SET CONNECTION-Befehle.

Erst wenn DB2 über eine datenbankgesteuerte DUW oder gar über einen Distributed Request (DR) verfügt, kann unser Beispiel-Programm auf die vielen verbindungssteuernden Befehle verzichten.

Auch wenn der Eigner in einer der beteiligten Datenbanken bereits gespeichert ist, müssen wir ihn wegen der referentiellen Integrität, die wir für unsere Tabellen definiert haben, auch in die Datenbank aufnehmen, in die seine Yacht aufgenommen wird.

Testmöglichkeiten

Vor dem COMMIT-Befehl wartet das Programm auf eine Eingabe, damit wir Zeit haben, für Recovery-Tests gezielte Abbrüche wie den Absturz eines Severs oder die Unterbrechung einer Leitungsverbindung herbeizuführen. Den Ablauf des Programms in den beteiligten Datenbanken und in der TM-Datenbank verfolgen wir mit dem DB2-Monitor: Wir können für die drei Datenbanken `MARINA`, `MARINA3` und `TM_DB` jeweils einen Ereignis-Monitor definieren und starten, der uns mindestens die Transaktionen aufzeichnen sollte. Und wir können mit dem Schnappschuß-Monitor unter dem Database Director unser Programm wiederfinden und uns davon überzeugen, ob es auch implizit in der TM-Datenbank angemeldet ist.

Bild 9.4:
Schnappschuß-Monitors zeigt Anmeldungen von Programm `MARINAVT.EXE` in den Datenbanken `MARINA` und `TM_DB`

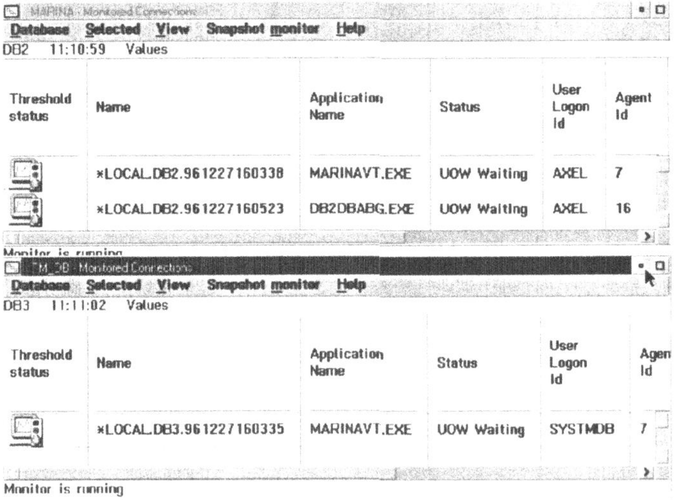

PREP und BIND

Das Programm wird gegen eine Datenbank vorübersetzt und mit beiden beteiligten gebunden. Beim Vorübersetzen haben wir die notwendigen Parameter für den CONNECT Typ 2 und den Zwei-Phasen-Commit gesetzt:

```
@echo off
rem  Usage: C_db2trn <prog_name> <db_name1> <db_name2>
db2 connect to %2
db2 prep %1.sqc bindfile connect 2 syncpoint twophase
icc -C+ -O- -Ti+ /Ls+ %1.c
ilink /NOFREE /NOI /DEBUG /ST:32000 /PM:VIO %1.obj
util.obj,,,db2api;
```

```
db2 bind %1.bnd
db2 connect to %3
db2 bind %1.bnd
db2 connect reset
@echo on
```

Für unser Beispiel ist dieses Vorgehen nur erfolgreich, weil in beiden beteiligten Datenbanken die angesprochenen Tabellen und Spalten identisch definiert sind.

Beschränkungen bei PREP und BIND

PREP und BIND brechen mit Fehler ab, wenn DB2-Objekte, die im Programm angesprochen werden, nicht in der Datenbank exisiteren. Wenn Sie also in einem Programm auf Datenbanken mit unterschiedlichen Tabellen zugreifen müssen, müssen Sie entweder

- Dynamisches SQL benutzen

oder

- so gut strukturiert programmieren, daß Sie die Datenbankzugriffe in eigene Routinen auslagern, die jeweils nur mit einer Datenbank vorübersetzt und gebunden werden.

Eine saubere Strukturierung größerer Programme sollte eigentlich selbstverständlich sein, so daß die Beschränkungen von PREP und BIND nicht als einschneidend anzusehen sind.

Beispiel mit unterschiedlichen Datenbank-Strukturen

In unserem zweiten Beispiel `persmari.sqc` arbeiten wir mit unterschiedlich strukturierten Datenbanken und Tabellen. Wir unterstellen als Anwendungshintergrund ein Personal-Informationssystem auf einem zentralen Rechner eines Unternehmens und die schon bekannte Yachthafen-Verwaltung auf einem dedizierten Rechner vor Ort. Da Mitarbeiter des Unternehmens in unserem Yachthafen Sonderkonditionen erhalten, greifen wir bei der Aufnahme eines solche Mitarbeiters als Yachteigner auf den zentralen Personalstamm zu, übernehmen einige persönliche Daten für den Eignerstammsatz und tragen im Personalstammsatz unter der Spalte SPEC_INT (spezielle Interessen) die Kennung "sailing" ein. Als Personalstamm benutzen wir die Tabelle EMPLOYEE der Datenbank SAMPLE am Knoten DB2. Die Tabelle EMPLOYEE haben wir mit

```
ALTER TABLE EMPLOYEE ADD SPEC_INT CHAR(12)
```

um die Spalte für die speziellen Interessen erweitert. Für die Yachthafenverwaltung benutzen wir die Datenbank MARINA3 am Knoten DB3.

Wir verzichten auch in diesem Beispiel-Programm auf den Benutzerdialog und konzentrieren uns auf die SQL-Befehle. Als Programmiersprache verwenden wir wieder C mit Embedded SQL. Für die Behandlung von DB2-Fehlern haben wir die Routine `check_error()` von IBM übernommen. Sie finden sie unter den C-Beispielen im Modul `util.c`.

Beispiel-Programm persmari.sqc

Das Programm `persmari.sqc` enthält nur noch die Steuerung mit den CONNECT-, SET CONNECT-, COMMIT- und ROLL-BACK-Befehlen:

```c
/*
  +--------------------------------------------------------------+
  |   Name        : PERSMARI.SQC                                 |
  |   Purpose     : Test Verteilte Datenbanken, verschiedene Tabellen |
  |                 Steuerprogramm                               |
  |   Platform    : DB2 Common Server                           |
  |   Author      : A. Pürner                                   |
  |                 Pürner Unternehmensberatung, Dortmund       |
  |   Disclaimer  : This "sample" code is for demonstrations only, no |
  |                 warrenties are made or implied as to correct |
  |                 function. You should carefully test this code in |
  |                 your own environment before using it.       |
  |                                                              |
  +--------------------------------------------------------------+
*/
#include <stdio.h>
#include <string.h>
#include <stdlib.h>
#include <sqlenv.h>
#include "util.h"
EXEC SQL INCLUDE SQLCA;
int find emp(char *ptr1, char *ptr2, char *ptr3, char *ptr4);
int upd emp(char *ptr5);
int ins pers(char *ptr6, char *ptr7, char *ptr8, char *ptr9);
int error ex();
#define  CHECKERR(CE STR)    if (check error (CE STR, &sqlca) != 0) return 1;

int main(int argc, char *argv[]) {
     char lname[25];
     char fname[25];
     char bdat[11];
     char empnr[7];
     int rc;
     char b;
   if (argc != 2) {
     printf ("\nAufruf: persmari <persnr>\n\n");
     return 1;
   } /* endif */
   printf( "\nDUW-Beispiel-Programm \n Einfügungen in SAMPLE und MARINA3\n");
   strcpy (empnr, argv[1]);
   EXEC SQL CONNECT TO marina3;
   CHECKERR ("CONNECT TO MARINA3");
   printf("Connect mit Marina 3\n");
   EXEC SQL CONNECT TO sample;
   CHECKERR ("CONNECT TO SAMPLE");
   printf("Connect mit Sample \n");
   rc = find emp(empnr, lname, fname, bdat); /* Finde Mitarbeiter */
   if (rc == 1) error ex();
   printf("Übernahme: %s, %s, %s \n", lname, fname, bdat);
   EXEC SQL SET CONNECTION marina3;
   CHECKERR ("SET CONNECT MARINA3");
   printf("Set Connect mit Marina 3\n");
   rc = ins pers(empnr, lname, fname, bdat); /* Speicher Eignerstamm */
   if (rc == 1) error ex();
   printf("Mitarbeiter als Yachteigner gespeichert\n");
   EXEC SQL SET CONNECTION sample;
   CHECKERR ("SET CONNECT SAMPLE");
   printf("Set Connect mit Sample\n");
```

```
rc = upd emp(empnr); /* Setze spec int = sail in Mitarbeiterstamm */
if (rc == 1) error ex();
printf("Hobbie registriert\n");
b=getchar(); /* läßt Programm anhalten vor Commit für Aborts und Recovery-Tests */
EXEC SQL COMMIT;
CHECKERR ("COMMIT");
printf( "\nChanges committed.\n" );
EXEC SQL DISCONNECT ALL;
CHECKERR ("DISCONNECT ALL");
return 0;
}
int error ex() {
EXEC SQL ROLLBACK;
CHECKERR ("ROLLBACK");
printf( "\nChanges rolled back.\n" );
EXEC SQL DISCONNECT ALL;
CHECKERR ("DISCONNECT ALL");
return 1;
}
/* end of program */
```

Auch dieses Programm wartet vor dem COMMIT-Befehl auf eine
Eingabe, damit wir Zeit haben, für Recovery-Tests gezielte
Abbrüche wie den Absturz eines Servers oder die Unterbrechung einer Leitungsverbindung herbeizuführen. Den Ablauf
des Programms in den beteiligten Datenbanken und in der TM-
Datenbank können wir wiederum mit dem DB2-Monitor verfolgen.

Das Programm wird nur gegen eine Datenbank übersetzt und
muß nicht gebunden werden, weil der Optimizer keine Datenbankzugriffe zu planen hat. Die notwendigen Parameter für den
CONNECT Typ 2 und den Zwei-Phasen-Commit müssen hierbei
gesetzt werden, weil das Programm den ersten SQL-Befehl ausführt:

```
@echo off
rem  Usage: CMdb2trn <prog_name> <db_name1>
db2 connect to %2
db2 prep %1.sqc bindfile connect 2 syncpoint twophase
icc -C+ -O- -Ti+ /Ls+ %1.c
ilink /NOFREE /NOI /DEBUG /ST:32000 /PM:VIO %1.obj
util.obj+sample_r.obj+marina_r.obj,,,db2api;
db2 connect reset
@echo on
```

Die eigentlichen Zugriffe auf die Daten wurden auf zwei
Moduln verteilt.

Beispiel-Programm `sample_r.sqc`

Das Modul `sample_r.sqc` enthält das Lesen des Personalstamm-
satzes `find_emp()` und das Ändern in der Spalte SPEC_INT
`upd_emp()`:

```
/*
 +--------------------------------------------------------------------+
 | Name         : SAMPLE_R.SQC                                        |
 | Purpose      : Test Verteilte Datenbanken, verschiedene Tabellen   |
```

```
|                      Zugriffsroutinen Datenbank Sample             |
|    Platform   : DB2 Common Server                                  |
|    Author     : A. Pürner                                          |
|                 Pürner Unternehmensberatung, Dortmund              |
|    Disclaimer : This "sample" code is for demonstrations only, no  |
|                 warrenties are made or implied as to correct       |
|                 function. You should carefully test this code in   |
|                 your own environment before using it.              |
|                                                                    |
+--------------------------------------------------------------------+
*/
#include <stdio.h>
#include <string.h>
#include <stdlib.h>
#include <sqlenv.h>
#include "util.h"
#define  CHECKERR(CE_STR)    if (check_error (CE_STR, &sqlca) != 0)
return 1;
   EXEC SQL BEGIN DECLARE SECTION;
       char llname[24];
       short lnamind = 0;
       char lfname[24];
       short fnamind = 0;
       char lbdat[11];
       short gebdind = 0;
       char lempnr[6];
   EXEC SQL END DECLARE SECTION;

int find_emp(char *empnr,
             char *lname,
             char *fname,
             char *bdat) {
   EXEC SQL INCLUDE SQLCA;
   strcpy(lempnr, empnr);
   EXEC SQL SELECT lastname, firstname, birthdate
              INTO :llname:lnamind, :lfname:fnamind, :lbdat:gebdind
              FROM employee
              WHERE empno = :lempnr;
   CHECKERR ("SELECT EMPLOYEE");
   printf("Gefunden: %s, %s, %s\n", llname, lfname, lbdat);
   strcpy(lname, llname);
   strcpy(fname, lfname);
   strcpy(bdat, lbdat);
 return(0);
}

int upd_emp(char *empnr) {
   EXEC SQL INCLUDE SQLCA;
   strcpy(lempnr, empnr);
   EXEC SQL UPDATE employee
              SET spec_int = 'sailing'
              WHERE empno = :lempnr;
   CHECKERR ("UPDATE EMPLOYEE");
 return(0);
}
/* end of program */
```

Beispiel-Programm
marina_r.sqc

Das Modul `marina_r.sqc` enthält das Einfügen des neuen Eigners `ins_pers()`:

```c
/*
+------------------------------------------------------------+
|  Name       : MARINA_R.SQC                                 |
|  Purpose    : Test Verteilte Datenbanken, verschiedene Tabellen |
|               Zugriffsroutinen Datenbank Marina3           |
|  Platform   : DB2 Common Server                            |
|  Author     : A. Pürner                                    |
|               Pürner Unternehmensberatung, Dortmund        |
|  Disclaimer : This "sample" code is for demonstrations only, no |
|               warrenties are made or implied as to correct |
|               function. You should carefully test this code in |
|               your own environment before using it.        |
|                                                            |
+------------------------------------------------------------+
*/
#include <stdio.h>
#include <string.h>
#include <stdlib.h>
#include <sqlenv.h>
#include "util.h"
#define  CHECKERR(CE_STR)   if (check_error (CE_STR, &sqlca) != 0)
return 1;
int ins_pers(char *empnr,
             char *lname,
             char *fname,
             char *bdat) {
  EXEC SQL INCLUDE SQLCA;
  EXEC SQL BEGIN DECLARE SECTION;
     char llname[25];
     char lvname[25];
     char lbdat[11];
     short lpnr;
  EXEC SQL END DECLARE SECTION;
  lpnr = atoi(empnr);
  strcpy(llname, lname);
  strcpy(lvname, fname);
  strcpy(lbdat, bdat);
  printf("Eigner: %i, %s, %s, %s\n", lpnr, llname, lvname, lbdat);
  EXEC SQL INSERT INTO person(pnr, name, vorname, geb_dat)
             VALUES(:lpnr, :llname, :lvname, :lbdat);
  CHECKERR ("INSERT PERSON");
 return(0);
}
/* end of program */
```

Beide Moduln müssen gegenüber ihrer Datenbank vorübersetzt und gebunden werden:

```
@echo off
rem  Usage: CUdb2trn <prog_name> <db_name1>
db2 connect to %2
db2 prep %1.sqc bindfile connect 2 syncpoint twophase
icc -C+ -O- -Ti+ /Ls+ %1.c
db2 bind %1.bnd
db2 connect reset
@echo on
```

Bild 9.5:

Aufzeichnungen zu
Programm
`PERSMARI.EXE`
durch einen Ereignis-
Monitor in Datenbank
MARINA3

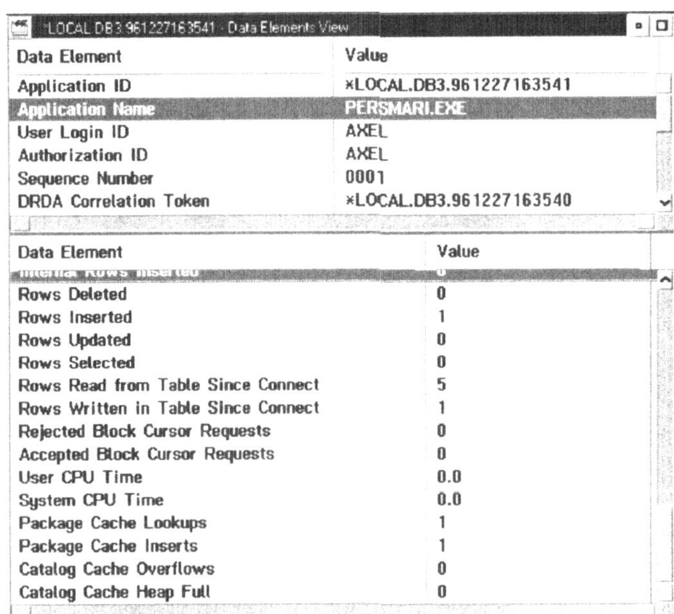

Data Element	Value
Rows Deleted	0
Rows Inserted	1
Rows Updated	0
Rows Selected	0
Rows Read from Table Since Connect	5
Rows Written in Table Since Connect	1
Rejected Block Cursor Requests	0
Accepted Block Cursor Requests	0
User CPU Time	0.0
System CPU Time	0.0
Package Cache Lookups	1
Package Cache Inserts	1
Catalog Cache Overflows	0
Catalog Cache Heap Full	0

Wie Sie aus beiden Beispielen sehen können, ist es recht einfach, anwendungsgesteuerte verteilte Transaktionen (DUW) für DB2 zu erstellen.

Beschränkungen

Wenn Sie DUW-Programme für verteilte DB2-Datenbanken entwickeln, sollten Sie noch folgende Beschränkungen beachten:

- COMMIT und ROLLBACK sind nicht als dynamische SQL-Befehle erlaubt.

- Stored Procedures sind erlaubt, dürfen aber kein COMMIT oder ROLLBACK enthalten.

- Verbindungen zu Datenbanken der Version 1 werden mit COMMIT immer beendet, auch wenn Sie noch Cursor mit HOLD-Option geöffnet haben.

- Vor einem DISCONNECT müssen Sie alle Cursor mit HOLD-Option schließen und einen COMMIT durchführen.

- Folgende DB2-Dienste dürfen nicht aufgerufen werden:

  BACKUP DATABASE

  BIND

  EXPORT

  IMPORT

  LOAD

  MIGRATE DATABASE

  PRECOMPILE PROGRAM

  RESTART DATABASE

  RESTORE DATABASE

  REORGANIZE TABLE

  ROLLFORWARD DATABASE.

9.2.5   DataJoiner

Wer die Beschränkungen, die DB2 für den Zugriff auf verteilte Daten besitzt, nicht akzeptieren kann, kann in der IBM-Produktpalette mit dem *DataJoiner* eine Lösung finden, die den transparenten *Distributed Request* (DR) für Abfragen und Änderungen in einer Datenbank je Transaktion (DRDA Level 1) im heterogenen Umfeld erlaubt. Damit lassen sich überwiegend abfrage-orientierte Anwendungen à la Data Warehouse über eine bunt gemischte Datenbankwelt unterschiedlicher Hersteller realisieren.

Der DataJoiner ist ein Multi-Datenbank-Server auf Basis von DB2 unter Unix. Er verfügt über Schnittstellen zur DB2-Familie, Informix, Oracle, Sybase, MS SQL Server sowie IMS und VSAM.

Bild 9.6:
Der DataJoiner als
Mittler zwischen
Anwendungen und
heterogenen
Datenbeständen

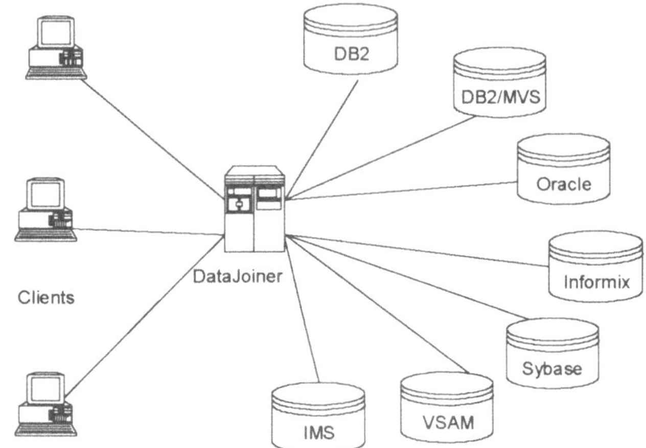

Der DataJoiner verwaltet die angeschlossenen Datenbanken über seinen globalen Katalog. Er verfügt außerdem über einen globalen Optimizer, der auch heterogene Distributed Requests (DR) optimieren kann. Er führt dazu Statistiken in seinem globalen Katalog selbst dann, wenn die benötigten Statistikdaten im Katalog der jeweiligen Datenbank nicht vorhanden sind. Eine EXPLAIN-Funktion erläutert Ihnen die ausgewählten Zugriffspfade.

Anwendungen, die auf den DataJoiner zugreifen, sind unabhängig von Netzwerk-Protokollen, die für den Zugang zu einzelnen, dahinter verborgenen Datenbanken notwendig sind, und unabhängig von SQL-Dialekten der jeweiligen Hersteller. Die Datenbestände hinter dem DataJoiner erscheinen den Anwendungen wie eine einzige Datenbank. Der DataJoiner kann mit Embedded SQL in C, FORTRAN, COBOL oder REXX oder über ODBC beziehungsweise X/Open-CLI angesprochen werden. Er kann in verteilten Anwendungen auch die Rolle eines DRDA-Servers übernehmen.

9.3   Verteilte Verarbeitung

In diesem Abschnitt geben wir Ihnen einen kurzen Überblick über Möglichkeiten, mit TP-Monitoren Programmlogik und Datenzugriffe auf mehrere Rechner zu verteilen. Da DB2 auf allen Plattformen die XA-Schnittstellen zu Transaktions-Managern nach dem X/Open-Modell unterstützt, stellen wir Ihnen als erstes das Distributed Transaction Processing-Modell (DTP) von X/Open vor. Danach erläutern wir Ihnen die Möglichkeiten, die CICS für die verteilte Verarbeitung bietet.

9.3.1   X/Open Distributed Transaction Processing-Modell

DB2 unterstützt auch das Distributed Transaction Processing-Modell (DTP) von X/Open. Dieses Modell ist auch unter dem Kürzel *XA* nach seiner Schnittstellen-Spezifikation (*The XA Specification*) bekannt. Einen Transaktions-Manager nach dem DTP-Modell müssen Sie benutzen, wenn Sie verteilte Transaktionen mit Zwei-Phasen-Commit in einer heterogenen Datenbank-Umgebung nutzen wollen (Wenn Sie nur DB2-Datenbanken einsetzen, sollten Sie nach Empfehlung von IBM den DB2-internen Transaktions-Manager benutzen).

Beim Einsatz eines XA-kompatiblen Transaktions-Managers oder TP-Monitors liegen die Steuerung der Transaktionen und das Führen der Log-Dateien beim TP-Monitor.

Das X/Open DTP-Modell kennt drei Komponenten:

- Anwendungsprogramme (AP)
- Transaktions-Manager (TM)
- Ressourcen-Manager (RM).

Anwendungs-
programme
(AP)

Das Anwendungsprogramm (AP) greift auf Daten in Datenbanken und Dateien zu, bearbeitet diese und setzt Transaktions-grenzen. Datenbank-Management- und Dateiverwaltungs-Systeme sind Ressourcen-Manager, deren Funktionen über ihre eigenen Schnittstellen aufgerufen werden.

Die Funktionen eines üblichen TP-Monitors, soweit diese nicht unter die Funktionen eines DTP-Transaktions-Manager fallen, sind AP-Funktionen. Unter einem TP-Monitor können sowohl „normale" Transaktionen, die nicht das Zwei-Phasen-Commit des TM benutzen, als auch „globale" Transaktionen, die auf mehrere Ressourcen-Manager zugreifen und das Zwei-Phasen-Commit des TM benutzen, ablaufen.

Die Anteile einer globalen Transaktion, die sich auf jeweils einen RM beziehen, werden als Transaktionszweige bezeichnet.

Ein Programm kann mit Hilfe der SQL-Befehle CONNECT und SET CONNECTION innerhalb einer verteilten Transaktion auf verschiedene Datenbanken zugreifen. Jede Datenbank, auf die dabei zugegriffen wird, muß als Ressourcen-Manager definiert sein. Andernfalls kann die Transaktion nicht unter Kontrolle des XA-Transaktions-Managers durchgeführt werden.

Transaktions-Manager (TM)

Der Transaktions-Manager (TM) identifiziert Transaktionen, überwacht sie und übernimmt die Verantwortlichkeit (Steuerung) für ihre erfolgreiche oder fehlerhafte Beendigung. Er ordnet Transaktionszweigen (transaction branches) sogenannte XID-Identifikationen zu, um globale Transaktionen (global transactions) und ihre Zweige in den Ressourcen-Managern zu identifizieren. XIDs sind die Verbindung zwischen den Logs von Transaktions-Manager und Ressourcen-Managern. Sie werden benötigt für die Durchführung von Zwei-Phasen-Commits, Rollbacks, zur Synchronisation nach Systemstarts oder für manuelle Wiederherstellungsmaßnahmen durch den Systemverwalter.

Nach dem Start eines klassischen TP-Monitors wie CICS fordert dieser den TM auf, eine Anzahl definierter Ressourcen-Manager zu öffnen. Der TM setzt *xa-open*-Aufrufe an die RM ab, damit diese für DTP initialisiert werden. Dabei führt der TM eine Synchronisation (*resync*) durch, um alle zweifelhaften Transaktionen wiederherzustellen. Zweifelhafte Transaktionen bleiben dann übrig, wenn nach der Phase 1 eines Zwei-Phasen-Commits ein RM oder der TM durch Absturz oder Netzunterbrechung nicht mehr verfügbar sind. Mittels *xa_recover*-Aufrufen an die RM ermittelt der TM zweifelhafte Transaktionen und entscheidet durch Vergleich mit seinen Log-Aufzeichnungen, ob für sie Commits (*xa_commit*) oder Rollbacks (*xa_rollback*) durchgeführt werden müssen. Hat ein RM durch manuellen Eingriff eine zweifelhafte Transaktion bereits abgeschlossen oder zurückgesetzt, setzt der TM einen *xa-forget*-Aufruf an ihn ab, um die Synchronisation abzuschließen.

Fordert ein Anwendungsprogramm zum Commit oder Rollback auf, muß es dazu die entsprechende Schnittstelle des TP-Monitors oder TM benutzen, damit der TM die Commits oder Rollbacks aller beteiligter RM koordinieren kann. Zum Beispiel muß dazu ein Anwendungsprogramm unter CICS/6000 einen CICS SYNCPOINT-Aufruf absetzen, der vom CICS/6000 TM in *xa_end*, *xa_prepare-* *xa_commit-* oder *xa_rollback*-Aufrufe an die beteiligten RM umgesetzt wird.

Übrigens ist CICS unter OS/2 nicht XA-fähig und kann nicht als TM eingesetzt werden!

Beim Zugriff auf Großrechner-Datenbanken als RM sind verteilte Transaktionen nach den DRDA2-Regeln nur möglich, wenn zusätzlich zum XA-Transaktions-Manager ein *LU 6.2 Sync Point Manager* für DDCS verfügbar ist.

Ressourcen-Manager (RM)

Ein Ressourcen-Manager verwaltet gemeinsame Ressourcen wie Datenbanken. DB2 ist ein solcher Ressourcen-Manager nach dem DTP-Modell und unterstützt die meisten XA-Funktionen der XA91-Spezifikation. Die XA-Schnittstelle zwischen RM und TM erlaubt die beiderseitige Kommunikation.

Jede DB2-Datenbank muß gegenüber dem TM als eigener RM definiert werden. Dazu sind der Datenbank-Alias anzugeben sowie Benutzer-Kennung und Paßwort, wenn die Berechtigungsprüfung von DB2 auf dem Server durchgeführt wird.

DB2 als RM kennt allerdings nur die dynamische Registrierung: Es registriert sich per *xa_reg*-Aufruf, wenn es in einer Transaktion aufgerufen wird (Im Falle der statischen Registrierung würde der TM alle definierten RM ansprechen, unabhängig davon, ob sie in der Transaktion einbezogen sind oder nicht).

In Verbindung mit einem XA-Transaktions-Manager erfüllt DB2 auch die Bedingungen von DRDA Level 2. Das heißt damit kann DB2 zusammen mit anderen DRDA-Servern in verteilten Transaktionen eingesetzt werden.

Wollen Sie einen XA-Transaktions-Manager nutzen, müssen Sie ihn unter dem Konfigurations-Parameter *tp_mon_name* des Datenbank-Managers angeben. Läuft eine verteilte Transaktion unter der Kontrolle eines externen Transaktions-Managers ab, so gelten implizit die Optionen CONNECT Typ 2, SYNCPOINT TWOPHASE, SQLRULES DB2 und DISCONNECT EXPLICIT (siehe Kapitel 9.2.3, *CONNECT vom Typ 2*, ab Seite 446). Änderungen dieser Optionen beim Vorübersetzen oder zur Laufzeit mit SET CLIENT werden ignoriert.

9.3.2 Verteilte Verarbeitung mit CICS

CICS ist ein traditioneller TP-Monitor aus der Mainframe-Umgebung. Er ist heute in unterschiedlichen Implementierungen auch unter OS/2, AIX und OS/400 verfügbar. Auf allen Plattformen besitzt es eine einheitliche Programmierschnittstelle und kann daher als die „Middleware" zur Erstellung portabler Anwendungen für IBM-Systeme angesehen werden.

CICS ist ein komplexes Software-Produkt, das mit seinen Funktionen der Interkommunikation zwischen TP-Monitoren auch unterschiedlicher Plattformen verschiedene Möglichkeiten zur Unterstützung verteilter Datenverarbeitung bietet. Diese Möglichkeiten möchten wir Ihnen in diesem Abschnitt in knapper Form vorstellen.

CICS unterstützt die folgenden Funktionen verteilter Verarbeitung:

Funktion	Bedeutung
Function Shipping	Zugriff auf Daten eines anderen Systems
Transaction Routing	Aufruf von Transaktionsprogrammen in einem anderen System
Distributed Program Link (DPL)	Aufruf und Ausführung von Unterprogrammen in einem anderen System
Distributed Transaction Processing (DTP)	Dialog zwischen Transaktionsprogrammen in verschiedenen Systemen
Asynchronous Processing	Start und unabhängige Ausführung eines Transaktionsprogramms in einem anderen System

Die ersten drei Funktionen sind transparent auch für den Programmierer, das heißt er muß sie in seinen Programmen nicht beachten. Im Gegensatz dazu muß für DTP der Dialog zwischen den Transaktionspogrammen sehr wohl berücksichtigt werden.

Mit einem Zwei-Phasen-Protokoll (Sync Level 2) unterstützt CICS die Synchronisation von Änderungen in verschiedenen Systemen. Dazu müssen alle beteiligten Systeme das Zwei-Phasen-Protokoll unterstützen. Unter OS/2 existiert das Zwei-Phasen-Protokoll allerdings nicht; die Transaktionsprogramme müssen sich hier in einem speziellen Dialog selbst synchronisieren (Sync Level 1).

Function Shipping

Beim *Function Shipping* greift eine Transaktion auf Datenbestände eines anderen CICS zu. Diese Dateien können zum Beispiel VSAM-Dateien unter CICS-Kontrolle oder CICS-interne Dateiformate wie *Transient Data (TD) Queues* oder *Temporary*

Strorage (TS) Queues sein. Ein Zugriff auf DB2-Datenbanken ist mit Technik **nicht** möglich!

Soll der Zugriff des Transaktionsprogramms transparent erfolgen, müssen die Dateien in den CICS-internen Tabellen als einem anderen System zugehörig definiert sein. Alternativ kann dem Zugriffsbefehl explizit die System-Identifikation (*SYSID*) mitgegeben werden.

Bild 9.7:
Function Shipping

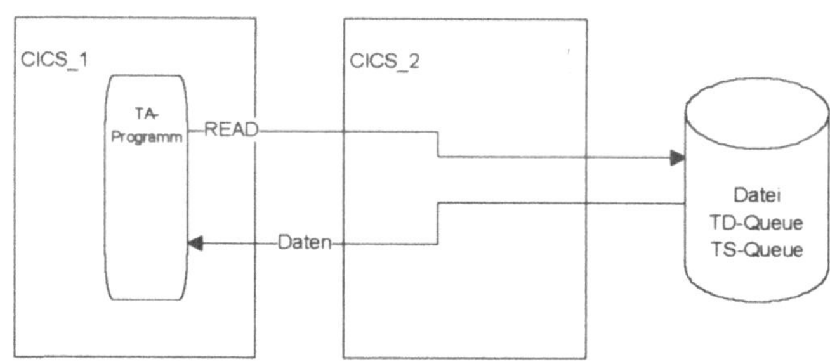

Transaction Routing

Unter *Transaction Routing* versteht man den Aufruf von Transaktionsprogrammen, die in einem anderen CICS ausgeführt werden als dem, an dem das aufrufende Terminal angeschlossen ist.

Diese Funktion wird allein über die CICS-internen Tabellen gesteuert.

Bild 9.8:
Transaction Routing

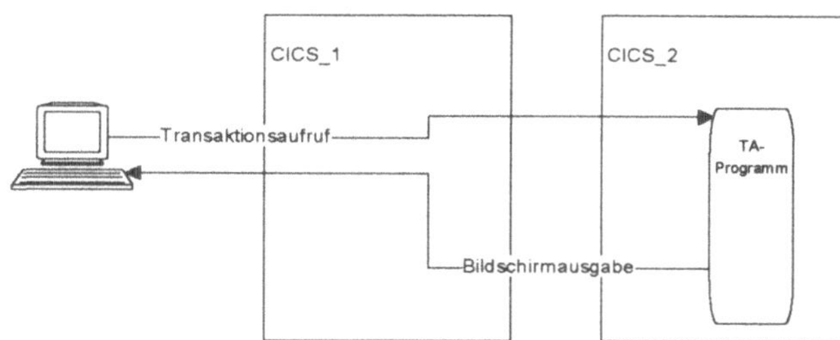

Distributed Program Link (DPL)

Beim *Distributed Program Link* (DPL) ruft ein Transaktionsprogramm mit einem CICS-Befehl (EXEC CICS LINK) ein Unterprogramm in einem anderen CICS auf. Das Unterprogramm wird dort ausgeführt. Mit seiner Beendigung erhält das aufrufende Programm die Steuerung zurück. Bei Aufruf und Rücksprung können jeweils Daten übergeben werden.

Bild 9.9:
Distributed Program
Link (DPL)

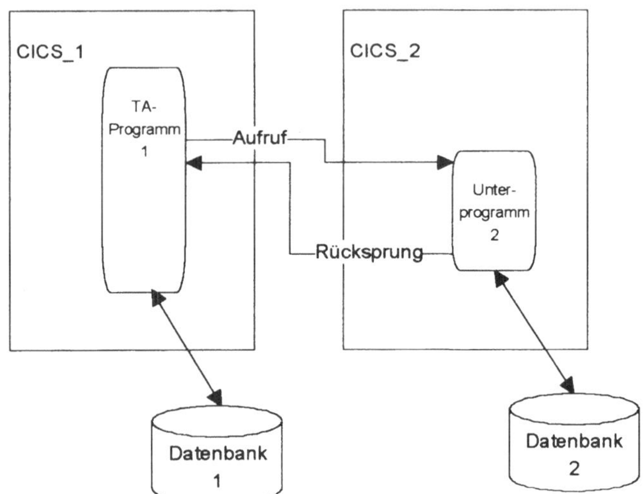

Der Aufruf des Unterprogramms kann transparent erfolgen, wenn in den CICS-internen Tabellen eingetragen ist, daß es zu einem anderen CICS gehört. Alternativ kann beim Aufruf die System-Identifikation (SYSID) mitgegeben werden.

Mit DPL können zum Beispiel Präsentations- und Anwendungslogik von einander getrennt werden: Die Präsentationslogik wird auf Workstations verlagert und modernisiert (siehe Kapitel 4.4, *Downsizing von CICS/DB2-Anwendungen*). Die Anwendungslogik bleibt dagegen auf dem Mainframe und wird über DPL aufgerufen.

Eine weitere Anwendungsmöglichkeit von DPL ist der Aufruf von gekapselten Datenzugriffen auf den Servern, auf denen die Daten liegen. In diesen Datenkapseln kann auf relationale Datenbanken oder nicht-relationale wie DL/I beziehungsweise IMS zugegriffen werden.

Änderungen, die von den Unterprogrammen in Datenbeständen vorgenommen werden, können schon beim Rücksprung (Option *SYNCONRETURN*) festgeschrieben werden oder durch einen zentralen Befehlsaufruf des rufenden Programms mit anderen Änderungen synchronisiert werden.

Insbesondere CICS/6000, das das DTP-Modell von X/Open unterstützt, bietet die Möglichkeit zur synchronisierten verteilten Verarbeitung im heterogenen Datenbank-Umfeld, soweit die beteiligten Datenbank-Managementsysteme die XA-Schnittstellen unterstützen.

Distributed Transaction Processing (DTP)

Distributed Transaction Processing (DTP) ist die mächtigste Möglichkeit, die CICS für die verteilte Verarbeitung bietet: Mehrere Transaktionsprogramme, die in verschiedenen CICS-Systemen laufen, tauschen in einem Dialog miteinander Daten aus. Eine Gruppe in dieser Weise miteinander verbundener Programme wird als ein verteilter Prozeß bezeichnet. Der Ablauf des Dialoges wird von den beteiligten Programmen bestimmt. CICS unterstützt sowohl einen Dialog nach dem Client-Server-Prinzip[4], bei dem der Client die alleinige Dialogsteuerung hat, als auch einen Dialog zwischen gleichberechtigten Partnern (*Peer-to-Peer*) mit wechselnder Dialogsteuerung.

Bild 9.10: Distributed Transaction Processing (DTP)

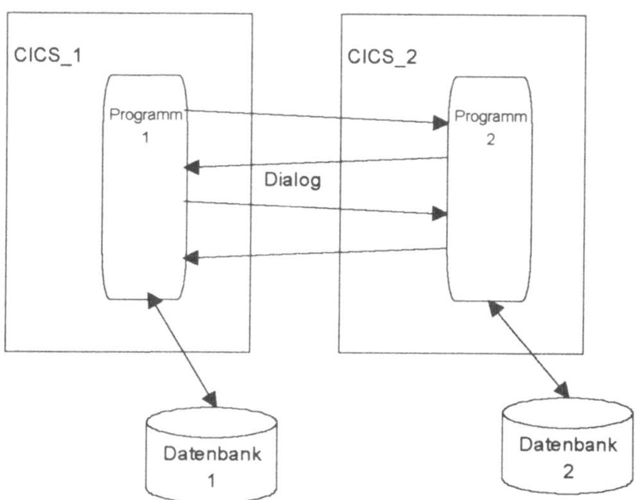

Die meisten CICS-Varianten erlauben es, zwischen zwei Programmierschnittstellen (API) für die Realisierung des Dialog zu wählen: dem CICS API und dem *Common Programming Interface for Communications* (CPI-C) nach SAA. Leider können wir in einem Buch über DB2 nicht näher auf die interessante Programmierung solcher Dialoge eingehen und müssen Sie daher

---

[4] In der CICS-Terminologie heißt der Client *Front-end-transction* und der Server *Back-end-transaction*.

auf die Handbücher *CICS Intercommunication* und *CICS Inter-Product Communication* verweisen.

Zur Synchronisation von Änderungen in einem verteilten Prozeß können Sie wählen zwischen

- Stufe 0 (Sync Level 0 = keine)
- Stufe 1 (Sync Level 1 = benutzergesteuert) oder
- Stufe 2 (Sync Level 2 = automatisch).

Asynchronous Processing

Beim *Asynchronous Processing* startet ein Transaktionsprogramm ein anderes in einem anderen CICS. Beide Transaktionsprogramme werden unabhängig von einander ausgeführt. Eine Synchronisation von zusammengehörigen Änderungen beider Programme ist nicht möglich.

Der Start des Transaktionsprogramms kann transparent erfolgen, wenn es in den CICS-internen Tabellen als einem anderen System zugehörig definiert ist. Alternativ kann dem Startbefehl explizit die System-Identifikation (*SYSID*) mitgegeben werden. Mit dem Startbefehl können dem zu startenden Transaktionsprogramm auch Daten übergeben werden.

Bild 9.11:
Asynchronous Processing

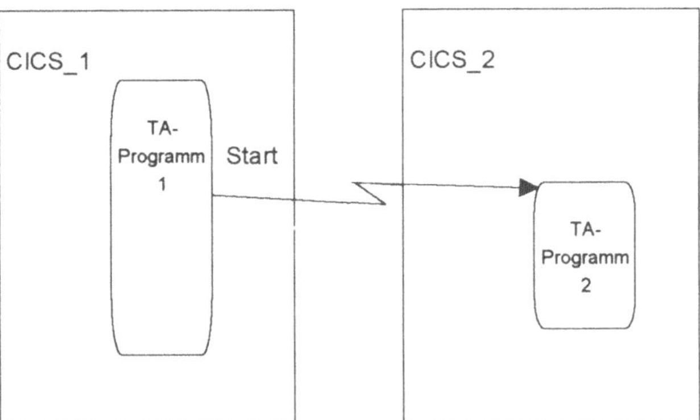

9.4   Datenreplikation

Performance- und Sicherheitsüberlegungen spielen bei der Verteilung der Daten auf die Knoten eines Netzwerks eine wichtige Rolle. So ist zum Beispiel zu beachten, daß Anwendungen unter Umständen nicht mehr laufen könnten, falls ein Knoten oder Teile des Netzes ausfallen. Auch Beeinträchtigungen von verteilten Anwendungen durch überlastete Netze dürfen nicht außer Betracht bleiben.

Eine Möglichkeit zur Verbesserung der Performance und zur Steigerung der Verfügbarkeit ist die Replikation von Daten, bei der auf einigen Knoten Kopien (Replikate) von Tabellen zur Verfügung stehen.

asynchrone Replikation

Die einfachste Form der Datenreplikation ist das Anlegen von Kopien nur zum Lesen, die in regelmäßigen Abständen auf den aktuellen Stand gebracht werden. Dies wird als asynchrone Replikation bezeichnet. Die Abstände und die Art der Aktualisierung richtet sich nach der Änderungshäufigkeit der Original-Tabellen und dem Bedarf der Anwendungen, die die Kopien lesen. Zum Aktualisieren können die Kopien jedesmal neu erstellt oder durch Nachführen der Veränderungen ergänzt werden.

Mit asynchroner Replikation können zum Beispiel wichtige Datenbestände in einem Backup-Rechenzentrum hinreichend aktuell gehalten werden.

Asynchrone Replikation kann auch dazu genutzt werden, bereits verdichtete oder abgeleitete Daten als „Kopien" bereitzustellen.

synchrone Replikation

Müssen die Replikate aktuell sein, müssen Änderungen sofort nachgeführt werden. Die Einsatzmöglichkeiten einer solchen synchronen Replikation sind sicher begrenzt, da hierbei die Belastung des Netzwerks bei einer hohen Änderungsrate nicht unbedeutend ist. Wenn die Replikate wirklich aktuell sein müssen, ist ein Ausfall der Leitungsverbindung, über die die Änderungen übertragen werden, äußerst problematisch, da dann unter Umständen unbemerkt nicht mehr aktuelle Daten gelesen und verarbeitet werden. Bei dem Ausfall des Netzknotens der führenden Tabelle steht mit dem aktuellen Replikat eine Ersatztabelle zur Verfügung, auf die ohne Verzögerung umgeschaltet werden kann.

Noch komplexer ist eine Form der synchronen Replikation, in der die Tabellen gleichberechtigt sind: Statt nur der führenden Tabelle kann auch die Kopie geändert werden. Die Änderungen werden sofort in der anderen Tabelle nachgeführt. Konkurrierende Änderungen an verschiedenen Netzknoten können dabei zu Konflikten führen, die sich nur aufwendig lösen lassen. Die Vorteile einer solchen Replikation liegen darin, daß beim Ausfall einer Tabelle die andere als aktueller Ersatz sofort bereitsteht und daß durch den Zugriff der ändernden Anwendungen auf mehrere Tabellen das Netzwerk gleichmäßiger ausgelastet werden kann.

IBM unterstützt für DB2 Common Server nur die asynchrone Replikation durch das Dienstprogramm *Data Propagator Relational* (DPropR), das wir Ihnen im folgenden kurz vorstellen. Das Problem einer synchronen Replikation hat IBM nur zwischen DB2/MVS und IMS gelöst. Andere Problemstellungen müssen als individuelle Lösungen, teilweise unter Einbeziehung eines TP-Monitors, selbst erstellt werden.

Die elegante Lösung zur synchronen Replikation über Trigger wird in DB2 erst im Rahmen des Distributed Request (DR) möglich sein.

Data Propagator
Relational
(DPropR)

Neben den Dienstprogrammen IMPORT und EXPORT für den Austausch zwischen DB2 Common Server- und mittels DRDA angesprochenen Datenbank kann alternativ auch DataPropagator Relational (DPropR) genutzt werden.

DPropR kopiert automatisch Daten zwischen DB2-Datenbanken entsprechend Ihren Vorgaben. DPropR unterstützt relationale DBMS auf der Basis von DRDA (DB2/MVS, DB2/400, DB2 Common Server). Es arbeitet nach dem *Store-and-forward*-Prinzip, das heißt es speichert die Daten selbst, bevor es diese weiterzuleiten versucht.

Mit DPropR können Sie zum Beispiel Änderungen in einer *Master*-Datenbank zu vorbestimmten Zeiten automtisch in andere DB2-Datenbanken übertragen. Dabei können Sie mit SQL Untermengen bilden, die Daten aggregieren oder anderweitig erweitern.

DPropR besteht aus drei Komponenten:

- dem *Change Capture Program*
- dem *Apply Program*
- der *Administration Facility.*

Das *Change Capture Program* übernimmt die Änderungen von den ausgewählten Tabellen. Außer DB2-Tabellen können dies auch externe Daten aus einem Dateisystem oder einer nicht-relationalen Datenbank sein. Die Änderungen können auch aus dem *Apply Program* stammen, so daß eine weitere Schachtelung des Kopiervorgangs möglich ist.

Eine Programmschnittstelle ermöglicht dem *Change Capture Program*, die durchgeführten Änderungen an den vorgegebenen

Tabellen zu ermitteln: Dazu werden die Log-Dateien in einem bestimmten Intervall durchsucht und die entsprechenden Log-Sätze für den Kopiervorgang übernommen.

Für die vorgesehenen Tabellen muß das Aufzeichnen der Änderungen in den Log-Dateien mit dem Parameter *DATA CAPTURE CHANGES* per CREATE TABLE oder ALTER TABLE explizit vorgegeben werden. Das Aufzeichnen der Änderungen kostet natürlich Zeit und kann daher die Performance negativ beeinflussen.

Voraussetzung für den Einsatz des *Change Capture Program* ist das Aufbewahren der Log-Dateien.

Das *Apply Program* übernimmt die Änderungen und kopiert sie in die Zieltabellen.

Die *Administration Facility* ermöglicht den Aufbau und die Pflege einer Kopier-Umgebung.

Anhang

A.1   DB2 Befehlsumfang

Die folgende Tabelle gibt Ihnen einen Überblick über die SQL-
Befehle von DB2 und zeigt Ihnen zugleich, ob Sie den jeweiligen Befehl im dynamischen SQL oder mit dem CLP benutzen
dürfen:

SQL-Befehl	DSQL	CLP
ALTER TABLE	X	X
ALTER TABLESPACE	X	X
BEGIN DECLARE SECTION		
CALL		
CLOSE		X
COMMENT ON	X	X
COMMIT	X	X
Compound SQL		
CONNECT (Typ 1)		X
CONNECT (Typ 2)		X
{ALIAS, DISTINCT TYPE, EVENT MONITOR, FUNCTION, INDEX, TABLE, TABLESPACE, TRIGGER, VIEW}	X	X
DECLARE CURSOR		X
DELETE	X	X
DESCRIBE		X
DISCONNECT		X
DROP	X	X
END DECLARE SECTION		
EXECUTE		

SQL-Befehl	DSQL	CLP
EXECUTE IMMEDIATE		
FETCH		X
FREE LOCATOR		
GRANT	X	X
INCLUDE		
INSERT	X	X
LOCK TABLE	X	X
OPEN		X
PREPARE		
RELEASE		X
REVOKE	X	X
ROLLBACK	X	X
SELECT	X	X
SELECT INTO		
SET CONNECTION		X
SET CONSTRAINTS	X	X
SET CURRENT EXPLAIN MODE	X	X
SET CURRENT EXPLAIN SNAPSHOT	X	X
SET CURRENT FUNCTION PATH	X	X
SET CURRENT PACKAGESET		
SET CURRENT QUERY OPTIMIZATION	X	X
SET EVENT MONITOR STATE	X	X
SET transition-variable	X	X
SIGNAL SQLSTATE	X	X
UPDATE	X	X
VALUES INTO		
WHENEVER		

A.2   DB2 Maximalwerte

Die folgende Tabelle gibt Ihnen einen Überblick über die wichtigsten Obergrenzen von DB2. Dabei handelt es sich teilweise um technische Grenzwerte, die in der Praxis nicht ausgenutzt werden sollten

DB2 Obergrenzen	Wert
Datenbank	Ihr Speicher
Anzahl Spalten einer Tabelle	255
Anzahl Spalten einer Sicht	255
Maximallänge einer Zeile (außer LOBs und LONG-Datentypen	4005 Bytes
Maximale Größe einer Tabelle	64 GB
Maximale Größe eines Index	64 GB
Anzahl Zeilen einer Tabelle	4 000 000 000
Maximale Länge eines Index-Schlüssels	255 Bytes
Anzahl Spalten eines Index-Schlüssels	16
Anzahl Indizes je Tabelle	32 767
Anzahl referenzierter Tabelle in einem SQL-Befehl	Ihr Speicher
Anzahl referenzierter Tabelle in einem SQL-Befehl	Ihr Speicher
Maximallänge eines SQL-Befehls	32 KB
Anzahl Elemente einer Auswahlliste (SELECT)	255
Anzahl Prädikate in einer WHERE- oder HAVING-Klausel	Ihr Speicher
Anzahl Spalten in einer GROUP BY-Klausel	255
Anzahl Spalten in einer ORDER BY-Klausel	255
Anzahl gleichzeitig geöffneter Cursor	Ihr Speicher
Anzahl Tabellen einer Datenbank	65534
Anzahl übersetzter Befehle (PREPARE)	Ihr Speicher
Anzahl Zugriffspläne (packages)	Ihr Speicher

DB2 Obergrenzen	Wert
Anzahl gleichzeitig genutzter Datenbanken je DB2-Instanz	256
Anzahl konkurrierender Benutzer je DB2-Instanz	64000
Anzahl konkurrierender Anwendungen je Datenbank	1000
Anzahl kaskadierender Trigger-Ebenen	16

A.3 Unterstützung von Standards

Die folgende Tabelle gibt Ihnen einen Überblick über die SQL-Erweiterungen von DB2 Version 2.1 und setzt sie in Beziehung zum SQL-Standard:

Funktionen	SQL92 ENTRY	SQL92 INTER-MEDIATE	SQL92 FULL	SQL3
INDICATOR Schlüsselwort	X			
AS-Klausel in SELECT-Liste	X			
SQLSTATE-Änderungen entsprechend ANSI	X			
ESCAPE-Klausel beim LIKE-Prädikat	X			
DOUBLE PRECISION Synonym für FLOAT	X			
CHECK-Prüfungen	X	X		
Spaltenbenennungs-regeln für Union, Intersect, Except	Subset			
CREATE/ALTER TABLE Syntax-Änderungen	Subset	Subset		
CASE-Ausdrücke		X		

Funktionen	SQL92 ENTRY	SQL92 INTER-MEDIATE	SQL92 FULL	SQL3
AS-Schlüsselwort in FROM-Klausel		X		
Ausdrücke in COUNT unterstützt		X		
Skalar-Unterabfrage		X		
WITH CHECK OPTION-Änderungen		X		
UPDATE, DELETE und INSERT mit selbstreferenzieren-den Unterabfragen			X	
Erweiterungen VALUES-Klausel			X	
Ausdrücke in IN-Listen			X	
Datentyp-Regeln für Ergebnisse von Mengenoperationen			X	
>1 Spaltenfunktionen bei DISTINCT			X	
geschachtelte Tabellen-Ausdrücke			Subset	
benutzerdefinierte Funktionen				X
SET CURRENT FUNCTION PATH				X
Read Stability				X
benutzerdefinierte Datentypen				X
große Objekte (LOBs)				Subset
Trigger				Subset

Zum SQL-Standard von 1992 werden die Stufen angegeben
(Entry, Intermediate oder Full). SQL3 weist auf den geplanten
nächsten SQL-Standard hin.

Die folgende Tabelle vergleicht die SQL-Dialekte innerhalb der
DB2-Familie miteinander. Sie zeigt außerdem an, ob ein Sprach-
konstrukt zur *Entry*-Stufe des SQL-Standards von 1992 oder zu
einer höheren Stufe gehört oder eine IBM-spezifische Erweiterung ist.

Plattform								
Sprach-Element	MVS	VM/VSE	AS /400	Common Server	SQL92 Entry	anderer SQL-Standard	X/Open XPG4	IBM-Erweiterung
Abfrage								
SELECT	X	X	X	X	M		M	
AS	X	-	X	X	M		M	
Qualified * in Select-Liste	X	X	X	X		M	M	
FROM	X	X	X	X	M		M	
WHERE	X	X	X	X	M		M	
GROUP BY	X	X	X	X	M		M	
HAVING	X	X	X	X	M		M	
ORDER BY	X	X	X	X	M		M	
FOR UPDATE	X	X	X	X		M	M	
FOR READ ONLY	X	-	X	X		M	M	
UNION	X	X	X	X	M		M	
UNION	X	X	X	X	M		M	
OPTIMIZE	X	-	X	X				I
Abfrage mit Unterabfrage änderbar	X	X	X	X		M		

Plattform								
Sprach-Element	**MVS**	**VM/ VSE**	**AS /400**	**Com-mon Server**	**SQL92 Entry**	**anderer SQL-Stan-dard**	**X/Open XPG4**	**IBM-Erwei-terung**
Datendefinitionen								
ALTER TABLE	X	X	X	X		M	M	
COMMENT ON	X	X	X	X				I
CREATE INDEX	X	X	X	X			M	I
CREATE TABLE	X	X	X	X	M		M	
CHECK	X	-	-	X	M		M	
CHECK benannt	X	n/a	n/a	X		M		
DEFAULT (Systemwert)	X	-	X	X				I
DEFAULT (Benutzerwert)	X	-	X	-	M		O	
REFERENCES	X	X	X	X	M		O	
mit CASCADE Löschregel	X	X	X	X		M		
mit NO ACTION oder RESTRICT Löschregel	X	X	X	X		M		
mit SET NULL Löschregel	X	X	X	X		M		
auf eindeuti-gen Schlüssel	-	-	X	-	M		O	
auf die eigene Tabelle	X	-	X	X	M		O	
benannt	X	X	X	X		M		
PRIMARY KEY	X	X	X	X	M		O	
UNIQUE	X	X	X		M		O	

| **Plattform** | | | | | | | | |
Sprach-Element	MVS	VM/VSE	AS/400	Common Server	SQL92 Entry	anderer SQL-Standard	X/Open XPG4	IBM-Erweiterung
benannt	-	X	X	n/a		M		
CREATE VIEW	X	X	X	X	M		M	
WITH CHECK OPTION kaskadierend	-	-	X	X	M		M	
WITH CHECK OPTION lokal	X	X	X	X		M		
DROP INDEX	X	X	X	X			M	I
DROP PACKAGE	X	X	X	X				I
DROP TABLE	X	X	X	X		M	M	
DROP VIEW	X	X	X	X		M	M	
Transaktionsunterstützung für DDL	X	X	X	X				I
Berechtigungen								
GRANT für Package	X	X	X	X				I
WITH GRANT OPTION	X	X	X	-				
GRANT für Tabelle	X	X	X	X	M		M	
ALTER-Recht	X	X	X	X				I
DELETE-Recht	X	X	X	X	M		M	
INDEX-Recht	X	X	X	X				I
INSERT-Recht	X	X	X	X	M		M	
REFERENCES-Recht auf Tabellen-Ebene	X	X	X	X	M		O	

| Plattform | | | | | | | | |
Sprach-Element	MVS	VM/VSE	AS/400	Common Server	SQL92 Entry	anderer SQL-Standard	X/Open XPG4	IBM-Erweiterung
REFERENCES-Recht auf Spalten-Ebene	-	-	-	-	M		O	
SELECT-Recht	X	X	X	X	M		M	
UPDATE-Recht auf Tabellen-Ebene	X	X	X	X	M		M	
UPDATE-Recht auf Spalten-Ebene	X	X	-	-	M		M	
WITH GRANT OPTION	X	X	X	-	M		M	
REVOKE für Package	X	X	X	X				I
REVOKE für Tabelle	X	X	X	X		M	M	
Basis-Befehle								
DELETE	X	X	X	X	M		M	
INSERT	X	X	X	X	M		M	
SELECT INTO	X	X	X	X	M		M	
UPDATE	X	X	X	X	M		M	
Cursor-Befehle								
CLOSE	X	X	X	X	M		M	
DECLARE CURSOR	X	X	X	X	M		M	
WITH HOLD	X	-	X	X		M		
DELETE	X	X	X	X	M		M	
FETCH	X	X	X	X	M		M	
OPEN	X	X	X	X	M		M	
UPDATE	X	X	X	X	M		M	

Plattform								
Sprach-Element	MVS	VM/VSE	AS/400	Common Server	SQL92 Entry	anderer SQL-Standard	X/Open XPG4	IBM-Erweiterung
Dynamisches SQL								
DESCRIBE	X	X	X	X		M	M	
EXECUTE	X	X	X	X		M	M	
EXECUTE IMMEDIATE	X	X	X	X		M	M	
PREPARE	X	X	X	X		M	M	
Anmeldungen und Transaktionen								
COMMIT	X	X	X	X	M		M	
CONNECT Typ 1	X	X	X	X		M	M	
CONNECT Typ 2	X	-	X	X		O	O	
Angabe der Benutzer-trennung	X	X	X	X		M		
RR (SERIALIZ-ABLE)	X	X	X	X		M	M	
RS (REPEAT-ABLE READ)	-	-	X	X		M		
CS (READ COMMITTED)	X	X	X	X		M		
UR (READ UNCOMMIT-TED)	X	-	X	X		M		
RELEASE	X	-	X	X				I
ROLLBACK	X	X	X	X	M		M	
SET CONNECTION	X	-	X	X		M	M	

Plattform								
Sprach-Element	**MVS**	**VM/ VSE**	**AS /400**	**Com- mon Server**	**SQL92 Entry**	**anderer SQL- Stan- dard**	**X/Open XPG4**	**IBM- Erwei- terung**
Sonstige Befehle								
BEGIN DECLARE SECTION	X	X	X	X	M		M	
END DECLARE SECTION	X	X	X	X	M		M	
CALL	X	-	X	X		M		
INCLUDE	X	X	X	X				I
LOCK TABLE	X	X	X	X				I
WHENEVER	X	X	X	X	M		M	

Plattform								
Sprach-Element	**MVS**	**VM/VSE**	**AS /400**	**Com-mon Server**	**SQL92 Entry**	**anderer SQL-Standard**	**X/Open XPG4**	**IBM-Erweiterung**
Datentypen								
CHARACTER	X	X	X	X	M		M	
FOR BIT DATA	X	X	X	X				I
DATE	X	X	X	X		M		
DECIMAL	X	X	X	X	M		M	
FLOAT (einfache Genauigkeit)	X	X	X	-	M		M	
FLOAT (doppelte Genauigkeit)	X	X	X	X	M		M	
GRAPHIC	X	X	X	X				I
INTEGER	X	X	X	X	M		M	
NUMERIC	X	X	X	X	M		M	
SMALLINT	X	X	X	X	M		M	
TIME	X	X	X	X		M		
TIMESTAMP	X	X	X	X		M		
VARCHAR	X	X	X	X		M	M	
FOR BIT DATA	X	X	X	X				I
VARGRAPHIC	X	X	X	X				I

Plattform							
Sprach-Element	**MVS**	**VM/VSE**	**AS /400**	**Common Server**	**SQL92 Entry**	**anderer SQL-Standard**	**X/Open XPG4**	**IBM-Erweiterung**
System-Variablen								
CURRENT_DATE	X	X	X	X		M		
CURRENT SERVER	X	X	X	X				I
CURRENT_TIME	X	X	X	X		M		
CURRENT_TIMESTAMP	X	X	X	X		M		
CURRENT TIMEZONE	X	X	X	X				I
USER	X	X	X	X	M		M	
Spaltenfunktionen								
AVG	X	X	X	X	M		M	
COUNT	X	X	X	X	M		M	
MAX	X	X	X	X	M		M	
MIN	X	X	X	X	M		M	
SUM	X	X	X	X	M		M	
Skalarfunktionen								
CHAR	X	X	X	X				I
COALESCE (oder VALUE)	X	X	X	X		M		
DATE	X	X	X	X				I
DAY	X	X	X	X				I
DAYS	X	X	X	X				I
DECIMAL	X	X	X	X				I
DIGITS	X	X	X	X				I
FLOAT	X	X	X	X				I
HEX	X	X	X	X				I

Plattform							
Sprach-Element	**MVS**	**VM/ VSE**	**AS /400**	**Com- mon Server**	**SQL92 Entry**	**anderer SQL- Stan- dard**	**X/Open XPG4**	**IBM- Erwei- terung**
HOUR	X	X	X	X				I
INTEGER	X	X	X	X				I
LENGTH	X	X	X	X		M		
MICRO-SECOND	X	X	X	X				I
MINUTE	X	X	X	X				I
MONTH	X	X	X	X				I
SECOND	X	X	X	X				I
SUBSTR	X	X	X	X		M		
TIME	X	X	X	X				I
TIMESTAMP	X	X	X	X				I
VARGRAPHIC	X	X	-	X				I
YEAR	X	X	X	X				I
Prädikate								
= <> < > <= >=	X	X	X	X	M		M	
ALL oder ANY	X	X	X	X	M		M	
SOME	X	X	X	X	M		M	
BETWEEN	X	X	X	X	M		M	
EXISTS	X	X	X	X	M		M	
IN	X	X	X	X	M		M	
IS NULL	X	X	X	X	M		M	
LIKE	X	X	X	X	M		M	

| Plattform | | | | | | | | |
Sprach-Element	MVS	VM/VSE	AS/400	Com-mon Server	SQL92 Entry	anderer SQL-Stan-dard	X/Open XPG4	IBM-Erwei-terung
Sonstige Elemente								
Arithmetische Operatoren	X	X	X	X	M		M	
Automatische Daten-konvertierung mit Code-Seiten	X	X	X	X				I
Implizite Datentyp-Konvertierung	X	X	X	X		M	M	
Explizite Datentyp-Konvertierung	X	X	X	X		M		
Spalten-referenzen	X	X	X	X	M		M	
CREATE SCHEMA	X	X	X	-	M		O	
Datums-/Zeit-Arithmetik	X	X	X	X		M		
Indikator-variable	X	X	X	X	M		M	
Konstante	X	X	X	X	M		M	
NULL-Wert	X	X	X	X	M		M	
SQLCODE	X	X	X	X	M		M	
SQLSTATE	X	X	X	X	M		M	
Zeichenketten-Konkatenation	X	X	X	X		M		

Plattform								
Sprach-Element	**MVS**	**VM/VSE**	**AS /400**	**Common Server**	**SQL92 Entry**	**anderer SQL-Standard**	**X/Open XPG4**	**IBM-Erweiterung**
Programmiersprachen								
C	X	X	X	X	M		M	
COBOL	X	X	X	X	M		M	
FORTRAN	X	X	X	X	M		M	
PL/I	X	X	X	X	M		M	
REXX	X	X	X	X				I
RPG	-	X	X	-				I

X = unterstützt

\- = nicht unterstützt

M = erforderlich

O = optional

I = IBM-Erweiterung

B.1   Literaturverzeichnis

Zu den Themen Datenmodellierung und Datenbank-Entwurf verweisen wir auf folgende vertiefende Veröffentlichungen:

[1]   Chen, P.P.S.:
The Entity-Relationship Model: Toward a Unified View of Data, in: ACM Transaction on Database Systems, Vol. 1 No. 1, 1976

[2]   Coad, P., Yourdon, E.:
Object-Oriented Analysis, 2nd edition, Verlag Prentice Hall, Englewood Cliffs

[3]   Martin, J.:
Information Engineering, Book II: Planning and Analysis, Prentice Hall, Englewood Cliffs

[4]   Mistelbauer, H.:
Datenstrukturanalyse in der Systementwicklung
in: Müller-Ettrich, G.: Effektives Datendesign, Verlag Rudolf Müller, Köln

[5]   Nijssen, G.M., Halpin, T.:
Conceptual Schema and Relational Database Design, Verlag Prentice Hall

[6]   Pürner, H.A.:
Moderne Methoden der Datenmodellierung – ein Vergleich bereits etablierter und neuerer Verfahren, in:
Fähnrich, K.P.: Software-Engineering und Software-Werkzeuge, Kongreßband VI – Online 89, Online GmbH, Velbert, 1989

[7]   Pürner, H.A.:
NIAM – Eine Methode zur Informationsanalyse – Die Alternative zu Top-Down-Ansätzen, in:
Heilmann, W.: Informationsmanagement: Strategien und Logistik der Informationsverarbeitung, Kongreßband VII – Online 92, Online GmbH, Velbert, 1992

[8]   Vetter, M.:
Strategie der Anwendungssoftware-Entwicklung, Verlag B.G. Teubner, Stuttgart

[9] Vetter, M.:
Aufbau betrieblicher Informationssysteme mittels konzeptioneller Datenmodellierung, Verlag B.G. Teubner, Stuttgart

Zu DB2 gibt es folgende Handbücher des Herstellers, die unabhängig von Ihrer Systemumgebung sind:

Bestellnummer	Titel
S20H-4664	Information and Concepts Guide
S20H-4580	Administration Guide
S20H-4871	Database System Monitor Guide and Reference
S20H-4645	Command Reference
S20H-4984	API Reference
S20H-4665	SQL Reference
S20H-4643	Application Programming Guide
S20H-4644	Call Level Interface Guide and Reference
S20H-4808	Messages Reference
S20H-4779	Problem Determonation Guide
S20H-4793	DDCS User's Guide
SC26-4783	DRDA Connectivity Guide

Wir haben dabei die Bestellnummer der englischen Version angegeben. Einige der Handbücher sind auch auf Deutsch erhältlich. Diese besitzen eine andere Bestellnummer, die mit SH12- beginnt.

Die folgenden Handbücher des Herstellers sind abhängig von Ihrer Systemumgebung:

Bestellnummer	Titel
	Planning Guide
	Installation and Operation Guide
	Master Index
	Installing and Using Clients
	DB2 SDK Building Your Applications
	DDCS Installation and Configuration Guide

Die folgenden „roten" Bücher (*redbooks*) des Herstellers empfehlen wir Ihnen zu den aktuellen Themen „Verteilte Datenbanken" und „Internet":

Bestellnummer	Titel
SG24-4311-01	Distributed Relational Database Cross Platform Connectivity and Application
SG24-4716-00	World Wide Webb Access to DB2

B.2	**Abkürzungsverzeichnis**

ADSM	ADSTAR Distributed Storage Manager
AP	Anwendungsprogramme
API	Application Programming Interface
APPC	Advanced Program-to-Program Communication
APPN	Advanced Peer-to-Peer Networking
AS	Anwendungs-Server
CAE	Client Application Enabler
CLP	Command Line Processor
DARI	Database Application Remote Interface
DCE	Distributed Computing Environment
DDCS	Distributed Database Connection Services
DPL	Distributed Program Link
DR	Distributed Request
DRDA	Distributed Relational Database Architecture
DSQL	Dynamisches SQL
DTP	Distributed Transaction Processing
DUW	Distributed Unit of Work
EE	Extended Edition
ESQL	Embedded SQL
IXF	Integrated eXchange Format
LU	Logical Unit
LUW	Logical Unit of Work
MIA	Multi-vendor Integrated Architecture
PM	Presentation Manager

RDS	Remote Data Services
RID	Row Identifier
RM	Ressourcen-Manager
RPC	Remote Procedure Call
RUW	Remote Unit of Work
SAA	Systems Application Architecture
SNA	Systems Network Architecture
SPM	Sync Point Manager
SQL	Structured Query Language
SQLCA	SQL Communication Area
SQLDA	SQL Descriptor Area
TM	Transaktions-Manager
UIM	User Installed Module
UPM	User Profile Management
WSF	Work-Sheet Format
WWW	World Wide Web

B.3

Begriffsliste

In diesem Buch haben wir, wenn immer es sinnvoll und möglich war, die *deutsche* Fachbegriffe statt der englischen verwendet. Die folgenden Zusammenstellungen enthalten, alphabetisch sortiert, die wichtigsten Übersetzungen der Begriffe.

deutsch - englisch

Abfrage	query
abhängige Tabelle	dependent table
Abschnitt	section
aktualisieren	refresh
aktuell	current
Anforderung	request
Anschluß	port
Arbeits-Einheit	unit of work
Arbeitspeicherbereich der Anwendung	application heap
Ausgabeformat	form
Ausnahmezustand	exceptions condition
Benutzertrennung	isolation level
Bericht	report
Block	page
Block-Auslagerer	page cleaner
Dienstprogramm	utility
Entitäten-Integrität	entity integrity
Ereignis-Monitor	Event Monitor
erfüllt	true
Ersteller	creator
geführter Modus	prompted mode
gemeinsamer Speicher	shared memory
Kennung	identification
Maske	panel
Prädikat	predicate
Profil-Verwalter	accounts operator
Programm-Variable	host variable
Pufferbereich	buffer pool
reaktivieren	to rearm

Schnappschuß-Monitor	Snapshot Monitor
Sperren	locks
Strukturanzeige	tree view
Symbol	icon
Symbolanzeige	list view
Transaktionszweig	transaction branch
übergeordnete Tabelle	parent table
Unterabfrage	subquery
Untertabelle	subtable
Verarbeitungseinheit	transaction
	logical unit of work
Verbindung	connection
Verhalten	rule
Verzeichnis	directory
wahr	true
wiederherstellbar	recoverable
Wurzel-Tabelle	root table
Ziel-Datenbank	target database
Zugriffsplan	package

englisch - deutsch

accounts operator	Profil-Verwalter
application heap	Arbeitsspeicherbereich der Anwendung
buffer pool	Pufferbereich
connection	Verbindung
creator	Ersteller
current	aktuell
dbheap	Arbeitsspeicherbereich der Datenbank
dependent table	abhängige Tabelle
directory	Verzeichnis
entity integrity	Entitäten-Integrität
Event Monitor	Ereignis-Monitor
exceptions condition	Ausnahmezustand
form	Ausgabeformat
host variable	Programm-Variable

icon	Symbol
identification	Kennung
isolation level	Benutzertrennung
list view	Symbolanzeige
locks	Sperren
logical unit of work	Verarbeitungseinheit
package	Zugriffsplan
page	Block
page cleaner	Block-Auslagerer
panel	Maske
parent table	übergeordnete Tabelle
port	Anschluß
predicate	Prädikat
prompted mode	geführter Modus
query	Abfrage
rearm, to	reaktivieren
recoverable	wiederherstellbar
refresh	aktualisieren
report	Bericht
request	Anforderung
root table	Wurzel-Tabelle
rule	Verhalten
section	Abschnitt
shared memory	gemeinsamer Speicher
Snapshot Monitor	Schnappschuß-Monitor
subquery	Unterabfrage
subtable	Untertabelle
target database	Ziel-Datenbank
transaction branch	Transaktionszweig
transaction	Verarbeitungseinheit
tree view	Strukturanzeige
true	erfüllt, wahr
unit of work	Arbeits-Einheit
utility	Dienstprogramm
utility heap	Arbeitsspeicherbereich der Dienstprogramme

C.1　Beipack-Diskette

Auf der beigepackten Diskette finden Sie unsere Beispiele wieder.

Wir weisen ausdrücklich darauf hin, daß es sich bei unseren Beispielen **nicht** um **fertige oder vollständige Programme** handelt. Sie dienen nur der Demonstration bestimmter Funktionalitäten und enthalten keinerlei Plausibilitätsprüfungen der Daten. Wir übernehmen keine Gewähr dafür, daß Software und Daten frei von Fehlern sind. Für Schäden, die durch solche Fehler entstehen, insbesondere für Folgeschäden, übernehmen wir keine Haftung!

Die Diskette ist wie folgt strukturiert:

Dateien: Keine

\BENCHM　enthält Routinen für EXPLAIN-Tests aus Kapitel 6

Unterverzeichnisse: Keine

Dateien	Inhalt
TEST_I.CMD	REXX-Programm zum Laden der Test-Tabellen PERSON und GEHALT
TEST_RCO.SQB	COBOL-Programm mit SQL-Befehlen für EXPLAIN-Test, muß nur vorübersetzt und gebunden werden
TEST_TAB.SQL	SQL-Befehle zur Erstellung der Test-Tabellen PERSON und GEHALT

\CICS　enthält die CICS-Beispiele aus Kapitel 4

Unterverzeichnisse: Keine

Dateien	Inhalt
ADRM.CCP	CICS-COBOL-Menüprogramm Adreßdaten
EIGNERA.CCP	CICS-DB2-COBOL-Programm zur Pflege der Eignerstammdaten
EIGNERB.CCP	CICS-DB2-COBOL-Programm zur Pflege der Adreßdaten
EIGNERM.CCP	CICS-COBOL-Menüprogramm Eigner-Daten

Dateien	Inhalt
FREIPP.CCP	CICS-DB2-COBOL-Programm zur Buchung eines Liegeplatzes
FREIPV.CCP	CICS-DB2-COBOL-Programm zur Anzeige freier Liegeplätze
LIEGEPM.CCP	CICS-COBOL-Menüprogramm Liegeplätze
LIEGEPP.CCP	CICS-DB2-COBOL-Programm zur Pflege der Liegeplatz-Stammdaten
YACHTM.CCP	CICS-COBOL-Menüprogramm Yacht-Daten
YACHTP.CCP	CICS-DB2-COBOL-Programm zur Pflege der Yacht-Stammdaten
Link-Anweisungen	
ADRM.DEF	Link-Anweisungen für Programm ADRM
EIGNERA.DEF	Link-Anweisungen für Programm EIGNERA
EIGNERB.DEF	Link-Anweisungen für Programm EIGNERB
EIGNERM.DEF	Link-Anweisungen für Programm EIGNERM
FREIPP.DEF	Link-Anweisungen für Programm FREIPP
FREIPV.DEF	Link-Anweisungen für Programm FREIPV
LIEGEPM.DEF	Link-Anweisungen für Programm LIEGEPM
LIEGEPP.DEF	Link-Anweisungen für Programm LIEGEPP
YACHTM.DEF	Link-Anweisungen für Programm YACHTM
YACHTP.DEF	Link-Anweisungen für Programm YACHTP
BMS-Maske	
ADR.BMS	BMS-Maske zur Adreß-Pflege
ADRM.BMS	BMS-Maske Adreßmenü
EIGNER.BMS	BMS-Maske zur Pflege der Eigner-Stammdaten
EIGNERM.BMS	BMS-Maske Eignermenü
FREIT.BMS	BMS-Maske Tabelle freier Liegeplätze
LIEGEP.BMS	BMS-Maske zur Pflege der Liegeplatz-Stammdaten
LIEGEPM.BMS	BMS-Maske Liegeplatzmenü

Dateien	Inhalt
`YACHT.BMS`	BMS-Maske zur Pflege der Yacht-Stammdaten
`YACHTM.BMS`	BMS-Maske Yachtmenü
COBOL-Copy-Strecke	
`ADR.CBL`	COBOL-Copy-Strecke zur Maske ADR.BMS
`EIGNER.CBL`	COBOL-Copy-Strecke zur Maske EIGNER.BMS
`FILEA.CBL`	COBOL-Copy-Strecke Adreßdaten
`FILEB.CBL`	COBOL-Copy-Strecke Eigner- und Adreßdaten
`FILEL.CBL`	COBOL-Copy-Strecke Liegeplatz-Daten
`FILEY.CBL`	COBOL-Copy-Strecke Yacht-Daten
`FREIT.CBL`	COBOL-Copy-Strecke zur Maske FREIT.BMS
`LIEGEP.CBL`	COBOL-Copy-Strecke zur Maske LIEGEP.BMS
`MENU.CBL`	COBOL-Copy-Strecke zu den Menü-Masken
`YACHT.CBL`	COBOL-Copy-Strecke zur Maske ADR.BMS
Kommando-Datei	
`CDB2TRAN.CMD`	Kommando-Datei zum Übersetzen und Linken von CICS-DB2-COBOL-Programmen
`CICOTRAN.CMD`	Kommando-Datei zum Übersetzen und Linken von CICS-COBOL-Programmen
COBOL-CICS	
`FAAPLTPI.CCP`	COBOL-CICS-Initialisierungsprogramm, ruft FAAOIS04 auf.
`FAAOIS04.CCP`	COBOL-CICS-Programm zur Anmeldung an Datenbank MARINA und zum Laden des UIM
`FAARMDBM.SQB`	COBOL-UIM zur Synchronisation von CICS und DB2 unter OS/2
`FAAPLTPI.DEF`	Link-Anweisungen für Programm FAAPLTPI
`FAAOIS04.DEF`	Link-Anweisungen für Programm FAAOIS04

Dateien	Inhalt
`FAARMDBM.DEF`	Link-Anweisungen für Programm FAARMDBM
REXX	
`MARINACT.CMD`	REXX-Programm mit ETI-Aufrufen als Hauptmenü
`YACHTCP.CMD`	REXX-Programm mit EPI-Aufrufen zur Pflege der Yacht-Stammdaten
`RXEPI.DLL`	REXX-EPI-DLL von IBM
`RXETI.DLL`	REXX-ETI-DLL von IBM
Icons	
`MARINA.ICO`	Icon für MARINACT.CMD
`YACHT.ICO`	Icon für YACHTCP.CMD

Für unsere Beispiele ist die Program Control Table (PCT) Ihres CICS um die benötigten Transaktionscodes zu ergänzen. Für die Menüprogramme sind dies:

```
xMNU mit x = A - Programm ADRM
            E - Programm EIGNERM
            F - Programm FREIPV
            L - Programm LIEGEPM
            Y - programm YACHTM
```

Für die Pflegeprogramme sind dies:

```
yABF
yADD
yDEL
yUPD mit y = A - Programm EIGNERB
            E - Programm EIGNERA
            L - Programm LIEGEPP
            Y - Programm YACHTP
```

Für das Programm FREIPP:

```
FREI
```

\COBOL   enthält einfaches COBOL-Programm aus Kapitel 4

Unterverzeichnisse: Keine

Dateien:

Dateien	Inhalt
MARIRECH.SQB	COBOL-Programm zur Rechnungserstellung im Beispiel MARINA
DB2TRN16.CMD	Kommando-Datei zum Übersetzen und Linken von DB2-COBOL-Programmen

\CREATE   enthält SQL-Anweisungen und Daten zu Erstellung unseres Beispiels MARINA aus Kapitel 2. Bitte beachten Sie die **Reihenfolge der Dateiliste**: In dieser Reihenfolge können Sie die Dateien auch ausführen.

Unterverzeichnisse: Keine

Dateien:

Dateien	Inhalt
LIEGEPLA.SQL	SQL-Befehle zur Erstellung der Tabelle LIEGEPLATZ
PERSON.SQL	SQL-Befehle zur Erstellung der Tabelle PERSON
ADRESSE.SQL	SQL-Befehle zur Erstellung der Tabelle ADRESSE
YACHT.SQL	SQL-Befehle zur Erstellung der Tabelle YACHT
BELEGUNG.SQL	SQL-Befehle zur Erstellung der Tabelle BELEGUNG
WIRTJAHR.CMD	Kommando-Datei zum Erstellen und Laden der Tabelle WIRTJAHR
LIEGEPLA.DEL	Liegeplatz-Daten im DEL-Format
PERSON.DEL	Eigner-Daten im DEL-Format
ADRESSE.DEL	Eigneradressen im DEL-Format
YACHT.DEL	Yacht-Daten im DEL-Format
BELEGUNG.DEL	Liegeplatz-Belegungen im DEL-Format

Dateien	Inhalt
TRIGGER1.SQL	SQL-Befehle zur Erstellung von Trigger DOPPEL_BUCHUNG
TRIGGER2.SQL	SQL-Befehle zur Erstellung von Trigger PASSEND
TRIGGER3.SQL	SQL-Befehle zur Erstellung von Trigger L_B

\REXX

enthält REXX-Beispiele aus Kapitel 4 und 5

Unterverzeichnisse: Keine

Dateien:

Dateien	Inhalt
REXSQL.CMD	REXX-Programm für eine einfache DB2-Benuzerschnittstelle
VREXSQL.CMD	REXX-Programm für eine einfache DB2-Benuzerschnittstelle unter Benutzung von VREXX
BLOBSQL2.CMD	REXX-Programm zur Anzeige von Daten und Fotos (BLOBs)
OPALVIEW.CMD	REXX-Prozedur für den Aufruf eines Programms zur Bildanzeige, hier Opalis Viewer. Setzen Sie hier bitte Ihr Werkzeug ein!

\VERT_DB

enthält Beispiele zu Stored Procedures und verteilte Datenbanken aus Kapitel 9

Unterverzeichnisse: Keine

Dateien:

Dateien	Inhalt
CA_STPRO.SQC	C-Programm zum Aufruf der Stored Procedure
STOPRO.SQC	C-Programm als Stored Procedure
STOPRO.DEF	Link-Anweisungen für Stored Procedure
C_BLDSTP.CMD	Kommando-Datei zum Übersetzen, Linken und Binden einer Stored Procedure

Dateien	Inhalt
CSDB2TRN.CMD	Kommando-Datei zum Übersetzen, Linken und Binden eines einfachen DB2-C-Programms (z.B.: CA_STPRO)
MARINAVT.SQC	lineares C-Programm für verteilte Datenbanken
C_DB2TRN.CMD	Kommando-Datei zum Übersetzen, Linken und Binden eines verteilten DB2-C-Programms (z.B.: MARINAVT)
PERSMARI.SQC	C-Hauptprogramm für verteilte Datenbanken
MARINA_R.SQC	C-Unterprogramm für Zugriffe auf Datenbank MARINA
SAMPLE_R.SQC	C-Unterprogramm für Zugriffe auf Datenbank SAMPLE
CMDB2TRN.CMD	Kommando-Datei zum Übersetzen und Linken eines verteilten DB2-C-Hauptprogramms (z.B.: PERSMARI)
CUDB2TRN.CMD	Kommando-Datei zum Übersetzen, Linken und Binden eines DB2-C-Unterprogramms (z.B.: MARINA_R, SAMPLE_R)
UTIL.C	DB2-C-Dienstroutinen von IBM
UTIL.H	DB2-C-Copy-Strecke von IBM für UTIL.C

\WEB   enthält das Internet-WWW-Beispiel aus Kapitel 5. Bitte beachten Sie die Struktur der Unterverzeichnisse, die in Ihrer Systemumgebung für ICS und Net.Data gleich sein sollte. Bitte übernehmen Sie die ICS-Komponenten und die Net.Data-Makros in die entsprechenden Verzeichnisse ihrer Systemumgebung.

Unterverzeichnisse:

- DB2WWW   enthält die Net.Data-Makros des Beispiels
- WWW   enthält die ICS-Komponenten des Beispiels
- YACHT   enthält die Yacht-Bilder für Tabelle YACHT_P

Dateien:

Dateien	Inhalt
YACHT_P.SQL	SQL-Befehle zur Erstellung der Tabelle YACHT_P
Y_INSERT.SQL	SQL-Befehle zum Laden der Tabelle YACHT_P. Bitte Pfade der Yacht-Bilder anpassen!
BLOBIN.DLL	OS/2-spezifische UDF der Fa. IBM für das Laden von BLOBs. Bitte nach \OS2\DLL kopieren.

\WEB\DB2WWW

enthält die Net.Data-Makros des Beispiels

Unterverzeichnisse:

- MACRO

Dateien: Keine

\WEB\DB2WWW
\MACRO

enthält die Net.Data-Makros des Beispiels

Unterverzeichnisse: Keine

Dateien:

Dateien	Inhalt
MA_BELEG.D2W	Net.Data-Makro zur Belegung eines Liegeplatzes
MA_IDEN.D2W	Net.Data-Makro zur Benutzer-Identifikation
MA_RESRV.D2W	Net.Data-Makro zur Anzeige freier Liegeplätze
MA_YACHT.D2W	Net.Data-Makro zur Anzeige von Yachten

\WEB\WWW

enthält die ICS-Komponenten des Beipiels

Unterverzeichnisse:

- ADMIN
- HTML

Dateien: Keine

\WEB\WWW\ADMIN	enthält die benutzten Grafiken im GIF-Format

Unterverzeichnisse: Keine

Dateien:

- BLUESTAR.GIF
- DOOR02.GIF
- GO2FIRST.GIF
- MARINA.GIF
- NEUWISM.GIF
- PUELOGO.GIF
- SKYDOC.GIF
- SKYHOME.GIF
- YACHT.GIF

\WEB\WWW\HTML	enthält die HTML-Seite(n)

Unterverzeichnisse: Keine

Dateien:

- MA_HOME.HTM

\WEB\YACHT	enthält die Yacht-Grafiken im GIF-Format. Die Grafiken werden mit `Y_INSERT.SQL` in die Tabelle `YACHT_P` geladen.

Unterverzeichnisse: Keine

Dateien:

- CARLA.GIF
- EMILIA.GIF
- JOKER.GIF
- KATA.GIF
- KUDDELS.GIF
- KUDDELT.GIF
- MIKADO.GIF
- NOCHEIN.GIF
- SOMMERW.GIF
- TITANIC.GIF
- TRAUMBO.GIF

YACHTP.DEF 500
Yacht-Stammdaten, Pflege
    (Beispiel-Programm) 151–66
YEAR 488

Z

Effiziente Softwareentwicklung mit DB2/MVS

Organisatorische und technische Maßnahmen zur Optimierung der Performance

von Jürgen Glag

1996. IX, 137 Seiten.
(Zielorientiertes Software-Development; hrsg. von Stephen Fedtke)
Gebunden.
ISBN 3-528-05363-1

Aus dem Inhalt: Performanceprobleme: Symptome, Ursachen und Maßnahmen - Organisatorische Maßnahmen in der Softwareentwicklung - Fallstudien - Tuning - Checklisten

Das Buch zeigt, wie professionelle und effiziente DB-Anwendungsentwicklung im DB2-Großrechnerbereich und Client/Server-Umfeld sichergestellt werden können. Der Vorzug des Buches ist es, daß sowohl die technischen Aspekte (Performance, Tuning) als auch organisatorische Maßnahmen zur Optimierung (wirtschaftliche Performance) dargestellt werden. Damit eignet sich das Buch insbesondere für den Einsatz in Unternehmen, die DB2 kostengünstig und sicher einsetzen wollen.
Bei der Arbeit in mehreren großen produktiven DB2-Umgebungen hat sich gezeigt, daß die meisten Performance-Probleme entweder erst ab einer bestimmten kritischen Transaktionslast oder bei besonders umfangreichen Tabellengrößen auftreten. Um diese Probleme nicht erst in der Produktionsumgebung, sondern bereits während der Softwareentwicklung erkennen und lösen zu können, sind eine Reihe von Maßnahmen zu ergreifen. In diesem Buch werden nicht nur die Ursachen von Performanceproblemen erläutert, sondern auch praxiserprobte begleitende Maßnahmen zur Vermeidung aufgezeigt und erläutert.

Verlag Vieweg · Postfach 1547 · 65005 Wiesbaden · Fax (0611) 78 78 420